普通高等教育"十一五"国家级规划教材
计算机类本科规划教材

数据结构
（第 2 版）

田鲁怀　姜吉顺　编著

电子工业出版社
Publishing House of Electronics Industry
北京·BEIJING

内容简介

本书是普通高等教育"十一五"国家级规划教材。全书共10章，内容包括：数据结构的概念，几种基本的线性结构（如线性表），栈和队列，串，几种非线性结构（如多维数组和广义表），树，图，常用的数据处理技术（如排序），查找，文件的存储结构和组织方法等。在每章中都收集了难度各异的习题和例题，全书采用C语言作为算法描述语言，并有详细的注释，书中全部程序均上机验证并调试通过，同时给出部分程序的运行结果。各章中的"简单应用举例"，既是本章算法的综合应用，也可作为本章实训内容和课程设计的综合练习，全书有很强的实用性和可操作性。

本书可以作为全日制高等学校计算机应用专业、微电子和信息工程专业、计算机信息管理和经济信息管理类等专业普通本科学生的专业基础课教材，也可以作为上述专业高职高专学生的参考教材，还可以作为计算机等级考试的参考书，供广大从事计算机应用工作的管理人员和技术人员学习参考。

未经许可，不得以任何方式复制或抄袭本书之部分或全部内容。
版权所有，侵权必究。

图书在版编目（CIP）数据

数据结构 / 田鲁怀，姜吉顺编著. —2版. —北京：电子工业出版社，2016.1
计算机类本科规划教材
ISBN 978-7-121-27693-4

Ⅰ. ①数… Ⅱ. ①田… ②姜… Ⅲ. ①数据结构－高等学校－教材 Ⅳ. ①TP311.12

中国版本图书馆CIP数据核字（2015）第284168号

责任编辑：冉 哲
印　　刷：涿州市京南印刷厂
装　　订：涿州市京南印刷厂
出版发行：电子工业出版社
　　　　　北京市海淀区万寿路173信箱　邮编　100036
开　　本：787×1 092　1/16　印张：24.25　字数：620.8千字
版　　次：2006年8月第1版
　　　　　2016年1月第2版
印　　次：2016年1月第1次印刷
定　　价：49.00元

凡所购买电子工业出版社图书有缺损问题，请向购买书店调换。若书店售缺，请与本社发行部联系，联系及邮购电话：(010) 88254888。
质量投诉请发邮件至zlts@phei.com.cn，盗版侵权举报请发邮件至dbqq@phei.com.cn。
服务热线：(010) 88258888。

再 版 前 言

本书是普通高等教育"十一五"国家级规划教材。本书较系统地介绍了程序设计中最常用的一些数据结构,如线性表、栈和队列、数组、串、树、图等;阐述各种数据结构的逻辑关系,讨论它们在计算机中的存储表示,以及在这些数据结构上的运算,并对其算法的复杂度进行简要的分析;另外,还介绍了程序设计中常用的各种排序和查找算法;每章中的"简单应用举例",既是本章算法的综合应用,也可作为本章实训内容和课程设计的综合练习,具有很强的实用性和可操作性。

本书共分 10 章,内容包括:数据结构的概念,几种基本的线性结构(如线性表),栈和队列,串,几种非线性结构(如多维数组和广义表),树,图,常用的数据处理技术(如排序),查找,文件的存储结构和组织方法等。

本书既重视理论又重视实践,配有大量的习题和例题,解释颇为详细。全书采用 C 语言作为描述语言,并有详细的注释,书中全部程序均上机验证并调试通过,同时给出部分程序的运行结果。

本书是作者在讲授"数据结构"和"高级程序设计语言"等课程 20 余年教学经验的基础上,集历年各种版本教材及作者多年来的备课笔记之精华,结合本科教学特点编写而成的。因此,学生通过相关内容的学习之后,可以直接使用书中算法或程序,有助于提高学生对所学知识的融会贯通和灵活应用,培养学生理论联系实际的良好学风。

本书第 1 版于 2006 年出版,经过近 10 年在上海交通大学、上海大学、海南大学、山东理工大学等多所高校的计算机及应用、微电子和信息工程、信息安全、计算机信息管理和自动控制等相关专业的多届学生中的使用,取得了较好的教学效果并获得了较高的评价。另外,本书还于 2009 年 9 月获得上海交通大学第 12 届优秀教材二等奖。

本书在再版过程中,山东理工大学电气与电子工程学院姜吉顺副教授对全书进行了全面修订,并对书中的例题和习题以及书中的全部程序进行了验证和调试。

本书的再版不仅更正了原书中的疏漏和错误,也增补了一些细节;另外,在文字的叙述方面也进行了一些润色和删繁就简的工作。

此书的再版,首先要感谢电子工业出版社和冉哲编辑。因为目前的出版业与 10 年前已发生很大的变化,市场的竞争更加激烈、更为市场化。所以,对于出版社来说,决定一本书是否再版,是需要一定的眼光和需要承担一定风险的。但是,对于一个作者来说,能够在这种情况下,再版一本旧作,比完成一本新书更有成就感。因为,书作为科学的载体,其价值是需要用时间来检验的,只有经得起时间考验的作品,才是真正具有价值的。

上海大学计算机学院原院长张吉锋教授、上海交通大学软件学院原副院长侯文永教授对本书的内容以及实验和课程设计教学环节提出了很多宝贵的意见与建议；上海大学计算机工程与科学学院的曹旻、刘华两位老师，海南大学信息学院信息安全系的周晓谊老师在本书的使用和推介过程中做了大量的工作，并对此书的部分内容提出了一些建设性的修改意见，谨在此一并表示衷心的感谢。

  本书主要作为全日制高等学校计算机应用专业、微电子和信息工程专业、计算机信息管理和经济信息管理类等专业普通本科学生的专业基础课教材；也可以作为上述专业高职高专学生的参考教材；还可以作为计算机等级考试的参考书，供广大从事计算机应用工作的管理人员和技术人员学习参考。

  由于作者水平有限，书中缺点和错误在所难免，希望广大读者批评指正。

作　者

于上海交通大学

目 录

第1章 概论 ·········· 1
1.1 概述 ·········· 1
1.2 数据结构的基本概念 ·········· 4
    1.2.1 数据结构的基本术语 ·········· 4
    1.2.2 数据的逻辑结构 ·········· 6
    1.2.3 数据的存储结构 ·········· 8
1.3 算法性能分析与度量 ·········· 12
    1.3.1 算法和算法的描述方法 ·········· 12
    1.3.2 算法的特性 ·········· 14
    1.3.3 算法设计的要求 ·········· 14
    1.3.4 算法时间复杂度的分析与度量 ·········· 15
    1.3.5 算法存储空间的分析与度量 ·········· 19
本章小结 ·········· 19
习题 1 ·········· 20

第2章 线性表 ·········· 23
2.1 线性表的定义及基本运算 ·········· 23
    2.1.1 线性表的定义 ·········· 23
    2.1.2 线性表的基本运算 ·········· 24
2.2 线性表的顺序存储结构及其运算 ·········· 25
    2.2.1 线性表的顺序存储结构 ·········· 25
    2.2.2 顺序表上的基本运算 ·········· 26
    2.2.3 顺序表上插入和删除运算的时间分析 ·········· 30
    2.2.4 顺序表的优点和缺点 ·········· 31
2.3 线性表的链接存储结构及其运算 ·········· 31
    2.3.1 单链表 ·········· 31
    2.3.2 单链表上的基本运算 ·········· 32
    2.3.3 单链表上查找、插入和删除运算的时间分析 ·········· 40
    2.3.4 循环链表 ·········· 40
    2.3.5 双向链表 ·········· 43
2.4 顺序表和链表的比较 ·········· 46
2.5 线性表的简单应用举例 ·········· 47
本章小结 ·········· 62
习题 2 ·········· 63

第3章 栈和队列 ·········· 66
3.1 栈的基本概念 ·········· 66
3.2 栈的存储结构 ·········· 67
    3.2.1 栈的顺序存储结构 ·········· 67
    3.2.2 栈的链接存储结构 ·········· 68
    3.2.3 栈的两种存储结构的比较 ·········· 69
    3.2.4 多个顺序栈共享一个数组的存储空间 ·········· 69
3.3 栈的基本运算 ·········· 70
    3.3.1 顺序存储结构上顺序栈的运算实现 ·········· 71
    3.3.2 链接存储结构上链栈的运算实现 ·········· 72
3.4 栈的简单应用举例 ·········· 73
    3.4.1 栈在递归过程中的作用 ·········· 73
    3.4.2 栈的几个简单应用实例 ·········· 76
3.5 队列的基本概念 ·········· 81
3.6 队列的存储结构 ·········· 82
    3.6.1 队列的顺序存储结构 ·········· 82
    3.6.2 顺序存储的循环队列 ·········· 84
    3.6.3 队列的链接存储结构 ·········· 85
3.7 队列的基本运算 ·········· 86
    3.7.1 顺序存储结构上顺序队列的运算实现 ·········· 86
    3.7.2 顺序存储结构上循环队列的运算实现 ·········· 87
    3.7.3 链接存储结构上链队列的运算实现 ·········· 89
3.8 队列的简单应用举例 ·········· 91
本章小结 ·········· 97
习题 3 ·········· 98

第4章 串 ·········· 100
4.1 串的基本概念 ·········· 100
4.2 串的存储结构 ·········· 101
    4.2.1 串的顺序存储结构 ·········· 101

		4.2.2 串的链接存储结构 103
	4.3	串的基本运算及实现 105
		4.3.1 串的基本运算 105
		4.3.2 顺序串上基本运算的实现 106
		4.3.3 链串上基本运算的实现 108
	4.4	串的模式匹配运算 112
		4.4.1 BF 模式匹配算法 112
		4.4.2 BM 模式匹配算法 115
		4.4.3 KMP 模式匹配算法 117
	4.5	串的简单应用举例 124
	本章小结 131
	习题 4 132

第 5 章 数组和广义表 133

- 5.1 数组的概念和存储 133
  - 5.1.1 数组的概念 133
  - 5.1.2 数组的存储结构 134
- 5.2 特殊矩阵的压缩存储 137
  - 5.2.1 对称矩阵的压缩存储 137
  - 5.2.2 三角矩阵的压缩存储 138
  - 5.2.3 对角矩阵的压缩存储 139
- 5.3 稀疏矩阵的压缩存储 141
  - 5.3.1 稀疏矩阵的三元组表示 141
  - 5.3.2 稀疏矩阵的十字链表表示 148
  - 5.3.3 稀疏矩阵的简单应用举例 152
- 5.4 广义表 157
  - 5.4.1 广义表的基本概念 157
  - 5.4.2 广义表的链接存储结构 158
  - 5.4.3 广义表的基本运算 161
  - 5.4.4 广义表的简单应用举例 166
- 本章小结 167
- 习题 5 168

第 6 章 树 170

- 6.1 树的基本概念 170
  - 6.1.1 树的定义 170
  - 6.1.2 树的基本术语 172
- 6.2 二叉树 174
  - 6.2.1 二叉树的概念 174
  - 6.2.2 二叉树的基本性质 176
  - 6.2.3 二叉树的存储结构 177
- 6.3 二叉树的运算 180
  - 6.3.1 二叉树的遍历 180
  - 6.3.2 二叉树的建立 185
  - 6.3.3 二叉树的其他运算举例 187
- 6.4 线索二叉树 192
  - 6.4.1 线索二叉树的概念 192
  - 6.4.2 二叉树的中序线索化 193
  - 6.4.3 线索二叉树的遍历和插入运算 195
- 6.5 树和森林 198
  - 6.5.1 树的存储结构 198
  - 6.5.2 树和森林与二叉树的转换 201
  - 6.5.3 树的遍历 205
  - 6.5.4 森林的遍历 206
- 6.6 哈夫曼树及其应用 207
  - 6.6.1 哈夫曼树的基本概念 207
  - 6.6.2 哈夫曼树的构造及实现 208
  - 6.6.3 哈夫曼编码 211
  - 6.6.4 哈夫曼译码 215
  - 6.6.5 哈夫曼树在编码问题中的完整程序 216
- 本章小结 218
- 习题 6 219

第 7 章 图 222

- 7.1 图的基本概念 222
  - 7.1.1 图的实际背景 222
  - 7.1.2 图的定义 223
  - 7.1.3 图的基本术语 224
- 7.2 图的存储结构 227
  - 7.2.1 邻接矩阵表示法 227
  - 7.2.2 邻接表表示法 231
- 7.3 图的遍历 234
  - 7.3.1 连通图的深度优先搜索遍历 235
  - 7.3.2 连通图的广度优先搜索遍历 237
  - 7.3.3 非连通图的遍历 240
  - 7.3.4 连通图和非连通图的建立与遍历运算实例 241
- 7.4 生成树和最小生成树 243
  - 7.4.1 生成树和最小生成树的概念 244
  - 7.4.2 Kruskal 算法 245
  - 7.4.3 Prim 算法 248
- 7.5 最短路径 250

		7.5.1 最短路径的概念	250
		7.5.2 单源最短路径	252
		7.5.3 所有顶点对之间的最短路径	255
	7.6	AOV 网和拓扑排序	260
		7.6.1 AOV 网和拓扑排序的概念	260
		7.6.2 拓扑排序算法	261
	7.7	AOE 网和关键路径	265
		7.7.1 AOE 网和关键路径的概念	265
		7.7.2 关键路径的确定	267
	7.8	图的简单应用举例	269
	本章小结		277
	习题 7		278

第 8 章 排序 … 281

8.1	排序的基本概念	281
8.2	插入排序	284
	8.2.1 直接插入排序	284
	8.2.2 希尔排序	286
8.3	交换排序	288
	8.3.1 冒泡排序	288
	8.3.2 快速排序	291
8.4	选择排序	294
	8.4.1 直接选择排序	294
	8.4.2 堆排序	295
8.5	归并排序	302
	8.5.1 两个相邻有序表的一次归并过程	303
	8.5.2 一趟归并排序过程	303
	8.5.3 二路归并排序	304
8.6	各种内排序方法的比较和选择	305
	8.6.1 各种内排序方法的总结	305
	8.6.2 各种内排序方法的比较	305
	8.6.3 排序方法的选择	306
8.7	排序的简单应用举例	307
本章小结		311

习题 8 … 312

第 9 章 查找 … 315

9.1	查找的基本概念	315
9.2	线性表的查找	316
	9.2.1 顺序查找	316
	9.2.2 二分查找	317
	9.2.3 分块查找	320
9.3	树表的查找	323
	9.3.1 二叉排序树	323
	9.3.2 平衡的二叉排序树	330
	9.3.3 B-树	335
9.4	散列表的查找	342
	9.4.1 散列表的概念	342
	9.4.2 散列函数的构造方法	344
	9.4.3 处理冲突的方法	347
	9.4.4 散列表的运算	351
	9.4.5 散列表的查找及分析	355
9.5	查找的简单应用举例	357
本章小结		362
习题 9		363

第 10 章 文件 … 365

10.1	文件的基本概念	365
10.2	顺序文件	367
10.3	索引文件	368
10.4	索引顺序文件	370
	10.4.1 ISAM 文件	370
	10.4.2 VSAM 文件	373
10.5	散列文件	375
10.6	多关键字文件	376
	10.6.1 多重表文件	376
	10.6.2 倒排文件	377
本章小结		378
习题 10		379

参考文献 … 380

第1章 概 论

> **内容提要**
>
> "数据结构"是一门随着计算机科学的发展而逐渐形成的新兴学科。随着计算机技术的发展,计算机的应用领域从最初的科学计算发展到人类社会的各个领域,计算机处理的对象也由纯粹的数值发展到字符、表格、图像和声音等各种具有一定结构的数据,这就给程序设计带来一些新的问题。与飞速发展的计算机硬件相比,计算机软件的发展相对缓慢。因此,研究数据结构对设计出一个高性能的算法和高性能软件是至关重要的。
>
> 本章将介绍数据结构的基本概念:数据、数据元素、数据结构、数据的逻辑结构和存储结构、数据运算、算法和算法分析等。了解这些概念有助于对以后章节加深理解。

1.1 概述

一般来说,用计算机解决一个实际问题时,大致需要以下几个步骤:首先从具体问题抽象出一个适当的数学模型,然后设计一个解此数学模型的算法,最后编出程序进行调试直至得到最终的解答。寻求数学模型的实质是分析问题,从中提取操作的对象,并找出这些操作对象之间的关系,然后用数学的语言加以描述。然而,随着计算机应用领域的不断扩大,计算机处理的更多的是非数值计算问题,例如,图书资料查询、电话号码的自动管理、交通道路规划、博弈游戏等问题。它们的数学模型一般无法用数学方程式加以描述,因此,解决此类问题的关键已不再是分析数学和计算方法,而是要建立有效的数据结构来进行描述,分析问题中所用到的数据是如何组织的,研究数据之间的关系如何,进而为解决这些问题设计出合适的数据结构。为了增加对数据结构的感性认识,下面举例说明数据结构的概念。

【例1.1】电话号码自动查询问题。

电话号码查询的最主要的工作是,当给出某个单位名称或某个人的姓名时,能在电话号码表中迅速找到其电话号码,若找不到,则给出该单位或个人的电话号码不存在的信息。此外,当有新用户要加入、旧用户要改号或撤销时,要对电话号码表进行相应的修改。那么,如何组织电话号码表,实现上述查询、插入、删除和修改等操作呢?假设电话号码表的组成见表1.1。表中各用户的电话号码是随机罗列出来的。若要查找某人或某单位的电话号码,就必须从表的开始依次往后顺序查找。若该用户确实注册,就会找到该用户的电话号码。但是,采用这种方式进行查找,效率是很低的。

为了提高查找效率,可以重新组织电话号码表,将单位和私人电话分开登记。单位电话按行业分类组织,将同行业的电话登记在一起,并建立一个分类索引表(分类简表)和行业分类目录,如图1.1所示。而私人电话则按姓氏笔画进行登记,同时建立一个姓氏笔画索引表,如图1.2所示。

表 1.1　电话号码随机登记表

编　号	单位名称或个人姓名	电　话　号　码
00001	上海市图书馆	12346666（总机）
00002	上海市动物园	12340176（总机）
00003	上海市大饭店	11223344（总机）
00004	上海市医院	18801234
00005	公交问讯电话	16088160
00006	徐虎报修热线	12345678
00007	王文玲	55551234

部门行业	页号
党政机关	17
教育	32
医疗	53
金融	71
服务	75
娱乐	133
交通	140
商业	144
综合	161

行业分类	页号
高等教育	32
初、中等教育	34
学前教育	40
职业、业余教育	42
特殊教育	46
广播电视、函授	48
专业教育	50
老年大学	51
技能鉴定与考核	52

单位名称	电话号码	页号
大同中学	56780973	34
上海中学	56787919	35
华师大一附中	56784040	36
曹阳中学	56789407	37
交大附中	56781010	38
光明中学	56783588	39
复旦附中	56780560	40
复兴高级中学	56781765	41
南洋模范中学	56785748	42

（a）分类索引表　　　（b）行业分类目录索引表　　　（c）单位电话号码登记表

图 1.1　单位电话号码组织构造的示意图

姓氏	页号范围
丁	100-101
卜	101-101
于	101-102
万	102-102
马	102-104
王	104-115
韦	115-115
牛	115-116
方	116-119

姓名	电话号码	页号
王易	12375856	104
王尔	12377372	104
王散	12378405	105
王锋	12334942	109
王宜平	12338343	111
王金贵	12334490	112
王祥	12348818	113
王芳	12349759	113
王文玲	55551234	114

（a）私人住宅电话索引表　　　（b）私人住宅电话登记表

图 1.2　私人住宅电话索引表和电话登记表的示意图

若要查找某单位的电话号码，可以先在图 1.1（a）分类索引表中查找部门行业，然后根据索引表再从图 1.1（b）行业分类目录索引表中进行查找，最后从图 1.1（c）所示的单位电话登记表中查找给定单位的电话号码。例如，查找光明中学的电话号码。首先，在分类索引表中找到教育的开始页号 32，然后在行业分类目录索引表中找到初、中等教育的开始页号 34，最后根据该页号就能够迅速找到光明中学的电话号码。若要查找私人住宅电话，则先从图 1.2（a）所示的电话索引表中查找姓氏，然后根据索引表在图 1.2（b）所示的电话登记表中进行查找。例如，查找用户王文玲的电话号码。首先，在私人住宅电话索引表中找到王姓，根据页号范围，在私人住宅电话登记表中，从第 104 页开始依次向后查找，若找到王文玲，则查找结束；

若找到第 115 页还没有找到王文玲,则表明电话登记表中没有王文玲的电话号码。显然,用这种方法进行查找,其查找速度快,效率高。

由于上述电话号码的组织方式不同,进行同样的查找工作,其查找算法不同,查找效率也是不同的。

【例1.2】无序表的顺序查找和有序表的二分查找。

假设某校选修课成绩登记表和学生情况登记表分别参见表 1.2 和表 1.3。在表 1.2 中,学生记录的排列顺序是没有规律的,因此称为**无序表**。在表 1.3 中,每个学生记录按学号从小到大顺序排列,因此称为**有序表**。

表 1.2 2001 年第一学期计算机基础选修课成绩登记表

学 号	姓 名	性别	专业名称	计算机基础成绩		
				上 机	笔 试	总 分
G01201	程建国	男	计算机应用 2001 级	55	38	93
G01205	吴平	男	计算机应用 2001 级	54	35	89
G00502	朱军	男	商务管理 2000 级	50	30	80
G00100	邵晓云	女	商务英语 2000 级	50	40	90
G01306	马明明	女	船舶应用 2001 级	40	25	65
G01401	林丽	女	汽车技术 2001 级	40	30	70

表 1.3 2001 级计算机应用专业学生情况登记表

学 号	姓 名	性 别	出生年月	籍 贯	家庭住址
G01201	程建国	男	1981.3	江苏	南京
G01202	王玲玲	女	1981.9	福建	福州
G01203	年四	男	1982.6	河北	石家庄
G01204	刘红	女	1981.4	江西	南昌
G01205	吴平	男	1981.11	湖南	长沙
G01206	孟云云	女	1982.12	广东	北京

下面考虑在这两个表中进行查找的问题。

首先考虑在表 1.2 所示的无序表中进行查找。在这个表中,若要查找某位学生的记录,必须从表的第一个记录开始,逐个将表中的记录与所给的学生记录进行比较。若表中的某个学生记录与所给的学生记录完全相同,则查找成功;若表中没有找到所给的学生记录,则查找失败。这种从头至尾逐个在表中查找记录的方法称为**顺序查找**。显然,在顺序查找中,如果被查找的记录在表的前部,则需要比较的次数就少;如果被查找的记录在表的尾部,则需要比较的次数就多。特别是当要查找的学生记录刚好是登记表中的第一个元素时,只需比较一次就查找成功;但是,当要查找的学生记录刚好是表中最后一个元素时,则需要与表中所有的元素进行比较。当表很大时,顺序查找方法是很费时间的。

现在考虑在表 1.3 所示的有序表中进行查找。由于有序表中的学生记录是按学号从小到大顺序排列的,所以采用有序表的二分查找方法,可以提高查找的效率。

有序表的二分查找方法是:将被查找数与表的中间元素进行比较;若相等,则表示查找成功,结束查找;若被查找数大于表的中间元素,则表示被查找数在表的后半部,此时可以抛弃表的前半部而保留后半部；若被查找数小于表的中间元素，则表示被查找数在表的前半部，此时可以抛弃表的后半部而保留表的前半部。然后对剩下的部分再按上述方法进行查找。这个过程一直做到在某一次的比较中相等（查找成功）或剩下部分已空（查找失败）为止。这种查找方法称为**有序表的二分查找**。

需要指出的是：二分查找方法只适用于有序表，无序表是无法进行二分查找的。

在日常生活和学习中也经常用到二分查找。例如，在英文字典中查找某个单词。英文字典按 26 个英文字母顺序排列，是一个有序表。若要查找某个单词，可以根据所查单词的第一个字母，直接翻到大概的位置，然后进行比较，根据比较结果再决定向前或向后翻。重复上述过程，直到找到该单词为止。如果英文字典中的单词不是按 26 个英文字母顺序排列的，而是将几万个单词任意排列，那么为查找某个单词就必须从字典的第一页开始逐页进行查找。

由此可见，数据的组织方式和数据在表中的排列顺序，都会影响查找的效率。

在计算机上实现学生成绩系统的管理，必然要涉及以下三个问题：如何组织学生成绩表？采用何种存储方式将表中的数据及数据之间的关系存放到计算机的存储器中？在计算机上如何完成学生成绩系统的管理功能？例如，查看全部或某位学生的成绩；当学生退学时，删除相应的学生记录；当进来新学生时，增加相应的学生记录；当学生补考时，能够修改相应的成绩记录等。这些就是数据结构所要讨论的问题。

综上所述，我们可以给数据结构下个定义：数据结构就是选择适当的组织方式按照某种关系来组织大量的数据，以一定的存储方式把它们存储到计算机中，并在这些数据上定义一个相应的运算，以提高计算机的数据处理能力的一门学科。

1.2 数据结构的基本概念

在这一节中，我们将对书中一些常用的名词和术语给出确切的定义，以便在今后的学习中能有一个统一的概念。

1.2.1 数据结构的基本术语

（1）**数据**（Data）：数据是信息的载体，是描述客观事物的数、字符，以及所有能够输入到计算机中并被计算机程序识别和处理的一切对象。例如，解代数方程的程序中所用到的整数和实数，文本编辑中所用到的函数和字符串等，都是计算机程序加工和处理的对象。数据大致可分为两类：一类是数值型数据，包括整数、浮点数、复数、双精度数等，主要用于工程和科学计算，以及商业事务处理；另一类是非数值型数据，主要包括字符和字符串，以及文字、声音、图形、图像等数据。

（2）**数据元素**（Data Element）：是数据的基本单位，亦称为**结点**、**元素**、**顶点**和**记录**等，在计算机程序中通常作为一个整体进行考虑和处理。有时一个数据元素可由若干个数据项组成。

数据项（Data Item）是具有独立意义的最小的数据单位，是对数据元素属性的描述。

（3）**数据对象**（Data Object）：是具有相同性质的数据元素的集合，是数据的一个子集。例如，整数的数据对象可以是集合 $N=\{0, \pm 1, \pm 2, \cdots\}$，英文字母组成的数据对象可以是集合 $C=\{'A', 'B', \cdots, 'Z'\}$，一年四季的名称所组成的数据对象可以是集合 $S=\{春, 夏, 秋, 冬\}$，家庭成员名称所组成的数据对象可以是集合 $F=\{祖父, 父亲, 叔叔, 儿子, 女儿, 孙子, \cdots\}$。

在学校中，学生是更复杂的数据对象，它的每一个数据元素就是一个学生记录，每个学生记录包括：学号、姓名、性别、出生年月、家庭住址等数据项，以表明学生在某一方面的属性，参见表 1.3。

在学生选课系统中，可能以一个班级的学生记录作为学生数据对象，也可能以一个年级或一个学校的学生记录作为学生数据对象，参见表 1.2。因此，如何选择数据对象将依据要求不同而定。

（4）**数据类型**（Data Type）：是具有相同性质的计算机数据的集合和定义在这个数据集合上的一组操作的总称。例如，C 语言中的整数类型，它的值是 [-MAXINT, MAXINT] 区间上的整数（区间大小依赖于不同的机器），定义在这个整数集上的操作为：加、减、乘、除和取模等算术运算。

数据类型可以分为两类：**原子数据类型和结构数据类型**。原子数据类型是由计算机语言提供的，它的值是不可分解的。例如，C 语言中的基本类型（整型、实型、字符型和枚举类型）、指针类型和空类型。结构数据类型通常是由用户自己定义的，它的值是由若干成分按某种结构组成的，因此是可以分解的，并且它的成分可以是非结构类型的，也可以是结构类型的。例如，C 语言中的数组和结构类型等。

（5）**数据结构**（Data Structure）：是指某一数据对象及该对象中所有数据元素之间的关系组成。数据结构涉及数据元素之间的逻辑关系，数据在计算机中的存储方式和这些数据上定义的一组运算，一般这三方面为：数据的逻辑结构、数据的存储结构和数据的运算。

一个数据对象中所有数据成员之间一定存在某种联系。数据之间的相互关系，被称为**数据的逻辑结构**（Logical Structure）。在计算机中存储数据时，不仅要存储数据本身的信息，还要存储各数据之间的前后关系的信息（即逻辑结构）。数据及其关系在计算机中的存储方式，称为数据的**存储结构**（Storage Structure），或数据的**物理结构**。

数据的逻辑结构是从解决问题的需要出发，为实现必要的功能所建立的数据结构。它属于用户的视图，是面向问题的，例如，在选修课成绩系统中建立按成绩排列的有序表。数据的逻辑结构是独立于计算机的，它与数据在计算机中的存储位置无关。数据的物理结构是指数据在计算机中如何存放，是数据逻辑结构的物理存储方式，是属于具体实现的视图，是面向计算机的。数据的逻辑结构根据问题所要实现的功能建立，数据的物理结构根据问题所要求的响应速度、处理时间、修改时间、存储空间和单位时间的处理量等建立，是逻辑数据的存储映像。

数据的逻辑结构也可以看成从具体问题抽象出来的数学模型，可用二元组表示：

$$B = (D, R)$$

式中，B 表示数据结构；D 是某个数据对象，是数据元素的集合；R 是 D 中各数据元素之间关系的有限集合，一般用二元组表示。

（6）**数据处理**（Data Processing）：是指对数据进行检索、插入、删除、合并、排序、统计、简单计算、转换、输入和输出等操作过程。早期的计算机主要用于科学和工程计算，进入 20 世纪 80 年代以后，计算机主要用于数据处理。像计算机情报检索系统、经济信息管理系统、图书管理系统、物资调配系统、银行核算系统、财务管理系统等都是计算机在数据处理领域的具体应用。数据结构是进行数据处理的软件基础。

（7）**数据结构的图形表示**：一个数据结构除了可用二元组表示外，还可以用图形来形象地表示。在数据结构的图形中，每个结点（或顶点）表示一个数据元素，用中间标有元素值的方框表示，两个结点之间用带箭头的连线（称为**有向边或弧**）表示对应关系中的一个序偶，其中序偶的第一个元素（称为第二个元素的**前驱结点**）为有向边的起始结点，第二个元素（称为第一个元素的**后继结点**）为有向边的终止结点，即箭头所指的结点。

1.2.2 数据的逻辑结构

数据元素相互之间的关系，称为**结构**（Structure）。根据数据元素之间不同的关系特性，数据元素间的关系分为4种类型：集合、线性结构、树状结构及图状或网状结构。通常数据的逻辑结构分为两大类：线性结构和非线性结构。

1. 线性结构

线性结构的逻辑特征是：线性结构中每一个数据元素(除第一个和最后一个数据元素外)，仅有一个直接前驱和一个直接后继；而第一个数据元素只有一个直接后继，没有直接前驱；最后一个数据元素只有一个直接前驱，没有直接后继。

线性结构也称为**线性表**。选修课成绩表（见表1.2）和学生情况登记表（见表1.3）就是典型的线性结构。本书将在第2~4章中介绍数据的线性结构。

2. 非线性结构

非线性结构的逻辑特征是：一个数据元素可能有多个直接前驱和直接后继。树状结构和图结构都是典型的非线性结构。本书将在第6章和第7章中介绍树状结构和图结构。

3. 数据的逻辑结构实例

为了增加对数据结构的感性认识，下面举例说明数据结构这一重要概念。

【例1.3】一年四季名称所组成的数据结构可以表示为：

$B = (D, R)$

$D = \{春，夏，秋，冬\}$

$R = \{\langle 春，夏 \rangle, \langle 夏，秋 \rangle, \langle 秋，冬 \rangle\}$

该结构的数据元素是一年中四个季节的名称。各季节间的顺序关系是："春"是"夏"的直接前驱，"夏"是"秋"的直接前驱，而"秋"是"冬"的直接前驱，反之"夏"是"春"的直接后继。在该结构中，数据元素之间是一对一的关系，即**线性关系**。我们把具有这种特点的数据结构称为**线性结构**。

图1.3是一年四季名称数据结构的图形表示。在数据结构的图形表示中，数据集合 D 中的每个数据元素用中间标有元素值的方框表示，数据元素间的关系用带箭头的线段表示。

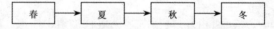

图1.3 线性数据结构示例：一年四季名称数据结构的图形表示

【例1.4】考试成绩统计表见表1.4。

表1.4中的每一行是一名考生的记录，每个记录由准考证号、姓名、各科成绩及总分等数据项组成。其中，准考证号为该记录的主关键字。若将所有考生记录按总分从高到低排列，则高考成绩统计表是一个按成绩排列的有序表。表中每个学生记录所组成的数据结构可表示为：

$B = (D, R)$

$D = \{胡桃，黎明，肖红，唐平，程程，房芳\}$

R={〈胡桃,黎明〉,〈黎明,肖红〉,〈肖红,唐平〉,〈唐平,程程〉,〈程程,房芳〉}

表 1.4 考生成绩统计表

准考证号	姓名	语文	外语	数学	物理	化学	总分
20006	胡桃	110	135	140	130	120	635
20004	黎明	100	130	140	116	122	608
20001	肖红	120	100	126	100	120	566
20003	唐平	90	130	130	100	95	545
20002	程程	100	110	120	90	100	520
20005	房芳	80	100	90	80	85	435

这是一个典型的线性结构。考生成绩统计表是一个线性表,线性表中所有数据元素按成绩从高到低顺序排列。线性表中第一个记录没有直接前驱,称为**开始结点**,而最后一个记录没有直接后继,称为**终端结点**。除第一个记录和最后一个记录外,其他记录仅有一个直接前驱结点和一个直接后继结点。例如,"胡桃"没有前驱结点故为开始结点,而"房芳"没有后继结点是终端结点;"黎明"的前驱结点是"胡桃",其后继结点是"肖红"。

图 1.4 就是考生成绩统计表这个数据结构对应的图形表示。

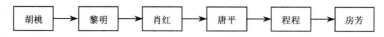

图 1.4 线性数据结构示例:考生成绩统计表的图形表示

【例 1.5】假设家庭成员组成的数据结构可以表示成:

B= (D, R)

D= {祖父,叔叔,父亲,儿子,女儿,孙子}

R= {〈祖父,父亲〉,〈祖父,叔叔〉,〈父亲,儿子〉,〈父亲,女儿〉,〈儿子,孙子〉}

这是一个典型的树状数据结构。组成这个结构的数据元素是家庭成员名,在考虑家庭成员间的辈分关系时,则"祖父"是"父亲"的直接前驱,而"儿子"和"女儿"都是"父亲"的直接后继;"儿子"是"孙子"的直接前驱,而"孙子"则是"儿子"的直接后继。

图 1.5 是家庭成员间辈分关系数据结构的图形表示。该图形就像一棵倒画的树。在这棵树中,最上面一个没有前驱的结点称为**根结点**,最下面一层只有前驱没有后继的结点称为**叶结点**。在一棵树中,每个结点有且仅有一个直接前驱结点(除第一个结点称为**树的根结点**外),但可以有任意多个后继结点。这种数据结构的特点是,数据元素之间是一对多的关系,即层次关系。我们把具有这种特点的数据结构称为**树状结构**,简称为**树**。

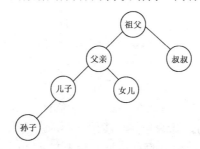

图 1.5 树状数据结构示例:家庭成员间辈分关系的图形表示

【例 1.6】 假设国内若干城市之间的航线组成的数据结构可表示成：
$B=(D, R)$
$D=\{$北京，上海，武汉，香港，重庆，广州$\}$
$R=\{r_1, r_2, r_3, r_4\}$
$r_1=\{$(北京，上海)，(北京，香港)，(北京，广州)，(北京，重庆)，(北京，武汉)$\}$
$r_2=\{$(上海，香港)，(上海，重庆)，(上海，武汉)，(上海，广州)$\}$
$r_3=\{$(武汉，香港)，(武汉，重庆)，(武汉，广州)$\}$
$r_4=\{$(香港，重庆)，(香港，广州)，(广州，重庆)$\}$

图 1.6 是国内若干城市间部分航线示意图，这是一个典型的图数据结构。组成这种数据结构的数据元素是城市名称（顶点），在图中，每个城市（顶点）都可以与若干城市（顶点）相连，是一种多对多的关系。在航线图中，对每个城市的描述可以用一个顶点来表示，而每个城市的基本信息，如城市的名称、机场的位置、航线的多少等则可以用顶点中的数据项来描述。这些描述在航线图中被省略了。

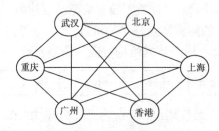

图 1.6 图数据结构示例：国内若干城市间部分航线示意图

从图 1.6 中可以看出，R 是 D 上的对称关系，这种结构的特点是数据元素之间的联系是多对多的关系，即**网状关系**；也就是说，每个结点可以有任意多个前驱结点和任意多个后继结点。我们把具有这种特点的数据结构称为**图结构**，简称**图**。

1.2.3 数据的存储结构

数据处理是计算机应用的一个重要领域。在实际进行数据处理时，所有要处理的数据都要存放到计算机的存储器中。数据在计算机中的存储方式有多种：顺序、链接、索引和散列等。因此，同一种数据的逻辑结构可以根据需要表示成任意一种或几种不同的存储结构。下面将简要介绍常用的 4 种存储方法。

1. 顺序存储方法

顺序存储方法是将逻辑上相邻的结点存储在物理位置上亦相邻的存储单元里，也就是将所有存储结点相继存放在一个连续相邻的存储区里。用存储结点间的位置关系来表示结点之间的逻辑关系。因此，顺序存储结构只需要存储结点的信息，不需要存储结点之间的关系。

计算机的存储器是由很多存储单元（Word 或 Byte）组成的，每个存储单元都有唯一的地址（编号）。每个存储单元的地址编号都是线性连续的。我们把两个互为前驱、后继的存储单元称为相邻存储单元，把一片相邻的存储单元称为存储区域。

顺序存储结构是一种最基本的存储方法，通常可用程序设计语言中的数组来实现。

【例 1.7】请用顺序存储方式表示一周 7 天，假设一周 7 天的数据结构为：
B=(D, R)
D={Sun, Mon, Tue, Wed, Thu, Fri, Sat}
R={<Sun, Mon>，<Mon, Tue>，<Tue, Wed>，<Wed, Thu>，<Thu, Fri>，<Fri, Sat>}
若采用顺序存储方法将一周 7 天存储在计算机中，其顺序存储结构如图 1.7 所示。

存储地址	数组的下标	数据域
1000	0	Sun
1001	1	Mon
1002	2	Tue
1003	3	Wed
1004	4	Thu
1005	5	Fri
1006	6	Sat

图 1.7 线性结构的顺序存储结构示例

2．链接存储方法

链接存储方法是在存储每个结点信息的同时，需要增加一个指针来表示结点间的逻辑关系。该方法不要求逻辑上相邻的结点在物理位置上亦相邻，结点间的逻辑关系是由附加的指针字段表示的。因此，链接存储结构中的每个结点由两部分组成：一部分用于存储结点本身的信息，称为**数据域**；另一部分用于存储该结点的后继结点（或前驱结点）的存储单元地址，称为**指针域**。指针域可以包含一个或多个指针，这由结点之间的关系所决定。

链接存储结构通常借助于程序设计语言中的指针来实现。

【例 1.8】请将一周 7 天这个数据结构采用链接存储方式来表示。

该数据结构的链接存储结构如图 1.8（a）所示，图 1.8（b）是该链接存储结构的图形表示。在图中，方框表示一个结点，框中数字为该结点的值，箭头代表指针，它表示各结点之间的关系。

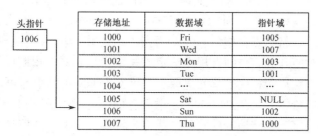

（a）链接存储结构示意图

（b）链接存储结构的图形表示

图 1.8 线性结构的链接存储结构示例

3．索引存储方法

索引存储方法是在存储结点信息的同时，建立一个附加的索引表。索引表中每一项称为一个**索引项**。索引项的一般形式是：（关键字，地址），**关键字**是能唯一标识一个结点的数据项。索引存储分为**稠密索引**（Dense Index）和**稀疏索引**（Sparse Index）两种。

（1）**稠密索引**：每一个结点在索引表中都有一个索引项。索引项的地址指出结点所在的存储位置。稠密索引也称为**密集索引**。如图1.9所示采用的是稠密索引方式。

（2）**稀疏索引**：一组结点在索引表中只对应一个索引项。索引项的地址指示一组结点的起始存储位置。稀疏索引也称为**分块索引**。例如，图1.1（a）、（b）和图1.2（a）所示的电话号码索引表就是稀疏索引方式。

【例1.9】某单位职工档案文件。每个职工的档案信息都包括：职工号、姓名、性别和年龄4项。其中，职工号为记录的主关键字，每个职工的信息存放在一条记录中。假设采用索引非顺序文件存储方法来存储职工档案信息。由于职工记录信息是随机输入的，并不按记录关键字的顺序排列，因此，可以采用稠密索引方式为每个职工记录建立一个索引项。

采用索引非顺序文件存储方式建立的职工档案文件存储结构如图1.9所示。

存储地址	职工号	姓名	性别	年龄
1001	0029	王东	男	45
1003	0005	张红	女	25
1004	0002	李明	男	35
1005	0038	蔡平	女	40
1008	0031	郭卫冬	男	55
1009	0043	胡涛	男	37
1010	0017	李萍萍	女	30
1012	0048	程建国	男	50

关键字	存储地址
0002	1004
0005	1003
0017	1010
0029	1001
0031	1008
0038	1005
0043	1009
0048	1012

（a）文件数据区　　　　　　（b）索引表

图1.9　索引非顺序文件存储结构示例

4．散列存储方法

散列存储方法是一种重要的存储方法，也是一种常见的查找方法。它的基本思想是：根据结点的关键字key直接计算出该结点的存储地址。即以线性表中的每个结点的关键字key为自变量，通过一个确定的函数关系f，计算出对应的函数值$f(key)$，然后把这个值解释为一块连续存储空间的存储地址，将结点存储到$f(key)$所指的存储单元中，使每个关键字和结构中一个唯一的存储地址相对应。因而查找时，根据给定的关键字key，只要用同样的函数$f(key)$计算出散列关键字的地址，然后到相应的单元里取出关键字为key的结点即可。用散列方法存储的线性表称为**散列表**或**哈希表**（Hash Table），散列存储中使用的函数$f(key)$称为**散列函数**或**哈希函数**，它实现关键字到存储地址的映射（或称为**转换**），$f(key)$的值是key的存储地址，称为**散列地址**或**哈希地址**。

通常，散列表的存储空间是一个一维数组，散列地址是数组的下标。我们将这个一维数组简称为**散列表**。

在一般情况下，散列函数是很难一一对应的。因此会出现这样的情况：不同的关键字可能得到同一个散列地址，即$key_1 \neq key_2$，但是$f(key_1)=f(key_2)$，这种现象称为**冲突**（Collision）。通常把具有不同关键字而具有相同散列地址的元素称为**同义词**（Synonym）。因此，如何尽量避免冲突和冲突发生后如何解决冲突是散列存储的两个关键问题。

处理冲突最基本的方法有两种：开放定址法和拉链法。开放定址法就是当冲突发生时，使用某种探测技术在开放的散列表中查找出一个空闲的存储单元，把发生冲突的待插入结点存入该空单元中以此来解决冲突。拉链法就是把所有发生冲突的同义词元素（结点）链接存储在同一个单链表中。

【例 1.10】已知一组待存储的关键字为（40, 68, 6, 20, 49, 24, 53, 16, 1, 45, 14, 88），散列地址为 $T[0..12]$。假设用除留取余法构造的散列函数为：$H(key)= f(key)=key\%13$。请给出用开放定址法和拉链法解决冲突时，散列表的存储情况示意图。

【解】首先用散列函数 $H(key)= key\%13$ 计算出每个关键字的散列地址（即数组的下标），得到散列地址序列为（1, 3, 6, 7, 10, 11, 1, 3, 1, 6, 1, 10）。其中前 6 个关键字插入时，其相应的地址均为开放地址，所以将它们直接插到 $T[1]$、$T[3]$、$T[6]$、$T[7]$、$T[10]$、$T[11]$ 中。插入第 7 个关键字 53 时，其散列地址 1 已被同义词 40 占用，因此探查 $H_1=(1+1)\%13=2$，此地址开放，故将 53 放入 $T[2]$ 中。当插入第 8 个关键字 16 时，其散列地址 3 已被同义词 68 占用，故探查 $H_1=(3+1)\%13=4$，此地址开放，将 16 放入 $T[4]$ 中。当插入第 9 个关键字 1 时，散列地址 1 已被同义词 40 占用，所以探查 $H_1=(1+1)\%13=2$，而 $T[2]$ 也已经被同义词 53 占用，再探查 $H_2=(1+2)\%13=3$，$T[3]$ 已被非同义词 68 占用，接着探查 $H_3=(1+3)\%13=4$，同样 $T[4]$ 又被非同义词 16 占用，再继续探查 $H_4=(1+4)\%13=5$，此地址开放，所以将 1 插到 $T[5]$ 中。类似地，将关键字 45, 14, 88 分别插入 $T[8]$、$T[9]$ 和 $T[12]$ 中。由此构造的散列表如图 1.10（a）所示。

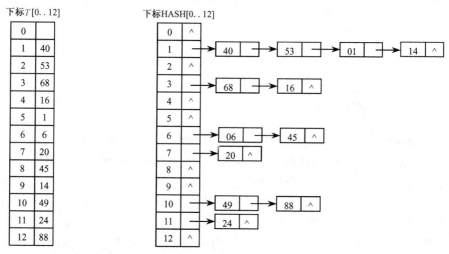

（a）开放定址法处理冲突　　（b）拉链法处理冲突（同一链表中结点从表尾插入）

图 1.10　线性表的散列存储结构示例

从散列表中查找元素与插入元素一样简单，例如，从 T 中查找关键字为 40 的元素时，利用散列函数 $H(key)$ 计算出 key=40 的散列地址为 1，则从下标为 1 的单元中取出该元素即可。

图 1.10（b）是用拉链法解决冲突时，散列表的存储情况示意图。在拉链法中，凡是散列地址为 i 的结点都插到头指针为 $HASH[i]$ 的链表中。发生冲突的同义词结点在链表中的插入方法有多种：可以在表头或表尾插入结点，也可以从中间插入结点，使得在同一链表中同义词结点按关键字有序地排列。

在以上 4 种存储方法中，顺序存储方法和链接存储方法是最基本的、最常用的，索引存储方法和散列存储方法在具体实现时需要用到前两种方法。

存储结构是数据结构不可缺少的一个方面。同一种逻辑结构采用不同的存储方式，可以得到不同的存储结构。若存储结构不同，则其数据处理的效率也完全不同。因此，数据处理时选择合适的存储结构是非常重要的。究竟选择何种存储结构来表示相应的逻辑结构，应根据具体问题的要求而定，主要考虑的是运算方便及算法的时间和空间要求。

对同一种逻辑结构的不同存储结构，我们常常冠以不同的数据结构名称来加以区别。例如，对于一周7天这个数据结构，若采用顺序存储方式，该结构就称为**顺序表**；若采用链接存储方式，该结构就称为**链表**；若采用散列存储表示，则该结构称为**散列表**。

数据的运算也是数据结构不可分割的一个方面。在给定了数据的逻辑结构和存储结构以后，按不同的定义进行运算，也可能导致完全不同的数据结构。例如，若线性表上的插入和删除运算限制在表的同一端进行，则该线性表称为**栈**；若线性表上的插入运算限制在线性表的一端进行，而删除运算限制在线性表的另一端进行，则该线性表称为**队列**。

顺序存储方法和链接存储方法将在第2章中详细讨论，索引存储方法和散列存储方法将在第9章中详细讨论。

1.3 算法性能分析与度量

在计算机领域，一个算法实质上是针对所处理问题，在数据的逻辑结构和存储结构的基础上施加的一种运算。由于数据的逻辑结构和存储结构不是唯一的，算法的设计思想和技巧也不是唯一的，所以处理同一个问题的算法也不是唯一的。学习数据结构这门课程的目的，就是要学会根据数据处理问题的需要，为待处理的数据选择合适的逻辑结构和存储结构，从而设计出比较满意的算法（程序）。

1.3.1 算法和算法的描述方法

算法（Algorithm）是对特定问题求解步骤的一种描述。它是指令的有限序列，其中每一条指令表示一个或多个操作。广义地说，为解决一个问题而采取的方法和步骤，就称为**算法**。解决一个问题的过程就是实现一个算法的过程。

不仅数值计算要研究算法，做任何事情都需要设计"算法"。例如，打太极拳、跳迪斯科、乐队奏曲、厨师炒菜，都是按照一定的步骤进行的。描述太极拳动作的图解就是"太极拳的算法"。一个菜谱也是一个"算法"，厨师炒菜就是实现这个算法。同样，一个工作计划、教学计划、生产流程等都可以称为"算法"。**计算机算法**就是计算机能够实现的算法。例如，让计算机执行 $S = 1+2+3+4+\cdots+100$ 运算是可以实现的，而让计算机执行"打太极拳"的算法是不行的。

计算机算法一般可分为两大类：数值算法和非数值算法。解决数值问题的算法称为**数值算法**。科学和工程计算方面的算法都属于数值算法，如求解数值积分、求解线性方程组、求解代数方程、求解微分方程等。解决非数值问题的算法称为**非数值算法**。数据处理方面的算法都属于非数值算法，如对各种数据结构的排序算法、图书情报资料检索、计算机绘图等。数值和非数值算法并没有严格的区别，一般来说，在数值算法中主要进行算术运算，而在非数值算法中，则主要进行比较和逻辑运算。

通常描述算法的方法有以下4种。

① 流程图：以文字框图进行图示的算法流程图。
② 自然语言：用自然语言描述的算法规则及算法的基本思想。
③ 伪代码：体现结构化程序设计原则的类C或者类C++语言的描述方式。

④ 程序设计语言：用计算机程序设计语言来描述算法，如用 C 或 C++等。

不管用哪种方式描述算法，唯一的要求是：能够精确地描述计算过程。一般而言，描述算法最合适的方法是采用介于自然语言和计算机程序设计语言之间的伪代码，它可以使算法表达更加简洁和清晰，而不至于陷入具体的程序设计语言的某些细节。但是，算法在计算机上的实现，必须借助于计算机程序设计语言来编写程序并上机验证。考虑到提高读者的实际程序设计能力和易于上机验证算法，有利于本课程的学习，以及在实践中对所学知识的应用。本书采用 C 语言来描述算法，且书中所有算法均在计算机上验证并通过，可以直接应用或引用。

下面通过两个实例，说明如何采用自然语言和 C 语言来描述算法。

【例 1.11】 求两个正整数 m 和 n 的最大公约数。

【算法分析】 假设 m 为被除数，n 为除数，r 为余数。用"辗转相除法"求最大公约数的算法如下。

① 比较 m 和 n 的大小。若 $m<n$，则交换 m 和 n，保证大数放在 m 中，小数放在 n 中。
② 求余数：计算 m/n 的余数 r，即 $r=m/n$。
③ 若 $r\neq 0$，则令 $m=n$；$n=r$；返回并重新执行第②步。
④ 若 $r=0$，则算法结束。n 就是两个正整数 m 和 n 最大的公约数。

求两个正整数最大公约数算法的 C 语言描述如下：

```
main()                              /* 求两个正整数的最大公约数算法 */
{int m, n, r, temp;
 printf("请输入两个正整数m, n:");    /* 从键盘上输入两个正整数 m 和 n */
 scanf("%d%d", &m, &n);
 if(n> m)
   { temp=m;   m=n;   n=temp; }     /* 将大数放在 m 中，小数放在 n 中 */
 r=m%n;                              /* 将 m/n 的余数存放在 r 中 */
 while (r!=0)                        /* 求 m 和 n 的最大公约数，当 r=0 时结束 */
   {  m=n;                           /* 令 m=n, n=r */
      n=r;
      r=m%n;   }                     /* 计算余数 r=m/n，直到 r=0 为止 */
 printf("M和N的最大公约数是:%2d\n\n", n);
}/* MAIN */
```

【例 1.12】 给出一个正整数 n，判定它是否为素数。

【算法分析】 素数亦称质数，它的特征是：除了被 1 和该数本身之外，不能被任何整数整除。例如，17 是素数，因为它除了能被 1 和 17 整除外，不能被 2~16 之间的任何整数整除。而 16 不是素数，因为它能被 2、4、8 整除。

判断一个数 n 是否是素数的最基本的方法是：将 n 被 2,3,…,$n-1$ 除，如果都除不尽，则 n 必为素数。

假设除数为 k，k 的值从 2 变化到 $n-1$，则求素数算法如下。

① 设置 k 的初值为 2。
② 将 n 除以 k，得到余数 r。
③ 判断 r 是否为 0？
- 若 $r=0$，表示 n 能够被 k 整除，可以判定 n 不是素数，则算法结束；

- 若 $r\neq 0$，表示 n 不能被 k 整除，n 有可能是素数，应继续执行第④步。

④ 将 k 的值加 1。

⑤ 如果 $k\leqslant n-1$，则返回重新执行第②步。

⑥ 如果 $k>n-1$，表示 n 不能被 $2\sim n-1$ 之间的任何整数整除。因此，可以判定 n 是一个素数，算法结束。

实际上，n 不必被 $2\sim n-1$ 之间的所有数除，只需要被 $2\sim\text{sqrt}(n)$ 之间的数除即可。例如，判断 17 是否为素数，只需将 17 被 2,3,4 除（取 $\sqrt{17}=4.123105$ 的整数部分得 4），如果都不能整除，则 17 必为素数。又如，判断 97 是否为素数，不必使 97 被 $2\sim 96$ 除，只需被 $2\sim 9$ 除即可。求素数算法的 C 语言描述如下：

```
#include  "math.h"
void  prim()                    /* 判断一个正整数是否为素数的算法 */
{  int n, i, k;
    printf("请输入一个正整数n:");  /* 从键盘上输入一个正整数 */
    scanf("%d", &n); k=sqrt(n);
    for (i=2;i<=k;i++)           /* n 依次被 2~sqrt(n)除，若除不尽，则 n 必为素数 */
      if(n%i==0)  break;
    if(i>k)  printf("n=%d 是个素数!\n", n);   /* i 大于 k 表示 n 是素数 */
    else    printf("n=%d 不是素数!\n", n);    /* 否则表示 n 不是素数 */
}/* PRIM */
```

1.3.2 算法的特性

作为一个完整的算法应具备以下 5 个重要特性。

（1）**有穷性**。一个算法必须总是在执行有穷步之后结束，且每一步都可在有限时间内完成。

（2）**确定性**。一个算法中的每一条指令都必须有确切的定义，无二义性。在任何条件下，算法只有唯一的一条执行路径，即对于相同的输入只能得出相同的输出。

（3）**可行性**。算法中要执行的每一个步骤都应该在有限的时间内完成。可行性与有穷性和确定性是相容的。

（4）**输入**。一个算法有零个或多个输入信息。这些输入信息取自于某个特定的对象的集合。例如，求素数要求输入一个正整数 n，而求最大公约数则要求输入两个正整数 m 和 n。

（5）**输出**。一个算法有一个或多个输出信息。这些输出是与输入有着某些特定关系的量。算法的目的是求"解"，"解"就是"输出"。例如，判断素数的输出信息是"n 是素数"或"n 不是素数"，求最大公约数的输出是两个正整数 m 和 n 的最大公约数。

1.3.3 算法设计的要求

求解同一个问题可以有许多不同的算法，各种算法有优劣之分。一个算法质量的优劣将影响到算法及程序的效率。究竟如何评价这些算法的好坏呢？通常从以下 6 个方面来评价算法。

（1）**正确性**。算法应当满足具体问题的需求。这是算法设计的基本目标。

（2）**健壮性**。当输入非法数据时，算法要能够做出适当的处理和反应，而不会产生莫名其妙的输出结果。一个好的算法，应该能够识别出错误的输入数据并进行相应的处理。对错误数据的处理一般包括打印错误信息，采用错误处理程序，返回标识错误的特定信息和终止程序运行等。

（3）**时间效率高**。算法的时间效率指的是算法的执行时间。执行时间短的算法称为**时间效率高的算法**。对于同一个问题，若有多个算法可以解决，应尽可能选择执行时间短的算法。

（4）**存储空间少**。算法的存储空间指的是算法执行过程中所需要的最大存储空间，其中主要考虑辅助的存储空间。存储空间小的算法称为**内存要求低的算法**。同一个问题若有多个算法可供选择，应尽可能选择内存要求低的算法。当然效率与存储空间的需求都与问题的规模有关，求 100 个素数和求 10000 个素数所需的执行时间和存储空间显然是有差别的。

（5）**可读性**。算法首先是为了满足人的阅读与交流需要，其次才是机器执行需要。可读性好的程序有助于人们对算法的理解，也有利于算法的交流和移植。难懂的程序则会隐藏较多的错误，难以调试和维护。

（6）**简单性**。算法的简单性是指一个算法所采用的数据结构和方法的简单程度。例如，对数组进行查找时，采用顺序查找的方法比采用二分查找的方法简单；对数组进行排序时，采用直接选择排序的方法比采用堆排序或快速排序的方法要简单。尽管最简单的算法不是最有效的，它可能时间效率低，占用内存空间多，但对于处理少量数据的情况还是适用的。

评价算法的目的就在于：选择适当的算法和改进算法。从主观上讲，我们希望选用一个存储空间小、运行时间短、其他性能好的算法。然而，实际上很难做到十全十美，一个看起来很简单的程序，其运行时间可能要比复杂的程序慢得多；而一个运行时间较短的程序可能占用内存单元也多。因此，应根据具体情况有所侧重。若程序反复多次使用，应尽可能选用快速算法；若要解决的问题规模很大，机器的存储空间较小，则相应的算法要考虑节省空间。目前在计算机硬件价格快速下降的趋势下，算法的时间效率应优先考虑。因此，本书将主要讨论算法的时间特性，偶尔也讨论算法的空间特性。

1.3.4 算法时间复杂度的分析与度量

算法的时间效率也称为**时间复杂性**或**时间复杂度**（Time Complexity），它是算法运行时间的相对度量。一个算法的运行时间是指在计算机上从算法开始运行到结束所花费的时间，它与计算机系统的硬件、软件及问题的规模等因素有关。由于这些因素将影响算法在计算机中的运行时间，也容易掩盖算法本身的优劣，因此，我们用"语句频度"和算法的"渐进时间复杂度"这两个与计算机软件和硬件无关的量来讨论算法的时间复杂度。

语句频度（Frequency Count）指的是算法中每条语句的执行次数与其执行一次所需时间的乘积。当算法转化为程序之后，每条语句执行一次所需要的时间取决于计算机的指令性能、速度及编译所产生的代码质量，这是很难确定的。假设每条语句执行一次所需的时间均为单位时间，则语句频度就是该语句重复执行的次数。因此，一个算法所耗费的时间就是该算法中所有语句频度之和。

假设 n 表示求解问题的规模，例如，排序运算时 n 为参加排序的记录数，在矩阵运算中 n 为矩阵的阶数，在图的遍历中 n 为图的顶点数，则一个算法的语句频度是其求解问题规模 n 的函数，记为 $T(n)$。

下面举例说明如何求算法的语句频度 $T(n)$。

【**例 1.13**】下面算法为求 n 个自然数的和 $S=1+2+3+\cdots+n$。请给出该算法的语句频度。

```
sum(int n)
{   int i, s=0;                ┆语句执行次数
    for(i=1;i<=n;i++)          ┆n+1 次
        s=s+i;                 ┆n 次
    printf("%d\n", s);         ┆1 次
}/* SUM */
```

【解】算法右边是各语句的执行次数。算法的语句频度就是算法中所有语句的执行次数之和。因此，该算法的语句频度为：

$$T(n)=1+n+n+1=2n+2$$

当然，要精确地计算出一个算法的语句频度有时是相当烦琐的，也是没有必要的。实际上，只要大致估计出相应的算法时间复杂度的**数量级（Order）**即可。如果算法的语句频度为 $T(n)$，有某个辅助函数 $F(n)$，使得当问题规模 n 趋于无穷大时，则有

$$\lim_{n\to\infty}\frac{T(n)}{F(n)} = 常数 \neq 0$$

则称函数 $T(n)$ 与 $F(n)$ 是同阶的，或者说，$T(n)$ 和 $F(n)$ 只相差一个常数倍，其数量级是相同的，记为：

$$O(F(n))=T(n)$$

将 $O(F(n))$ 称作算法的**渐进时间复杂度**（Asymptotic Time Complexity），简称为算法的**时间复杂度**或**时间复杂性**（Time Complexity）。实际上，时间复杂度就是语句频度的数量级表示。它表示随问题规模 n 的增大，算法执行时间的增长率和 $F(n)$ 的增长率是相同的。

当算法的时间复杂度采用数量级的形式表示时，求一个算法的时间复杂度比计算一个算法的语句频度要方便得多。这时只需要分析影响算法运行时间的主要部分就可以求出该算法的时间复杂度，而不必对算法中的每一步都进行详细的分析。同时，对主要部分的分析也可以简化，一般只需分析算法中循环语句的重复执行次数即可。

下面举例说明如何求算法的时间复杂度。

【例 1.14】请给出例 1.13 算法，即求 n 个自然数的和 $S=1+2+3+\cdots+n$ 的时间复杂度。

【解】该算法的语句频度为 $T(n)=2n+2$。若取 $F(n)=n$，则时间复杂度可用下式计算：

$$\lim_{n\to\infty}\frac{T(n)}{F(n)} = \lim_{n\to\infty}\frac{2n+2}{n} = 2 \neq 0$$

显然，该算法的时间复杂度为 $T(n) = O(F(n))= O(n)$。

【例 1.15】下面的算法求两个 n 阶方阵的乘积 $C=A\times B$，请给出该算法的时间复杂度。

```
#define n   101                /* n 为自然数，可根据需要定义，这里假设为 101 */
Matrixmultiply(a, b, c)        /* 求两个n阶方阵的乘积C=A×B的算法 */
float a[n][n], b[n][n], c[n][n];
{   int i, j, k;                    ┆语句执行次数
    for(i=1;i<=n;i++)               ┆n+1 次
        for(j=1;j<=n;j++)           ┆n(n+1)次
        {  c[i][j]=0;               ┆$n^2$ 次
            for(k=1;k<=n;k++)       ┆$n^2$ (n+1)次
                c[i][j]=c[i][j]+a[i][k]*b[k][j]; }  ┆$n^3$ 次
}/* MATRIXMLUTIPLY */
```

【解】算法右边是各语句的执行次数，因此，该算法的语句频度为：
$$T(n)= n+1+n(n+1)+n^2+n^2(n+1)+n^3=2n^3+3n^2+2n+1$$
显然，算法 Matrixmultiply 所耗费的时间 $T(n)$ 是矩阵阶数 n 的函数。取 $F(n)=n^3$，则
$$\lim_{n\to\infty}\frac{T(n)}{F(n)}=\lim_{n\to\infty}\frac{2n^3+3n^2+2n+1}{n^3}=2\neq 0$$
因此，该算法的时间复杂度 $T(n)= O(F(n))= O(n^3)$。

很多算法的时间复杂度除了与问题的规模 n 有关外，还与算法中数据元素取值情况及所处理的数据集的原始状态有关。因此，分析一个算法的时间复杂度，要考虑数据集中可能出现的最坏情况和最好情况，估算出算法**最坏的时间复杂度（Worst）**和**最好的时间复杂度（Best）**。此时，算法的效率就是根据数据集中最坏的情况来估算算法的时间复杂度，即分析最坏的情况以估计出算法执行时间的上界。有时，我们也对数据集的分布做出某种假设（如等概率情况），估算出数据元素在等概率情况下算法的**平均时间复杂度（Average）**。

下面通过两个实例说明如何分析和估算出算法的最坏时间复杂度和平均时间复杂度。

【例 1.16】下面算法用冒泡法对数组 r 中的 N 个整数从小到大进行排序。请给出该算法的时间复杂度。

```
# define N  20
void bubble_sort(r)            /* 冒泡排序算法——从下往上扫描的气泡排序 */
rectype r[];
{ int i, j, noswap=1;          /* noswap 为交换标志 */
  rectype temp;
  for(i=1; i<N ; i++)          /* 做 N-1 趟排序 */
  { noswap=1;                  /* 设置未交换标志，noswap=1 表示未交换 */
    for(j=N; j>=i; j--)        /* 从下往上扫描 */
      if(r[j].key<r[j-1].key)  /* 交换记录 */
        { temp.key=r[j-1].key;
          r[j-1].key=r[j].key;
          r[j].key=temp.key;
          noswap=0; }
    if(noswap)  break; }       /* 若本趟排序中未发生交换，则终止排序 */
}/* BUBBLE_SORT */
```

【解】该算法的时间复杂度随原始数据分布状态的不同而不同。"交换序列中相邻两个数组元素"为气泡排序算法的基本操作。若数组中原始数据已经有序或在某次排序过程中数组元素已经有序，此时将因为标记 noswap=1 不满足循环条件而提前结束排序。在最坏的情况下，每次排序时相邻两个数组元素都要交换位置。因此，必须分析和估算出该算法在最坏的情况下的时间复杂度。假设在最坏的情况下该算法的语句频度为 $T(n)=n+4n^2$，取 $F(n)=n^2$，则
$$\lim_{n\to\infty}\frac{T(n)}{F(n)}=\lim_{n\to\infty}\frac{4n^2+n}{n^2}=4\neq 0$$
所以该算法的时间复杂度为 $T(n)= O(f(n))= O(n^2)$。

【例 1.17】下面算法是在数组 r 中查找关键字值为 keyx 的记录。若查找成功，则函数返

回该关键字的位置 i（$1 \leq i \leq n$）；否则函数返回 0。请给出该算法的时间复杂度。

```
# define n    20
int sequent_search(r, keyx)        /* 在数组 r 中顺序查找关键字值为 keyx 的结点 */
rectype r[n+1];                    /* 查找成功，函数返回数组的下标；失败返回-1 */
int keyx;
{ int i=n;                         /* 表的实际长度为 n，i 从表尾开始向前查找 */
  r[0].key= keyx;                  /* 将 r[0] 设置为监视哨 */
  while(r[i].key!= keyx)
      i=i-1;
  if (i==0)  return (-1);          /* 若 i=0，查找失败，函数返回-1 */
  else       return(i);            /* 若 i≠0，查找成功，函数返回该关键字的下标 */
}/* SEQUENT_SEARCH */
```

【解】 该算法的时间复杂度主要取决于循环语句的执行次数。而循环的执行次数与关键字为 x 的记录在数组中的位置有关。最好的情况是，数组中最后一个元素 r[n] 为要找的关键字，即 r[n]=keyx，此时循环语句只需执行 1 次，其时间复杂度为 O(1)。最坏的情况是，数组中第一个元素 r[1] 为要找的关键字 keyx，即 r[1]=keyx，循环语句需要执行 n 次才能结束，其时间复杂度为 O(n)。对这类算法的分析，可以考虑输入数据集的期望值，此时相应的时间复杂度应是要查找的关键字的位置在等概率取值情况下算法的平均时间复杂度。

假设查找任何位置上的数据元素都是等概率的情况，如果 P 为查找第 i 个位置上数据元素的概率，则 $P_i=P_1=P_2=P_{i+1}=\cdots=P_n=1/n$。若 E 为查找数据元素的平均次数，则

$$E(n)=\sum_{i=1}^{n}P_i(n-i+1)=\frac{1}{n}\sum_{i=1}^{n}(n-i+1)=\frac{1}{n}(n+n-1+\cdots+2+1)=\frac{1}{n}\times\frac{n(n+1)}{2}=\frac{n+1}{2}$$

由于该算法的语句频度为 $T(n)=E(n)=(n+1)/2$，取 $F(n)=n$，所以该算法的平均时间复杂度为 O(n)。

算法的时间复杂度是衡量算法好坏的重要指标。若将常见的时间复杂度按数量级递增排列，则依次为：常数阶 O(1)、对数阶 O($\log_2 n$)、线性阶 O(n)、线性对数阶 O($n\log_2 n$)、平方阶 O(n^2)、立方阶 O(n^3)、$\cdots$、k 次方阶 O(n^k)、指数阶 O(2^n)，即

$$O(1)<O(\log_2 n)<O(n)<O(n\log_2 n)<O(n^2)<O(n^3)<\cdots<O(n^k)<O(2^n)$$

图 1.11 所示为不同数量级时间复杂度的特性曲线。从图中可以看出：算法时间复杂度的数量级越低，则算法的效率就越高。当时间复杂度为指数函数和阶乘函数时，算法的效率极低。特别是 n 较大时，算法的运行时间是无法接受的。这些算法称为**坏的算法**或**无效的算法**。当时间复杂度为线性阶和线性对数阶函数时，算法运行时间短。这些算法称为**好的算法**或**有效的算法**。

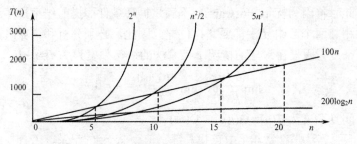

图 1.11　各种数量级的时间复杂度 $T(n)$ 曲线的比较

也许有人说，现代计算机发展速度快得惊人，算法的效率是无足轻重的。然而事实并非如此。在今天，人们需要处理的数据量越来越大，算法的效率对所处理的数据量有着决定性的作用。当输入量急剧增加时，如果没有高效率的算法，单纯依靠提高计算机的速度，有时是无法达到要求的。

因此，随着计算机应用技术的发展和信息处理量的增加，分析算法的效率，设计出高效率的算法是非常重要的。这也是我们学习数据结构的目的所在。

1.3.5 算法存储空间的分析与度量

算法的**空间复杂度**（Space Complexity）是算法所需存储空间的度量，它也是问题规模 n 的函数。渐进的**空间复杂度**简称为**空间复杂度**，记为 $S(n)$。

一个算法在计算机存储器上所占用的存储空间应该包括三个方面：存储算法本身所占用的存储空间，算法输入或输出数据所占用的空间，以及算法运行过程中临时占用的存储空间。

算法本身占用的存储空间与算法书写的长短成正比。要压缩这方面的存储空间，就必须编写出较精练的算法。输入或输出数据所占用的存储空间是由解决问题的规模所决定的，它不随算法的不同而改变，只有算法在运行过程中临时占用的存储空间因算法不同而异。

分析一个算法占用的存储空间要综合考虑各方面的因素。例如，对于递归算法来说，算法本身比较简短，所占用的存储空间较少，但是算法运行时，需要设置一个附加堆栈，从而占用较多的临时工作单元；若写成相应的非递归算法，算法本身占用的存储空间较多，但是算法运行时需要的临时存储单元相对较少。有的算法只需要占用少量的临时工作单元，而且不随问题的规模改变而改变，我们称这种算法是"**就地**"进行的，是节约存储空间的算法；有的算法需要占用临时工作单元的数目会随问题规模的增加而增加，当问题规模较大时，算法将占用较多的存储单元。

算法的存储空间需求量是很容易计算的，包括局部变量所占用的存储空间和系统为实现递归所使用的堆栈空间两个部分。算法的空间需求一般用空间复杂度的数量级给出，记为：

$$S(n) = O(F(n))$$

通常，一个算法的复杂度是算法的时间复杂度和空间复杂度的总称。

本章小结

本章主要介绍了贯穿和应用于整个"数据结构"课程的基本概念和算法分析方法，概括地反映了后续各章的基本内容，为进入具体内容的学习提供了必要的引导。学好本章内容，将为后续章节的学习打下良好的基础。

本章的复习要点

（1）理解数据、数据元素、数据项、数据类型、数据对象的概念及其相互关系。

（2）理解数据的逻辑结构、数据的存储结构、数据处理及数据结构的概念和意义，以及它们之间的联系，理解存储结构和逻辑结构的区别。

（3）了解数据的逻辑结构的分类方法，掌握线性结构和非线性结构的逻辑特征。

（4）了解数据在计算机中的 4 种基本存储方式。

（5）理解算法、算法的时间复杂度和空间复杂性，以及与算法有关的一些概念；必须清楚地了解算法的定义、特性及对算法编制的质量要求；掌握算法性能（时间和空间）的简单分析方法，能够分析所给的程序（程序段和函数），并能用数量级的形式表示算法的时间复杂度。

（6）理解算法的几种描述方法。本书的全部算法均用 C 语言来描述，因此，要求熟练掌握用 C 语言编写应用程序的基本技术。

本章的重点和难点

本章的重点是：数据、数据元素、数据结构等基本概念和术语；数据结构的逻辑结构、存储结构，以及数据处理的概念和相互间的关系；算法的概念、算法的评价标准和算法性能（时间和空间）的分析方法。

本章的难点是：数据的逻辑结构和存储结构，算法时间复杂度的分析与度量。

习题 1

1.1 什么是数据结构？数据结构讨论哪三个方面的问题？

1.2 什么是数据元素？什么是数据项？数据与数据元素有何区别？

1.3 什么是数据的逻辑结构？什么是数据的物理结构？

1.4 什么是线性结构？什么是非线性结构？

1.5 数据的逻辑结构与存储结构有什么关系？

1.6 数据的逻辑结构分为线性结构和非线性结构两大类。这两类结构各自的特点是什么？

1.7 数据的存储方法有 4 种：顺序存储、链接存储、索引存储和散列存储方法，简述各存储结构的特点。

1.8 什么是算法？算法的 5 个特性是什么？试根据算法的特性解释算法与程序的区别。

1.9 什么是算法的时间复杂度？算法的时间复杂度是如何表示的？

1.10 用图形表示下列数据结构，并指出它们是线性结构还是非线性结构。

（1）$B_1=(D_1, R_1)$，其中：

$D_1=\{ 2, 4, 6, 8, 10 \}$

$R_1=\{ \}$

（2）$B_2=(D_2, R_2)$，其中：

$D_2=\{ a, b, c, d, e, f \}$

$R_2=\{ \langle a, e \rangle, \langle b, c \rangle, \langle c, a \rangle, \langle e, f \rangle, \langle f, d \rangle \}$

（3）$B_3=(D_3, R_3)$，其中：

$D_3=\{ 1, 2, 3, 4, 5, 6 \}$

$R_3=\{(1, 2), (2, 3), (2, 4), (3, 4), (3, 5), (3, 6), (4, 5), (4, 6)\}$

（4）$B_5=(D_5, R_5)$，其中：

$D_5=\{$ 北京，伦敦，纽约，巴黎，东京，汉城$\}$

$R_5=\{ r_1, r_2, r_3 \}$

$r_1=\{$（北京，纽约），（北京，巴黎），（北京，东京），（北京，汉城），（北京，伦敦）$\}$

$r_2=\{$（东京，纽约），（东京，巴黎），（东京，汉城），（东京，伦敦），（伦敦，汉城）$\}$

$r_3=\{$（伦敦，纽约），（伦敦，巴黎），（巴黎，纽约），（巴黎，汉城），（纽约，汉城）$\}$

1.11 假设求解同一问题有三种算法，三种算法各自的时间复杂度分别为 $O(n^2)$、$O(2^n)$ 和 $O(n\log_2 n)$，试问哪种算法最可取？为什么？

1.12 指出下列各算法的功能。假设 n 为正整数，分析下列各程序段中加下画线语句的执行次数，并给出各程序段的时间复杂度 $T(n)$。

（1） x=0;　y=100;
　　 while(y>0)
　　　 if (x>100) { <u>x=x-10 ; 　y--;</u> }　　/* 求该语句的频度 */
　　　 else　x++;

（2） i=0; k=0;
　　 do { <u>k=k+10*i ;</u>　　　　　　　　　　/* 求该语句的频度 */
　　　　 i++;
　　 } while(i<n);

（3） i=1; j=0;
　　 while(i+j<=n)
　　 { if(i>j) <u>j++;</u>　　　　　　　　　　　/* 求该语句的频度 */
　　　 else　i++; }

（4） x=n;　　　　　　　　　　　　　　　　/* n>1 */
　　 while (x>=(y+1)*(y+1))
　　　 <u>y++;</u>　　　　　　　　　　　　　　/* 求该语句的频度 */

（5） int prime(int n)
　　 { int i=2;
　　　 while ((n%i!=0)&&(i<sqrt(n)))
　　　　 <u>i++;</u>　　　　　　　　　　　　　/* 求该语句的频度 */
　　　 if (i>sqrt(n)) return(1);
　　　 else return(0); }

（6） float sum(int n)
　　 { int i, p=1, sum=0;
　　　 for(i=1;i<=n;i++)
　　　 { <u>p=p*i;</u>　　　　　　　　　　　　/* 求该语句的频度 */
　　　　 sum=sum+p; }
　　　 return(sum); }

1.13 用 C 语言编写程序，并根据所写的程序分析在最坏情况下该程序的时间复杂度。

（1）首先从键盘上随机输入 20 个正整数，保存到数组 R[1..n]中，然后用选择排序方法按从小到大进行排序。

（2）在数组 A[1..n]中查找值为最大数和最小数的元素。

（3）在数组 A[1..n]中查找值为 key 的元素；若找到，则输出其位置 i（$1 \leq i \leq n$），否则输出 0 作为结束标志。

（4）从键盘输入一个整数 n，判断 n 是否为素数。若是则返回 1，否则返回 0。

（5）打印 9×9 乘法表。

（6）将一个字符串中所有字符按相反的次序重新放置。

（7）计算 $s=\sum_{i=1}^{i=n} i!$ 的值，式中 n 是一个正整数，要求从键盘输入。

（8）计算 $s=\sum_{i=0}^{i=n} i \frac{x^i}{i+1}$ 的值，式中 n 和 x 都是正整数，要求从键盘输入。

1.14　某班本学期开设政治、数学、英语、数据结构和计算机原理这 5 门课程，有 n 个学生。总平均成绩分优秀、良好、及格和不及格 4 个等级：90 分以上为优秀，80~89 分为良好，60~79 分为及格，60 分以下为不及格。请用 C 语言编写出统计分析程序，并分析其算法的时间复杂度。

1.15　请用 C 语言对以下问题编写程序并上机调试，检验其正确性。

（1）计算方程 $ax^2+bx+c=0$ 的两个实数根，对于有实根、无实根和不是二次方程（即 $a=0$）这三种情况要求返回不同的整数值，以便调用函数做不同的处理。

（2）求一维整型数组 A[n]中所有元素的和。

（3）用迭代方法求斐波那契数列。

第 2 章 线 性 表

内容提要

线性表是一种最简单、最常见的数据结构。本章将详细介绍线性表的基本概念、线性表的逻辑结构特性、线性表两种主要的存储结构以及线性表的一些常见运算,特别是在这两种存储结构上如何实现线性表的基本运算。

2.1 线性表的定义及基本运算

线性表是一种最基本、最常用的数据结构。本节主要介绍线性表的定义和基本运算。

2.1.1 线性表的定义

线性表是一种既简单而应用又十分广泛的数据结构,其定义如下:

线性表(Linear List)是由 n($n \geq 0$)个数据元素(结点)$a_1, a_2, a_3, \cdots, a_n$ 组成的有限序列。通常,我们把非空的线性表($n > 0$)记为:

$$A=(a_1, a_2, a_3, \cdots, a_n)$$

其中,

① A 是线性表的表名。一个线性表可以用一个标识符来命名。

② a_i($1 \leq i \leq n$)是表中的数据元素。其具体含义在不同的情况下是不相同的,它可以是一个数、一个字符、一个字符串,也可以是一条记录,甚至还可以是更为复杂的数据对象。数据元素的类型可以是高级语言所提供的简单类型或者用户自己定义的任何类型。本书采用 C 语言实现,数据元素所具有的类型有整型、实型、字符型、结构体等。

③ n 是线性表中数据元素的个数,也称为**线性表的长度**。$n=0$ 的线性表称为**空表**,此时,表中不包含任何数据元素。

线性表中数据元素在位置上是有序的。表中除第一个元素 a_1 外,每个元素有且仅有一个前驱元素,除最后一个元素 a_n 外,每个元素有且仅有一个后继元素。如果 a_i 和 a_{i+1} 是相邻的具有前后关系的两个元素,则 a_i 称为 a_{i+1} 的**前驱元素**,a_{i+1} 称为 a_i 的**后继元素**。线性表中数据元素之间的逻辑关系就是其相互位置上的邻接关系。由于该关系是线性的,因此,线性表是一种线性结构。

线性表中数据元素的相对位置是确定的。如果改变一个线性表的数据元素的位置,那么变动后的线性表与原来的线性表是两个不同的线性表。

在日常生活中,线性表的例子不胜枚举。例如,人事档案表、职工工资表、学生成绩表、图书目录表、列车时刻表等都是线性表。下面给出几个线性表的实例。

【例 2.1】26 个大写英文字母组成的字母表(A, B, C, D, $\cdots$, Z)就是一个线性表。其中字母表中的"A"是第一个数据元素,"Z"是最后一个数据元素;"A"是"B"的直接前驱,"B"是"A"的直接后继……该线性表的长度为 26。

【例2.2】有一组实验数据（41, 21, 34, 53, 62, 71, 75, 81, 76, 45），这也是一个线性表，数据之间有着一定的顺序（可能是随时间推移取得的实验数据）。这个线性表的长度为10。数据元素34的直接前驱是21，而直接后继是53。在一定的意义下，这些元素之间的相互位置关系是不能变动的。

【例2.3】学生成绩统计表也是一个线性表，见表2.1。在线性表中每个学生的成绩是一个数据元素，它由学号、姓名、数学、物理、外语、总分这6个数据项组成。该线性表的长度为5。

表2.1 某班学生成绩统计表

学 号	姓 名	数 学	物 理	外 语	总 分
1	李华	87	88	67	242
2	王放	67	95	83	245
3	张利	98	68	78	244
4	田勇	89	91	56	236
5	成惠	78	65	83	226

2.1.2 线性表的基本运算

线性表上常用的基本运算有以下9种。

① 线性表的初始化（initiate）：将线性表设置成一个空表。
② 求表的长度（length）：求线性表的长度。
③ 取出表的元素（getdata）：访问线性表中的第 i 个元素。
④ 查找运算（search）：查找线性表中具有某个特征值的数据元素。
⑤ 插入运算（insert）：在线性表中的第 i 个元素之前或之后插入一个新元素。
⑥ 删除运算（delete）：删除线性表中第 i 个元素或满足给定条件的第一个元素。
⑦ 排序运算（sort）：将线性表中的所有元素按给定的关键字进行排序。
⑧ 归并运算（catenate）：把两个线性表合并为一个线性表。
⑨ 分离运算（separate）：将线性表按某一要求分解成两个或几个线性表。

对于不同问题中的线性表，需要执行的运算可能不同。我们不可能也没有必要给出一组适合各种需要的运算，因此，一般只给出一组最基本的运算，利用上述几种基本运算的组合可以实现线性表的其他运算，例如，求任一给定结点的直接后继结点或直接前驱结点，将两个线性表合并等。在实际运用中，可以根据具体需要选择适当的基本运算的组合来解决实际问题中涉及的更为复杂的运算。

每种数据结构的运算，都与其存储结构有着密切的关系。这是学习数据结构要牢记的要点。线性表的基本运算和数据的存储方式是密切相关的，因此，在介绍线性表的顺序存储结构和链接存储结构时，我们将结合数据的存储方式再给出这些运算对应的算法描述。

本章将主要讨论线性表的建立、插入、删除、遍历等基本运算及其实现方法，其他几种运算如排序、查找、合并等将在以后的章节中分别详细介绍。

2.2 线性表的顺序存储结构及其运算

线性表常用的存储方式有两种：顺序存储方式和链接存储方式。用顺序存储方式实现的线性表称为**顺序表**，用链接存储方式实现的线性表称为**链表**。下面将分别介绍这两种存储结构，以及在这两种存储结构上如何实现线性表的基本运算。

2.2.1 线性表的顺序存储结构

线性表的顺序存储方法是：将线性表的所有元素按其逻辑顺序依次存放在内存中一组连续的存储单元中，也就是将线性表的所有元素连续地存放到计算机中相邻的内存单元中，以保证线性表元素逻辑上的有序性。用这种方法存储的线性表简称为**顺序表**。

顺序表的特点是：其逻辑关系相邻的两个元素在物理位置上也相邻，元素的逻辑次序和物理次序一致。

线性表的顺序存储结构可用数组来实现。数组元素的类型就是线性表中数据元素的类型，数组的大小（即下标的上界值，它等于数组所包含的元素个数）最好大于线性表的长度。因此，顺序存储结构的实现就是把线性表中每个元素 $a_1, a_2, a_3, \cdots, a_n$ 依次存放到数组下标为 0, 1, 2, $\cdots$, n-1 的位置上。

假设用数组 data[MAXSIZE] 来存储线性表 A =（$a_1, a_2, a_3, \cdots, a_n$），则线性表 A 对应的顺序存储结构如图 2.1 所示。

图 2.1 顺序存储结构示意图

由于线性表中所有结点的数据类型是相同的，因此每个结点占用的存储空间也是相同的。假设每个结点占用 d 个存储单元，若线性表中第一个结点 a_1 的存储地址为 LOC(a_1)，那么结点 a_i 的存储地址 LOC(a_i) 可以通过下面的公式计算得到：

$$\text{LOC}(a_i) = \text{LOC}(a_1) + (i-1) \times d \quad (1 \leq i \leq n) \tag{2.1}$$

式中，LOC(a_1) 是线性表第一个元素的存储地址，称为**线性表的存储首地址或基址**。

顺序存储结构的特点是：在线性表中，每个结点 a_i 的存储地址是该结点在表中位置 i 的线性函数，只要知道基地址和每个结点占用存储单元的个数，利用地址计算公式（2.1）就可以直接计算出任一结点的存储地址，从而实现线性表中数据元素的快速存取，其算法的时间复杂度为 O(1)，与线性表的长度无关。由此可知，顺序表是一种具有很高的存取效率的随机存取结构。

采用顺序存储结构表示线性表时，如果将存储数据元素的数组和存储线性表实际长度的变量同时存放在结构类型 sequenlist 中，则顺序表的类型定义如下：

```
#define    MAXSIZE   1000         /* 线性表可能的最大长度，假设为 1000 */
typedef    int     datatype;      /* datatype 可为任何类型，假设为 int */
typedef    struct   selist
{ datatype   data[MAXSIZE];       /* 定义线性表为一维数组 */
  int last;                        /* last 为线性表当前的长度 */
```

```
} sequenlist;              /* 顺序表的结构类型为 sequenlist */
sequenlist *l;             /* 定义指针类型 */
```

其中：数据域 data 是一个一维数组存放线性表的元素，线性表中第 1, 2,…, last 个元素分别存放在数组第 0, 1,…, last-1 位置上；MAXSIZE 是数组 data 能容纳元素的最大值，也称为**顺序表的容量**；last 是线性表当前的实际长度；datatype 是线性表元素的类型，应视具体情况而定。如果线性表是英文字母表，则 datatype 就是字符型；如果线性表是学生成绩统计表，则 datatype 就是学生情况的结构类型。

例如，用顺序表存储表 2.1 所示的学生成绩统计表时，其顺序存储分配情况如图 2.2 所示，学生成绩统计表的存储结构的类型说明如下：

```
# define  MAX  500              /* 线性表可能的最大长度，假设为 500 */
typedef  struct  node           /* 定义学生记录为结构类型 */
{  char   no[10];               /* 定义学生的学号 */
   char   name[10];             /* 定义学生的姓名 */
   float  score[5];             /* 定义学生各科成绩 */
} datatype;                     /* 定义学生记录为结构类型 datatype */
typedef  struct  selist
{ datatype   data[MAX];         /* data 数组存放学生成绩统计表 */
  int last;                     /* last 表示学生成绩统计表中实际学生人数 */
} sequenlist;                   /* 顺序表的结构类型为 sequenlist */
sequenlist *l;                  /* 定义指针类型 */
```

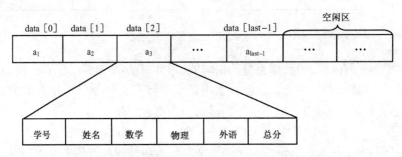

图 2.2　数据元素为记录的线性表的顺序存储示意图

2.2.2　顺序表上的基本运算

定义线性表的顺序存储结构之后，就可以讨论在该存储结构上如何实现线性表的基本运算了。下面给出顺序表的插入、删除、查找和遍历运算。

1. 在顺序表中插入一个新结点 x

线性表的插入运算是指在表的第 i（$1 \leqslant i \leqslant n+1$）个位置上，插入一个新的结点 x，使长度为 n 的线性表：

$$(a_1, \cdots, a_{i-1}, a_i, a_{i+1}, \cdots, a_n)$$

变成为长度为 $n+1$ 的线性表：

$$(a_1, \cdots, a_{i-1}, x, a_i, a_{i+1}, \cdots, a_n)$$

由于顺序表中结点在计算机中是连续存放的，若在第 i 个结点之前插入一个新结点 x，就必须将表中下标位置为 $i, i+1, \cdots, n$ 上的结点依次向后移动到 $i+1, i+2, \cdots, n+1$ 的位置上，空出第 i 个位置，然后在该位置处插入新结点 x。仅当插入位置 $i=n+1$ 时，才无须移动结点，直接将 x 插到表的末尾。新结点插入后，线性表的长度变成 $n+1$。顺序表插入运算如图 2.3 所示。

在顺序表中插入一个新结点的过程如下：

① 检查顺序表的存储空间是否已满，若已满，则停止插入，退出程序运行；
② 将第 $i \sim n$ 个结点之间的所有结点依次向后移动一个位置，空出第 i 个位置；
③ 将新结点 x 插入第 i 个位置；
④ 修改线性表的长度，使其加 1；
⑤ 若插入成功，则函数返回值为 1，否则函数值返回值为 0。

在顺序表中插入一个新结点的算法如下：

```
int insert_listseq(l, x, i)        /* 在顺序表中给定的位置处插入值为 x 的结点的算法 */
sequenlist *l;                     /* l 是 sequenlist 类型的指针变量 */
int i;                             /* 给出在顺序表中的插入位置 i */
datatype x;                        /* 给出插入结点的数据 x */
{ int j;
  if((*l).last>MAXSIZE)            /* 检查顺序表的长度 */
    { printf("\n\t 溢出错误!\n");    /* 打印溢出错误信息 */
      return (NULL); }             /* 结点插入失败，函数返回 0 */
  else if ((i<1)||(i>(*l).last+1)) /* 若是非法插入位置，则插入失败 */
    { printf("\n\t 该位置不存在!\n"); /* 输出非法插入位置出错信息 */
      return(NULL); }              /* 结点插入失败，函数返回 0 */
  else
    { for(j=(*l).last-1;j>=i-1;j--) /* 在第 i 个结点 a_i 位置插入值为 x 的结点 */
        (*l).data[j+1]=(*l).data[j]; /* 将结点依次向后移动一个位置 */
      (*l).data[i-1]=x;            /* 将 x 插入第 i 个结点(*l).data[i-1]中 */
      (*l).last=(*l).last+1;       /* 将线性表的长度加 1 */
      return(1);                   /* 结点插入成功，函数返回 1 */
    }
}/* INSERT_LISTSEQ */
```

本算法应注意以下几个问题：

① 顺序表数据区中有 MAXSIZE 个存储单元，插入时，先检查表是否已满，若表满则无法插入。
② 要检验插入位置的有效性 $1 \leqslant i \leqslant n+1$。
③ 要注意数据的移动方向。

2. 在顺序表中删除给定位置的结点

线性表的删除运算是指将表中第 i ($1 \leqslant i \leqslant n$) 个结点删去，使长度为 n 的线性表：

$$(a_1, \cdots, a_{i-1}, a_i, a_{i+1}, \cdots, a_n)$$

变为长度为 $n-1$ 的线性表：

$$(a_1, \cdots, a_{i-1}, a_{i+1}, \cdots, a_n)$$

若要删除表中第 i 个结点，就必须把表中第 $i+1$ 个结点到第 n 个结点之间的所有结点依次向前移动一个位置，以覆盖其前一个位置上的内容，使线性表的长度变成 $n-1$。删除运算如图 2.4 所示。

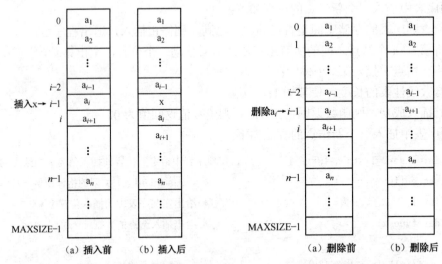

图 2.3　顺序表中的插入运算　　　　图 2.4　顺序表中的删除运算

在顺序表中删除给定位置的结点的过程如下：

① 检查给定结点的删除位置是否正确，若删除位置有错，则显示出错信息，退出程序运行；

② 把表中第 $i+1\sim n$ 个结点之间的所有结点依次向前移动一个位置；

③ 将线性表的长度减 1；

④ 若删除成功，函数返回 1，否则函数返回 0。

在顺序表中删除某给定位置上结点的算法如下：

```
    int   delete_address(l, i)          /* 在顺序表中删除第 i 个结点的算法 */
    sequenlist  *l;                     /* l 为顺序表 */
    int i;                              /* 删除第 i 个位置上的结点 */
    { int j;
      if((i<1)||(i>(*l).last))          /* 若是非法的删除位置，则删除失败 */
        { printf("\n\t 该结点不存在!\n");  /* 给出非法位置提示信息 */
          return (NULL); }               /* 删除失败，函数返回 0 */
      else
        { for(j=i-1;j<(*l).last;j++)     /* 第 i 个结点 a_i 存储在(*l).data[i-1]中 */
            (*l).data[j]=(*l).data[j+1]; /* 将结点从第 i 个结点开始依次向前移动 */
          (*l).last--;                   /* 将线性表的长度减 1 */
          return(1);                     /* 删除成功，函数返回 1 */
        }
    }/* DELETE_ADDRESS */
```

3. 在顺序表中删除给定值为 *x* 的结点

在顺序表中删除某个值为 *x* 的结点,其删除过程如下:
① 首先在顺序表中查找值等于 *x* 的结点;
② 若查找成功,则删除该结点,即将其后面的所有元素均向前移动一个位置,然后将顺序表的长度减 1,函数返回 1;
③ 若查找失败,则函数返回 0。
在顺序表中删除某个给定值为 *x* 的结点的算法如下:

```
int   delete_data(l, x)            /* 在顺序表中删除值为 x 的结点的算法 */
sequenlist *l;
int  x;
{ int i=0, j, len;
  len=(*l).last;
  while ((x!=(*l).data[i])&&(i<len))    /* 查找值为 x 的结点的位置 i */
     i++;
  if (x==(*l).data[i])                  /* 若找到 x 结点,则删除之 */
  { for(j=i-1; j<(*l).last; j++)
       (*l).data[j]=(*l).data[j+1];     /* 从第 i 个结点开始前移 */
    (*l).last--;                        /* 将表的长度减 1 */
    return(1);                          /* 删除成功,则函数返回 1 */
  }
  else{  printf("\n\t 该结点不存在!\n");
     return (NULL); }                   /* 删除失败,则函数返回 0 */
}/* DELETE_DATA */
```

4. 在顺序表中查找关键字为 key 的结点

查找运算是在具有 *n* 个结点的顺序表中,查找关键字为 key 的元素。若查找成功,则函数返回该关键字在表中的位置;若查找失败,则函数返回 0。在顺序表中的查找过程如下:
① 从顺序表的第一个结点(即数组下标为 0 的结点)开始依次向后查找;
② 若第 *i* 个结点的值等于 key,则查找成功,函数返回结点 key 在表中的位置 *i*+1;
③ 若查找失败,即表中不存在关键字为 key 的结点,则函数返回 0。
在顺序表中查找结点关键字为 key 的算法如下:

```
int search_listseq(l, key)        /* 在顺序表中查找关键字为 key 的结点算法 */
sequenlist *l;    /*查找关键字为 key 的结点,若找到,则返回 key 在表中位置,否则返回 0 */
datatype key;                     /* key 为要查找的关键值 */
{  int i=0;
   datatype x;
   x=(*l).data[i];
   while ((i<(*l).last)&&(x!=key))    /* last 为顺序表的实际长度 */
   { i++;   x=(*l).data[i]; }
```

```
        if(key==x)    return(i+1);              /* 若查找成功,则返回 key 在表中位置 */
        else          return(NULL);             /* 若查找失败,则返回 0 */
    }/* SEARCH_LISTSEQ */
```

5. 顺序表的遍历运算

所谓遍历就是从线性表的第一个元素开始,依次访问线性表的所有元素并且仅访问一次。顺序表的遍历就是依次访问数组 data[0]~data[last-1]中的每一个元素。访问时可以根据需要进行任意的处理,在此仅打印该元素的值。顺序表的遍历算法如下:

```
    void    print_listseq(l)                    /* 顺序表的遍历算法 */
    sequenlist *l;
    { int i, n=(*l).last;                       /* n 是顺序表的实际长度 */
      clrscr();                                 /* clrscr 为清屏幕函数 */
      for (i=0; i<n; i++)
      { printf("\tdata[%2d]=%4d", i, (*l).data[i]);  /* 打印顺序表元素 */
        if ((i+1)%4==0)  printf("\n"); }        /* 控制输出每行元素的个数 */
    }/* PRINT_LISTSEQ */
```

2.2.3 顺序表上插入和删除运算的时间分析

在线性表顺序存储结构中某个位置上插入和删除一个数据元素时,其插入与删除算法的主要执行时间都耗费在移动数据元素上,而移动元素的个数则取决于插入或删除元素的位置。

假设 p_i 是在第 i 个元素之前插入一个元素的概率,则在长度为 n 的线性表中插入一个元素时,所需移动元素次数的期望值(平均次数)应为:

$$E_i = \sum_{i=1}^{n+1} P_i(n-i+1) \tag{2.2}$$

同理,假设 q_i 是删除第 i 个元素的概率,则在长度为 n 的线性表中删除一个元素所需移动元素次数的期望值(平均次数)应为:

$$E_d = \sum_{i=1}^{n} q_i(n-i) \tag{2.3}$$

假定在线性表任何位置上插入或删除元素都是等概率的,即按机会均等考虑,可能进行插入的位置为 $i=1, 2, \cdots, n+1$,共 $n+1$ 个位置,则 $p_i=1/(n+1)$;可能进行删除的位置为 $i=1, 2, \cdots, n$,共 n 个位置,则 $q_i=1/n$。

因此,在等概率情况下,式(2.2)和式(2.3)可以分别简化为:

$$E_i = \frac{1}{n+1}\sum_{i=1}^{n+1}(n-i+1) = \frac{1}{n+1}(n+n-1+n-2+\cdots+2+1+0) = \frac{1}{n+1} \times \frac{n(n+1)}{2} = \frac{n}{2} \tag{2.4}$$

$$E_d = \frac{1}{n}\sum_{i=1}^{n}(n-i) = \frac{1}{n}(n-1+n-2+\cdots+2+1+0) = \frac{1}{n} \times \frac{n(n-1)}{2} = \frac{n-1}{2} \tag{2.5}$$

由此可见,在线性表的顺序存储结构上插入或删除一个数据元素时,平均要移动表中大约一半的数据元素。若顺序表的长度为 n,则顺序表的插入算法和删除算法的时间复杂度均为 $O(n)$。

2.2.4 顺序表的优点和缺点

线性表的顺序存储结构是用物理位置上的邻接关系来表示结点之间的逻辑关系的。这个特点使顺序表具有以下的优缺点。

顺序表的优点是结构简单，便于随机访问表中任一数据元素。但是，通过其插入和删除算法的分析可以看出，它有以下 3 个缺点。

① 插入和删除运算不方便。每次插入或删除运算要移动一半的数据元素。当 n 很大时，顺序表的插入和删除算法的效率是很低的。

② 浪费存储空间。由于顺序表需要一组地址连续的存储单元，对于长度可变的线性表就需要预先分配足够的空间。有可能使一部分存储空间长期闲置不能充分利用；也可能由于估计不足，表的长度超过预先分配的空间而造成溢出。

③ 顺序表的存储空间不容易扩充。

可见，在进行频繁的插入和删除运算时，不宜采用顺序存储结构。

2.3 线性表的链接存储结构及其运算

为了克服顺序表以上几个缺点，线性表可采用链接存储方法。线性表的链接存储结构称为**链表**（Linked List）。常见的链表有 3 种：单链表、循环链表和双链表。单链表是其中最简单的链表。本节将首先讨论单链表的存储结构、单链表的基本运算及单链表上其他较复杂的运算，然后再讨论循环链表和双向链表的存储结构及该结构上基本运算的实现。

2.3.1 单链表

线性表的链接存储方法是：用一组地址任意的存储单元来存放表中各个数据元素，这组存储单元可以是连续的，也可以是不连续的。

线性表链接存储结构的特点是：数据元素的逻辑次序和物理次序不一定相同。为了保证线性表各数据元素之间逻辑上的连续性，在存储数据元素 a_i 时，除了要存储数据元素本身的信息外，还必须附加一个或多个指针用于指向该结点的后继结点 a_{i+1} 或前驱结点 a_{i-1} 的存储地址（或位置）。链表正是通过每个结点的指针域，将线性表 n 个结点按其逻辑顺序链接在一起的。

每个结点有一个指针域的链表称为**单链表**，有两个指针域的链表称为**双向链表**，有多个指针域的链表则称为**多向链表**。

在单链表（Single Linked List）中，每个结点是由两部分组成的，如图 2.5 所示。其中，data 是数据域，用来存放结点本身的信息；next 是指针域或链域，用来存放本结点的直接后继结点所在的地址或者位置。

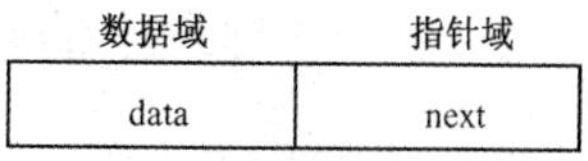

数据域	指针域
data	next

图 2.5 单链表结点结构

将逻辑上相邻的结点链接在一起，链表就可以表示成用箭头链接起来的结点序列。例如，对表 2.1 所示的学生成绩统计表，若用单链表表示，则对应的链接存储结构如图 2.6 所示。图中：箭头表示结点的指针域。链表中最后一个结点的指针域不指向任何结点称为**空指针**，通常用 "^" 或 NULL 表示。head 是指向单链表第一个结点的指针，称为**头指针**。一旦知道头指针，就可以顺藤摸瓜找到链表中的所有结点。因此，我们把图 2.6 所示的单链表也称为 **head 链表**。若指针 head 为空指针，即 head=NULL，则该链表称为**空表**。

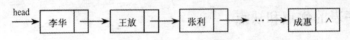

图 2.6 单链表的一般图示法

假设线性表的数据元素类型为 datatype,则上述单链表的类型定义如下:

```
typedef  struct  snode              /* 定义学生记录为结构类型 */
{ char   no[10];                    /* 定义学生的学号 */
  char   name[10];                  /* 定义学生的姓名 */
  float  score[5];                  /* 定义学生各科成绩用数组表示 */
}datatype;                          /* 定义学生记录的结构类型为 datatype */
typedef  struct  node                /* 结点类型定义 */
{ datatype data;                    /* 结点的数据域 */
  struct  node *next;               /* 结点的指针域 */
}linklist;                          /* linklist 为单链表类型 */
linklist *head;                     /* head 是指向单链表 linklist 指针 */
```

为了便于实现链表的各种运算,通常在单链表第一个结点之前再增加一个类型相同的结点,该结点称为**表头结点**,而其他结点则称为**表结点**。表头结点的数据域可以存放一个特殊的标志信息或链表的长度,也可以不存放任何数据。在表结点中,第一个结点和最后一个结点分别称为**首结点**和**尾结点**。例如,一个带头结点的单链表 A=(a_1, a_2, a_3,…, a_n)如图 2.7(a)所示,一个带头结点的空链表则如图 2.7(b)所示。本书若无特殊说明,各种链表的运算都是在带头结点的链表上实现的运算。

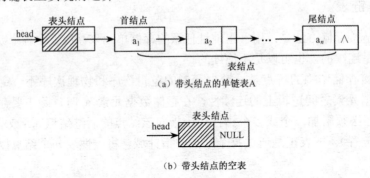

(a)带头结点的单链表A

(b)带头结点的空表

图 2.7 带头结点的单链表的示意图

2.3.2 单链表上的基本运算

单链表的基本运算有:链表的建立、查找、插入、删除及判断链表是否为空表等。本节将讨论带头结点的单链表上如何实现线性表的几种基本运算。

1. 单链表的建立运算

建立单链表从空表开始,每输入一个数据,申请一个结点,然后插入单链表中。假设线性表中结点的数据类型为整型,逐个输入整数并以 0 作为输入结束的标志,动态地建立单链表。

建立带表头结点的单链表的常用方法有两种:尾插法建立链表和头插法建立链表。若用尾插法建立链表,则链表中结点的输出次序与输入顺序相同;若用头插法建立链表,则链表中结点的输出次序与输入顺序相反。

（1）用尾插法建立单链表

用尾插法建立链表的基本思想是：首先生成一个新结点，将读入的数据存放到新结点的数据域中，然后把新结点插入到当前链表的尾结点之后，重复上述过程，直至输入结束标志为止。其插入过程如图 2.8 所示。

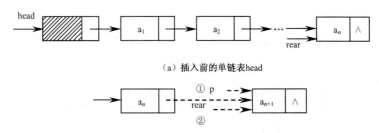

（a）插入前的单链表head

（b）在单链表head的表尾rear插入新结点p的过程

图 2.8　将新结点 p 插到单链表 head 的表尾

用尾插法建立带头结点的单链表的过程如下：

① 调用 malloc 函数，生成一个头结点 head，同时让尾指针 rear=head；
② 调用 malloc 函数，建立新结点 p；
③ 给新结点的数据域赋值，将新结点的指针域设置为空；
④ 将新结点链接到链表的尾结点 rear 之后，修改表尾指针 rear；
⑤ 重复上述步骤②～④，直至输入结束标志 0 为止。

下面给出用尾插法建立一个带头结点的单链表的算法：

```
linklist *hrear_creat()         /* 建立单链表算法——用尾插法建立带头结点的单链表函数 */
{ int  x;
  linklist *head, *p, *rear;    /* head, rear 分别为头指针和尾指针 */
  head=(struct node*)malloc(LEN); /* 建立单链表的头结点 */
  head->data=-999;
  rear=head;                    /* 尾指针的初值为头结点 head */
  clear();                      /* 函数功能是清屏、定位和设置颜色 */
  printf("\t\t 请随机输入互不相同的正整数以 0 作为结束符:\n\n\t\t");
  scanf("%d", &x);              /* 读入第一个结点的值 */
  while (x!=0)                  /* 输入数据，以 0 为结束符 */
  {   p=(struct node*)malloc(LEN); /* 生成一个新结点 */
      p->data=x;                /* 给新结点的数据域赋值 */
      rear->next=p;             /* 新结点插入到表尾*rear 之后 */
      rear=p;                   /* 将尾指针 rear 指向新的尾结点 */
      scanf("%d", &x);          /* 输入下一个结点的数据 */
  }
  rear->next=NULL;              /* 将单链表最后一个结点 rear 指针域置空 */
  return(head);                 /* 函数返回单链表的头指针 head */
}/* HREAR_CREAT */
```

算法中 clear() 为自定义函数，其功能是清屏幕、光标定位及设置屏幕背景和字体的颜色。该函数具体内容将在本章的线性表的简单应用举例一节中详细介绍。

（2）用头插法建立单链表

用头插法建立链表的基本思想是：首先生成一个新结点，将读入的数据存放到新结点的数据域中，然后把新结点作为第一个表结点插到当前链表头结点之后，重复上述过程，直至输入结束标志为止。用头插法建立链表的过程如图 2.9 所示。

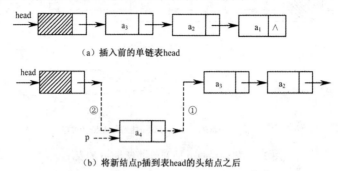

图 2.9 将新结点 p 插到单链表 head 的表头

用头插法新建一个带头结点的单链表的过程如下：
① 调用 malloc 函数，建立链表的头结点 head，将 head 指针域置空；
② 调用 malloc 函数，建立新的结点 p；
③ 给新结点的数据域赋值，将新结点的指针域指向 head 所指的结点；
④ 将链表头结点 head 的指针域修改为新结点 p；
⑤ 重复上述步骤②～④，直至输入结束标志 0 时为止。

下面给出用头插法新建带头结点的单链表的算法：

```
linklist * hhead_creat()       /* 建立单链表算法——用头插法建立带头结点的单链表函数 */
{ datatype x;
  linklist *head, *p;           /* head 为头指针 */
  head=(struct node*)malloc(LEN);
  head->data=-999;              /* 给表头结点的数据域和指针域赋值 */
  head->next=NULL;
  clear();                      /* 函数功能是清屏光标定位和设置颜色 */
  printf("\n\t 请随机输入一组正整数以 0 结束输入:\n\t");
  scanf("%d", &x);              /* 输入第一个结点的数据值 */
  while (x!=0)                  /* 输入数据，以 0 为结束符 */
  { p=(struct node*)malloc(LEN); /* 生成新结点 */
    p->data=x;                  /* 给新结点的数据域赋值 */
    p->next=head->next;         /* 将新结点插入表的头结点 head 之后 */
    head->next=p;
    scanf("%d", &x);            /* 输入下一个结点的值 */
  }
  return(head);                 /* 函数返回链表头指针 head */
}/* HHEAD_CREAT */
```

2. 单链表的查找运算

由于逻辑相邻的结点并没有存储在物理相邻的单元中，所以链表的遍历或查找运算，不能像顺序表那样随机访问任意一个结点，而只能从链表的头指针 head 出发，顺着链域 next 逐个结点往下搜索，直到找到所需要的结点为止或者当链表为空时结束查找。

（1）按值查找运算

按值查找运算是在带头结点的单链表中查找是否存在给定值为 keyx 的结点。其算法的基本思想是：从链表的头结点开始，依次将链表中结点的数据域与 keyx 进行比较，若找到给定值 keyx，则查找成功，函数返回该结点的位置；若没有找到给定值 keyx，则查找失败，函数返回 NULL。

在带头结点的单链表中查找结点关键字值为 keyx 的算法如下：

```
linklist *key_search(head, keyx) /* 带头结点的单链表的查找算法——按值查找运算 */
linklist *head;      /* 查找值为 keyx 的结点，若找到则返回该结点的位置，反之则返回 0 */
datatype   keyx;
{ linklist *p=head;                   /* 从头结点开始扫描 */
  while((p!=NULL)&&(p->data!=keyx))
      p=p->next;                      /* 扫描下一个结点 */
  if(p->data==keyx)   return(p);      /* 查找成功，函数返回指向该结点的指针 */
  else    return (NULL);              /* 查找失败，函数返回空指针 NULL */
}/* KEY_SEARCH */
```

（2）按序号查找运算

按序号查找运算是在带头结点表长为 n 的单链表中，查找第 i 个结点，仅当 $1 \leq i \leq n$ 时，i 值是合法的。其算法的基本思想是：从链表的头结点开始查找，用指针 p 指向当前结点，用 j 作为计数器累计当前扫描过的结点数。j 的初值为 0，指向表头结点，当 p 扫描下一个结点时，计数器 j 相应地加 1。当 $j=i$ 时，指针 p 所指的结点就是要找的第 i 个结点。

在单链表中查找第 i 个结点的算法如下：

```
linklist *no_search(head, i) /* 带头结点的单链表上的查找算法——按序号查找运算 */
linklist *head;      /*从头结点开始查找第 i 个结点，若找到则返回结点的位置，反之返回 0*/
int i;
{ linklist *p;   int j;
  p=head;   j=0;                      /* 从头结点开始扫描 */
  while((p->next!=NULL)&&(j<i))
    { p=p->next;                      /* 扫描下一个结点 */
      j++;                            /* 统计已扫描结点的个数 */
    }
  if(i==j)    return(p);              /* 若找到，返回指向第 i 个结点的指针 */
  else        return(NULL);           /* 若找不到，则返回空指针 */
}/* NO_SEARCH */
```

3. 单链表的插入运算

假设指针 p 指向单链表中某个结点，指针 s 指向值为 x 的新待插结点。若将新结点 s 插入结点 p 之后，则称为**后插**；若将新结点 s 插到结点 p 之前，则称为**前插**。

（1）后插运算

如果在链表中某个结点 p 之后插入值为 x 的新结点 s，其插入过程如下：
① 生成一个新结点 s，将 x 值赋给 s 结点的数据域；
② 在单链表上查找新结点 s 的插入位置 p；
③ 修改有关结点的指针域，将 s 结点的后继指向原 p 结点的后继结点，而 p 结点的后继则指向 s 结点。

插入操作过程如图 2.10（b）所示。

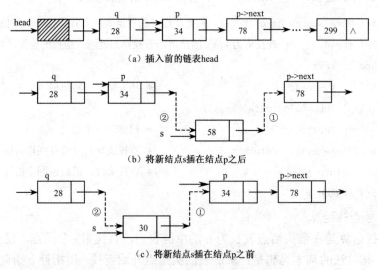

图 2.10 单链表上插入运算的过程示意图

在单链表中某给定位置之后插入一个新结点的算法如下：

```
linklist *data_insert(head, x)   /* 带头结点的单链表上的后插运算 */
linklist *head;
int x;                            /* 在带头结点单链表中插入值为 x 的结点并保持链表有序性 */
{ linklist *s, *p;
  s=(struct node*)malloc(LEN);    /* 建立新结点 */
  s->data=x;                      /* 将 x 值赋给 s→data */
  p=findnode(head, x);            /* 寻找结点值为 x 的插入位置 p */
  s->next=p->next;                /* 新结点 s 的后继指向原 p 结点的后继 */
  p->next=s;                      /* p 结点的后继指向新结点 s */
  return(head);                   /* 返回带头结点的单链表的头指针*/
}/* INSERT_DATA */


linklist *findnode(head, x)       /* 在带头结点的有序表中查找结点的合适的插入位置 */
linklist *head;
```

```
    int x;
    { linklist *p=head;
      while((p->next!=NULL)&&(p->next->data<x))   /* 在表中查找合适的插入位置 */
          p=p->next;
      return(p);                                   /* 返回结点的合适的插入位置 */
    }/* FINDNODE */
```

（2）前插运算

若在链表中某个结点 p 之前插入一个值为 x 的新结点 s，其插入过程如下：

① 生成一个新结点 s，将 x 值赋给新结点 s 的数据域；

② 从表头结点开始，查找 p 的前驱结点 q；

③ 修改有关结点的指针域，将 s 结点的后继指向原 q 结点的后继，q 结点的后继则指向新插入结点 s。

具体插入过程如图 2.10（c）所示。

在单链表中某给定位置之前插入一个新结点的算法如下：

```
    linklist *address_insert(head, x, i)   /* 带头结点单链表上的前插运算 */
    linklist *head;                         /* 在带头结点的单链表的第 i 个位置前插入值为 x 的结点 */
    int x, i;
    { linklist *s, *q;                      /* q 为 p 的前驱结点 */
      s=(struct node*)malloc(LEN);          /* 建立新结点 s */
      s->data=x;                            /* 将 x 值赋给 s→data */
      q=no_search(head, i-1);               /* 寻找结点的前驱结点插入位置 q */
      s->next=q->next;                      /* 新结点 s 的后继指向原 q 结点的后继 */
      q->next=s;                            /* q 结点的后继指向新结点 s */
      return(head);                         /* 返回带头结点的单链表的头指针*/
    }/* INSERT_DATA */
```

注意：比较上述两种插入操作可知，除了在表的第一个位置上的前插操作外，表中其他位置上的前插操作都没有后插操作简单方便，因此在一般情况下，应尽量将前插操作转化为后插操作。在前插算法中，若单链表 head 不带表头结点，则当 p 是开始结点时，其前驱结点 q 不存在，算法必须进行特殊的处理。

4．单链表的删除运算

假设在链表中删除数据值为 x=34 的结点，并由系统收回其占用的存储空间，那么单链表中删除某个指定结点的过程如下：

① 假设有两个指针 p 和 q，p 指向要删除的结点，q 指向 p 的前驱结点；

② 从链表 head 的头结点开始，依次向后进行搜索，当 q->next=p 并且 p->data=x 时，则待删除结点 p 的前驱结点 q 被找到；

③ 修改 p 的前驱结点 q 的指针域，将 q 的后继指向被删除结点 p 的后继结点；

④ 删除 p 结点并释放该结点所占用的存储空间。

其删除过程如图 2.11 所示。

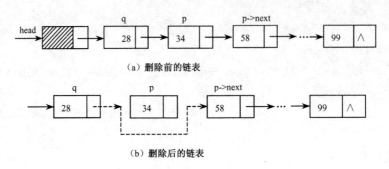

图 2.11　链表的删除示意图

下面给出在单链表中删除某个结点的算法：

```
linklist *key_delete(head, x)      /* 带头结点单链表的删除算法——删除值为 x 的结点 */
linklist *head;                    /* 在链表中查找该结点，若存在则删除之，反之则提示错误信息 */
int x;
{ linklist *p, *q;                 /* p 是被删除结点，q 是 p 的前驱结点 */
  p=head;
  while((p!=NULL)&&(p->data!=x))   /* 寻找 p 结点的前驱结点 q */
    { q=p;  p=p->next; }
  if (p!=NULL)                     /* 若该结点存在，则删除之 */
    { q->next=p->next;             /* 修改 p 的前驱结点 q 的指针域 */
      free(p);                     /* 释放结点空间 */
      return(head);                /* 函数返回链表头指针*/
    }
  else { printf("\n\t\t 要删的 x=%d 结点不存在，请重输数据!\n", x);
         return(NULL);             /* 结点不存在，提示错误信息，返回空指针 */
       }
}/* KEY_DELETE */
```

注意：回顾单链表的插入和删除运算可知：

① 在单链表上插入和删除一个结点，必须知道其前驱结点。

② 单链表不具有随机访问特点。

【例 2.4】编写算法，在带头结点的单链表中删除第 k 个结点。如图 2.12 所示。

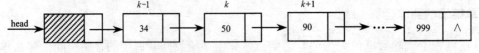

（a）删除前的链表

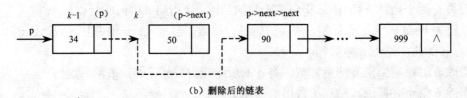

（b）删除后的链表

图 2.12　单链表中删除第 k 个结点的示意图

【算法分析】要使删除运算简单，就必须找到第 k 个被删除结点的前驱结点，即第 $k-1$ 个结点 p，然后再删除 p 的后继结点。实现上述运算的完整算法如下：

```
linklist *no_delete(head)     /* 带头结点单链表的删除函数——删除第 k 个位置的结点 */
linklist *head;    /* 在链表中查找第 k 个结点，若结点存在则删除，反之则提示错误信息 */
{ linklist *p, *no_search();
  int k;
  printf("\n\t\t 请输入删除结点的位置 k=");        /* 输入删除结点的位置 */
  scanf("%d", &k);
  p=no_search(head, k-1);                  /* 寻找第 k 个结点的前驱结点 p */
  if (p!=NULL)
      { p->next=p->next->next;             /* 若该结点存在，则删除该结点 */
        return(head);                      /* 返回链表头指针 */
      }
  else  { printf("\n\t\t 要删除的第%d 个结点不存在，请重新输入数据! \n ", k);
          return (NULL);                   /* 返回空指针 */
        }
}
```

【例2.5】编写算法，将带头结点的单链表 head 逆置，要求利用原表空间就地逆置。见图2.13。

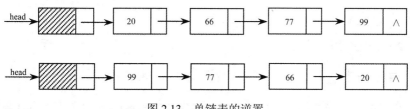

图 2.13　单链表的逆置

【算法分析】在顺序表上可以借助于交换结点来实现逆置运算，而在单链表上只能通过修改指针来实现逆置运算。用头插法建立单链表时，表中结点的次序与输入次序相反。因此，我们可以将单链表的逆置运算看成这样的一个过程：先依次将原链表结点摘下（即删除结点），然后用头插法建一个新表，如图2.14所示。具体过程如下：

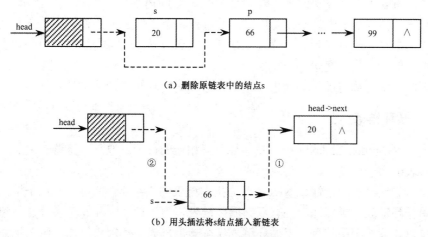

图 2.14　单链表逆置运算示意图

① 利用原表的结点空间，建立逆置链表的头结点；
② 删除原链表的第一个表结点，并保存原链表的下一个结点指针；
③ 将原链表删除的第一个结点，用头插法插入逆置后的新链表中；
④ 重复上述删除和插入操作，直到原链表为空时结束。

实现带头结点单链表上的逆置算法如下：

```
void reverse_linklist(head)            /* 带头结点的单链表 head 的逆置运算 */
linklist *head;
{ linklist *p, *s;
    if(head==NULL)                     /* 若为空表则先建立新表再逆置 */
      head=hrear_creat(head);
    p=head->next;                      /* 指针 p 指向表的第一个结点 */
    head->next=NULL;                   /* 将逆置后链表的初态设置为空表 */
    while(p!=NULL)
    { s=p;                             /* s 指向原表当前准备逆转的结点 */
      p=p->next;                       /* 将 s 表头结点从原链表中删除 */
      s->next=head->next;
      head->next=s;                    /* 用头插法将 s 结点插到逆置表中 */
    }
}/* REVERSE_LINKLIST */
```

显然这个算法的时间复杂度为 O(n)。

2.3.3 单链表上查找、插入和删除运算的时间分析

假设 P_i 是单链表上查找第 i 个数据元素的概率，在长度为 n 的带头结点的单链表中可能进行查找的位置为 $i=0,1,2,\cdots,n$。在等概率情况下 $P_1=P_2=\cdots=P_i=1/(n+1)$。若查找成功时，则单链表中查找任意位置上数据元素的平均比较次数为：

$$E_{\text{avg}} = P_i \sum_{i=0}^{n} i = \frac{1}{n+1} \sum_{i=0}^{n} i = \frac{1}{n+1}(0+1+2+\cdots+n-1+n) \frac{1}{n+1} \cdot \frac{n(n+1)}{2} = \frac{n}{2} \quad (2.6)$$

可见，单链表上查找算法的平均时间复杂度均为 O(n)。

在单链表的插入运算中，不需要移动别的数据元素，但必须从表的头结点开始顺序查找第 i 个结点的地址。一旦找到插入位置，则插入结点的操作只需要两个语句就可以完成。因此，插入算法的时间复杂度亦为 O(n)。

单链表的删除运算与插入情况相同，其删除算法的时间复杂度也是 O(n)。

2.3.4 循环链表

循环链表（Circular Linked List）是一种首尾相连的链表。通常，将链表最后一个结点的指针指向链表的第一个结点，使链表形成一个环形。

若将单链表尾结点的指针域 NULL 改为指向链表的头结点，就可得到一个单向循环链接表，简称**单循环链表**。类似地，还有**双向循环链表**。为了使空表和非空表处理一致，在循环链表中也可以设置一个头结点。空循环链表仅有一个自成循环的头结点。带头结点的单循环链表的结构如图 2.15 所示。

从图 2.15（a）可以看出，若用头指针表示单循环链表，则查找首结点 a_1 的时间复杂度为 O(1)，而查找尾结点 a_n 时，则必须从头结点开始遍历整个链表，其时间复杂度为 O(n)。在很多实际问题中，链表的操作常常发生在表的首尾两端，因此，在实际使用中多采用尾指针来表示单循环链表。图 2.15（c）就是用尾指针表示的单循环链表。这样，无论查找首结点 a_1 还是查找尾结点 a_n 都很方便，其查找的时间复杂度都是 O(1)。

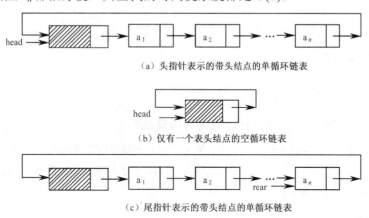

（a）头指针表示的带头结点的单循环链表

（b）仅有一个表头结点的空循环链表

（c）尾指针表示的带头结点的单循环链表

图 2.15　带头结点的单循环链表示意图

循环链表的优点是：从链表中任何一个结点出发都可以遍历表中所有的结点。而对于单链表来说，只有从链表的头结点开始才能遍历链表中的全部结点。

循环链表的操作运算和单链表基本相同，二者的主要差别就在于：当链表遍历时，其终止条件不同。在单链表中，用指针域是否为空作为判断表尾结点的条件；而在循环链表中，则以结点的指针域是否等于表头结点或开始遍历的结点作为判断遍历的结束条件。此外，链表的建立运算亦有所不同。在单链表中，表尾结点的指针域为空；而在循环链表中，尾结点的指针域是指向该表的头结点。

下面仅给出用尾指针表示带头结点的单循环链表的建立和查找运算，其他运算请读者自己完成。

1．单循环链表的建立运算

用尾指针表示的带头结点单循环链表的建立算法如下：

```
    linklist * hcirl_creat()           /* 带头结点的单循环链表的建立函数 */
    {  int x;
       linklist *head, *p, *rear;      /*尾插法建立循环链表，函数返回表尾指针 */
       head=(struct node*)malloc(LEN);  /* 建立循环链表的头结点 */
       head->data=-999;
       rear=head;                      /* 尾指针初值为 head */
       printf("\n\t 请随机输入正整数以 0 作为结束符:\n\t");
       scanf("%d", &x);                /* 读入第一个结点的值 */
       while (x!=0)                    /* 输入数据，以 0 为结束符 */
       {  p=(struct node*)malloc(LEN); /* 生成新结点 */
```

```c
        p->data=x;                          /* 给新结点的数据域输入数据 */
        rear->next=p;                       /* 将新结点插入到表尾 */
        rear=p;                             /* 表尾指针 rear 指向新的表尾 */
        scanf("%d", &x);                    /* 输入下一个结点的数据 */
    }
    rear->next=head;                        /* 将表尾结点的指针域指向链表头结点 */
    return(rear);                           /* 返回循环链表的表尾指针 rear */
} /* HCIRL_CREAT */
```

2. 单循环链表上的遍历运算

用尾指针表示的带头结点单循环链表的遍历算法如下：

```c
void  print_circular(rb)                    /* 带头结点的循环链表的遍历算法——打印循环链表 */
linklist *rb;                               /* rb 是带头结点的单循环链表的表尾指针 */
{ linklist *p, *head;
    int n=0;
    head=rb->next;                          /* head 是循环链表的头结点，rb 是表尾指针 */
    printf("链表中的数据是:\n\t%5d", head->data);   /* 打印链表头结点的数据值 */
    p=head->next;
    while (p!=head)                         /* 循环表的结束条件 */
    {   printf("%5d", p->data);             /* 打印表中结点的数据值 */
        p=p->next;    n=n+1;                /* 打印链表元素 */
        if((n+1)%10==0) printf("\n\t\t");   /* 控制输出每行元素的个数 */
    }
    printf("\n\n\t");
}/* PRINT_CIRCULAR */
```

【例 2.6】编写算法，实现以下的操作运算。

（1）建立两个用尾指针表示的带头结点的单循环链表 A 和 B：

$$A=(10, 20, 30, 40)$$
$$B=(50, 60, 70, 88)$$

（2）输出带头结点的单循环链表 A 和 B。

（3）要求利用原表空间，将单循环链表 B 表链接到 A 表之后，合并成一个新的带头结点的单循环链表 C：

$$C=(10, 20, 30, 40, 50, 60, 70, 88)$$

（4）输出新合并的带头结点的单循环链表 C。

【算法分析】若用尾指针表示带头结点的单循环链表，则很容易实现上述运算。无须遍历，只要修改指针即可，其执行时间是 O(1)。因此，可先建两个用尾指针表示的带头结点单循环链表 A 和 B，如图 2.16（a）所示，然后再进行合并操作。指针的具体修改过程如图 2.16（b）所示。

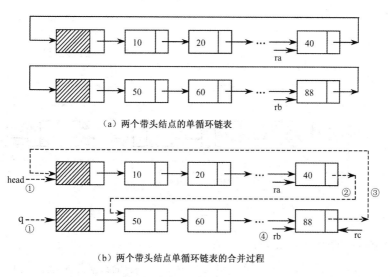

(a) 两个带头结点的单循环链表

(b) 两个带头结点单循环链表的合并过程

图 2.16 两个带头结点单循环链表的合并运算示意图

实现上述合并运算的算法如下：

```
linklist *merge_circular()    /* 利用原表将两带头结点单循环链表 ra, rb 合并成新表 rc */
{   linklist *rc, *ra, *rb, *head, *hcirl_creat();
    void  print_circular();
    ra=hcirl_creat();              /* 建立带头结点的单循环链表，ra 指向表尾 */
    rb=hcirl_creat();              /* 建立带头结点的单循环链表，rb 指向表尾 */
    print_circular(ra);            /* 输出带头结点的单循环链表 ra */
    print_circular(rb);            /* 输出带头结点的单循环链表 rb */
    head=ra->next;                 /* 将链表 ra 头指针作为新链表 rc 的头指针 */
    ra->next=rb->next->next;       /* 将链表 rb 链接到 ra 之后 */
    free(rb->next);                /* 释放链表 rb 的头结点 */
    rb->next=head;                 /* 链接循环表 rb 的尾结点和 ra 的头结点*/
    rc=rb;                         /* 用原表空间将两表 ra, rb 合并为带头结点新表 rc */
    print_circular(rc);            /* 输出合并后的带头结点的循环链表 rc */
    return(rc);                    /* 返回合并后带头结点的单循环链表 rc 指向表尾 */
}/* MERGE_CIRCULAR */
```

2.3.5 双向链表

双向链表是对单链表的改进。在双向链表中，每个结点都有两个指针域：一个指针指向其后继结点，另一个指针指向其前驱结点，如图 2.17（a）所示。因此，可以从某个结点开始朝两个方向遍历整个链表。

如果循环链表中每个结点都采用双向指针就构成了双向循环链接表。图 2.17（c）所示就是一个带头结点的双向循环链表，其表尾结点的向后指针指向表的头结点，而表头结点的前驱指针指向表的尾结点。空的双向循环链表的结构如图 2.17（b）所示。

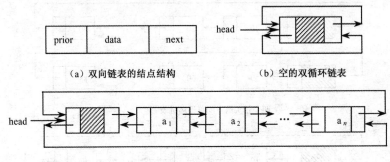

(a) 双向链表的结点结构　　　　(b) 空的双循环链表

(c) 非空的双向循环链表

图 2.17　带头结点的双向循环链表示意图

双向链表中结点的类型定义如下：

```
typedef  int  datatype ;              /* 结点的数据类型，假设为整型 */
typedef  struct  dnode                /* 每个结点的结构定义 */
{ datatype data;                      /* 结点的数据域 */
  struct  dnode *next, *prior;        /* 结点的前驱指针和后继指针 */
} dlinklist;                          /* 双向链表结点的类型说明 */
dlinklist *head;                      /* 指针变量 */
```

回顾单链表的插入和删除运算，其前插操作不如后插操作方便，删除某个结点 p 自身不如删除 p 的后继方便，原因是表中只存在一条向后链。双链表是一种对称的结构，既有向前链又有向后链，这就使得双链表的前插和后插及自身删除操作都很方便，只需修改几个结点的指针域，而不必进行大量的数据交换或遍历操作。下面给出双向链表的插入和删除运算的算法。

1．双向链表的前插运算

在双链表中某个给定结点 p 之前插入一个新结点 s，其操作步骤如下：
① 将结点 s 的前驱指向结点 p 的前驱所指向的结点；
② 将结点 s 的后继指向结点 p 本身；
③ 将结点 p 的前驱结点的后继修改为指向新结点 s；
④ 将结点 p 的前驱修改为指向结点 s 本身。
插入新结点的过程如图 2.18（a）所示。
双链表中在结点 p 之前插入一个新结点 s 的算法如下：

```
        dlinklist *dinsert_before(head, p, x)     /* 带头结点的双链表上的前插算法 */
        dlinklist *head, *p;                      /* 在带头结点双链表中结点 p 之前插入值为 x 的结点 */
        int x;
        { dlinklist *s;
          s=(struct dnode*)malloc(DLEN);          /* 建立新结点 */
          s->data=x;                              /* 将 x 值赋给 s→data */
          s->next=p;                              /* 新结点 s 的后继指向结点 p */
```

```
        s->prior=p->prior;              /* 新结点 s 的前驱指向原结点 p 的前驱 */
        p->prior->next=s;               /* 原结点 p 前驱结点的后继指向新结点 s */
        p->prior=s;                     /* 原结点 p 的前驱指向新结点 s */
        return(head);                   /* 返回带头结点双链表的头指针 */
    }/* DINSERT_BEFORE */
```

2. 双向链表的后插运算

假设双链表中结点 p 的后继结点为 q，在结点 p 之后插入一个新结点 s，其操作步骤如下：
① 将结点 s 的前驱结点指向结点 p 本身；
② 将结点 s 的后继指向结点 p 所指向的后继结点；
③ 将结点 p 的后继结点 q 的前驱结点修改为结点 s 本身；
④ 将结点 p 的后继结点修改为结点 s 本身。
插入结点的过程如图 2.18（b）所示。
在双链表中给定结点 p 之后插入一个新结点 s 的算法如下：

```
    dlinklist *dinsert_after(head, p, x)   /* 带头结点的双链表上的后插算法 */
    dlinklist *head, *p; int x;            /* 在带头结点双链表中结点 p 之后插入值为 x 的结点 */
    { dlinklist *s;
        s=(struct dnode*)malloc(DLEN);     /* 建立新结点 */
        s->data=x;                         /* 将 x 值赋给 s->data */
        s->next=p->next;                   /* 新结点 s 的后继指向原结点 p 的后继 */
        s->prior=p;                        /* 新结点 s 的前驱指向原结点 p */
        p->next->prior=s;                  /* 原结点 p 后继结点的前驱指向新结点 s */
        p->next=s;                         /* 原结点 p 的后继指向新结点 s */
        return(head);                      /* 返回带头结点的双链表的头指针 */
    }/* DINSERT_AFTER */
```

3. 双向链表的自身删除运算

假设双链表中某给定结点 p 的前驱结点为 q，其后继结点为 s，则双链表中删除结点 p 的步骤如下：
① 将结点 p 的前驱结点 q 的后继结点指向结点 p 的后继结点 s；
② 将结点 p 的后继结点 s 的前驱结点指向结点 q。
删除 p 结点本身的过程如图 2.18（c）所示。
在双链表中删除某个结点 p 自身的算法如下：

```
    dlinklist *delete_nodep(head, p)   /* 在带头结点双链表中删除结点 p 算法 */
    dlinklist *head, *p;               /* 结点 p 是被删除结点，head 是双链表头结点 */
    { if(p!=NULL)
        { p->prior->next=p->next;      /* 修改结点 p 的前驱结点的后继为原结点 p 的后继 */
          p->next->prior=p->prior;     /* 修改结点 p 的后继结点的前驱为原结点 p 的前驱 */
          free(p);                     /* 释放结点 p 空间 */
```

```
            return(head);              /* 函数返回链表头指针 head */
    }
    else    return(NULL);              /* 结点不存在,返回空指针 */
}/* DELETE_NODEP */
```

由此可见,自身删除前后被删除的指针并没有改变,只是它后一个结点的向前指针和前一个结点的向后指针发生了变化,不再指向此结点。

这三种运算过程中,指针的变化情况分别如图 2.18(a)、(b)、(c)所示,图中实线箭头表示运算以后的指针,虚线箭头表示运算中修改了指针原来的指向。

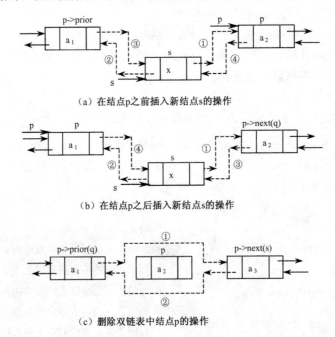

图 2.18 双向循环链表的前插、后插和自身删除操作示意图

双链表的特点是:很容易查找结点的前驱结点和后继结点,在需要经常查找某个结点的前驱和后继结点的情况下,使用双链表比较合适。此外,在双链表上实现前插和自身删除操作都非常方便,不需进行大量的数据交换或遍历操作,无须将其转化为后插及删除结点的后继的操作。虽然双链表比单链表多占用一些存储单元,但它可以简化运算步骤,节省运算时间,还是值得的。

2.4 顺序表和链表的比较

前面介绍了线性表的两种存储结构:顺序表和链接表。由于顺序表和链接表存储各有千秋,在实际应用中究竟采用哪一种存储结构,这要根据具体问题的要求和性质来决定。通常从以下两方面考虑。

1. 空间性能的比较

存储结点中数据域占用的存储量与存储结点所占用的存储量之比称为**存储密度**。存储密度越大，则存储空间的利用率就越高。显然，顺序表的存储密度是高于链表的存储密度的。因此，顺序存储结构的空间利用率要高于链表的空间利用率。为了节约存储空间，最好采用顺序存储结构。但是，顺序表要求事先估计容量，这是比较困难的。如果需要的空间过大将造成浪费，而过小将导致溢出。相反，链接存储结构则不需要事先估计容量。

2. 时间性能的比较

顺序表是一种随机存取结构，对顺序表中每个结点都可以直接快速地进行存取，其时间复杂度为 $O(1)$；而链表需要从头结点开始顺着链扫描才能找到所需的结点，其时间复杂度为 $O(n)$。因此，当线性表的主要操作是查找运算时，那么最好采用顺序表作为存储结构。

在链表中任何位置上进行插入和删除运算是非常方便的，只需要修改链表的指针域，其时间复杂度为 $O(1)$；而在顺序表中进行插入和删除运算是很不方便的，平均要移动表中近一半的结点，其时间复杂度为 $O(n)$。因此，对于需要频繁地进行插入和删除操作的线性表，最好采用链接存储结构。若链表的插入和删除操作主要发生在表的首、尾两端，采用尾指针表示的单循环链表则是最好的选择。

总之，线性表的顺序存储结构和链接存储结构各有利弊，不能一概而论。根据实际问题的具体要求，对各方面的优缺点加以综合平衡，才能最终选出比较合适的实现方法。

2.5 线性表的简单应用举例

【例2.7】设计一个一元多项式简单的计算程序。假设有两个多项式分别为：
$$A(x)=3x^{11}+7x^8+4x^3+5$$
$$B(x)=8x^{11}-7x^8+10x^6$$
请编写程序，要求完成以下4个任务。

（1）输入并建立多项式 A 和 B。
（2）求两个多项式的和多项式：$C(x)=A(x)+B(x)$。
（3）求两个多项式的积多项式：$M(x)=A(x)\times B(x)$。
（4）输出这4个多项式 A、B、C、M，其输出形式为多项式的系数、指数，输出序列按指数从小到大顺序排列。

【算法分析】多项式的算术运算是链表应用中的一个典型实例。假设 n 次一元多项式为：
$$F(x)=a_0+a_1x^1+a_2x^2+a_3x^3+\cdots+a_nx^n$$
式中，a_i 是多项式系数（$i=0, 1, 2, \cdots, n$）。在计算机中表示一个多项式时，使用线性表的顺序存储结构表示多项式是可以的。但是，当多项式的系数多数为零时，采用这种存储方式将造成存储空间的极大浪费。如果采用链接存储方式将避免上述情况的发生。

下面将详细讨论如何采用带头结点的单向循环链表存储一元多项式，如何利用链表的基本运算来实现一元多项式的加法、乘法等运算。

（1）多项式的链接存储结构

假设多项式有 m 个非零项，那么采用 $m+1$ 个结点的链表就能够唯一地确定这个多项式。在此链表中，每个结点对应多项式的一个非零项。每个结点有三个域，分别表示该非零项的系数、指数和指向下一个结点的指针，其结构如图 2.19 所示，其存储结构的类型定义如下：

```
typedef struct pnode              /* 定义多项式结点的类型 */
{ float coef;                     /* 多项式的系数 */
  int   exp;                      /* 多项式的指数 */
  struct pnode *next;             /* 多项式的指针域 */
} polynode;                       /* 多项式的类型说明 */
```

系数域	指数域	指针域
coef	exp	next

图 2.19　多项式结点的结构

（2）多项式的加法运算

两个多项式的加法运算，实际上就是两个链表的合并运算。一元多项式加法运算的规则是：当两个多项式的指数相等时，将两个多项式对应的系数相加，若两个多项式的系数之和不为零，则构成"和多项式"中的一项；当两个多项式的指数不相等时，将两个多项式中指数小的那个多项式的系数照抄到"和多项式"中。在两个多项式相加的"和多项式"链表中，结点可以存放在原来两个链表中的某个链表中，也可以存放在新链表中。下面给出的多项式加法运算是将两个多项式 A 和 B 相加后的结果存放到一个新链表 C 中。

假设采用三个带表头的单向循环链表分别表示多项式 A、B 及和多项式 C。为了便于处理，将表头结点的系数域设置为-99，链表中所有的结点均按指数从大到小顺序排列，如图 2.20（a）所示。图中指针 ha、hb、hc 分别指向多项式链表 A、B、C 的表头结点，而指针 qa、qb、q 则分别指向链表中当前正在操作的某个结点。那么两个多项式 A 和 B 相加运算的基本思想如下。

① 当两个多项式指数相同时，qa->exp=qb->exp，则两个多项式对应的系数相加，即 x=qa->coef+qb->coef。

- 若 x≠0，则建立一个新的和多项式结点，将两个多项式的系数之和及指数存放到新结点中，并将此结点插到链表 hc 的表尾，然后把这三个链表的当前指针 qa、qb、q 在原链表上分别向后移动，如图 2.20（b）所示。
- 若 x=0，则将指针 qa 和 qb 在原链表上分别向后移动，如图 2.20（c）所示。

② 当两个多项式指数不同时，将其中一个多项式指数较小的结点复制到 hc 中。

- 若 qa->exp<qb->exp，则将结点 hb 复制到 hc 中，然后将 qb 和 q 指针在原来的链表上向后移，如图 2.20（c）所示。
- 若 qa->exp>qb->exp，则将结点 ha 复制到 hc 中，然后将 qa 和 q 指针在原来的链表上向后移，如图 2.20（d）所示。

③ 重复上述①和②操作，直到两个多项式全部处理完为止。图 2.20（e）就是两个多项式相加的结果。

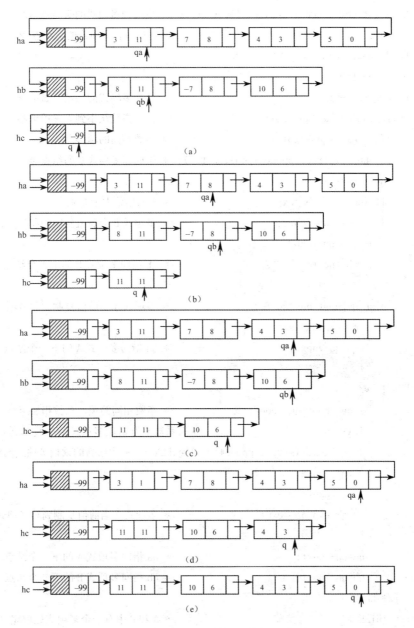

图 2.20 两个多项式相加运算的示意图

若用带表头的单向循环链表存放多项式 A 和 B,则两个一元多项式相加运算的算法如下:

```
polynode *polyadd(ha, hb)       /* 多项式的简单计算程序——多项式加法运算函数 */
polynode *ha, *hb;              /* 多项式指数按从小到大顺序排列 */
{ int i, j, k;
  polynode *head, *q, *qa, *qb;
  float x;
  qa=ha->next;                  /* qa 指向多项式 A 的第一个结点 */
  qb=hb->next;                  /* qb 指向多项式 B 的第一个结点 */
```

```c
    head=(struct pnode *)malloc(LEN);           /* 生成和多项式的头结点 */
    q=head;                                      /* q 指向和多项式的头结点 */
    head->next=head;
    head->coef=0;
    head->exp=-99;                               /* 给和多项式的头结点赋值 */
    while((qa!=ha)&&(qb!=hb))                    /* 根据指数从小到大逐项求和 */
    { if(qa->exp!=qb->exp)                       /* 指数不同的项 */
      { q->next=(struct pnode *)malloc(LEN);     /* 生成和多项式C的结点 */
        q=q->next;
        if (qa->exp>qb->exp)                     /* A 的指数大于 B */
        { q->coef=qb->coef;                      /* 多项式B当前值复制到和多项式C中 */
          q->exp=qb->exp;
          qb=qb->next;                           /* qb 指向多项式 B 的下一个结点 */
        }
        else{q->coef=qa->coef;                   /* 多项式A当前值复制到和多项式C中 */
           q->exp=qa->exp;
           qa=qa->next;                          /* qa 指向多项式 A 的下一个结点 */
          }
     }/* IF */
      else{ x=qa->coef+qb->coef;                 /* 指数相同的项，系数相加 */
        if(x!=0)                                 /* 若系数不为0,则多项式A(B)复制到多项式C中 */
        { q->next=(struct pnode*)malloc(LEN);    /* 生成新的乘积多项式的结点 */
          q=q->next;
          q->coef=x;
          q->exp=qa->exp;                        /* 多项式A当前值复制到和多项式C中 */
        }
        qa=qa->next;                             /* qa 指向多项式 A 的下一个结点 */
        qb=qb->next;                             /* qb 指向多项式 B 的下一个结点 */
     }/* ELSE */
   }/* WHILE */                                  /* A 和 B 中有一个多项式处理完 */
    while(qa!=ha)           /* 若多项式 A 未处理完，则将剩余项复制到和多项式C中 */
    { q->next=(struct pnode *)malloc(LEN);
      q=q->next;
      q->coef=qa->coef;
      q->exp=qa->exp;
      qa=qa->next;
    }
    while(qb!=hb)           /* 若B多项式未处理完，则将剩余项复制到和多项式C中 */
    { q->next=(struct pnode *)malloc(LEN);
      q=q->next;
```

```
        q->coef=qb->coef;
        q->exp=qb->exp;
        qb=qb->next;
    }
    q->next=head;                        /* 将和多项式 C 的尾指针指向头结点 */
    return(head);                        /* 返回和多项式 C 头结点指针 */
}/* POLYADD */
```

（3）多项式的乘法运算

假设 $A(x)$ 和 $B(x)$ 为两个多项式，则两个一元多项式的乘法运算可用下列公式计算：

$$M(x)=A(x)\times B(x)$$
$$=A(x)\times [b_0x^0+b_1x^1+b_2x^2+b_3x^3+\cdots+b_nx^n]$$
$$=\sum_{i=0}^{n}b_iA(x)x^i$$

式中，每一项都是一个一元多项式。因为乘法运算可分解为一系列的加法运算，因此实现两个一元多项式的乘法运算，可以利用两个一元多项式加法运算来实现。

两个多项式相乘运算的基本思想是：首先利用上述公式计算出两个多项式的乘积多项式，然后按指数从小到大对乘积多项式进行排序，最后将排序后的乘积多项式链表中指数相同的多项式进行相加和合并运算。

下面给出两个多项式相乘的算法。算法中 polymulti 函数是计算两个多项式的乘积，它包含两个函数：一个函数 sortpoly 将乘积多项式链表按指数从小到大进行排序；另一个函数 mergepoly 则另辟空间，新建一个乘积多项式链表，将排序后的乘积多项式链表中指数相同的多项式进行合并，即指数相同的几个多项式的系数相加，若相加的系数之和不为 0，则将其指数和多项式系数和作为一个新结点，建立并插入乘积多项式链表中。

```
/* 一元多项式的乘法运算——计算两个多项式 A, B 的乘积 M，增加新链表 */
polynode *polymulti(ha, hb)              /* 多项式的简单计算程序——多项式乘法运算函数 */
polynode *ha, *hb;                       /* ha 和 hb 为已建立的两个多项式 */
{ polynode *head, *rear, *s, *qa, *qb, *hh;  /* head 是乘积多项式链表头结点 */
    float maxr;
    void sortpoly();                     /* 排序函数将多项式按指数从小到大排列 */
    polynode *mergepoly();                /* 合并函数将多项式指数相同项合并 */
    head=(struct pnode *)malloc(LEN);    /* 建立乘积多项式对应链表的表头结点 */
    head->coef=-99;                      /* 给头结点的系数赋特殊值 */
    head->exp=-100;                      /* 给头结点的指数赋特殊值 */
    rear=head;                           /* 建立单循环链表的表尾指针 */
    qa=ha->next;                         /* 跳过多项式 A 的表头结点 */
    while (qa!=ha)                       /* 从多项式 A 的第一项开始计算 */
    { qb=hb->next;                       /* 跳过多项式 B 表头结点 */
        while (qb!=hb)                   /* 从多项式 B 的第一项开始依次计算多项式积 */
        { maxr=qa->coef*qb->coef;        /* 计算两个多项式系数的乘积 maxr */
```

```c
        if (abs(maxr)>0.0001)              /* 若 maxr 不为 0，则新建乘积多项式的结点 */
        { s=(struct pnode*)malloc(LEN);    /* 建新结点存放两个多项式的乘积多项式 */
          s->coef=maxr;                    /* 新结点的系数为两个多项式系数的积 */
          s->exp=qa->exp+qb->exp;          /* 新结点的指数为两个多项式指数的和 */
          rear->next=s;                    /* 用尾插法将乘积多项式结点插到链表表尾 */
          rear=s;                          /* rear 指向乘积多项式的表尾 */
          qb=qb->next;                     /* 将多项式 B 后移一项 */
        }/* IF */
      }/* WHILE OF QB=HB */
      qa=qa->next;                         /* 将多项式 A 后移一项 */
    }/* WHILE OF HA */
    rear->next=head;                       /* 表尾指针指向头结点，构成单循环链表 */
    sortpoly(head);                        /* 调用函数将积多项式按指数从小到大排序 */
    hh=mergepoly(head);                    /* 另辟空间将乘积链表中指数相同多项式合并 */
    return(hh);                            /* 函数返回循环链表的表头结点 */
}/* POLYMULTI */

void sortpoly(head)        /* 多项式简单计算程序——将乘积多项式链表按指数升序排列 */
polynode *head;            /* 先计算两个多项式乘积，再将乘积多项式按指数从小到大排序 */
{ polynode *p, *q; int texp; float tcoef;
  p=head;
  clear();                               /* 清屏幕函数 */
  while(p->next!=head)                   /* 用简单插入法对多项式链表进行排序 */
  { q=p->next;
    while(q!=head)
    { if (p->exp>q->exp)                 /* 两个多项式的系数进行比较和交换 */
      { texp=p->exp;                     /* 两个多项式的指数交换 */
        p->exp=q->exp;
        q->exp=texp;
        tcoef=p->coef;                   /* 两个多项式的系数交换 */
        p->coef=q->coef;
        q->coef=tcoef;
      }
      q=q->next;                         /* 取多项式下一个结点进行比较和交换 */
    }/* q 循环结束 */
    p=p->next;                           /* 进行下一趟排序 */
  }/* p 循环结束 */
  p->next=head;                          /* 表尾指针指向头结点，构成单循环链表 */
}/* SORTPOLY */
```

```c
polynode *mergepoly(hsort)      /* 另辟空间将排序后乘积链表中指数相同的多项式合并 */
polynode *hsort;                /* hsort 为已经建立的乘积多项式 */
{ polynode *head, *rear, *s, *q, *p;  /* head 是相同指数多项式合并后乘积链表头结点 */
  float sum;
  int y;
  head=(struct pnode *)malloc(LEN);   /* 建立新乘积链表头结点 */
  head->coef=hsort->coef;             /* 输入头结点的系数 */
  head->exp=hsort->exp;               /* 输入头结点的指数 */
  rear=head;                          /* 建立新链表尾指针 */
  q=hsort->next;                      /* 跳过乘积多项式的 hsort 头结点 */
  while(q!=hsort)                     /* 从乘积多项式链表第一项开始检查合并 */
  { p=q; y=p->exp; sum=0.0;
     while(p->exp==y)                 /* 从多项式的链表第一项开始查找合并 */
     { sum=sum+p->coef;               /* sum 为所有相同指数多项式系数之和 */
       q=p;                           /* q=p 指向所有相同指数乘积多项式结点 */
       p=p->next;                     /* 将乘积多项式链表后移一个结点继续查找*/
     }
     if(abs(sum)>0.001)               /*若指数相同多项式合并后系数非零,则建新结点*/
     { s=(struct pnode *)malloc(LEN); /* 建立合并后乘积多项式的新结点 */
       s->coef=sum;                   /* 新多项式的系数为相同多项式系数和 */
       s->exp=y;                      /* 新多项式的指数为相同多项式的指数 */
       rear->next=s;                  /* 将新结点插到相同多项式合并后新表的表尾 */
       rear=s;                        /* rear 指向表尾 */
     }/* IF */
     q=q->next;                       /* 将乘积多项式链表后移一个结点 */
  }/* WHILE OF Q */
  rear->next=head;                    /* 将相同多项式合并构成新循环链表 */
  return(head);
}/* POLYMERGE */
```

(4) 一元多项式的简单计算程序

下面给出实现多项式的建立、多项式的加法运算、多项式的乘法运算及多项式的输出运算的完整程序。程序中包含以下 5 个函数:

① 函数 creat_hsortcircle 的功能是建立多项式并将多项式按指数升序排序,其中多项式的指数和系数通过人机交互方式输入;

② 函数 polyadd 的功能是实现两个多项式的加法运算;

③ 函数 polymulti 的功能是实现两个多项式的乘法运算;

④ 函数 printpoly 的功能是输出多项式;

⑤ 函数 clear 的功能是清屏幕、光标定位及设置屏幕颜色。

若将前述实现多项式加法运算、乘法运算和相关函数保存在头文件 BHPOLYYS.c 中,则实现一元多项式简单计算程序如下：

```c
# define    NULL   0
# define    LEN    sizeof(polynode)
# include   "stdio.h"
# include   "stdlib.h"
# include   "math.h"
typedef struct pnode                /* 多项式结点类型定义 */
{   float coef;                     /* 多项式的系数 */
    int exp;                        /* 多项式的指数 */
    struct pnode *next;             /* 指针指向下一个结点 */
} polynode;                         /* 多项式的类型说明 */
char name[5][20]={ "\0", "多项式 A", "多项式 B", "和多项式 C", "乘积多项式 M"};
#include   "BHPOLYYS.c"             /* 将多项式加法和乘法计算程序保存在头文件中 */

void  clear()                       /* 清屏幕函数 */
{ clrscr();                         /* 清屏幕 */
  gotoxy(16, 5);                    /* 光标定位 */
  textbackground(15);               /* 设置背景颜色为灰色 */
  textcolor(0);                     /* 设置文字颜色为黑色 */
}/* CLEAR */


void  print_cpoly(head,name)        /* 多项式的简单计算程序——函数输出多项式 */
polynode *head; char name[];        /* 输出带头结点的单向循环链表 */
{ polynode *p;
  int j=0;                          /* j用来统计多项式项数,不包括头结点 */
  clear();                          /* 清屏幕函数 */
  printf("\n\t 输出单向循环链表——即%s:\n\n\t", name);
  p=head->next;                     /* 不打印头结点 */
  while (p!=head)                   /* 输出循环链表 */
  { printf("%6.2f%4d->", p->coef, p->exp); /* 输出多项式的系数和指数 */
    p=p->next; j++;
    if(j%4==0) printf("\n\t");      /* 控制每行输出多项式个数 */
  }
  printf("\n\n\t 多项式项数 j=%d\n", j);  /* 输出多项式的项数 */
  getchar(); getchar();             /* 固定屏幕 */
}/* PRINT_CPOLY */


polynode *creat_hsortcircle()       /* 多项式的简单计算程序——建立多项式函数 */
{ polynode *head, *rear, *p, *s;    /* 用尾插法建立带头结点有序的单向循环链表 */
  float x;
```

```c
    int n, k=0;                          /* k 用来统计多项式的项数 */
    static int num=1;
    head=(struct pnode*)malloc(LEN);     /* 建立循环链表的头结点 */
    head->exp=-99;                       /* 输入头结点的特殊值假设为-1 */
    rear=head;                           /* rear 始终指向多项式的尾结点 */
    clear();                             /* 清屏幕函数 */
    printf("\n\n\t 用尾插法建立带头结点有序的单循环链表(以 0 结束):\n\n");
    printf("\t 请输入系数 x=");scanf("%f", &x); /* 输入多项式系数 */
    printf("\t 请输入指数 n=");scanf("%d", &n); /* 输入多项式指数 */
    while(x!=0)
    { p=(struct pnode*)malloc(LEN);      /* 建立多项式新结点 */
      p->coef=x;                         /* 输入多项式的系数 */
      p->exp=n;                          /* 输入多项式的指数 */
      if(rear->exp<=p->exp)              /* 判断新多项式指数是否大于尾结点指数 */
      { rear->next=p;
        rear=p;                          /* 将新结点插到多项式的尾部 */
      }
      else
      { s=head;                          /* 若新多项式指数小于尾结点指数 */
        while((s->next!=NULL)&&(s->next->exp<n))  /* 寻找合适插入位置 */
          s=s->next;
        p->next=s->next;                 /* 插入新结点,多项式指数按升序排列 */
        s->next=p;
      }
      printf("\n\t 请输入系数 x=");scanf("%f", &x); /* 输入多项式系数 */
      printf("\n\t 请输入指数 n=");scanf("%d", &n); /* 输入多项式指数 */
      k++;
    }/* WHILE */
    rear->next=head;                     /* 将尾指针指向头结点,建立单循环链表 */
    head->coef=k;                        /* 将多项式的项数存放在头结点中 */
    print_cpoly (head, name[num++]);     /* 输出已建立的多项式 */
    return(head);                        /* 函数返回单循环链表的头结点 */
}/* CREAT_HSORTCIRCLE */


main()                                   /* 一元多项式简单计算器——主程序 */
{ polynode *heada, *headb, *headc, *headm;
  clear();
  heada=creat_hsortcircle();             /* 建立多项式 heada */
  headb=creat_hsortcircle();             /* 建立多项式 headb */
  headc=polyadd(heada, headb);           /* 多项式 A 和 B 相加,和多项式为 headc*/
```

```
        headm=polymulti(heada, headb);  /* 多项式 A 和 B 相乘，乘积多项式为 headm */
        print_cpoly(heada, name[1]);    /* 输出多项式 heada */
        print_cpoly(headb, name[2]);    /* 输出多项式 headb */
        print_cpoly(headc, name[3]);    /* 输出和多项式 headc */
        clear();
        print_cpoly(heada, name[1]);
        print_cpoly(headb, name[2]);
        print_cpoly(headm, name[4]);    /* 输出乘积多项式 headm */
}/* MAIN */
```

上机运行该程序，其运行结果如图 2.21 所示。

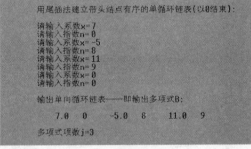

(a) 建立和输出多项式 A　　　　　　　　(b) 建立和输出多项式 B

(c) 输出两个多项式的和多项式 C　　　　(d) 输出两个多项式的乘积多项式 M

图 2.21　多项式简单计算程序的运行结果

【例 2.8】设计并实现一个简单的学生成绩管理信息系统。

【算法分析】假设采用带头结点的单链表管理学生成绩登记表。学生成绩登记表的具体内容见表 2.1，每个学生记录信息包括：学号、姓名、各科考试成绩和总分。

学生成绩管理工作就是从键盘上依次输入每个学生记录信息，建立一个按总成绩从高到低排列的带头结点的单链表，并根据需要进行插入、删除、排序和打印等操作。假设一个简单的学生成绩管理系统的功能如下：

（1）输入学生记录信息，建立一个按总成绩从高到低顺序排列的带头结点的单链表；

（2）增加一个学生记录信息，使得插入后的单链表依然有序；

（3）输入学生的学号，如果与链表中记录的学号相同，则删除该记录；

（4）按总成绩从高到低顺序打印高考学生成绩统计表；
（5）按准考证号码对学生成绩登记表进行排序。

若用带头结点的单链表存储学生成绩表，同时将例题 2.7 中函数 clear 放在头文件 BH.c 中，则每个学生的记录结构和单链表的类型定义，以及实现学生成绩管理的完整程序如下。

假设采用带头结点的单链表存储表 2.1 所示的学生成绩登记表，每个学生记录的结构和单链表的类型定义如下：

```
    typedef struct record            /* 学生记录类型定义 */
    {   char  no[10];                /* 学生的学号 */
        char  name[8];               /* 学生的姓名 */
        float score[6];              /* 学生的各科成绩 */
        float total;                 /* 学生的总分 */
    }student;                        /* 类型说明 */
    typedef struct node              /* 学生成绩表的结点类型定义 */
    {   student stu;                 /* 结点的数据域是学生记录 */
        struct  node *next;          /* 结点的指针域 */
    }linklist;                       /* 学生成绩表的类型说明 */
```

实现学生成绩管理的完整程序如下：

```
    # define   NULL 0
    # define   NUM  5
    # define   len sizeof(linklist)
    # include "stdio.h"
    # include "stdlib.h"
    # include "BH.c"                  /* 包含 clear,good-bye 函数 */
    linklist *hsort;                  /* hsort 是按总分降序排列的学生成绩表头指针 */
    linklist *hno;                    /* hno 是按学号升序排列的学生成绩表头指针 */
    char kname[8][20]={" ","语 文","数 学","外 语","物 理","化 学","总成绩"};

    void create()                    /* 学生成绩管理系统——按总分降序建立学生成绩登记表主函数 */
    { linklist *hsort_creat();
      clear();
      printf(" 按降序建立学生成绩的单链表\n\n\n\t\t");
      hsort=hsort_creat();
    }/* CREATE */

    linklist *hsort_creat()          /* 用尾插法建立带头结点按降序排列的学生成绩登记表 */
    { linklist *head, *r, *p, *q, *findnode(),*input_record();
      printf("\n\n\t\t 请输入一组学生记录, 学号为'*'表示结束:\n ");
      head=(struct node *)malloc(len);   /* 建立学生成绩表的头结点 */
      head->stu.total=999;               /* 输入头结点的特殊数据 */
```

```
     r=head;                                /* r 是指向表的尾指针 */
     p=input_record();                      /* 在学生成绩登记表中输入一个学生记录 */
     while (p!=NULL)                        /* 按总成绩建立从高到低的有序表 */
     { if (r->stu.total>p->stu.total)       /* 输入当前记录的成绩大于表中记录成绩 */
         { r->next=p;    r=p; }             /* 将该记录插入表尾，否则 */
         else  { q=findnode(head, *p);      /* 在成绩表中查找合适的位置 */
              if(q!=NULL)                   /* 在成绩表中的合适位置插入该结点 */
                { p->next=q->next;
                  q->next=p; } }
        p=input_record();                   /* 在学生成绩登记表中输入下一个记录 */
    }return(head);                          /* 返回学生成绩登记表的头指针 */
}/* HSORT_CREAT */


linklist *input_record()          /* 学生成绩表的建立函数——学生记录输入函数 */
{ linklist *p; student x; int i;
  x.total=0;   p=NULL;
  printf("\n\t\t 学 号: ");
  scanf("%s", x.no);                        /* 输入学生的学号 */
  if(strcmp(x.no, "*")!=0)                  /* 若没有结束，则建立一个学生成绩表的结点 */
    {  printf("\t\t 姓 名: ");
       scanf("%s", x.name);                 /* 输入学生的姓名 */
       for(i=1;i<=NUM;i++)
         { printf("\t\t  %s: ", kname[i]);
           scanf("%f", &x.score[i]);        /* 输入学生的各科成绩 */
           x.total=x.total+x.score[i]; }    /* 计算总分 */
       p=(struct node *)malloc(len);        /* 生成新的记录结点 */
       strcpy(p->stu.no, x.no);             /* 给学生学号赋值 */
       strcpy(p->stu.name, x.name);         /* 给学生姓名赋值 */
       for(i=1;i<=NUM;i++)
           p->stu.score[i]=x.score[i];      /* 给学生各科成绩赋值 */
       p->stu.total=x.total;                /* 给学生总成绩赋值 */
       p->next=NULL;                        /* 将新结点的指针域置空*/
    } return(p);                            /* 函数返回新结点的指针*/
}/* INPUT_RECORD */


void insert()                     /* 学生成绩管理系统——插入学生记录主函数 */
{ linklist *data_insert(), *p;              /* 插入新记录后保持学生成绩表依然有序 */
  printf("\t 插入模块\n");
  printf("\n\t\t 请输入要插入的学生记录\n");
  p=input_record();                         /* 输入新增加的学生记录数据 */
```

```
    hsort=data_insert(hsort, p);    /* 插入一个新记录后使学生成绩登记表仍然有序 */
}/* INSERT */

linklist *data_insert(head, p)      /* 插入一个记录并保持学生成绩表依然有序 */
linklist *head, *p;
{ linklist *q, *findnode();
    q=findnode(head, *p);           /* 在学生成绩表中查找合适的插入位置 */
    p->next=q->next;                /* 修改结点的指针 */
    q->next=p;
    return(head);
}/* DATA_INSERT */

linklist *findnode(head, x)         /* 在学生成绩表中查找给定结点的前驱结点的位置 */
linklist *head;                     /* 若找到,函数返回给定结点的前驱结点,否则返回空 */
student x;
{ linklist *p;
    p=head;                         /* 从表的头结点开始顺链查找 */
    while((p->next!=NULL)&&(p->next->stu.total>x.total))
        p=p->next;                  /* 查找给定结点的前驱结点 */
    return(p);                      /* 若找到,函数返回给定结点的前驱结点,否则返回空 */
}/* FINDNODE */

void printlist(linklist *hsort)     /* 学生成绩管理系统——打印学生成绩登记表函数 */
{ linklist *p;int n=1, i;
    printf("\n\n\t\t\t 输出学生成绩表\n");   /* 打印学生成绩登记表的标题 */
    printf("\n 序号  学号    姓名   ");       /* 打印标题中序号、学号和姓名 */
    for(i=1;i<=NUM;i++)             /* 打印标题中各科成绩的名称 */
        printf(" %-6s", kname[i]);  /* 打印标题中总成绩的名称 */
    printf(" 总成绩\n");
    p=hsort->next;                  /* 从表头开始依次打印学生成绩登记表 */
    while(p!=NULL)                  /* 若学生成绩表存在,则打印该成绩表 */
    {   printf(" % d. %-8s%-8s", n, p->stu.no, p->stu.name);  /* 打印学号和姓名 */
        for(i=1;i<=NUM;i++)
            printf(" %-6.1f", p->stu.score[i]);/* 打印各科成绩 */
        printf(" %-7.1f\n", p->stu.total);  /* 打印总分 */
        p=p->next;                  /* 打印下一个学生记录 */
        n=n+1;
    } printf("\n\n");  getchar();
}/* PRINTLIST */
```

```c
void delete()                              /* 学生成绩管理系统——删除学生记录主函数 */
{ linklist *p, *key_delete();char x[10];
  printf("\t 删除模块\n");
  printf("\n\t\t 输入要删除的学号: ");   /* 输入要删除的关键字 */
  scanf("%s", x);
  p=key_delete(hsort, x);                  /* 删除该学号的学生记录 */
  if(p!=NULL)                              /* 删除成功, 打印删除后的学生成绩表 */
  {   printf("\n\n\n\t\t 删除成功\n");
      printlist(p); }
}/* DELETE */


linklist *key_delete(hsort, x)   /* 在学生成绩表中删除给定值的学生记录函数 */
linklist *hsort; char x[10];
{ linklist *p=hsort;
  while((p!=NULL)&&(strcmp(p->next->stu.no, x)!=0))  /* 查找给定记录的前驱结点 */
      p=p->next;
  if (p!=NULL)                             /* 若找到该记录, 则从学生成绩表中删除 */
      { p->next=p->next->next;             /* 修改指针, 从而删除该记录 */
        return(hsort); }                   /* 删除成功, 函数返回删除后的表头指针 */
  else { printf("\n\t 要删的学号为:%s 结点不存在. \n", x);
        return(NULL); }                    /* 若找不到该记录, 则函数返回失败标志 */
}/* KEY_DELETE */


linklist *selesort(head)   /* 学生成绩管理系统——用选择法对学生成绩表进行排序 */
linklist   *head;
{ linklist *headno=NULL, *p, *q, *hq, *s; int j, i;
  printf("\n\n\n\t\t 输出按学号排序的成绩表");
  headno=(struct node *)malloc(len);       /* 建立按学号排序的成绩表头结点 */
  strcpy(headno->stu.no, "\0");            /* 输入表头结点的特殊数据 */
  headno->next=NULL;                       /* headno 是按学号排序的链表头指针 */
  p=head->next;                            /* 用选择法对学生成绩表进行排序 */
  while (p!=NULL)                          /* 选择学生成绩表的学生记录数据 */
      { s=(struct node *)malloc(len);      /* 生成新的记录结点 */
        strcpy(s->stu.no, p->stu.no);      /* 给学生学号赋值 */
        strcpy(s->stu.name, p->stu.name);  /* 给学生姓名赋值 */
        for(i=1;i<=NUM;i++)
            s->stu.score[i]=p->stu.score[i]; /* 给学生各科成绩赋值 */
        s->stu.total=p->stu.total;         /* 给学生总成绩赋值 */
        s->next=NULL;                      /* 将新结点的指针域置空 */
        q=headno;   hq=headno;             /* 按学号对学生成绩登记表进行排序 */
```

```c
        while((q!=NULL)&&(strcmp(q->stu.no, s->stu.no)<0))
        { hq=q;     q=q->next; }              /* 在成绩表中查找合适的位置 */
        s->next=hq->next;                      /* 在合适位置插入该记录 */
        hq->next=s;
        p=p->next;                             /* 选择成绩表下一记录数据进行排序 */
      }
      printlist(headno);
      return(headno);                          /* 返回按学号排序学生成绩表头指针 */
}/* SELESORT */


int menu_select()                              /* 学生成绩管理程序——功能菜单选择函数 */
{ char c; int n;
  printf("\n\t\t\t 学生成绩表的管理程序:\n");
  printf("\n\t\t\t1. 建立学生成绩登记表（有序数据库）");
  printf("\n\t\t\t2. 插入学生成绩记录 ");
  printf("\n\t\t\t3. 删除学生成绩记录 ");
  printf("\n\t\t\t4. 打印学生成绩登记表(按成绩降序排列)");
  printf("\n\t\t\t5. 将学生成绩表按学号排序 ");
  printf("\n\t\t\t0. 退      出  \n");
  do {   printf("\n\t\t\t 请按数字 0～5 键选择功能: ");
         c=getchar();   n=c-48;
      } while ((n<0)||(n>5));
  return(n);
}/* MENU_SELECT */


main()                                         /* 学生成绩管理信息系统——主函数 */
{ int kk;
  do{ clear();
      kk=menu_select();                        /* 根据功能菜单选择建立、插入、删除和打印功能 */
      switch(kk)
        { case 1: {create(); printlist(hsort); break; }    /* 学生成绩登记表的建立 */
          case 2: {insert(); printlist(hsort); break; }    /* 学生成绩登记表的插入 */
          case 3: {delete(); printlist(hsort); break; }    /* 学生成绩登记表的删除 */
          case 4: {printlist(hsort); break; }              /* 学生成绩登记表的打印 */
          case 5: {hno=selesort(hsort);break; }            /* 按学号对成绩表进行排序 */
          case 0: {exit(0); }                              /* 结束程序运行 */
        }
    } while(kk!=0);
}/* MAIN */
```

运行上述程序，其程序的运行结果如图 2.22 所示。

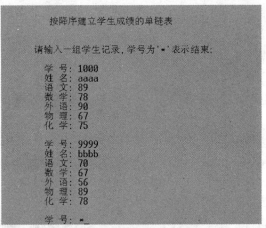

(a) 输入学生记录信息建立按总分降序排列的成绩表

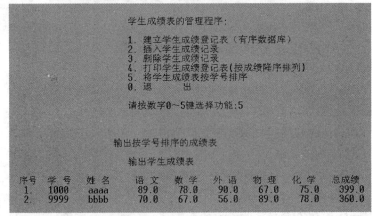

(b) 将学生成绩表按学号升序排序

图 2.22　应用实例——简单学生成绩管理系统

本章小结

线性表是一种最基本、最常用的数据结构。本章介绍了线性表的定义、存储结构描述方法及运算，重点讨论了线性表的两种存储结构——顺序表和链表，以及在这两种存储结构上基本运算的实现。

顺序表是用一维数组来实现的，表中结点的逻辑次序和物理次序一致。顺序表是一种随机存储结构，对表中任一结点都可以在 O(1)时间内直接进行存取，但进行插入、删除、连接、两表的合并等运算时较费时间。

链表是用指针来实现的，表中结点的逻辑次序和物理次序不一致。链表可以分为 3 种：单链表、循环链表和双链表。链表不是随机存储结构，在链表中任何位置插入和删除结点的运算都是非常方便的，但对链表的访问并不方便，必须从头指针开始顺着链依次扫描。

将单链表加以改进，就可以得到循环链表和双链表。循环链表的表尾结点指针指向表头结点，其优点是：从任一结点开始遍历都可以访问到此表的所有结点。双向链表中各结点既有左指针又有右指针。将双向链表与循环链表的特点相结合，就构成了双向循环链表。双向链表上插入和删除运算非常简单，应熟练掌握其运算步骤。

在实际应用中，线性表采用哪一种存储结构，要根据实际问题而定，主要考虑的是算法的时间复杂度和空间复杂度。

顺序表和单链表的组织方法及在这两种存储结构上实现的基本运算（遍历、插入、删除、查找等）是数据结构中最简单、最基本的算法。这些内容是以后各章的重要基础，因此本章是本课程的重点之一，若不能很好地掌握这些内容，在后继章节将会遇到很大的困难。为此，对本章的学习有较高的要求。

本章的复习要点

（1）深刻理解线性结构的定义、特点和线性表的概念。

（2）熟练掌握顺序表和链表的组织方法，了解顺序表与链表的优缺点，能够根据实际问题选择所需要的线性表的存储结构表示。

（3）算法设计方面：要求熟练掌握顺序表中元素的插入、删除、查找和遍历运算，将数组中的元素就地逆置，计算数组的长度，将两个有序的顺序表合并等运算。能够根据需要用头插法和尾插法建立两种不同的带头结点的单链表，要求熟练掌握带头结点的单链表上插入、删除、查找、遍历、排序和合并等算法设计。

本章的重点和难点

本章的重点是：线性结构的定义和特点；线性表的运算；顺序表和单链表的存储表示及在两种存储结构上的基本运算的实现，例如，插入、删除、查找和遍历等。

本章的难点是：顺序表和单链表上基本运算的算法设计及应用。

习题 2

2.1 叙述以下概念的区别：头指针、头结点、表头结点、首结点、尾结点、头指针变量，并说明头指针变量、头结点和表头结点的作用。

2.2 哪些链表可由一个尾指针来唯一确定，即从尾指针出发能访问到链表的任何一个结点？

2.3 在单链表和双向链表中，能否从当前结点出发访问任意一个结点？

2.4 线性表的两种存储结构各有哪些优点和缺点？

2.5 设顺序表 L 有 100 个元素，请编写算法，实现以下的功能。

（1）在第 51 号位置上插入一个新元素 new。

（2）删除第 25 号位置上的元素。

2.6 对于顺序存储的线性表，其类型为 sequenlist，请编写算法完成以下的任务。

（1）在顺序表中查找具有最大值的元素。

（2）在顺序表的第 i 个元素位置上插入值为 x 的元素。

（3）顺序表按升序排列，要求插入值为 x 的元素后，顺序表依然是按升序排列的有序表。

（4）从顺序表中删除第 i 个位置上的元素，并由函数返回该删除的元素。

（5）从顺序表中删除具有最小值的元素。若顺序表为空则显示错误信息并退出运行。

（6）从顺序表中删除具有给定值 x 的所有元素。

（7）从顺序表中删除其值在给定值 min 和 max 之间的所有元素（要求 min＜max）。

（8）假设顺序表是一个有序表，删除有序表中值在给定值 min 和 max 之间所有元素（要求 min＜max）。

(9) 从顺序表中删除所有具有重复值的元素，使所有元素值均不相同。例如，对顺序表 (2, 8, 9, 5, 5, 6, 8, 7, 2) 执行此算法后顺序表变为 (2, 8, 9, 5, 6, 7)。

2.7 假设有两个线性表 A=($a_1, a_2, a_3, \cdots, a_m$)，B=($b_1, b_2, b_3, \cdots, b_n$)。请设计算法将 A 和 B 两表合并为一个线性表 C，使得

$$C = \begin{cases} (a_1, b_1, a_2, \cdots, a_m, b_m, b_{m+1}, \cdots, b_n) & (m \leqslant n) \\ (a_1, b_1, a_2, \cdots, a_n, b_n, b_{n+1}, \cdots, a_m) & (m > n) \end{cases}$$

要求：线性表 A、B、C 均以带头结点的单链表作为存储结构，并且

(1) C 表利用原单链表 A 和 B 中任一表结点空间。例如，C 表头结点为 A 表的头结点。

(2) C 表重新开辟结点空间，生成一个新的单链表，原单链表 A 和 B 均保持不变。

2.8 假设有两个线性表 A、B 的数据域为整数且递增有序，请编写算法实现以下的功能。

(1) 以顺序表为存储结构，将 A、B 中不同元素合并为 C，且 C 中元素也递增有序。

(2) 以链接表为存储结构，将 A、B 中相同元素合并为 C，且 C 中元素也递增有序。

2.9 请分别以顺序表和带头结点的单链表作为存储结构，编写算法实现线性表的逆置。要求：

(1) 用原表空间将 A=($a_1, a_2, \cdots, a_{m-1}, a_m$) 逆置为 A=($a_m, a_{m-1}, \cdots, a_2, a_1$)；

(2) 另辟空间将 A=($a_1, a_2, \cdots, a_{m-1}, a_m$) 逆置为 B=($a_m, a_{m-1}, \cdots, a_2, a_1$)。

2.10 已知带头结点的单链表 L 中的结点按整数值递增排列。请设计算法将值为 x 的结点插入表 L 中，使得表 L 仍然有序。

2.11 请设计算法删除单链表中值相同的多余结点。

2.12 统计带头结点的单链表中值等于给定值 x 的结点的个数。

2.13 请设计算法，在一个带头结点的单链表中值为 x 的结点之后连续插入 m 个结点。

2.14 已知线性表的元素按递增顺序排列，并以带头结点的单链表作为存储结构，其表头指针用 head 表示。试编写一个算法，删除表中所有值大于 min 且小于 max 的元素。

2.15 已知线性表的元素是无序的，并以带头结点的单链表作为存储结构，其表头指针用 head 表示。试编写一个算法删除表中所有值大于 min 且小于 max 的元素。

2.16 假设有一个带头结点的单链表，其表头指针为 head。请设计算法判断该链表中的结点是否成等差关系，即假设各个元素依次为 $A_1, A_2, \cdots, A_n$，判断 $A_{i+1}-A_i=A_i-A_{i-1}$ 是否成立，其中 i 满足 $2 \leqslant i \leqslant n-1$。

2.17 假设有两个不带头结点的单链表 head 和 L，其结点结构均为 linklist 类型。请编写算法判断单链表 L 中各元素是否都是链表 head 中的元素。

2.18 假设有一个带头结点的单循环链表，用表头指针 head 表示。请设计算法从这个链表中删除其值等于 x 的结点。若没有其值等于 x 的结点，则打印"没有找到该结点！"

2.19 假设有一个带头结点的单循环链表，已知 p 为指向链表中任意一个结点的指针，试写出在链表中删除指针 p 的前驱结点的算法。

2.20 假设 A 和 B 是两个有序的单循环链表，ha 和 hb 分别指向两个表的头结点，请编写算法将这两个表合并为一个有序的循环链表 C（C 表可利用原表 A 或 B 的结点空间，也可以另外生成新结点）。

2.21 假设采用带头结点的单循环链表表示一个线性表，线性表的数据元素含有三类字符（字母字符，数字字符和其他字符）。请设计算法将该线性表分解成三个带头结点的单循环链表。要求：每个链表中只含有同一类字符，并且利用原结点作为这三个表的结点空间。表

头结点可另外开辟空间。

2.22 用带头结点的单循环链表表示线性表，请编写程序完成以下的任务。

（1）建立一个带头结点的按升序排列的单循环链表。要求：结点数据域为整数，指针变量 rear 指向循环链表的尾结点。

（2）插入一个值为 x 的结点，并保持循环链表的有序性。

（3）查找结点值为 x 的直接前驱结点 q。

（4）删除值为 x 的结点。

（5）遍历并打印单循环链表中的所有结点。

2.23 设计算法将一个双向循环链表逆置。

2.24 请编写一个完整的程序，并上机实现顺序表的建立、插入、删除、输出等基本运算。

（1）让计算机产生 100 个 0～999 之间的随机整数，并依次保存到数组中。

（2）从数组中读入随机整数，建立一个顺序表。

（3）输出顺序表及顺序表的长度。

（4）在顺序表给定的位置 i，插入一个值为 x 的结点。

（5）在顺序表中删除值为 x 的结点或者删除给定位置 i 的结点。

（6）将顺序表逆置，将结果保存到另外的顺序表 L_sort 中。

（7）将顺序表按升序排序。

（8）将两个顺序有序表 A 和 B 合并为一个有序表 C。

2.25 请编写一个完整的程序，并上机实现如下的操作。

（1）让计算机产生出 20 个 0～99 之间的随机整数并依次保存到带头结点的单链表中。

（2）计算单链表的长度，并将结果存放在头结点的数据域中，然后输出单链表。

（3）从单链表中删除与给定值 x 相等的所有结点，然后输出单链表。

2.26 学生成绩表包括：学号、姓名、单科课程成绩。用带头结点的单链表表示学生成绩表。请编写一个完整的程序，并上机完成以下的任务。

（1）输入学号、姓名和课程成绩，建立带头结点的按学号从小到大排列的学生成绩表。

（2）在成绩表中插入一个新的学生记录，使得插入后的成绩表依然按学号递增排列。

（3）输入一个学号，在成绩表中查找与输入学号相同的学生结点。若有该学生的记录，则显示此学生的学号、姓名和课程成绩；否则显示错误信息。

（4）输入一个学号，在成绩表中查找与输入学号相同的学生结点。若有该学生记录，则删除此学生记录；否则给出该学生不存在的信息。

（5）将学生成绩表按课程成绩从高到低进行排序。

（6）输出所有学生的学号、姓名和课程成绩。

2.27 约瑟夫环问题：设有 n 个人围坐在圆桌周围，从某个位置开始编号为 1, 2, 3, …, n，坐在编号为 1 的位置上的人从 1 开始报数，数到 m 的人便出列；下一个（第 $m+1$ 个）人又从 1 开始报数，数到 m 的人便是第二个出列的人；如此重复下去，直到最后一个人出列为止，得到一个出列的编号顺序。例如，当 $n=8$，$m=4$ 时，若从第一个位置数起，则出列的次序为 4, 8, 5, 2, 1, 3, 7, 6。试编写程序确定出列的顺序。要求用不带头结点的单向循环链表作为存储结构模拟此过程，按照出列顺序打印出各人的编号。

第3章 栈和队列

栈和队列是两种特殊的线性表,它们的逻辑结构和线性表相同,只是其运算规则较线性表有更多的限制,故它们又称为运算受限的线性表。栈和队列被广泛应用于各种程序设计中,可以用来存放许多中间信息。在系统软件设计和递归问题处理等方面都离不开栈或队列。

本章将简要介绍栈和队列的逻辑结构定义和特点;着重介绍栈和队列的顺序存储和链接存储方法,以及在这两种存储结构上如何实现栈和队列的基本运算;详细给出栈和队列在程序设计中的一些简单应用实例;并结合栈的应用简单介绍在递归函数执行过程中栈所起的作用。

3.1 栈的基本概念

栈(**Stack**)又称为**堆栈**,是一种"特殊"的线性表,这种线性表的插入和删除运算只允许在表的一端进行。允许进行插入和删除运算的这一端称为**栈顶**(Top),不允许进行插入和删除运算的另一端则称为**栈底**(Bottom);向栈中插入一个新元素称为**入栈**或**压栈**,从栈中删除一个元素称为**出栈**或**退栈**;通常,记录栈顶元素位置的变量称为**栈顶指针**,处于栈顶位置的数据元素称为**栈顶元素**;而不含任何数据元素的栈则称为**空栈**。图 3.1 就是一个栈的结构示意图。

由于栈的插入和删除运算仅在栈顶一端进行,所以最先进栈的元素一定放在栈底,最后进栈的元素一定放在栈顶,最后进栈的元素也必定最先出栈。在图 3.1 所示栈中,元素以 a_1, a_2, ⋯, a_{n-1}, a_n 的顺序进栈,而出栈次序恰好相反是 a_n, a_{n-1}, ⋯, a_2, a_1。可见,栈是按后进先出的原则进行操作的。因此,栈又称为**后进先出表**(Last In First Out),简称 **LIFO** 表。

在日常生活中,类似栈的例子不胜枚举。例如,建筑砖石的堆置,火车扳道站,将衣服放入衣箱中进行收藏等。下面举几个实例说明栈的结构特点。

【例 3.1】假设有一个很窄的死胡同,胡同里只能容纳若干人,并且每次只能容许一个人进出。现有 10 个人,编号分别为①~⑩,这 10 个人按编号顺序进入死胡同,如图 3.2 所示。

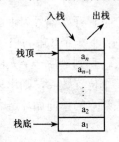

图 3.1 栈的结构示意图

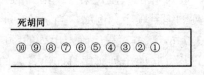

图 3.2 死胡同示意图

在这种状态下，若编号为⑧这个人要退出胡同，则必须等编号为⑩和⑨的人退出后才能退出。若编号为①的人要退出胡同，就必须等编号为⑩～②的人都退出以后才能退出。这里，人们进出胡同的原则是后进的先出。换句话说，就是先进来的后出去。

【例3.2】给枪的弹匣装子弹。我们给枪的弹匣装子弹时，将子弹一个接一个地压入弹匣的动作，就相当于子弹进栈；射击时子弹总是从顶部一个接一个射出去，这就相当于子弹出栈。当打完最后一颗子弹时，则弹匣为空，这就相当于栈为空。

【例3.3】若将桌上一堆书看成一个栈。假设规定每次拿书只能拿最上面一本书，而每次放书则必须把书放在最上面，不允许从中间插入或抽出某本书，那么拿书和放书操作就相当于进栈和出栈的操作。

3.2 栈的存储结构

栈既然是线性表，那么线性表的各种存储方法同样适用于栈。本节将介绍栈的顺序存储结构和链接存储结构。

3.2.1 栈的顺序存储结构

栈的顺序存储结构称为**顺序栈**。顺序栈可以用一个一维数组和一个记录栈顶位置的整型变量来实现，数组用于顺序存储栈中所有的数据元素，栈顶指针用于存储栈顶元素的位置。若将顺序栈定义为一个结构类型 seqstack，其类型定义如下：

```
#define  MAXSIZE  100           /* MAXSIZE 是顺序栈所能存储的最多的元素个数 */
typedef  int  datatype;         /* datatype 是栈中数据元素的类型 */
typedef  struct
{datatype  stack[MAXSIZE] ;     /* stack 数组存储栈中所有的数据元素 */
  int  top                      /* 栈顶指针 top 指示栈顶元素的位置 */
} seqstack;                     /* 顺序栈的类型定义 */
seqstack  *S;                   /* 顺序栈变量定义 */
```

其中，top 是栈顶指针，用于指示栈顶元素在数组中的下标值，其初值指向栈底，即 top=-1。stack 是一维数组，用于存储栈中所有的数据元素。datatype 是栈中元素的数据类型，可根据需要而指定其具体的类型。MAXSIZE 表示栈的最大存储容量。

在使用过程中，顺序栈的内容总是在不断变化的，正确识别栈的变化情况是非常重要的。采用顺序存储结构时，栈共有三种形态：空栈、满栈和非满非空栈，它们都是通过栈顶指针 top 体现出来的。下面给出这三种形态下，栈顶指针 top 的对应情况。

顺序栈的栈底可以设在数组的任意位置，栈顶是随着进栈和退栈操作不断变化的。假设我们规定：将顺序栈的栈底设在数组的底端，即 S->stack[0]表示栈底元素。当 S->top=-1 时，则表示栈空；当 S->top=MAXSIZE-1 时，则表示栈满。由于栈顶指针 S->top 是正向增长的，所以每次向栈中插入一个元素时，首先将 S->top 加 1，用以指示新的栈顶位置，然后再把元素存放到这个位置上；每次从栈中删除一个元素时，首先取出栈顶元素，然后将 S->top 减 1，使栈顶指针指向新的栈顶元素。由此可知，对顺序栈的插入和删除运算相当于在顺序表的表尾进行插入和删除操作，其时间复杂度为 O(1)。

【例3.4】假设顺序栈 S 为(A, B, C, D, E, F)，栈中最多能存储 6 个元素。请给出顺序栈 S

进栈和退栈时,其栈顶指针 top 和栈的变化情况。

【解】图 3.3 就是顺序栈 S 进栈和退栈运算时,其栈顶指针 top 和栈中元素的变化情况示意图。顺序栈 S 的初始状态为空,top=-1,图 3.3(a)就是空栈时的情况。若向栈中插入一个元素 A 后,则顺序栈 S 的变化情况如图 3.3(b)所示。若依次向栈中插入元素 B、C、D、E、F 后,则 top=5,此时栈满,图 3.3(c)就是满栈时的情况。若依次删除栈顶元素 F、E 和 D,则顺序栈的变化情况如图 3.3(d)和(e)所示。

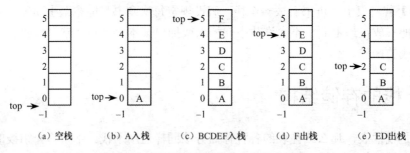

图 3.3 栈的顺序存储结构及其操作过程

注意:图 3.3 所示的栈是垂直画的,使下标的编号向上递增,这样可以形象地表示出栈顶在上,栈底在下。

在一个顺序栈中,当栈满时再做进栈运算将产生溢出,简称为"**上溢出**";当栈空时再做出栈运算也将产生溢出,简称为"**下溢出**"。向一个满栈插入元素或从一个空栈删除元素都是不允许的,应该停止程序运行或进行特别处理。"上溢出"是一种错误状态,应当设法避免其发生;而"下溢出"有可能是正常现象,因为栈的初始状态或终止状态都是空栈,所以程序中常用下溢出作为控制转移的条件。

3.2.2 栈的链接存储结构

栈的链接存储结构就是用一个单链表来实现一个栈的方法。栈的链接结构被称为**链栈**。在链栈中,每个元素用一个链表的结点来表示。此时链表的头指针 top 称为栈顶指针,由栈顶指针所指向的单链表的头结点(第一个结点)称为栈顶结点。一个链栈由栈顶指针 top 唯一确定。由于链栈是一个运算受限的单链表,其插入和删除操作仅限制在表头结点一端进行,所以用不带头结点的单链表实现栈的链接存储结构以使栈的操作运算更加方便。

链栈的类型定义及变量说明和单链表一样,其类型定义如下:

```
typedef   int   datatype;
typedef   struct   node
{ datatype   data;              /* 链栈结点的数据域 */
  struct   node   *next;        /* 链栈结点的指针域 */
}linkstack;                     /* 链栈结点类型 */
linkstack *top;                 /* 栈顶指针 top 指向链栈的栈顶结点 */
```

其中,top 是栈顶指针,它指向链栈的栈顶结点。当 top=NULL 时,该链栈为空栈;若链栈非空,则 top 是指向链表的第一个结点(栈顶结点)的指针。链表中栈顶结点是最后进栈的元素,而栈底结点(最后一个结点)是最先进栈的元素,栈底结点的指针域为空。由于链栈的结点是动态分配的,因此,链栈只有空栈和非空栈这两种状态,不会出现栈满的情况。

在链栈中插入一个元素时，是将该元素插到栈顶，也就是将该结点的指针域指向原来的栈顶结点，并将栈顶指针修改为指向新结点，使新结点成为新的栈顶结点。从链栈中删除一个元素时，是把栈顶元素结点删除掉，即取出栈顶元素后，使栈顶指针指向原栈顶结点的后继结点。由此可知，链栈的插入和删除操作都是对单链表的第一个结点进行的，其时间复杂度为 O(1)。

【例 3.5】假设一个栈 S 为(A, B, C)，采用链栈存储时，其存储结构如图 3.4（a）所示。图中 top 表示栈顶指针，它指向栈顶结点 C。若依次插入两个元素 D, E 后，则对应的存储结构如图 3.4（b）所示。若从栈中删除栈顶元素 E，则对应的存储结构如图 3.4（c）所示。当链栈中所有的元素全部出栈后，则栈变成为空栈，此时 top=NULL。

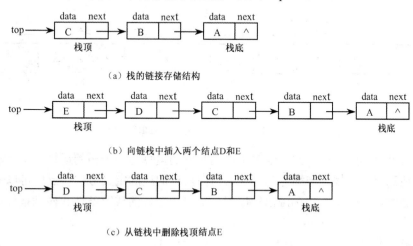

图 3.4　栈的链接存储结构及其操作过程

3.2.3　栈的两种存储结构的比较

栈的两种存储结构与线性表的两种存储结构的差别一样。栈的顺序存储结构是一种静态的存储结构，必须确定存储空间的大小，太大会造成存储空间的浪费，太小会因栈满而产生溢出。栈的链接存储结构是一种动态的存储结构，因为结点是动态产生的，所以不会出现溢出问题。因此，在实际应用中，如果难以估计栈的最大容量，最好采用栈的链接存储结构。

3.2.4　多个顺序栈共享一个数组的存储空间

以上讨论了单个栈的顺序存储结构和链接存储结构的实现，它能够有效地控制后进先出的数据处理顺序。但是，仔细分析就可以发现，在顺序存储结构中，栈中元素的多少往往受到栈的长度 MAXSIZE 的限制。单个栈会出现因为进栈元素过多而造成上溢，或因为进栈元素太少而造成空间浪费的情况。为了解决这个问题，有时我们需要同时建立多个顺序栈。当一个程序中同时使用多个顺序栈时，为了防止上溢错误，需要为每个栈分配一个较大的存储空间。但是，在某个栈发生上溢的同时，可能其余栈未用的空间还很多。为此，我们可以将这多个顺序栈巧妙地安排在同一个数组中，设计出相应的算法，实现存储空间的共享，这样就可以相互调节余缺，既能高效地节约存储空间，又能降低上溢的发生概率。

现以两个栈共享一个数组为例来说明这个问题。图 3.5 就是两个顺序栈共享一个数组存储空间的示意图。在同时建立两个栈的情况下，可将这两个栈的栈底分别设置在数组的两端。假设数组的存储空间为 A[m]，则一个栈的栈顶地址从（0～m-1）方向延伸，而另一个栈的栈顶从（m-1~0）方向延伸，数组的两端为两栈的栈底。除非空间总容量耗尽，否则都不会出现栈满的情况。这样，两个栈都可以独立地向中间区域延伸，也就是说，两个栈的大小不是固定不变的，而是可以伸缩的，中间区域可成为两个栈的共享存储区，互不影响，直到两个栈的栈顶相邻时，才出现栈满的情况。这好像两栈中间有一个"活塞"一样，而这个"活塞"的厚薄表示两个栈可利用的存储容量。因此，当一个栈中元素较多，超过数组空间的一半，而另一个栈中元素少于空间的一半时，那么前者就可以占用后者的存储空间。可见，两个栈共享长度为 m 的数组单元和两个栈分别占用两个长度为 $\lceil m/2 \rceil$ 的数组单元相比，共享一个数组存储区发生上溢的概率比独自占用数组存储区的概率要小得多。

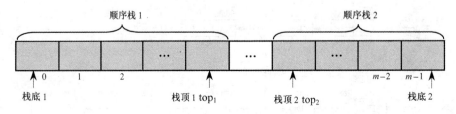

图 3.5　两个顺序栈共享一个数组空间

在两个栈共享相邻存储空间的情况下，两个栈的运算与一个栈的运算方法基本上是一样的，只需要注意另一个栈顶伸缩方向与我们前面讨论的栈的定义方向相反就可以了。当两个栈的栈顶相遇时，才会出现栈满溢出的情况，所以两个栈的栈空条件和栈满条件如下。

　　栈空的条件：　　$top_1=-1$，　　$top_2=m$
　　栈满的条件：　　$top_1+1=top_2$　或　$top_1=top_2-1$

另外，进行进栈和出栈操作时，栈顶指针 top_2 的修改正好相反。入栈时执行 top_2-1 后再入栈，而元素出栈后则应执行 top_2+1 操作。

需要注意的是：两个栈的元素类型相同时，才能采用两个栈共享相邻存储空间的存储方法。

尽管 n（$n>2$）个顺序栈共享一个数组空间也是可以做到的，但问题比较复杂，程序设计也比较困难。这时除了要为每个栈设置栈顶指针外，还必须设置栈底指针。当某个栈发生上溢时，若其余栈中尚有未用空间，则必须通过移动元素才能为产生上溢的栈腾出空间，因此时间代价比较高。在这种情况下，比较好的解决方法是采用链栈作为栈的存储结构。

3.3　栈的基本运算

栈的基本运算有以下 5 种。
① 初始化栈 INITSTACK(S)：其作用是将栈 S 置为空栈。
② 检查栈是否为空栈 EMPTY(S)：这是一个布尔函数，其作用是检查栈是否为空栈。若 S 为空栈，则函数返回值为真，否则为假。
③ 进栈 PUSH(S, X)：其作用是在栈 S 的栈顶位置上插入一个元素 X（亦称压入）。
④ 出栈 POP(S)：其作用是删除栈 S 的栈顶元素。若在退栈时需要返回被删除的栈顶元素，则将 POP(S)定义为一个类型和栈元素相同的函数（亦称退栈或弹出）。
⑤ 取栈顶元素 GETTOP(S)：其作用是取栈 S 的栈顶元素，但不改变栈的状态。

实现栈的基本运算取决于栈的存储结构，存储结构不同，算法描述也不同。下面将详细介绍在顺序存储结构和链接存储结构上，实现进栈和出栈等基本运算的算法。

3.3.1 顺序存储结构上顺序栈的运算实现

假设在栈的顺序存储结构中，顺序栈用指针变量S表示，S为前面已定义的顺序栈seqstack类型。

1. 顺序栈的初始化运算

```
void INITSTACK(seqstack *S)            /* 顺序栈的初始化运算 */
{   S->top=-1;                         /* 将顺序栈设置为空栈 */
}/* SEQSTACK_INITSTACK */
```

2. 检查顺序栈是否为空栈的运算

```
int  EMPTY(seqstack *S)                /* 检查顺序栈是否为空栈运算 */
{ if(S->top<0) return (TRUE);          /* 若顺序栈为空，则函数返回1 */
   else        return(NULL);           /* 若顺序栈非空，则函数返回0 */
}/* SEQSTACK_EMPTY */
```

3. 向顺序栈中插入元素的运算

在顺序存储结构中，顺序栈的进栈过程如下：
① 检查栈是否已满，若栈满，则进行"溢出"错误处理；
② 否则，将栈顶指针加1，使之指向一个空单元；
③ 将新结点的值赋给栈顶指针所指的单元。

```
seqstack *PUSH(seqstack *S, datatype x)   /* 顺序栈的进栈运算 */
{ if(S->top>=MAXSIZE-1)                /* 检查顺序栈是否为满栈 */
    { printf("栈满溢出错误！\n");       /* 若顺序栈已满，则终止程序运行 */
      return(NULL);                    /* 若插入元素失败，则返回0 */
    }
   else
    { S->top++;                        /* 将栈顶指针加1，使之指向空单元 */
      S->stack[S->top]=x;              /* 将新结点插入栈顶指针所指的单元中 */
    }
   return(S);                          /* 若插入成功，则函数返回新的栈顶指针 */
}/* SEQSTACK_PUSH */
```

4. 从顺序栈中删除栈顶元素的运算

在顺序存储结构中，顺序栈的出栈过程如下：
① 检查栈是否已空，若栈空，则进行"下溢"错误处理终止程序运行；
② 否则，保留或暂存栈顶元素以便返回给调用者；
③ 将栈顶指针减1。

```
datatype POP(seqstack *S)              /* 顺序栈删除栈顶元素运算 */
```

```
    { datatype x;                          /* 保存栈顶元素的数据值 */
      if (EMPTY(S))                        /* 检查顺序栈是否为空 */
        { printf("下溢错误!");              /* 若顺序栈已空,则终止程序运行 */
          return(NULL);                    /* 若删除失败,则返回 0 */
        }
      else                                 /* 若顺序栈非空,则取栈顶元素删除之 */
        { x=S->stack[S->top];              /* 暂存栈顶元素以便返回调用者 */
          S->top--;                        /* 将栈顶指针减 1,即删除栈顶元素 */
          return (x);                      /* 若删除成功,则函数返回原栈顶元素值 */
        }
    }/* SEQSTACK_POP */
```

5. 顺序栈取栈顶元素的运算

不管在哪种存储结构中,只要在出栈函数中去掉栈顶指针 top 及栈内容的修改,就可以完成取栈顶元素的操作。

```
    datatype gettop_seqstack(seqstack *S)/* 顺序栈取栈顶元素运算 */
    { if (EMPTY(S))                        /* 检查顺序栈是否为空 */
        { printf("栈是空栈!");              /* 若顺序栈已空,则终止程序运行 */
          return(NULL);                    /* 若操作失败,则函数返回 0 */
        }
      else return(S->stack[S->top]);       /* 若顺序栈非空,则函数返回栈顶元素值 */
    }/* GETTOP_SEQSTACK */
```

3.3.2 链接存储结构上链栈的运算实现

1. 链栈的进栈运算

在链接存储结构中,链栈的进栈步骤如下:
① 为待进栈元素 x 动态分配新结点 p,并将 x 赋给新结点 p 的数据域;
② 将新结点 p 的指针域指向原栈顶结点;
③ 修改栈顶指针 top,使其指向新结点 p,即使值为 x 的新结点 p 成为新的栈顶结点;
④ 函数返回新的栈顶指针。

```
    linkstack *PUSH_LSTACK(top, x)         /* 链栈的进栈运算 */
    linkstack *top; datatype x;            /* 将新结点插入链栈的栈顶 top */
    { linkstack *p;
      p=(struct node*)malloc(sizeof(linkstack));  /* 生成新结点 p */
      p->data=x;                           /* 给新结点 p 的数据域赋 x 值 */
      p->next=top;                         /* 新结点 p 指针域指向原栈顶结点 */
      top=p;                               /* 修改栈顶指针,top 指向新结点 p */
      return(top);                         /* 返回新的栈顶指针 */
    }/* PUSH_LSTACK */
```

2. 链栈的出栈运算

在链接存储结构中，链栈的出栈步骤如下：
① 检查栈是否为空，若为空，则进行"下溢出"错误处理，返回空指针；
② 取栈顶元素值，并将栈顶指针暂存起来，以便返回调用者和释放栈顶存储空间；
③ 删除栈顶结点，即将 top 指向原栈顶结点的后继结点，使其成为新的栈顶结点；
④ 释放原栈顶结点的存储空间；
⑤ 若出栈成功，则函数返回新的栈顶指针。

注意：由于链栈中结点是动态产生的，因此可以不考虑"上溢"问题。

```
    linkstack  *POP_LSTACK(top, datap)    /* 链栈的出栈运算 */
    linkstack  *top ;                     /* 删除栈顶结点返回新栈顶指针 top */
    datatype   *datap;                    /* datap 保存原栈顶结点数据值以便返回 */
    { linkstack  *p;
      if  (top==NULL)                     /* 检查链栈是否为空 */
      {  printf("栈空！");                 /* 若链栈为空，则给出下溢出的提示信息 */
         return(NULL);                    /* 若链栈为空，则出栈失败，函数返回 0 */
      }
      else                                /* 若栈非空，则删除栈顶结点 */
      {  *datap=top->data;                /* 保存栈顶结点的数据以便返回调用者 */
         p=top;                           /* 保留原栈顶结点指针 */
         top=top->next;                   /* 从链栈中删除原栈顶结点 */
         free(p) ;                        /* 释放原栈顶结点的存储空间 */
         return(top);                     /* 出栈成功，函数返回新的栈顶指针 */
      }
    }/* POP_LSTACK */
```

3.4 栈的简单应用举例

栈的应用非常广泛，只要问题满足 LIFO 原则，均可使用栈作为数据结构。在后续的章节中还经常会使用栈来处理各种问题。本节首先介绍栈在递归算法的内部实现中所起的作用，然后给出栈的几个简单的应用实例。

3.4.1 栈在递归过程中的作用

栈的一个重要应用是在程序设计语言中实现递归。所谓**递归**，是指一个函数、过程或者数据结构，若在其定义的内部又直接或者间接出现有定义自身的应用，则称其是**递归**（Recurrence）的或者**递归**定义的。在调用一个函数（程序）的过程中又直接或间接地调用该函数（程序）本身，称为函数的递归调用。一个递归的求解问题必然包含终止递归的条件，当满足一定条件时就终止向下递归，从而使问题得到解决。描述递归调用过程的算法称为递归算法。在递归算法中，需要根据递归条件直接或间接地调用算法本身，当满足终止条件时结束递归调用。

递归是程序设计中一个强有力的工具，在计算机科学和数学等领域有着广泛的应用。不少问题采用递归方法来解决，可以使问题的描述和求解变得简洁和清晰，可读性好而且其正确性容易得到证明。因此，递归算法常常比非递归算法更容易设计，尤其是当问题本身或所涉及的数据结构是递归定义的时候，使用递归算法特别合适。本课程的很多问题，例如，以后各章将陆续介绍的二叉树的遍历问题和图的遍历问题等都是采用递归定义和递归算法来进行描述和处理的。尽管这些问题也可以写出它们的非递归算法，但很难阅读和分析。在这种情况下，采用递归算法是最佳的选择。

下面以递归求阶乘为例来说明计算机在实现递归调用的过程中，栈在递归算法的内部实现中所起的作用，栈的内容及栈的变化情况。

【例3.6】采用递归算法求解正整数 n 的阶乘（$n!$）。

【算法分析】由数学知识可知，正整数 n 的阶乘的递归定义如下：

$$n! = \begin{cases} 1 & (n=0) \\ n \times (n-1)! & (n>0) \end{cases}$$

这里 $n=0$ 是递归的终止条件。若 $n=0$，则函数值为 1；若 $n>0$，则实现递归调用，在递归执行过程中，原问题 $n!$ 是由子问题 $(n-1)!$ 与 n 的乘积来表示的。

根据阶乘的递归定义，我们可以写出计算 $n!$ 的递归函数如下：

```
float FACT(int n)                     /* 用递归方法求 n 的阶乘的函数 */
{ float f=0.0;
  if (n<0) printf("输入数据错误！");   /* 若 n<0，则表示输入数据有误 */
  else if(n==0) f=1;                  /* 若 n=0，则终止递归，函数值为 1 */
       else   f=n*FACT(n-1);          /* 若 n>0，则递归调用 n*(n-1)! */
  return(f);                          /* 函数返回阶乘 FACT(n) 的计算结果 */
}/* FACT */                           /* 递归出口 */
```

假设调用阶乘函数的主程序如下：

```
main()                                /* 用递归方法求 n 的阶乘的主程序 */
{ float y;                            /* 局部变量 y */
  y=FACT(5);                          /* 递归调用阶乘函数计算 5 的阶乘 */
  printf("\n\t 输出 5 的阶乘:%5.0f", y); /* 打印输出 5 的阶乘 */
}/* MAIN */
```

当主程序或其他函数调用此阶乘函数时，首先把实参值传送给形参 n，同时把调用后的返回地址保存起来，以便调用结束后返回时使用。然后执行循环体，当 n 等于 0 时则函数返回 1，结束本次递归调用，并返回到进行本次函数调用的位置上继续向下执行；当 n 大于 0 时，则以实参 n-1 的值去调用函数本身，返回 n 值与本次递归调用所求值的乘积。因为每进行一次递归调用，传送给形参 n 的值就减 1，所以最终必然导致 n 的值为 0，从而结束递归调用。接着，不断地执行与递归调用相对应的返回操作，最后返回到主程序开始调用的位置上继续向下执行。例如，执行 main 程序中的 printf 语句。

下面以计算 5 的阶乘为例，通过分析该函数的执行过程，说明计算机系统是如何利用栈来实现函数递归调用的。

假设计算 5 的阶乘时，用 y=FACT(5)语句调用函数 FACT(n)。第一次执行函数体时，由于 n 不等于 0，所以执行 else 后面的语句 f=5*FACT(4)。执行该语句时，因为表达式中包含有函数 FACT(4)，所以执行递归调用。当递归调用 FACT(4)，执行语句 f=4*FACT(3)时，又要执行递归调用 FACT(3)。其余类推，最后递归调用 FACT(0)时，因为 n=0，其函数值 f=1，所以结束本次递归调用。将 f=1 作为 FACT(0)的函数值返回到调用函数 FACT(0)的位置上，即返回表达式 1*FACT(0)中，从而计算出 f=1*FACT(0)=1*1=1 的值。接着以 f=1 作为 FACT(1)的函数值返回到表达式 2*FACT(1)中，计算出 f=2*FACT(1)=2*1=2 的值。然后将 f=2 作为函数 FACT(2)的值返回到表达式 3*FACT(2)中，计算出 f=3*FACT(2)=3*2=6 的值。再以 f=6 作为 FACT(3)的函数值返回到表达式 4*FACT(3)中，计算出 f=4*FACT(3)=4*6=24 的值。最后将 f=24 作为 FACT(4)的值，返回到表达式 5*FACT(4)中，计算出 f=5*FACT(4)=5*24=120，从而结束整个递归调用过程。以 f=120 作为 FACT(5)的函数值，返回到 main 程序中 y=FACT(5)的位置上，计算变量值 y=FACT(5)=120 后，然后继续向下执行 main 程序的 printf 语句，打印输出 5 的阶乘，从而结束整个程序的运行。

在计算机系统中，执行递归函数是通过栈来实现的。当主程序 main 调用阶乘函数 FACT(5)时，系统就自动为递归调用建立一个工作栈，栈中每个结点是一个递归调用的数据区。每个结点的数据域包括：递归函数的形式参数、局部变量、调用后的返回地址等。由于函数 FACT(n)只有一个形式参数 n 和一个局部变量 f，因此，栈中每个结点的数据类型都包含形式参数 n、局部变量 f 和返回地址 d 这三个数据域。假设函数 FACT(n)调用结束返回主程序 main 的地址用 r_1 表示，在函数 FACT(n)中，每次函数 FACT(n-1)调用结束后的返回地址用 r_2 表示，则递归执行过程中栈的数据变化情况如图 3.6 所示。

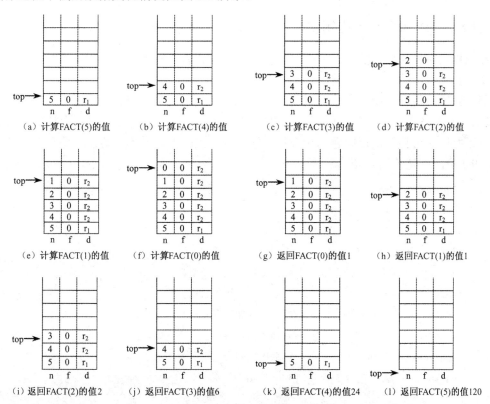

图 3.6 求阶乘 FACT（5）函数递归执行过程中系统栈的数据变化情况

从图 3.6 中可以看出，执行语句 y=FACT(5)时，需要调用递归函数 FACT(5)。计算 FACT(5)则要计算 f=5*FACT(4)，需要递归调用 FACT(4)，因为结果尚未求出，故将 n=5, f=0, d=r_1 进栈保存，如图 3.6（a）所示。然后递归调用 FACT(4)，同样执行到语句 f=4*FACT(3)时，又需要执行递归调用 FACT(3)，同理继续将 n=4, f=0, d=r_2 进栈保存，如图 3.6（b）所示。其余类推，直到递归调用 FACT(0)为止，如图 3.6（c）～图 3.6（f）所示。最后调用 FACT(0)时，函数值 f=1，故结束本次递归调用返回地址 r_2 的位置，即返回语句 f=1*FACT(0)，同时将栈顶 FACT(0)出栈，如图 3.6（g）所示。接着计算局部变量 f=1*FACT(0)=1*1=1 的值，将 f=1 作为 FACT(1)的函数值返回到地址 r_2 的位置上，即返回到语句 f=2*FACT(1)，同时将 FACT(1)出栈，如图 3.6(h)所示。其余类推，最后以 f=24 作为 FACT(4)的函数值，返回语句 f=5*FACT(4)，计算出函数值 f=120 并将 5*FACT(4)出栈为止，如图 3.6（i）～图 3.6（l）所示。从而结束整个递归调用过程，返回主程序 main 调用函数 FACT(5)的位置 r_1，即语句 y=FACT(5)，然后继续向下执行。

调用 FACT(n)算法时，在计算机中栈使用的最大深度为 $n+1$，所以其空间复杂度为 O(n)。又因为每执行一次递归调用就要执行一次条件语句，其时间复杂度为 O(1)，执行整个算法求 n 的阶乘需要进行 $n+1$ 次调用，所以其时间复杂度亦为 O(n)。如果用迭代算法求 n 的阶乘，其时间复杂度为 O(n)，空间复杂度为 O(1)，并且省去了进栈和出栈的烦琐操作，显然比递归算法更为有效。

这里采用递归算法求 n 的阶乘，只是为了详细说明计算机系统对递归算法的处理过程，以便能够理解更复杂的递归算法。

3.4.2 栈的几个简单应用实例

栈结构具有先进后出的固有特性，是程序设计中强有力的工具。这里给出栈的几个简单应用实例。

【例 3.7】从键盘输入一批正整数，然后按相反的次序打印出来。

【算法分析】根据题意可知，后输入的整数将先被打印出来，这正好符合栈的后进先出的特点，所以利用栈解决该问题比较容易。假设顺序栈的 5 种基本运算函数均存放在头文件 sqstack9.c 中，则完整的 C 语言程序如下：

```
#include "stdio.h"
#define    TRUE    1
#define    NULL    0
#define    MAXSIZE 50
typedef int datatype;         /* 顺序栈中元素类型为整数 */
typedef struct               /* 定义顺序栈为结构类型 */
{ datatype stack[MAXSIZE];    /* 数组存储数据元素 */
  int top;                   /* 栈顶指针 */
}seqstack;                   /* 顺序栈的类型定义 */
seqstack *a;                 /* a 为顺序栈 */

#include "sqstack9.c"         /* 将顺序栈的 5 种运算函数包含在头文件 sqstack9.c 中 */
```

```
main()           /* 栈的应用实例——从键盘输入一批正整数，然后按相反次序输出程序 */
{ int x, n=0;                /* x 保留栈顶元素的数据值，n 统计输入数据的个数 */
  INITSTACK(&a);             /* 将顺序栈初始化置空 */
  printf("\n 请输入数据以-1 结束:\n\n");
  scanf("%d", &x);           /* 输入第一个正整数 */
  while(x!=-1)               /* 输入正整数，以-1 作为结束标志 */
  { a=PUSH(a, x);            /* 将输入正整数顺序进栈 */
    n++;  scanf("%d", &x); } /* 继续输入下一个正整数 */
  printf("n=%d\n", n);       /* 统计输入正整数的个数 */
  while(EMPTY(a)!=1)         /* 若栈非空，则依次退栈输出整数 */
  {  x=POP(a);               /* 将栈顶元素顺序出栈保存到 x 中 */
     printf("%d  ", x);      /* 打印输出栈顶元素的数据值 */
     n--;  }
  printf("n=%d\n", n); getchar();
}/* MAIN */
```

上机运行该程序，从键盘上输入 12 个正整数后，得到的反向输出结果如图 3.7 所示。

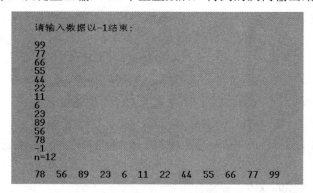

图 3.7 将输入的正整数按相反次序输出程序的运行结果

【例 3.8】 设计一个简单的文字编辑器，使其具有删除错误字符的功能。

【算法分析】 一个简单的文字编辑器程序的功能是：接收用户从终端输入的程序或数据，并存入用户的数据区。由于用户在终端上进行输入时，不能保证不出差错，可能会输入一些错误的字符，因此，文字编辑器应设置一个文件缓冲区，用以接收用户输入的一段文字，然后将这一段文字存入用户数据区。允许用户输入有差错，并在发现有错误时及时更正。假设规定"#"表示删除前面一个字符，"@"表示删除前面的所有字符，"*"表示输入结束。例如，从键盘输入的字符串为"ABC#D##E"，按照约定，它实际上表示的字符串是"AE"，这是因为：第一个"#"，删除了"C"；第二个"#"删除了"D"；第三个"#"删除了"B"。

可用一个栈来表示这个文件缓冲区以实现上述文字编辑器的功能。每当我们从键盘输入一个字符后，文字编辑器就逐个进行检查：若输入的字符为"#"，则进行退栈操作，将栈顶元素删除；若输入的字符为"@"，则将栈设置为空栈；若输入字符为"*"，则结束文字编辑，终止程序运行；若输入其他字符，则执行进栈操作，将输入字符插入栈顶指针所指向的存储单元中。

假设顺序栈的 5 种基本运算函数已存放在头文件 sqstack9.c 中，那么在顺序存储方式下，利用顺序栈实现简单的文字编辑器功能的完整程序如下：

```c
#include "stdio.h"
#define  TRUE 1
#define  NULL 0
#define  MAXSIZE 100            /* 顺序栈能存储的最多元素个数 */
typedef char datatype;          /* 顺序栈中元素的类型为字符型 */
typedef struct                  /* 定义顺序栈的结构类型 */
{ datatype stack[MAXSIZE];      /* 数组存储栈中所有的元素 */
  int top;                      /* 栈顶指针指出栈顶元素位置 */
}seqstack;                      /* 顺序栈的类型名称 */
seqstack  S;


#include "sqstack9.c"           /* 文件sqstack9.c包含了顺序栈的5种基本运算函数 */

void edit()                     /* 进行文字编辑处理函数 */
{ char  c, ch, name[80]; int k=0;
   INITSTACK(&S);               /* 将顺序栈S初始置为空栈 */
   printf("\n\n\t\t 请输入字符串进行编辑(结束符*):\n\t\t");
   c=getchar(); name [k++]=c;   /* 从键盘上输入第一个字符 */
   while(c!='*')                /* 读入字符'*'，则结束编辑 */
   { if (c=='#')    ch=POP(&S); /* 读入字符'#'，则退栈 */
     else if(c=='@') INITSTACK(&S);/* 读入字符'@'，则置空栈 */
         else       PUSH(&S, c); /* 除上述几种字符外将有效字符进栈 */
     c=getchar(); name [k++]=c;  /* 从键盘输入下一个字符 */
   } name[k++]='\0'; k=0;
   printf("\n\t\t 输入的字符串为:\n\n\t\t");/* 输出所处理的一段文字 */
   while(name[k]!='\0')  printf("%3c", name[k++]);  printf("\n\n\t\t");
}/* EDIT */


main()                          /* 顺序栈的应用实例——文字编辑程序 */
{ char ch;                      /* 保存栈顶元素的字符值ch */
   edit();                      /* 调用文字编辑函数进行文字处理 */
   printf("\n\t\t 输出字符串:\n\t\t");/* 输出所处理的一段文字 */
   while(EMPTY(&S)==0)          /* 若栈非空，则退栈输出字符串 */
   { ch=POP(&S);                /* 依次顺序退栈 */
      printf("%-4c", ch);       /* 打印栈顶元素的字符内容 */
   }
   printf("\n\n"); getchar();   /* 将屏幕固定 */
}/* MAIN */
```

上机运行该程序，运行结果如图3.8所示。

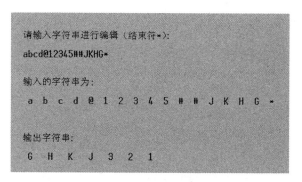

图 3.8 简单的文字编辑器程序的运行结果

【例 3.9】设计程序：将一个十进制的正整数转换为其他 r 进制数（$2 \leqslant r \leqslant 9$）输出。

【算法分析】十进制数 x 和其他 r 进制数的转换是计算机实现计算的基本问题，其解决方法很多。下面介绍的方法是利用栈运算实现将十进制正整数 x 转换成其他 r 进制数输出的。

为了找出转换规律，请先看以下 3 个例子：

$$(28)_{10}=3 \times 8^1+4 \times 8^0=(34)_8$$
$$(72)_{10}=1 \times 4^3+0 \times 4^2+2 \times 4^1+0 \times 4^0=(1020)_4$$
$$(53)_{10}=1 \times 2^5+1 \times 2^4+0 \times 2^3+1 \times 2^2+0 \times 2^1+1 \times 2^0=(110101)_2$$

以上这 3 个例子是将十进制数分别转换为八进制数、四进制数和二进制数。由计算机基础知识可知，把一个十进制整数 x 转换为任一种 r 进制数得到的是一个 r 进制的整数，假设为 y，其转换方法是逐次除基数 r 取余法。具体转换过程是：首先用十进制整数 x 除以基数 r，得到的整余数是 r 进制数 y 的最低位 y_0，接着以 x 除以 r 的整数商作为被除数，用它除以 r 得到的整余数是 y 的次最低位 y_1，其余类推，直到商为 0 时得到整余数是 y 的最高位 y_m。假设 y 共有 $m+1$ 位。这样得到的 y 与 x 等值，y 的按位权展开式为：

$$y=y_0 \times r^0+y_1 \times r^1+y_2 \times r^2+y_3 \times r^3+\cdots+y_{m-1} \times r^{m-1}+y_m \times r^m$$

例如，若十进制整数为 1348，将它转换为八进制数的计算过程如图 3.9 所示。

```
8 | 1348
    8 | 168     … 4      y_0
        8 | 21   … 0      y_1
            8 | 2  … 5      y_2
                0  … 2      y_3
```

图 3.9 将十进制整数 1348 转换为八进制数的计算过程

最后得到的八进制数为 $(2504)_8$，对应的十进制数为 $2 \times 8^3+5 \times 8^2+0 \times 8^1+4 \times 8^0=1348$，该数可以被转换为原来的十进制数 1348，证明转换过程是正确的。

在把十进制整数转换为 r 进制数的计算过程中，从低位到高位顺序得到 r 进制数的每一位数字，而打印输出时，则需要从高位到低位顺序输出每一位数字。因此，利用栈解决这个问题是很合适的。其算法的基本思想是：首先将计算过程产生的结果 $y_0, y_1, \cdots, y_{m-1}, y_m$ 顺序进栈；打印输出时，再按顺序出栈就可以得到一个 $y_m, y_{m-1}, \cdots, y_1, y_0$ 反向输出序列。

假设顺序栈的 5 种基本运算函数均存放在头文件 sqstack9.c 中，那么在顺序存储方式下，利用顺序栈将任意的非负整数转换为等价的 r 进制数输出的完整程序如下：

```c
#include "stdio.h"
#define  TRUE 1
#define  NULL 0
#define  MAXSIZE 30
typedef int datatype;              /* 顺序栈中元素的数据类型 */
typedef struct                     /* 定义顺序栈类型 */
{ datatype stack[MAXSIZE];         /* 数组存储数据元素 */
  int top;                         /* 栈顶指针 */
}seqstack;                         /* 顺序栈的类型定义 */
seqstack  S;

#include "BH.c"                    /* clear 清屏幕函数包含在头文件 BH.c 中 */
#include "sqstack9.c"              /* 顺序栈的 5 种运算包含在头文件 sqstack9.c 中 */

void tranform(num,r)               /* 将一个十进制整数 num 转换为 r 进制数输出函数 */
int num;
int r;
{ int k,n,kk=num;
  char rname[10][10]={"\0","一","二","三","四","五","六","七","八","九"};
  INITSTACK(&S);                   /* 将顺序栈 S 初始化 */
  while(num!=0)                    /* 由低到高求出 r 进制数的每位数字并进栈 */
  { k=num%r;                       /* 将十进制整数 num 除以 r 进制数取余数 k */
    PUSH(&S,k);                    /* 将余数按照 k₀k₁k₂…kₘ 顺序进栈 */
    num=num/r;                     /* 继续以商作为新的被除数 num 除以 r 取余 kᵢ */
  }
  printf("\n\t\t 将十进制数%d 转换为%s 进制数为: ",kk,rname[r]);
  while(EMPTY(&S)==0)              /* 若栈非空,则退栈由高到低输出 r 进制数的每位 */
  { n=POP(&S);                     /* 将余数按照 kₘ…k₂k₁k₀ 顺序依次出栈 */
    printf("%d",n);                /* 由高到低输出 r 进制数的每一位数字 */
  }
  printf("\n\t\t");
}/* TRANFORM */

main()                             /* 顺序栈的应用实例——将十进制整数转换为 r 进制数输出程序 */
{ clear();                         /* 清屏幕 */
  printf("\n\t\t  将十进制数转换为任意进制数示例:\n\n ");
  tranform(7856,8);                /* 将十进制数转换为八进制数 */
  tranform(7856,6);                /* 将十进制数转换为六进制数 */
  tranform(7856,4);                /* 将十进制数转换为四进制数 */
  tranform(7856,2);                /* 将十进制数转换为二进制数 */
```

```
tranform(1348,8);            /* 将十进制数转换为八进制数 */
tranform(1348,6);            /* 将十进制数转换为六进制数 */
tranform(1348,4);            /* 将十进制数转换为四进制数 */
tranform(1348,2);            /* 将十进制数转换为二进制 */
getchar();                   /* 将屏幕固定 */
}/* MAIN */
```

这是利用栈的后进先出特性的最简单的例子。在这个例子中，栈的操作序列是直线式的，即先一味地进栈，然后再一味地出栈。

上机运行该程序后，得到的运行结果如图 3.10 所示。

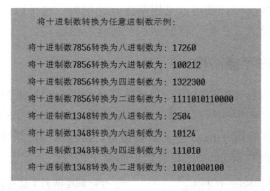

图 3.10　将十进制整数转换为 r 进制数输出程序的运行结果

3.5　队列的基本概念

队列（Queue）简称队，也是一种运算受限的线性表，其限制是只允许在线性表的一端进行插入运算，而在另一端进行删除运算。我们把允许进行删除的一端称为**队头**（Front），允许插入的一端称为**队尾**（Rear）。在队列中插入一个新元素的操作简称为**进队**或**入队**，新元素进队后就成为新的队尾元素；从队列中删除一个元素的操作简称为**出队**或**离队**，当元素出队后，其后继元素就成为新的队头元素。若队列中没有元素，则称为**空队列**。图 3.11 是一个队列的结构示意图。

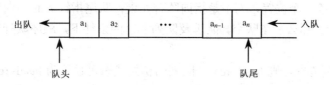

图 3.11　队列的结构示意图

从队列的定义可知，最先进入队列的元素一定在队首，最后进入队列的元素必定在队尾，每个元素必须按照进入的次序顺序离队。因此，队列又称为**先进先出表**（First In First Out），简称 **FIFO 表**。

假设在空队列中依次加入元素后，使队列 $Q=(a_1, a_2, a_3, \cdots, a_n)$，那么 a_1 就是队头元素，a_n 是队尾元素。由于队列中的元素是按照 $a_1, a_2, a_3, \cdots, a_n$ 顺序依次进队的，因此，元素退出队列的次序只能是 $a_1, a_2, a_3, \cdots, a_n$。显然，队列是按照先进先出的原则进行操作的。

在日常生活中，我们经常会遇到许多为了维护社会正常秩序而需要排队的情况，例如，排队就医、排队买火车票、排队买饭等。这样一类活动的模拟程序通常要用到队列和线性表之类的数据结构，因此是队列的典型应用实例。

【例 3.10】假设排队等候上公共汽车。新来的乘客总是插到队尾（规定不允许"插队"），这相当于进队；每次离开队列上车的乘客总是站在队首的乘客（假设不允许中途离队），这相当于出队。因此，先来的乘客总是先离队上车。当最后一个乘客离队上车后，则队列为空。

3.6 队列的存储结构

队列的存储结构与栈类似，既可以采用顺序存储结构，也可以采用链接存储结构。下面分别介绍队列的两种存储方式：顺序存储结构和链接存储结构。

3.6.1 队列的顺序存储结构

队列的顺序存储结构称为**顺序队列**。顺序队列可利用一个一维数组和两个指针来实现。一维数组用于存储当前队列中的所有元素，两个指针 head 和 rear 分别指向当前队列的队首元素和队尾元素。指向队首的指针 head 称为**队首指针**，指向队尾的指针 rear 称为**队尾指针**。若将顺序队列定义为结构类型 sequeue，其类型说明如下：

```
#define    MAXSIZE    100           /* 顺序队列所能存储元素的最大数 */
typedef    struct     node
{ datatype data[MAXSIZE+1];         /* 用一维数组存储顺序队列中的所有元素 */
    int head, rear;                 /* 顺序队列的队首和队尾指针 */
}sequeue;                           /* 顺序队列的类型定义 */
sequeue *sq;                        /* sq 是指向顺序队列类型的指针变量 */
```

其中，data 是一维数组，用于存储顺序队列的所有元素。head 是队首指针，它指向队列第一个元素之前。rear 是队尾指针，它指向队列最后一个元素本身。MAXSIZE 是数组长度，它表示顺序队列的最大容量。

和顺序栈一样，顺序队列也有空队、满队或非空非满这三种形态。由于队首指针和队尾指针所指元素的规定不同，将出现两种不同的表示方法。因此，我们规定：队头指针 head 指向当前队首元素的前一个位置，而不是指向队首元素；队尾指针 rear 指向当前队尾元素的位置，如图 3.11 所示。那么，在队空、队满及队列非空的条件下，顺序队列的队首和队尾指针分别是：

① 若顺序队列为空，则 head=rear，队列的初始状态可设置为 head=rear= -1；
② 若顺序队列为满，则 rear=MAXSIZE-1；
③ 若顺序队列非空非满，则 rear＞head。

若不考虑溢出情况，则顺序队列的入队操作可表示为：

```
sq->rear++;                    /* 入队操作时，将队尾指针加 1 */
sq->data[sq->rear]=x;          /* 将新元素插入队尾指针所指单元中 */
```

同样，顺序队列的出队操作可表示为：

```
sq->head++;                    /* 出队操作时，将队首指针加 1 */
```

【**例 3.11**】假设某个顺序队列 Q 为（A, B, C, D, E, F），队列的长度 MAXSIZE=6。请给出顺序队列出队和入队时，队首指针及队尾指针的变化情况。

【**解**】图 3.12 就是顺序队列入队和出队操作时，队列元素、队首指针及队尾指针的变化情况示意图。

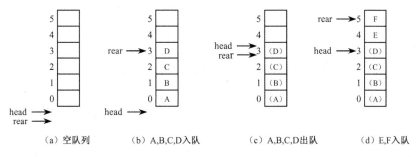

图 3.12 顺序队列的入队和出队操作示意图

图 3.12（a）是队列的初始状态，此时队首指针和队尾指针值相等，均为-1，即 head=rear=-1。若将 4 个新元素 A、B、C、D 顺序入队，则顺序队列的变化情况如图 3.12（b）所示。这时，队尾指针 rear 指向当前队列最后一个元素 D，而队首指针 head 不变，仍指向队首元素 A 的前一个位置，即 head= -1, rear=3。若从队列中依次删除 A、B、C、D 这 4 个元素后，则顺序队列相应的变化情况如图 3.12（c）所示，这时顺序队列变成空队，即 head=rear=3。若向队列再插入两个新元素 E、F 后，则队列的变化情况如图 3.12（d）所示，该队列又变成为一个满队，这时 head=3，rear=MAXSIZE-1=5。

显然，当前队列中元素的个数，即队列的长度为 rear-head。若 head=rear，则当前队列为空队，空队长度为 0，图 3.12（a）和图 3.12（c）均为空队情况；若 rear-head=MAXSIZE，则当前队列为满队，满队长度为 MAXSIZE。

与栈类似，顺序队列亦有上溢和下溢现象。当队空时，再进行出队操作就会产生"**下溢**"。当队满时，再进行入队操作就会产生"**上溢**"。此外，顺序队列还存在"假上溢"现象。当队尾指针指向数组的最后一个位置即 rear=MAXSIZE-1 时，就会出现队满（溢出）的情况，这时不能再进行入队操作；若数组前端还有空余单元，则这时的队列就不是真正的队满，而是一种假队满。例如，在图 3.12（d）中所示的满队就是这种"假队满"的状态。尽管当前队列的长度小于 MAXSIZE，但由于 rear=MAXSIZE-1=5，因此不能再进行入队操作。

产生这种现象的原因在于：进行入队和出队操作时，队头指针和队尾指针只增大不减小，使得被删除元素的空间在该元素被删除后永远无法重新利用。虽然队列中元素的实际个数远远小于数组存储空间的规模，但可能由于队尾指针超过数组的上界而不能进行入队操作。

解决假溢出问题的常用方法有两种。第一种方法是：当元素出队时，将整个队列中元素依次向前移动一个位置，并修改队头指针和队尾指针，使得队头指针 head 始终保持为-1。第二种方法是：当元素出队时，队列不移动，当出现假溢出时，再把整个队列中所有的元素依次向前移动，直至队头指针 head=-1 时为止。这两种方法都是通过移动队列的元素使数组的空闲单元留在后面，以便队列能够继续使用。其缺点是需要移动大量的队列元素，浪费时间，因此，实际应用中很少采用这两种方法。为了克服"假溢出"现象，充分利用存储空间，通常是用循环队列来真正解决假溢出的问题。

下面我们详细介绍循环队列的存储方法和基本运算的实现。

3.6.2 顺序存储的循环队列

将整个数组空间变成一个首尾相接的圆环，即把 data[0]接在 data[MAXSIZE-1]之后，我们称这种数组为**循环数组**。用循环数组表示的队列称为**循环队列**。在循环队列中，队列首尾指针的初始值均设置为数组上界，即 head=rear=MAXSIZE-1。当循环队列进行出队和入队操作时，队列的头尾指针仍然要加 1，朝前移动。只不过，当队尾指针等于数组的上界时（即 rear=MAXSIZE-1），若进行入队操作，可令队尾指针等于数组的下界（即 rear=0）。这样循环队列就能重新利用已被删除元素的存储空间，从而解决假溢出问题。除非数组的存储空间真的被队列元素全部占用，否则不会出现上溢的现象。图 3.13 就是一个循环队列的示意图。

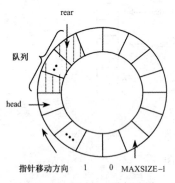

图 3.13 循环队列示意图

根据循环队列的结构可知，当入队操作时，循环队列中队尾指针加 1 的操作可描述为：

```
if(rear+1==MAXSIZE)   rear=0;
else       rear++;
```

利用除法取余的"模运算"可以使循环队列的运算更加简洁。进行入队操作时，在循环队列中队尾指针加 1 的操作可描述为：

rear=(rear+1)% MAXSIZE

同样，进行出队操作时，循环队列中队头指针加 1 的操作可描述为：

head=(head+1)% MAXSIZE

接下来要解决的问题是，在循环队列中，队空和队满的条件是什么？前面我们规定：在顺序队列中，队头指针 head 指向队首元素的前一个位置，而不是指向队首元素本身；队尾指针 rear 指向队尾元素本身的位置。在这种规定下，队列初始状态可设置为 head=rear=MAXSIZE-1。当循环队列的某个元素出队后，队头指针向前追赶队尾指针，若 head==rear，则循环队列为空队；当循环队列的某个元素入队后，队尾指针向前追赶队头指针，若 rear==head，则循环队列为满队。可见，队空的条件是 head==rear，队满的条件亦是 head==rear。显然，我们无法用条件 head==rear 判断和区分循环队列是"空队"还是"满队"。

为此，我们用一个简单的方法来解决这个问题：在循环数组中始终保留一个空闲单元不用。这样，判别循环队列是否为满队时，只要确定当前尾指针 rear 的下一个单元的位置是否为首指针 head 所指即可，即(rear+1)%MAXSIZE==head？若相同，则队满；否则，队不满。队满时尽管还有一个空单元（由队首指针 head 所指），但不能使用。这样一来，队满和队空的条件就可以分开了。因此，在循环队列中队满和队空的条件分别为：

队满的条件   (rear+1)%MAXSIZE==head
队空的条件   rear==head

例如，图 3.14 就是设置一个空闲单元后，当循环队列进行入队和出队操作时，其队列首尾指针的变化情况示意图。

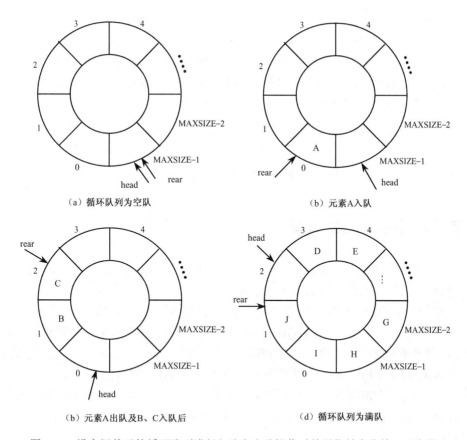

图 3.14 设空闲单元的循环队列进行入队和出队操作时首尾指针变化情况示意图

应当注意的是：这里规定的队满条件使得循环队列中始终有一个空闲单元。长度为 MAXSIZE 的循环数组只能存储长度不超过 MAXSIZE-1 个元素的循环队列。这个方法实际上是以一个元素的存储单元为代价，简化了循环队列队满和队空的判别条件，从而节省了执行时间。显然，循环队列是解决假溢出问题的有效方法。除一些简单应用外，通常真正实用的顺序队列就是循环队列。若无特别说明，后面使用的循环队列都采用该方法。

由于队列的初态和终态均有可能是一个空队，因此，当程序中使用队列时，可以将队空作为程序转移的逻辑条件。而队满是一种错误的状态，则应设法避免之。

3.6.3 队列的链接存储结构

队列的链接存储结构是用一个单链表存放队列元素的。队列的链接存储结构称为**链队列**。由于队列只允许在表尾进行插入操作、在表头进行删除操作，因此，链队列需设置两个指针：队头指针 head 和队尾指针 rear。队头指针 head 指向单链表的第一个结点（表的头结点），队尾指针 rear 指向单链表的最后一个结点（队尾结点），增加队尾指针 rear 是为了便于进行插入操作。这样，链队列可由一个头指针和一个尾指针唯一地确定。链队列的类型 linkqueue 可定义如下：

```
typedef   struct   node
{ datatype     data;                /* 链队列的数据域 */
  struct  node  *next;              /* 链队列的指针域 */
```

```
} linkqueue;
linkqueue *head, *rear;              /* head 和 rear 分别是链队列头尾指针 */
```

和单链表一样，为了运算方便，可在队首结点前增加一个表头结点，并将队头指针指向头结点。若链队列为空，则头指针和尾指针均指向头结点，即 head=rear。

图 3.15 就是一个带头结点的链队列的存储结构示意图。

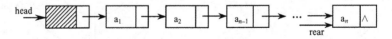

图 3.15　带头结点的链队列的结构示意图

3.7　队列的基本运算

队列有 5 种基本运算：向队尾插入一个元素的入队操作、删除队首元素的出队操作、取队首元素操作、初始化操作和检查队空或队满操作。

① 初始化 INITQUEUE(Q)：其作用是将队列 Q 初始化设置为空队。

② 判断队列是否为空 EMPTY(Q)：这是一个布尔函数。其作用是判断队列是否为空。若队列为空，则函数返回值为"真"，否则函数返回"假"。

③ 入队 ENQUEUE(Q, X)：其作用是将元素 X 插到队尾的位置。

④ 出队 DEQUEUE(Q, X)：其作用是删除队列 Q 的队头元素，函数返回原队头元素值。

⑤ 取队头元素 FRONT(Q)：其作用是取出队列 Q 队头元素，使队列中元素保持不变。函数返回队头元素值。

队列基本运算的实现取决于队列采用的存储结构；存储结构不同，其算法的描述也不同。下面将详细介绍在顺序和链接这两种存储结构下，顺序队列、循环队列及链队列的出队、入队、置空队和判断队空等基本运算的实现算法。

3.7.1　顺序存储结构上顺序队列的运算实现

假设采用前面定义的顺序队列类型 sequeue，则顺序队列的出队和入队算法如下。

1．顺序队列的入队运算

在顺序存储结构中，顺序队列的入队过程如下：

① 检查队列是否已满，若队满，则进行"溢出"错误处理；

② 否则，将队尾指针加 1；

③ 将元素值 x 赋给队尾指针所指向的单元。

```
int  SQ_ENQUEUE(sq, x)        /* 顺序队列的入队运算——函数返回入队是否成功信息 */
sequeue *sq; datatype  x;
{  if (sq->rear==MAXSIZE-1)           /* 若队满，则无法进行入队操作 */
     {  printf("队列已满!");
        return (NULL);                /* 入队失败，函数返回 0 */
     }
   else{  sq->rear=sq->rear+1;        /* 将队尾指针加 1 */
```

```
                sq->data[sq->rear]=x;          /* 数据送给队尾指针所指单元 */
                return(TRUE);      }           /* 入队成功,函数返回 1 */
}/* SQ_ENQUEUE */
```

2. 顺序队列的出队运算

在顺序存储结构中,顺序队列出队的过程如下:
① 检查队列是否为空队列,若队空,则进行"下溢出"错误处理;
② 否则,将队头指针加 1;
③ 函数返回原队头元素值 x。

```
        datatype SQ_DEQUEUE(sq)             /* 顺序队列的出队运算——函数返回原队头元素值 */
        sequeue  *sq;
        { if(sq->rear==sq->head )            /* 若队空,则无法进行出队运算 */
             { printf("队列已空! 不能执行出队运算");
               return (NULL);                /* 出队失败,函数返回 0 */
             }
          else{ sq->head=sq->head+1;         /* 将队头指针加 1 */
                return(sq->data[sq->head]);  /* 出队成功,返回队头元素值 */
              }
}/* SQ_DEQUEUE */
```

3.7.2 顺序存储结构上循环队列的运算实现

1. 将循环队列设置为空队运算

由于循环数组最后一个位置 MAXSIZE-1 的前一个位置为 0,因此,将循环队列设置为空队的运算就是将初始状态的队头和队尾指针均设置为 MAXSIZE-1。

```
        void CIR_INITQUEUE(sq)              /* 循环队列初始化运算——将队头和队尾指针置空 */
        sequeue   *sq;
        {  sq->head=MAXSIZE-1;              /* 将队头指针设置为 MAXSIZE-1 */
           sq->rear=MAXSIZE-1;              /* 将队尾指针设置为 MAXSIZE-1 */
}/* CIR_INITQUEUE */
```

2. 判断循环队列是否为空队运算

```
        int CIR_EMPTY(sq)                   /* 判断循环队列是否空队运算——函数返回 0 和 1 */
        sequeue  *sq;
        { if (sq->rear==sq->head)           /* 检查循环队列是否为空队列 */
              return(TRUE);                 /* 若队列为空,函数返回 1 */
          else  return(NULL);               /* 若队列非空,函数返回 0 */
}/* CIR_EMPTY */
```

3. 取出循环队列的队头元素运算

```
int CIR_GETFRONT(sq)              /* 循环队列的取队头元素运算——返回队头元素位置 */
sequeue *sq;
{ if (CIR_EMPTY(sq))              /* 检查循环队列是否为空队列 */
    { printf("队列为空不能执行出队运算!");  /* 队空不能进行出队运算 */
      return (NULL); }            /* 队空返回0 */
  else   return((sq->head+1)%MAXSIZE);   /* 队不空返回队头元素位置 */
}/* CIR_GETFRONT */
```

注意：因为队头指针总是指向队头元素的前一个位置，所以算法中返回的队头元素是当前头指针下一个位置上的元素。

4. 循环队列的入队运算

在顺序存储结构中，循环队列入队的过程如下：
① 检查队列是否已满，若队满，则进行"溢出"错误处理；
② 否则，利用"模运算"，将队尾指针加1；
③ 将元素值赋给队尾指针所指向的单元。

```
int CIR_ENQUEUE(sq, x)            /* 循环队列的入队运算——返回入队是否成功信息 */
sequeue *sq; datatype  x;
{ if(sq->head==(sq->rear+1)% MAXSIZE)   /* 队满则不能进行出队操作 */
    { printf("队列为满");
      return (NULL);}             /* 入队失败，函数返回0 */
  else{ sq->rear=(sq->rear+1)% MAXSIZE;   /* 用模运算将队尾指针加1 */
        sq->data[sq->rear]=x;     /* 将数据赋给队尾指针所指单元 */
        return(TRUE); }           /* 入队成功，函数返回1 */
}/* CIR_ENQUEUE */
```

5. 循环队列的出队运算

在顺序存储结构中，循环队列队首元素出队的过程如下：
① 检查队列是否为空，若队空，则进行"下溢出"错误处理；
② 否则，利用"模运算"，将队首指针加1；
③ 函数返回原队首元素值。

```
datatype  CIR_DEQUEUE(sq)         /* 循环队列的出队运算——返回原队首元素位置或0 */
sequeue *sq;
{ if  (CIR_EMPTY(sq))             /* 若队空则不能进行出队运算 */
    { printf("队列已空！不能执行出队");  /* 打印出队失败信息 */
      return(NULL); }             /* 出队失败，返回0 */
  else{ sq->head=(sq->head+1) % MAXSIZE;   /* 用模运算将队尾指针加1 */
        return(sq->data[sq->head]); }      /* 出队成功，返回队首元素位置 */
}/* CIR_DEQUEUE */
```

3.7.3 链接存储结构上链队列的运算实现

链队列的运算实际上就是单链表上插入和删除运算的特殊情况。对于一个带头结点的链队列，出队时只需修改头结点的指针域，而尾指针不变；入队时只需修改尾指针，而头指针不变。下面给出带头结点的链队列的入队和出队算法，假设 head、rear 均为 linkqueue 类型的全局变量。

1. 链队列的初始化运算

在链接存储结构中，用语句 head=NULL; rear=head 就可以将链队列初始化。对于带头结点的链队列，其初始化算法如下：

```
void  LINK_INITQUEUE(head, rear)      /* 带头结点的链队列初始化运算 */
linkqueue *head,*rear;                 /* 定义链队列的队头和队尾指针 */
{  head=(struct node*)malloc(LEN);     /* 建立头结点 */
   head->data=-999;                    /* 将头结点的数据域赋一个特殊值 */
   head->next=NULL;                    /* 将头结点的指针域置为空 */
   rear=head;                          /* 队尾指针和队头指针相同 */
}/* LINK_INITQUEUE */
```

注意：若将 head->next=NULL 改为 head->next=head，则链队列变成循环链队列。

2. 判链队列是否为空队运算

出队操作时，常常要检查队列是否为空队。因此，在带头结点的链队列中判断队列是否为空队的算法如下：

```
int LINK_EMPTY(head, rear)            /* 带头结点链队列判空队运算 */
linkqueue *head, *rear;
{  if(head==rear)   return(TRUE);      /* 若为空队列，则函数返回 1 */
   else            return(NULL);       /* 若非空队列，则函数返回 0 */
}/* LINK_EMPTY */
```

注意：我们可用判断队空函数来检查队列是否为空，也可直接用语句 head==rear 检查队列是否为空队。

3. 链队列的入队运算

在链接存储结构中，链队列的入队过程如下：
① 开辟一个新结点 p，给新结点 p 的数据域和指针域分别赋值；
② 将新结点 p 链接到队尾 a_n 之后，即将队尾指针 rear 指向新结点 p；
③ 修改队尾指针 rear，使 rear 指向新的尾结点 a_{n+1}。
入队过程如图 3.16 所示。

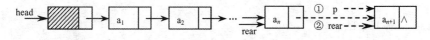

图 3.16 链队列入队运算示意图

```
#define    LEN   sizeof(linkqueue)
linkqueue  *rear, *head;
void   LINK_ENQUEUE(x)              /* 带头结点链队列的入队运算 */
datatype   x;
{ p=(struct node*)malloc(LEN);      /* 开辟新结点 */
  p->data=x;                        /* 给新结点的数据域赋值 */
  p->next=NULL;                     /* 给新结点的指针域赋值 */
  rear->next=p;                     /* 将新结点插入表尾 */
  rear=p;                           /* 将尾指针指向新结点 */
}/* LINK_ENQUEUE */
```

4. 链队列的出队运算

在链接存储结构中，链队列的出队过程如下：
① 检查队列是否为空，若为空队列，则进行"下溢出"错误处理；
② 否则，在删除队列第一个结点之前，先保存该结点信息，以便返回删除元素的数据值；
③ 修改头指针 head 的指针域，使其指向队列的第二个结点 a_2，建立新的链队列；
④ 删除并释放原队列中第一个结点 a_1 的存储空间；
⑤ 若出队成功，则函数返回原队列的第一个结点 a_1 的信息。
出队过程如图 3.17 所示。

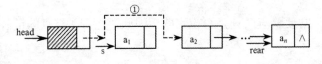

图 3.17　链队列出队运算示意图

```
datatype LINK_DEQUEUE(head)         /* 带头结点的链队列的出队运算 */
linkqueue  *head;                   /* 删除队头结点，返回原队头结点数据值 */
{ datatype  x;
  if  (EMPTY(head, rear)==1)        /* 检查链队列是否为空队 */
     { printf("队列为空!\n");        /* 若链队列为空，则提示信息 */
       return (NULL);               /* 出队失败，函数返回 0 */
     }
  else { s=head->next;              /* 指针 s 指向原队列的第一个结点 */
         x=s->data;                 /* 保存原第一个结点的数据值 */
         head->next=s->next->next;  /* 删除原队列第一个结点 */
         free(s);                   /* 释放原队列第一个结点空间 */
         return (x);                /* 函数返回原第一个结点的数据值 */
       }
}/* LINK_DEQUEUE */
```

3.8 队列的简单应用举例

队列是一种简单的数据结构，实际应用非常广泛。由于队列的操作满足 FIFO 原则，因此，具有 FIFO 特性的问题均可以利用队列作为数据结构。在以后章节中，我们可以看到很多队列应用的实例。在计算机科学领域中，队列的典型应用是在操作系统上。这里仅以队列在解决计算机中软、硬件资源的协调工作方面所起的作用，以及两个应用队列的模拟程序，来说明如何借助于队列来解决各种实际问题。

【例3.12】利用队列解决运行程序与键盘处理程序异步操作问题。

在计算机系统中，键盘输入是通过键盘处理程序来完成的。操作者随时可能会按下键盘，计算机不管在做什么工作都必须暂停并进入键盘处理程序，等键盘操作处理完毕再继续原来的工作。可见，键盘处理程序和正在运行的程序都是独立工作的。可能会出现这样的情况，程序正在执行其他任务，而用户从键盘上不断地输入信息，这时运行程序无法接收数据，就可能丢失数据。解决这个问题的方法是：设置循环的键盘缓冲区，键盘处理程序把从键盘上输入的字符依次存放到缓冲区中，若运行程序需要数据时，再按照先进先出的原则依次从缓冲区取出输入的字符。这样就可以使运行程序与键盘处理程序协调工作。显然，键盘缓冲区中所存储的数据就是一个循环队列。

【例3.13】利用队列解决主机与打印机之间速度不匹配的问题。

当主机输出数据给打印机打印时，输出数据的速度比打印数据的速度要快得多。若直接把输出的数据送给打印机，因为二者速度不匹配，会造成数据的丢失。这显然是不行的。所以，有效的解决方法是设置一个打印数据缓冲区，主机把要打印输出的数据依次写到这个缓冲区中，写满后就暂停输出，转去做其他的事情；而打印机从缓冲区中按照先进先出的原则依次取出数据并打印，打印完后再向主机发出请求；主机接到请求后再向缓冲区写入打印输出数据。这样做既保证打印数据的正确性，又大大提高了主机的工作效率。由此可见，打印数据缓冲区中所存储的数据就是一个队列。关于队列在这两个方面详细的应用情况将会在操作系统课程中讨论。

【例3.14】设计一个简单的航班机票销售系统。

【算法分析】现代化的机场，喷气式飞机此起彼伏，来往如梭，每天都有多个航班飞往各地。售票窗口要办理各个航班机票的销售，退票等手续，工作十分繁忙。采用计算机售票能大大地提高售票的效率，减少甚至杜绝差错。然而，由于售票员键盘操作速度所限，加上程序运行也需要时间，当购票旅客较多时，免不了要排队等候，而旅客人数少时，售票员又无事可做。如果我们使用队列来"缓冲"一下售票过程，将减少旅客的排队时间，方便了旅客，稳定了秩序。如何设计和实现这样一个机票预售系统呢？

假设使用计算机进行售票处理的过程是：当旅客来买票时，首先填写一张购票卡，然后按填写购票卡的先后次序将购票卡的信息人工输入到一个队列中，接着售票处理程序从队列中依次取出购票卡上的信息，并按要求进行售票。用这样一个队列联系起来的系统将具有较高的处理效率。

如果计算机进行售票处理的过程如图3.18所示，那么一个机票销售系统由两个处理程序组成：一个是将购票卡依次入队的排队处理程序，另一个是从队列中取出购票卡信息按编号顺序处理售票程序。这两个程序是通过购票卡这个队列联系起来的。购票卡队列起着传递信息和缓冲的作用。类似机票销售系统的应用随处可见，需要时可用类似的方法进行处理。

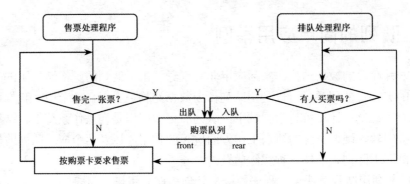

图 3.18 机票销售系统中的队列应用示例

按上述方法设计系统,其购票卡和队列元素的结构是一样的,其类型可定义如下:

```
typedef  struct tick              /* 每张机票的信息说明 */
{    char name[10];               /* 旅客姓名 */
     char first[10];              /* 起飞地点 */
     char dist[10];               /* 飞往地点 */
     char time[10];               /* 飞机的起飞时间 */
     char flay[10];               /* 飞机的航班代号 */
}tickd;                           /* 机票的类型定义 */
```

下面给出机票销售系统中队列的入队和出队的完整程序。

```
# define  MAX  100                /* 队列的简单应用实例——民航机票销售系统 */
# define  NULL 0
# include "stdio.h"
# include "string.h"
# include "stdlib.h"
typedef struct tick               /* 每张机票的信息说明 */
{    char name[10];               /* 旅客姓名 */
     char first[10];              /* 起飞地点 */
     char dist[10];               /* 飞往地点 */
     char time[10];               /* 飞机的起飞时间 */
     char flay[10];               /* 飞机的航班代号 */
}tickd;                           /* 机票的类型定义 */
tickd   q[MAX+1];                 /* 队列长度为 MAX+1,采用顺序循环队列 */
int     rear, front;              /* 顺序循环队列的首尾指针 front, rear */
void    enqueue(), dequeue(), clear(), good_bye();
int     menu_select();
# include "BHCLEAR.c"    /*BHCLEAR.c 中包含 clear,good_bye 函数,功能为清屏、结束等 */


int   menu_select()     /* 机票销售系统程序——主菜单功能选择函数 */
{   char c; int n;
```

```c
    clear();                                            /* 清屏幕 */
    printf("机票销售系统主控模块:\n\n\n ");              /* 显示功能菜单 */
    printf("\t\t  1.    买票登记 \n ");
    printf("\t\t  2.    删除登记 \n ");
    printf("\t\t  0.    退    出 \n ");
    do { printf("\n\t\t 请按数字 0-2 键选择功能: ");
        c=getchar();
        n=c-48;
    } while((n<0)||(n>2));
    return(n);
}  /*  MENU_SELECT  */


void enqueue()                /* 机票销售系统程序——登记所买机票信息即入队操作 */
{ char s1[10], s2[10], s3[10], s4[10], s5[10];
    if (rear==MAX)   rear=1;                            /* 继续利用循环队列空余空间 */
    else  if ((rear+1)%MAX)==front)                     /* 判断循环队列是否为满 */
        { printf("队列溢出错误\n");
            getchar(); exit(0);}
    else
    { rear=(rear+1)%MAX;                                /* 若队列不满则将新购票卡入队 */
        printf("\n\n\t\t 请登记所购买的机票: \n");
        printf("\n\t\t 请输入旅客姓名:"); scanf("%s", s1); /* 输入字符串 */
        printf("\n\t\t 请输入起飞地点:"); scanf("%s", s2);
        printf("\n\t\t 请输入飞往地点:"); scanf("%s", s3);
        printf("\n\t\t 请输入起飞时间:"); scanf("%s", s4);
        printf("\n\t\t 请输入航班代号:"); scanf("%s", s5);
        strcpy(q[rear].name, s1);                       /* 给机票中的姓名赋值 */
        strcpy(q[rear].first, s2);                      /* 给机票中的起点赋值 */
        strcpy(q[rear].dist, s3);                       /* 给机票中的终点赋值 */
        strcpy(q[rear].time, s4);                       /* 给机票中的时间赋值 */
        strcpy(q[rear].flay, s5); }                     /* 给机票中航班号赋值 */
}/* ENQUEUE */


void dequeue()               /* 机票销售系统程序——删除机票登记信息即出队操作 */
{ if  (rear==front)
        { printf("\n\t\t 队列已空, 操作错误\n");
            getchar();  exit(0);}
    else{ front=(front+1)%MAX;                          /*购票结束,删除购票卡登记信息 */
        printf("\n\n\t\t 删除机票登记: \n\n\t\t ");
```

```
        printf("旅客姓名:%s\n\t\t ", q[front].name);      /* 显示机票的姓名 */
        printf("起飞地点:%s\n\t\t ", q[front].first);     /* 显示机票的起点 */
        printf("飞往地点: %s\n\t\t ", q[front].dist);     /* 显示机票的终点 */
        printf("起飞时间: %s\n\t\t ", q[front].time);     /* 显示机票的起飞时间 */
        printf("航班代号: %s\n\t\t ", q[front].flay);     /* 显示机票的航班号 */
    }   getchar();                                          /* 固定屏幕 */
}/* DEQUEUE */

main()                                                      /* 机票销售系统程序——主程序 */
{ int kk;
  rear=0;    front=0;                                       /* 顺序循环队列首尾指针初始化 */
  do{ kk=menu_select();                                     /* 进入主菜单功能选择模块 */
      switch(kk)                                            /* 根据主菜单选择排队运算 */
      { case 1:{ enqueue(); break; }                        /* 队列的插入——买票登记 */
        case 2:{ dequeue(); break; }                        /* 队列的删除——删除登记 */
        case 0:{ good_bye();exit(0);}                       /* 程序运行结束 */
      } getchar(); getchar();                               /* 固定屏幕 */
  } while(kk!=0);
}/* MAIN */
```

注意：程序中文件 BHCLEAR.c 包含两个函数 clear 和 good_bye。clear 函数内容参见第 2 章，这里不再赘述。good_bye 函数的内容如下：

```
    void good_bye()                                         /* 程序运行结束模块 */
    {   clear();                                            /* 清屏幕设置字体颜色光标定位 */
        printf("\n\n\t\t\t 程序结束,再见! ");                /* 输出程序结束信息 */
        getchar();                                          /* 固定屏幕 */
    }/* GOOD_BYE */
```

上机运行该程序，其运行结果如图 3.19 所示。

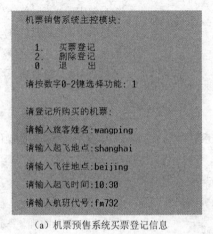
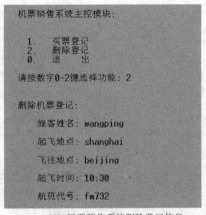

(a) 机票预售系统买票登记信息　　　　　　(b) 机票预售系统删除登记信息

图 3.19　机票预售系统程序的运行结果

【例3.15】假设 n 个人围坐在一圈,并按顺时针方向 1～n 编号。现在从某个人开始进行 1～m 报数,数到第 m 个人时,此人出圈;接着从他的下一个人重新开始 1～m 报数,数到第 m 个人时,此人也出圈;如此进行下去,直到所有人都出圈为止。试设计算法给出这些人的出列顺序表。

由于该问题是由古罗马著名史学家 Josephus 提出的问题演变而来的,所以称为 Josephus 问题。

【算法分析】选择不带头结点的单向循环链表作为存储结构来模拟整个报数过程。程序运行后,首先从键盘输入人数 n 和出列报数 m。接着用尾插入法在队尾按编号 1～n 的顺序建立 n 个结点的单循环链队列。然后开始报数,数到第 m 个节点时,该节点出列,即从循环链表中删除该结点。重复上述过程,直到表空为止。假设 n=10,m=4,则出列的顺序为:4, 8, 2, 7, 3, 10, 9, 1, 6, 5。程序运行的结果如图 3.20 所示。

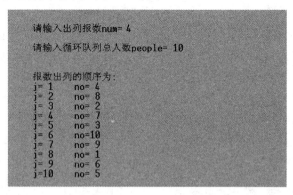

图 3.20　Josephus 问题的运行结果

Josephus 问题的完整程序如下:

```
# define    NULL 0                  /* 循环链队列的简单应用实例——Josephus 问题 */
# define    LEN  sizeof(linkqueue)
# include   "stdio.h"
# include   "BHCLEAR.c"              /*BHCLEAR.c 文件包含 clear 清屏、定位等函数 */
typedef struct node                  /* 结点的类型定义 */
{  int   data;                       /* 标识号数 */
   struct node *next;                /* 指针 */
} linkqueue;                         /* 循环链队列的类型说明 */
linkqueue *creat_rcir(), *report_num();  /* 函数说明 */
int people, num;                     /*people 为循环链队列总人数,num 为出列报数 */

linkqueue *creat_rcir()              /* 循环链队列建立模块——尾插法建表 */
{  int  i;                           /* 建立单循环链队列,并给每个人编号 */
   linkqueue *head, *p, *rear;
   head=(struct node*)malloc(LEN);   /* 建立第一个结点 */
   head->data=1;                     /* 第一个结点的编号为 1 */
```

```
      rear=head;                                /* 尾指针初值为 head */
      for (i=2;i<=people; i++)                  /* 输入 people 个数据 */
      { p=(struct node*)malloc(LEN);            /* 生成新结点 */
         p->data=i;                             /* 输入新结点的编号 */
         rear->next=p;                          /* 新结点插到表尾 rear */
         rear=p;                                /* rear 指向新的表尾 */
      }
      rear->next=head;                          /* 将表尾结点指向头结点 */
      return(head);                             /* 返回循环链表头指针 */
}/* CREATE_CIRCLE */


linkqueue *report_num(head, m, people)          /* 报数出列模块——循环链队列删除函数 */
linkqueue *head;                                /* 每个人报数出列,直到队列为空为止*/
int m, people;                                  /* m 为报数出列数,people 为总人数 */
{ linkqueue *p1, *p2;
  int max, j, count;
  max=people;
  printf("\n\n\t\t 报数出列的顺序为:");
  count=1;   j=0;                               /* count 统计报数,j 统计出列人数 */
  p1=head;   p2=p1;                             /* p2 是指向 p1 前驱结点的指针 */
  do{ p2=p1->next;                              /* p2 指向当前报数的人 */
      count=count+1;                            /* 报一次数 */
      if (count%m==0)                           /* 满足报数条件,则此人出列 */
         { j++;                                 /* 一人出列 */
           printf("\n\tj=%2d\tno=%2d ", j, p2->data);/* 打印出列号数 */
           p1->next=p2->next;                   /* 报数出列,从队列中删除该结点 */
           free(p2);                            /* 释放结点存储空间 */
         }
      else  p1=p2;                              /* p1 后移一个结点继续报数 */
  } while(j!=max);                              /* 报数出列,直到所有人出列为止*/
head=NULL;                                      /* 将队头指针设置为空指针 */
return(head);                                   /* 函数返回链表头指针 */
}/* REPORT_NUM */


main()                    /* 循环链队列简单应用实例——Josephus 问题主程序 */
{ linkqueue *hcir, *head;
  clear();                                      /* 清屏幕函数 */
  printf("\n\n\t\t 请输入出列报数 num=");        /* 输入出列报数 num */
  scanf("%d", &num);                            /* num 为出列报数 */
```

```
        printf("\n\t\t 请输入循环队列总人数 people=");  /* 输入队列总人数 */
        scanf("%d", &people);                          /* people 为队列人数 */
        hcir=creat_rcir();                             /* 建立循环链队列 */
        head=report_num(hcir, num, people);            /* 报数出列 */
    }/* MAIN */
```

本章小结

栈和队列是处理实际问题及开发各种软件时经常使用的数据结构，它们都是运算受限的特殊的线性表。栈是限定只能在表的一端（栈顶）进行插入与删除的线性表，其特点是先进后出。队列是限定在表的一端（队尾）进行插入，而在表的另一端（队头）进行删除的线性表，其特点是先进先出。在具有后进先出（或先进先出）特性的实际问题中，采用这两种结构求解问题是非常有用的。

栈和队列有两种不同的存储方式：顺序存储结构和链接存储结构。本章着重介绍栈和队列的逻辑结构及其存储结构：顺序栈和链栈、顺序队列（循环队列）和链队列，详细给出了栈和队列在不同存储结构中实现基本运算的算法。

值得注意的是：顺序栈和顺序队列容易产生"溢出"现象，顺序队列还容易产生"假溢出"现象。因此，以循环队列作为队列的顺序存储结构，并采用"牺牲"一个存储结点的方法，可以简单地表达循环队列的队空和队满条件。应能理解这种因为空间而引起的溢出问题，正确利用栈空或队空来控制返回。

本章的复习要点

（1）理解栈的定义和特点，掌握栈底的顺序存储表示和链接存储表示。掌握顺序栈空栈和满栈的判断条件、链栈的栈空条件，熟悉栈的简单应用，理解栈在递归中的作用。

（2）理解队列的定义和特点，掌握队列的顺序存储表示（循环队列）和链接存储表示。由于队列容易产生"假溢出"（"假队满"）现象，因此常采用循环队列作为队列的顺序存储结构。熟练掌握顺序存储结构下循环队列队满和队空的条件判断，以及链接存储结构下带头结点链队列队空的条件判断。熟悉队列的实际应用。

（3）在算法设计方面，要求熟练掌握栈的5种基本运算（进栈、出栈、取栈顶元素、判断空栈和置空栈）在顺序和链接两种存储结构下的运算实现，熟悉双栈使用同一个数组的进栈、退栈、置空栈的算法及判断栈空、栈满的条件；熟练掌握循环队列的5种基本运算（入队、出队、置空队、判断队空、取队头元素）的实现，循环队列判断队空和队满的条件，以及带头结点链队列的入队、出队、置空队等操作的实现；并能够根据栈和队列的基本运算，自己设计一些简单的应用程序并上机调试和运行。

本章重点和难点

本章的重点是：栈和队列的特点，顺序栈和链栈上基本运算的实现算法，栈的简单应用，循环队列和链队列的基本运算与简单的算法设计。

本章的难点是：栈和队列中的"上溢"、"下溢"、"假溢出"、"假队满"等现象及其判别条件，特别是循环队列的组织方法，判断队满和队空的条件及算法设计。

习题 3

3.1 指出堆栈的特点，并用几个生活中类似堆栈的例子加以说明。

3.2 指出队列的特点，并用几个生活中类似队列的例子加以说明。

3.3 循环队列的优点是什么？如何判断它的队空和队满？

3.4 假设编号为 a, b, c, d 的 4 辆列车，顺序进入一个栈式结构站台。试写出这 4 辆列车开出车站的所有可能的顺序。

3.5 若进栈序列为 a, b, c, d, e, f, g，且在进栈过程中可以出栈，试问下列序列中哪些是出栈序列？

$\quad\quad\quad\quad$ {d, e, c, f, b, g, a}　　　{f, e, g, d, a, c, b}
$\quad\quad\quad\quad$ {e, f, d, g, b, c, a}　　　{c, d, b, e, f, a, g}

3.6 设两个栈共享一个数组空间 V[m+1]：一个栈以数组的第二个单元作为栈底，另一个栈则以数组的最后一个单元作为栈底，每个元素占用一个数组单元，如图 3.21 所示。假设 S 表示栈号，其编号为 1 或 2。解答下列问题：

（1）分别写出这两个栈 S_1 和 S_2 的栈空条件和栈满条件；

（2）编写将元素 X 进栈 S_1 的 PUSH(S_1, X)算法；

（3）编写删除栈 S_2 的栈顶元素 X 的 POP(S_2, X)算法；

（4）编写取栈 S_1 的栈顶元素并保存到 X 中的 GETTOP(S_1, X)算法。

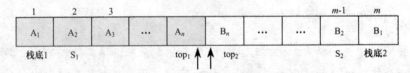

图 3.21 两个栈共享一个数组 V 的存储空间

3.7 设两个栈共享一个数组空间 S[m+1]，它们的栈底分别设在数组的两端，每个元素占用一个数组单元，如图 3.22 所示。试为这两个公用栈设计初始化 INITSTACK(S)、进栈 PUSH(S, i, x)、出栈 POP(S, i, x)和取栈顶元素 GETTOP(S, i)算法，其中 i 为 1 或 2，用来指示栈的编号。

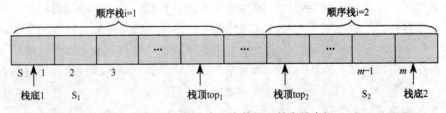

图 3.22 两个栈共享一个数组 S 的存储空间

3.8 假设一个顺序栈的栈顶指针为 top，顺序栈存储空间的最大单元数为 n，若栈空时 top=0，请写出顺序栈的栈满条件。

3.9 设单链表中存放着 n 个字符。试设计算法，判断该字符串是否中心对称。例如，abcba，xyzzyx 都是中心对称的字符串。

3.10 设计算法判断一个算术表达式中圆括号是否正确配对。（提示：对表达式进行扫描，遇到"("就进栈，遇到")"就出栈，当表达式被扫描完，栈应该为空。)

3.11 回文是指正读和反读均相同的字符序列，如"上海自来水来自海上"和"ABBA"均是回文，但"GOOD"不是回文。试写一个算法判定给定的字符数组是否为回文（提示：将一半字符进栈）。

3.12 设计算法把一个十进制正整数转换为十六进制数输出。

3.13 设计算法把一个十进制正整数转换为任意 r 进制数输出（$2 \leqslant r \leqslant 16$）。

3.14 假设用带头结点的循环链表表示一个链队列，并且只设一个指针指向队尾元素结点（注意不设头指针），试写出相应的置空队、入队和出队的算法。

3.15 假设一个顺序队列的长度为 n，队首和队尾指针分别为 head 和 rear，写出求此队列长度的公式，以及队满和队空的判断条件。

3.16 假设一个顺序存储的循环队列有 m 个单元，若用 head 和 rear 分别表示队头指针和队尾指针，请写出求循环队列长度的计算公式（求循环队列中元素的个数）。

3.17 假设用一维数组 data[0..MAXSIZE]存放循环队列中的所有元素，用变量 rear 和 len 分别表示循环队列的队尾元素的位置和队列中元素的个数，要求：

（1）试写出此循环队列队满和队空的条件；

（2）设计相应的入队和出队的算法。

3.18 设计一个结点的数据域为整数的循环队列，要求：

（1）采用顺序存储结构，写出队列的类型定义；

（2）写出向循环队列中插入一个新结点的算法；

（3）写出从循环队列中删除队头元素的算法。

3.19 假设用一个单循环链表来表示队列，该队列只设一个队尾指针，不设队头指针。试编写算法完成下列功能：

（1）依次从键盘上输入一系列整数，建立一个单循环链队列；

（2）向循环链表队列插入一个元素值为 x 的结点；

（3）从循环队列中删除一个结点。

3.20 杨辉三角形如图 3.23 所示，编写 C 语言程序利用队列打印一个杨辉三角形的前 n 行。

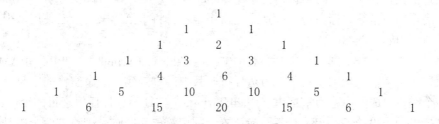

图 3.23 杨辉三角形

第 4 章 串

 内容提要

串（即字符串）是一种特殊的线性表，它的每个结点仅由一个字符组成。随着计算机的发展，串在文字编辑、信息检索、词法扫描、符号处理及定理证明等许多领域得到越来越广泛的应用。很多高级语言都具有较强的串处理功能，C 语言更是如此。

计算机非数值处理的对象基本上都是字符串数据。在汇编和高级语言的编译程序中，源程序和目标程序都是字符串数据；在事务处理程序中，顾客的姓名和地址、货物的产地和名称等，一般也是作为字符串处理的。串具有自身的特性，例如，对字符串的线性集合访问的单位是一组连续的字符（而对数据的线性集合访问的则是集合中的一个特殊元素）。因此，我们把字符串作为独立的数据结构来进行讨论。

本章将简要介绍串的有关概念和术语、详细介绍串的顺序存储方法和链接存储方法、串的基本运算及其实现、串的模式匹配概念和实现算法，最后通过几个简单实例介绍串的应用。

4.1 串的基本概念

串（或**字符串** String）是由零个或多个字符组成的有限序列，一般记为：

$$s = "a_0 a_1 \cdots a_{n-1}" \quad (n \geq 0)$$

其中，s 称为**串名**；用双引号括起来的字符序列称为**串值**；a_i（$0 \leq i \leq n-1$）称为**串元素**，是构成串的基本单位，它可以是英文字母、数字或其他字符；n 称为串的**长度**，它表示串中字符的个数。不包含任何字符的串称为**空串**（Empty String），空串的长度为零。

为了确定串与常数、标识符的区别，通常用定界符将串括起来，一般使用双引号，但定界符不是串的内容，例如：

" "　　　" "　　　"#$%&"　　　"12345678"　　　"this is a string"　　　"PROGRAM"

上面这 6 个字符串均用双引号作为定界符，其中：" "是包括一个空格的字符串，通常将一个或多个空格组成的串称为**空格串**（Blank String）。" "是不包括任何字符的空串。

当且仅当两个串的长度相等且各对应位置上的字符都相同时，则称这两个串是**相等的**。一个串中任意个连续的字符组成的子序列称为该串的**子串**，包含子串的串相应地称为该子串的**主串**。例如："a"、"ab"、"abcd"等都是主串"abcde"的子串。通常，字符在序列中的序号称为该字符在串中的**位置**，子串在主串中的位置是以子串的第一个字符在主串中的位置来表示的。

例如，有两个字符串 A 和 B 分别为：

A = "this is a string"　　　B = "is"

则 A 是主串，B 是 A 的子串。B 在 A 中出现了两次，其中首次出现的位置为 3，因此，称 B 在 A 中的序号（或位置）是 3。

显然，空串是任何串的子串。一个串除本身外的其他子串称为该串的**真子串**。

为了对字符串进行处理，在程序设计语言中常需要使用两种串：一种为**串常量**，另一种为**串变量**。串常量与整数常量、实数常量一样，在程序执行过程中，只能被引用而不能改变其值，常用直接量来表示。串变量与其他类型的变量一样，必须用名字来标识，在程序执行过程中，其值是可以改变的。但串变量与其他类型变量不同的是：不能使用赋值语句对其进行赋值运算。

C 语言规定，字符串存储时，每个字符在内存中占用一个字节，并用特殊字符'\0'作为字符串的结束标记。因此，字符串在计算机中实际占用的空间比串长多一个字节。

4.2 串的存储结构

串的存储方法与线性表的存储方法类似。串的存储结构与计算机系统的具体编址方式有着十分密切的关系，它对串的处理效率影响相当大。因此，要根据不同的情况，综合考虑各种因素，选择合适的方法来存储串。此外，由于串是由单个字符组成的，所以存储时有一些特殊的技巧。常用的串的存储方式有：顺序存储结构、链接存储结构和索引存储结构。为简单起见，本节仅介绍字符串的两种存储方法：顺序存储结构和链接存储结构。

4.2.1 串的顺序存储结构

采用顺序存储结构的串简称为**顺序串**。顺序串用一组地址连续的存储单元依次存放串中各个字符。但不同的计算机系统对串的顺序存储方式的实现可能不同。

根据计算机的基础知识，我们已经知道：

（1）在计算机内部，每个字符是用 8 位二进制编码（一般为 ASCII 码）来表示的，它正好占用存储器的一个字节；

（2）计算机的编址方式决定 CPU 访问存储器的存取单位大小，通常有两种存取方法——按字节编址（以字节为存取单位）和按字编址（以字为存取单位）；

（3）一个字包含多个字节，其所包含的字节数随机器而异。

在按字节存取的计算机中，由于一个字符只占用一个字节，因此，字符串中相邻的字符是顺序存放在相邻的字节中，这样既节约存储空间，处理又很方便。如图 4.1 所示。

在按字存取的计算机中，串的顺序存储方式有两种：非紧缩存储方式和紧缩存储方式。

1. 顺序串的非紧缩存储方式

非紧缩存储方式以字为单位顺序存储字符串的每个字符，即一个存储单元只存储一个字符。若字符串的长度为 n，则需要 n 个字的存储单元。如图 4.2 所示。

2. 顺序串的紧缩存储方式

紧缩存储方式以字节为单位顺序存储字符串的每个字符。根据机器字的长度，紧缩存储方法尽可能地将多个字符存放在一个字中。假设某机器字的存储单元包含 4 个字节，则一个字可存放 4 个字符。若字符串的长度为 n，则需要 $\lceil n/4 \rceil$ 个字的存储单元。这样，最后一个单元不一定都能完全利用上，可填充如空格之类的特殊字符或结束字符。如图 4.3 所示。

【例4.1】假设字符串 s ="data structures"，请给出字节编址方式下字符串 s 的顺序存储结构。

【解】图4.1是字节编址方式下字符串 s 的顺序存储结构示意图。

0	1	2	3	4	5	6	7	8	9	10	11	12	13	14	15
d	a	t	a		s	t	r	u	c	t	u	r	e	s	'\0'

图4.1　字节编址方式下字符串 s 的顺序存储方式示意图

【例4.2】假设某机器字的存储单元有4个字节，那么一个字可存放4个字符。若字符串 s ="data structures"，请给出非紧缩存储方式下字符串 s 的顺序存储结构。

【解】图4.2是字编址方式下，字符串 s 的非紧缩存储方式示意图，图中的阴影部分为空闲字节。

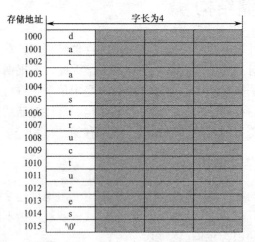

图4.2　字编址方式下字符串 s 的非紧缩存储方式示意图

【例4.3】假设计算机一个字的存储单元为4个字节，那么一个字可以存放4个字符。若字符串 s ="data structures"，请给出紧缩存储方式下字符串 s 的顺序存储结构。

【解】图4.3是字编址方式下，字符串 s 的紧缩存储方式示意图。

存储地址	字长为4			
1000	d	a	t	a
1001		s	t	r
1002	u	c	t	u
1003	r	e	s	'\0'

图4.3　字编址方式下字符串 s 的紧缩存储方式示意图

3. 两种存储方式的分析和比较

串的紧缩存储方式可以节约存储空间，但处理单个字符不太方便，运算效率较低，因为它需要花费较多时间分离同一个字中的字符；相反，非紧缩存储方式浪费存储空间，但处理单个字符或一组连续的字符较为方便。总的来说，紧缩方式的优势较显著，所以多数计算机语言和软件都是采用紧缩方式存储字符串的。但是，随着计算机存储容量的不断扩大，目前人们越来越多地采用非紧缩方式。

这两种方式的共同缺点是：插入一个字符和删除一个字符的运算很难，因为要移动其他元素，才能实现插入和删除运算。这也是顺序存储方法的共同缺点。

4．顺序串的类型定义

在字节编址方式和非紧缩格式的字编址中，顺序串可用高级语言的字符数组来实现：

```
#define    STRMAX   64           /* 每个字符串的最大长度 */
char    s[STRMAX];               /* 用字符数组 s 存储串中所有字符 */
```

在实际编程时，为了处理更简单，可在串的结尾放置一个特定的、不会出现在串中的字符作为串的终止符，以表示串的结束，例如，C 语言中以'\0'作为串的终止符。若不设置终止符，可用一个整数 slen 表示字符串的实际长度，slen-1 表示串中最后一个字符的存储位置。因此，顺序串的类型定义与顺序表类似，可定义为：

```
#define    STRMAX   64           /* 每个字符串的最大长度 */
typedef struct node
{ char   data[STRMAX];           /* 字符数组 data 用来存储串中所有字符 */
  int    slen;                    /* 整数 slen 用来指示字符串的实际长度 */
} seqstring;                     /* seqstring 为顺序串的类型 */
```

串的顺序存储结构的优点是集中性好，因此，访问串的子串最容易，但要进行插入和删除运算却很困难，因为插入之前或删除结点之后，必须移动串中其他元素才能适应这一改动。

4.2.2 串的链接存储结构

1．一般的链接存储方法

采用链接存储结构的串称为**链串**。把线性表的链接存储方式应用到字符串的存储上就得到串的链接存储结构。链串与链表的差异仅在于其结点的数据域为字符类型。图 4.4 就是一个字符串链接存储结构的示意图。

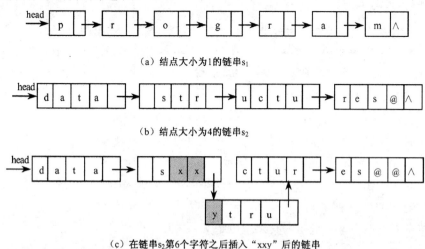

(a) 结点大小为1的链串s_1

(b) 结点大小为4的链串s_2

(c) 在链串s_2第6个字符之后插入"xxy"后的链串

图 4.4　字符串的链接存储结构示意图

串的链接存储结构的优点是：便于字符的插入和删除运算。但是，由于每个字符都需要一个结点来存放，使得链表中的结点数相当多，存储空间的利用率很低。此外，访问链串的子串比访问顺序串的子串效率要低，它需要从头沿着链表依次扫描到希望的子串的开始元素，然后进一步沿着指针获得子串的后继元素。

2. 改进的链接存储方法

为了提高串的存储效率，改进的链接存储方法是：让链表中每个结点存放多个字符。通常，将链表中每个结点数据域存储的字符个数称为**结点的大小**。

例如，图 4.4（a）所示是结点大小为 1 的链串，图 4.4（b）所示则是结点大小为 4 的链串。

假设每个结点存放 m 个字符，当结点大小 $m>1$（例如 $m=4$）时，串的长度不一定正好是结点大小 m 的整数倍，链串最后一个结点的各个数据域不一定总能全被 m 个字符占满。此时，应在每个串的末尾还没有被占用的数据域里加上一个不属于字符集的特殊符号作为串的结束标志（例如 '\0' 或 '@'），以表示串的结束，见图 4.4（b）中最后一个结点。

【例 4.4】假设字符串 $s_1=$ "program"，$s_2=$ "data structures"，若用结点大小为 1 的链串表示 s_1，用结点大小为 4 的链串表示 s_2，请分别给出 s_1 和 s_2 的链接存储结构。

【解】图 4.4 所示是字符串 s_1 和 s_2 的链接存储结构示意图。图 4.4（a）是链串 s_1，其结点大小 $m=1$。若指针占用 4 个字节，字符数据域占用 1 个字节，则链串 s_1 的存储密度为 20%。图 4.4（b）所示是结点大小 $m=4$ 的链串 s_2，其存储密度达到了 50%。

显然，改进的串的链接存储方法是顺序存储和链接存储方法的折中方案。链串结点大小的选择与顺序串的格式选择类似。结点大小越大，存储密度越大。虽然提高结点的大小会使其存储密度增大，但是，进行插入和删除运算时，可能会引起大量的字符移动，给运算带来不便，因此，它适用于串基本不变的情况下使用。例如，在图 4.4（b）所示的字符串 s_2 的第 6 个字符之后插入一个字符串"xxy"时，从 s_2 第 6 个字符开始依次向后移动 9 个字符，其结果如图 4.4（c）所示。结点大小越小（如结点大小为 1 时），运算处理方便，但其存储密度下降。为简单起见，我们常常把链串结点的大小规定为 1。

3. 链串的类型定义

链串和单链表的差异仅在于其结点的数据域为字符类型。链串中每个结点有两个域：数据域 data 存放一个字符或一个字符串（对于结点大小不为 1 的链串），指针域 next 存放指向下一个结点的指针。一个链串则由头指针 head 唯一确定。

对于结点大小为 1 的链串，其类型定义如下：

```
    typedef  struct strnode          /* 链串结点大小为 1 的结点类型 */
    { char data;                     /* data 为结点的数据域 */
      struct strnode *next;          /* next 为结点的指针域 */
    }linkstring;                     /* linkstring 为链串类型 */
    linkstring  *head ;              /* head 是链串的头指针 */
```

对于结点大小不为 1 的链串，其类型可定义为：

```
    #define  NODESIZE   4            /* NODESIZE 为链串结点的大小，由用户自定义 */
    typedef struct strnodem          /* 链串结点大小为 m 的结点类型 */
```

```
{ char data[NODESIZE];           /* data 为结点的数据域 */
  struct   strnodem *next;       /* next 为结点的指针域 */
}linkstringnode;                 /* linkstringnode 是结点大小为 m 的链串类型 */
```

4.3 串的基本运算及实现

由于字符串应用广泛,因此很多高级语言都提供了串的处理程序,例如,C 语言中就有非常丰富的串处理函数,可以很方便地对串进行处理,完成串的各种运算。下面仅介绍 C 语言中常用的几种串的基本运算,并给出顺序和链接存储方式下,用 C 语言编写的串的基本运算函数。

4.3.1 串的基本运算

为了叙述方便,假设 s_1="$a_1a_2\cdots a_n$", s_2="$b_1b_2\cdots b_m$",其中 $1 \leqslant m \leqslant n$。

(1) **串赋值** strassign(s, t):将一个串常量或串变量 t 赋给串变量 s。

(2) **求串长** strlen(s):求 s 串的长度,即统计串中字符个数,函数返回一个整数。

(3) **串连接** strcat(s_1, s_2):将两个串首尾连接在一起形成一个新串,例如,s=strcat(s_1, s_2),则 s="$a_1a_2\cdots a_nb_1b_2\cdots b_m$"。

(4) **串比较** strcmp(s_1, s_2):比较两个字符串的大小。若 $s_1 < s_2$,则函数返回一个负数或-1;若 $s_1 > s_2$,则函数返回一个正数或 1;若 $s_1 = s_2$,则函数返回 0。

字符的大小依赖于它在字符集(如 ASCII 码和国标码字符集)中出现的先后次序(即字符值)而定,先出现的字符值小,后出现的字符值大。串比较是对两个串中字符依次进行比较,直到出现不同字符就可以确定串大小了;若字符相同,则由串长度决定其大小,长度长的串大;若字符相同且长度也相等,则两个串相等。

(5) **串插入** insert(s_1, i, s_2):在串 s_1 第 i 个字符位置之后插入字符串 s_2,例如,执行 insert(s_2, 3, "THIS")后,s_2="$b_1b_2b_3THISb_4\cdots b_m$"。

(6) **串删除** delete(s, i, j):从串 s 第 i 个字符开始,连续删除 j 个字符。若不足 j 个字符,则删除到 s 的最后一个字符。例如,s="good lucky to you! ",执行 delete(s, 6, 6)后,s="good-to you! "。

(7) **串替换** replace(s_1, i, j, s_2):用串 s_2 替换串 s_1 中从第 i 个字符开始的连续 j 个字符,例如,执行 replace(s_1, 2, 3, "abc")后,则串 s_1="$a_1abca_5a_6\cdots a_n$"。

(8) **串复制** strcpy(s_1, s_2):将 s_2 的串值复制到串 s_1 中。

(9) **取子串** substr(s_1, i, j, s_2):从串 s_1 第 i 个字符开始,取连续 j 个字符构成一个新串 s_2,其中,$1 \leqslant i \leqslant strlen(s_1)$, $1 \leqslant j \leqslant strlen(s_1)-i+1$。例如,s="abcdefgh",则 substr(s, 3, 4)= "cdef "。

注意:这里规定对任何串 s,函数 substr(s, i, 0)的值为空串。

(10) **子串定位** index(s_1, s_2, i):其功能是求子串在主串中的位置。在主串中查找是否有与子串匹配的序列,若有,则给出子串在主串中首次出现的位置;若无,则返回 0。

上述运算都是串的基本运算,利用这些基本运算可以实现字符串的其他运算。串的基本运算是 C 语言的库函数,用 C 语言编程时可直接调用。为了对串运算及算法进一步加深了解,下面将分别给出在顺序存储方式和链接存储方式下,用 C 语言编写的串运算函数,其他串运算函数读者可将其作为习题,自己动手编写。

4.3.2 顺序串上基本运算的实现

假设字符串的顺序存储类型为 seqstring，顺序串上基本运算的函数如下。

（1）顺序串的赋值函数 S_strassign(s)：将从键盘输入的一串字符变量赋给串变量 s。

```
void    S_strassign(s)          /* 顺序串建立函数，从键盘输入字符串赋给顺序串变量 s */
seqstring *s;                   /* 从键盘依次输入字符建立一个顺序串 */
{ char c; int j=1;              /* 顺序串的下标从 1 开始 */
  printf("\n\n\t\t 请输入一个字符串，以#作为结束: ");
  scanf("%c", &c);
  while(c!='#'&&j<MAX)          /* 从键盘输入一串字符并统计串长 */
   { s->data[j]=c;              /* 从键盘输入一串字符给顺序串的数据域 */
     j++;                       /* 计算字符串长度 */
     scanf("%c", &c); }
  s->data[j]='\0';              /* 向顺序串末尾添加一个结束标志 */
  s->slen=j-1;                  /* 给顺序串的长度数据域赋值 */
}/* S_STRASSIGN */
```

（2）求顺序串的长度函数 S_strlen(s)：求顺序串 s 的长度。

```
int S_strlen(s)                                    /* 求顺序串长度函数 */
seqstring *s;
{ printf("\n\t 顺序串长度 length=%d\n", s->slen);   /* 打印串长度 */
  return (s->slen);                                /* 函数返回顺序串的长度 */
}/* S_STRLEN */
```

（3）顺序串的比较函数 S_strcmp(s1, s2)：比较两个顺序串的大小。若 $s_1=s_2$，则函数返回 0；若 $s_1>s_2$，则函数返回正数；若 $s_1<s_2$，则函数返回负数。

```
int   S_strcmp(s1, s2)                /* 两个顺序串比较函数，函数返回值为 0、正数或负数 */
seqstring *s1, *s2;
{ int i=0, flag=1, m=0, n1, n2;
  n1=S_strlen(s1);                    /* n1 为顺序串 s1 的长度 */
  n2=S_strlen(s2);                    /* n2 为顺序串 s2 的长度 */
  while ((flag==1)&&(i<=n1)&&(i<=n2)) /* 将两个顺序串进行比较 */
   { i++;                             /* 顺序串从下标 1 开始比较 */
     if(s1->data[i]!=s2->data[i]) flag=0;}  /* flag 为比较标志 */
     if((flag==1)&&(i>n1)&&(i>n2))  m=0;   /* 若两顺序串相等，则 m 为 0 */
     else   m=s1->data[i]-s2->data[i];     /* 若两顺序串不等，则 m 非 0 */
     return(m);                            /* 函数返回 0、正数或负数 */
}/* S_STRCMP */
```

（4）顺序串的连接函数 S_strcat(s1, s2)：将顺序串 s_2 连到 s_1 之后形成一个新串。

```
int  S_strcat(s1, s2)        /* 顺序串连接函数，将顺序串 s2 与 s1 连在一起形成一个新串 */
seqstring *s1, *s2;
```

```
{ int i, j, k;
    i=S_strlen(s1);                          /* i 为顺序串 s1 的长度 */
    j=S_strlen(s2);                          /* j 为顺序串 s2 的长度 */
    if((i+j)>MAX)   return(1);               /* 若新串长度超界,则连接失败返回 1 */
    for (k=1;k<=j;k++)                       /* 将顺序串 s2 连接在顺序串 s1 之后 */
        s1->data[i+k]=s2->data[k];
    s1->data[i+j+1]='\0';                    /* 给连接后的新串添加结束标志 */
    s1->slen=i+j;                            /* 修改新串的长度 length */
    printf("\n\n\t\t两个顺序串连接后的新串长度 length=%d\n", s1->slen);
    return(0);                               /* 若两个顺序串连接成功,则函数返回 0 */
}/* S_STRCAT */
```

(5) 顺序串的插入函数 S_strinsert(s, i, t):将字符串 t 常量插到串 s 中,从串 s 第 i 个字符位置开始插入。

```
int S_strinsert(s, i, t)       /* 顺序串的插入函数,从串 s 第 i 个位置开始插入串 t */
seqstring *s, *t; int i;
{ int ns, nt, k, j;
    ns=s->slen;                              /* 求顺序串 s 的长度 */
    nt=t->slen;                              /* 求顺序串 t 的长度 */
    if(i<1||i>ns+1||ns+nt>MAX)               /* 若插入位置错误,则返回失败信息 1 */
        return(1);
    k=ns+nt+1;
    for(j=ns+1; j>=i; k--, j--)              /* 顺序串 s 从第 i 个位置开始依次后移 */
        s->data[k]=s->data[j];
    for (k=1; k<=nt&&t->data!='\0'; k++)     /* 从 s 串第 i 个位置开始插入 t 串 */
        s->data[i+k-1]=t->data[k];
    s->slen=ns+nt;                           /* 修改进行插入操作后新串的长度 */
    return(0);                               /* 若插入成功,则函数返回成功信息 0 */
}/* S_STRINSERT */
```

(6) 顺序串的删除函数 S_strdelete(s, t):从顺序串 s 中删除与串 t 相同的子串。

在顺序串 s 中查找与顺序串 t 相同字符串的起始位置,若找到,则删除之;否则给出删除错误信息。

```
int S_strdelete(s, t)          /* 顺序串删除函数,从顺序串 s 中删除与串 t 相同的子串 */
seqstring *s, *t;
{ int ns, nt, k=0, ks=0, kt=0, j, flag;
    ns=s->slen;                              /* 求顺序串 s 的长度 */
    nt=t->slen;                              /* 求顺序串 t 的长度 */
    if (nt>ns || ns<=0 || nt<=0 )
        return (1);                          /* 若 s 或 t 为空串,则返回出错信息 */
    while ((k<=ns)&&(kt<=nt))                /* 从顺序串 s 中查找与 t 串相同的子串 */
```

```
    { k++;      ks=k;                      /* k 为子串在 s 串起始位置 */
      kt=1;     flag=1;                    /* kt 为子串 t 的起始位置 */
      while((flag==1)&&(s->data[ks++]==t->data[kt++]))/* 判断 t 是否为 s 的子串 */
          if (s->data[ks]!=t->data[kt])  flag=0;
    }/* while */
    if ((kt>nt)&&(k<=ns))                  /* 在 s 中找到与 t 相同的子串，则删除之 */
    { for(j=k; j<=ns; j++)                 /* 从 s 第 k 个位置起删除与 t 相同的子串 */
          s->data[j]=s->data[j+nt];
      s->slen=ns-nt;                       /* 修改删除后新串的长度 */
      s->data[s->slen+1]='\0';             /* 设置删除后新串的结束标志 */
      return (0);
    }/* IF */                              /* 删除成功，函数返回成功信息 0 */
    else   return(1);                      /* 删除失败，函数返回错误信息 1 */
}/* S_STRDELETE */
```

（7）求顺序串的子串函数 S_substr(s, i, k, t)：从顺序串 s 中第 i 个字符开始连续取 k 个字符存放到顺序存储的子串 t 中。

```
    int S_substr(s, i, k, t)        /* 从顺序串 s 第 i 个字符开始取 k 个字符放到顺序串 t 中 */
    seqstring *s, *t; int i, k;
    { int m=s->slen;
      if (i<1||i>m)                        /* s 为空串或子串定位出错，则返回失败信息 */
          return (1);
      if (k<=0||i+k>=m+1)                  /* 子串为空串或子串太长，则返回失败信息 */
          return (1);
      for(m=1;m<=k; m++)                   /* 从串 s 第 i 个字符开始取 k 个字符放到 t 中 */
          t->data[m]=s->data[i+m-1];
      t->data[m]='\0';                     /* 设置子串 t 的结束标志 */
      t->slen=k;                           /* 设置子串 t 的长度 */
      return (0);                          /* 求得子串 t，函数返回成功信息 */
    }/* S_SUBSTR */
```

4.3.3 链串上基本运算的实现

假设链串结点的类型为 linkstring，若用带头结点的单链表存放字符串，则链串的基本运算函数如下。

（1）链串赋值函数 L_strassign (s, t)：将一个字符串常量 t 赋给链串 s，函数返回指向链串 s 的头指针。

```
    linkstring *L_strassign(s, t)    /* 将一个串常量 t 赋给链串 s，返回链串 s 头指针 */
    linkstring *s; char t[ ];
    { int k=0;    linkstring *r, *p;
      s=(linkstring*)malloc(LEN);         /* 建立链串 s 的头结点 */
```

```
   s->data='#';
   r=s;                                   /* r 为指向队尾指针 */
   while(t[k]!='\0')                      /* 将字符串常量 t 依次赋给链串 s */
   { p=(linkstring *)malloc(LEN);         /* 建立链串 s 中的一个结点 */
     p->data=t[k++];                      /* 给链串 s 结点的数据域赋值 */
     r->next=p;                           /* 队尾指针 r 指针域设置为新结点 p */
     r=p;                                 /* 将新的队尾指针 r 指向队尾 */
   }
   r->next=NULL;                          /* 将最后队尾指针 r 的指针域置空 */
   return(s);                             /* 函数返回带头结点链串 s 的头指针 */
}/* L_STRASSIGN */
```

（2）求链串长度函数 L_strlen(head)：求带头结点链串 head 的长度。

```
   int L_strlen(head)                     /* 求带头结点链串 head 的长度函数 */
   linkstring *head;
   { linkstring *p; int i;
     p=head->next;                        /* 指向链串 head 的首结点 */
     for(i=1;p!=NULL;i++)                 /* 统计链串中结点的个数 */
        p=p->next;
     printf("\n\t 该串的长度为%2d", i);
     return(i);                           /* 函数返回带头结点链串 head 长度 */
   }/* L_STRLEN */
```

（3）链串比较函数 L_strcmp(head1, head2)：将两个带头结点链串进行比较。若两串相等，则函数返回 0；若前串大于后串，则函数返回 1；若前串小于后串，则返回-1。

```
   int L_strcmp(head1, head2)             /* 将两个链串进行比较，函数返回 0、1 或-1 */
   linkstring *head1, *head2;
   { linkstring *p1, *p2;   int k=0;      /* k 为链串是否相等的标志 */
     p1=head1;                            /* 指向 head1 的首结点 */
     p2=head2;                            /* 指向 head2 的首结点 */
     while((p1!=NULL)&&(p2!=NULL)&&(k==0))
     {  p1=p1->next; p2=p2->next;
        if(p1->data==p2->data)   k=0;     /* 两个链串相等，则 k=0 */
        if(p1->data>p2->data)    k=1;     /* 前串大于后串，则 k=1 */
        if(p1->data<p2->data)    k=-1;    /* 后串大于前串，则 k=-1 */
     }
     if (p1==NULL&&p2==NULL&&k==0)k=0;    /* 两个链串相等，函数返回 0 */
     if (p1->data>p2->data)      k=1;     /* 前串大于后串，函数返回 1 */
     if (p1->data<p2->data)      k=-1;    /* 前串小于后串，函数返回-1 */
     return(k);
   }/* L_STRCMP */
```

（4）两个链串的连接函数 L_strcat(heads, headt)：利用原链串空间，将两个带头结点链串进行连接。要求将链串 t 连接到链串 s 后面，函数返回连接后的新链串头指针。

```
    linkstring *L_strcat(heads, headt)      /* 连接两个带头结点链串返回新链串头结点 */
    linkstring *heads, *headt;              /* 利用原链串空间将链串 t 连接到链串 s 之后 */
    { linkstring *head, *sp;
      head=heads;                           /* 将新链串 head 头指针指向链串 s 头结点 */
      if(heads==NULL)    head=headt;        /* 链串 s 为空，则新链串 head 指向链串 t */
      else { sp=head;
             while(sp->next!=NULL)          /* 将指针指向链串 s 的最后一个结点 */
                 sp=sp->next;
             sp->next=headt->next;          /* 将链串 s 尾指针指向链串 t 的首结点 */
           }
      return(head);                         /* 函数返回新链串的头指针 head */
    }/* L_STRCAT */
```

（5）链串的插入函数 L_strinsert(head, i, s)：在链串给定位置 i 处插入字符串 s。

```
    linkstring *L_strinsert(head, i, s)     /* 在链串 head 给定位置 i 处插入字符串 s */
    linkstring *head; int i; char s[];
    { linkstring *p, *r, *qr;
      int m=0, j=0;
      m=L_strlen(head)-i ;                  /* 首先检查给定的插入位置是否正确 */
      if ((head==NULL)||(m<0) )             /* 插入位置错误或是空串，打印错误信息 */
      { printf("\n\t 空串或插入位置超界，插入失败。");
        return(head); }                     /* 插入失败，函数返回原链串的头指针 */
      m=0;   r=head;                        /* 若插入位置正确，则插入字符串 s */
      qr=head->next;                        /* 在链串 head 中查找给定的插入位置 i */
      while(qr!=NULL && m<i)
      {   m++;
          r=qr;
          qr=qr->next; }
      for(j=0;  s[j]!='#'; j++)             /* 在给定的插入位置 i 上，插入字符串 s */
      { p=(linkstring *)malloc(LEN);        /* 建立新结点 p */
        p->data=s[j];                       /* 给新结点 p 的数据域赋值 */
        r->next=p;                          /* 队尾 r 的指针域指向新结点 p */
        r=p;   }                            /* 队尾 r 指向新结点 p */
      r->next=qr;
      return(head);                         /* 函数返回插入后的新链串头指针 */
    }/* L_STRINSERT */
```

（6）链串的删除函数 L_strdelete(head, i, n)：从链串给定位置 i 开始连续删 n 个字符。

```
    linkstring *L_strdelete(head, i, n)     /* 从链串给定位置 i 连续删除 n 个字符 */
```

```
       linkstring *head; int i, n;
       { linkstring *q, *r;
         int m=0;
         m=L_strlen(head)-i-n+1;                /* 首先检查给定的删除位置是否正确 */
         if ((head==NULL)||(m<0) )              /* 空串或位置错误,则给出删除失败信息 */
         {   printf("\n\t 空串或删除位置超界,删除失败!");
             return(NULL);
         }
         q=head->next;
         m=1;
         while(q!=NULL && m<=i)                 /* 若位置正确,则查找删除字符前一指针 */
         {   m++;
             r=q;                               /* r 为 q 的前驱结点 */
             q=q->next;                         /* q 为 r 的后继结点 */
         }
         m=0;
         r=q;                                   /* r 是指向第 i 个结点的指针 */
         while(q!=NULL && m<=n)                 /* q 为要删除的起始字符 */
         {   m++;                               /* 连续删除 n 个字符 */
             q=q->next;                         /* 将 q 指针后移一个字符 */
         }
         r->next=q->next;                       /* q 指针指向当前要删除的字符*/
         return(head);                          /* 函数返回删除后新串 head 的头指针 */
       }/* L_STRDELETE */
```

(7) 求链串的子串函数 L_substr (s, i, j, t):从链串 s 中第 i 个字符开始,取连续 j 个子符存放到链串 t 中。

```
       int L_substr(s, i, j, t)                 /* 从链串 s 第 i 个字符开始取 j 个字符存到子串 t 中 */
       linkstring *s, *t;
       int i, j;
       { linkstring *p, *q, *r;
         int m;
         if(i<1||i>(m=L_strlen(s)))             /* 若子串定位错误,则返回错误信息 */
             return (1);
         if (j<=0||i+j>m+1)                     /* 空串或子串长度错误,返回错误信息 */
             return (1);
         t=(linkstring *)malloc(LEN);           /* 子串定位正确,则建立新串头结点 */
         t->data='#';                           /* 给新串头结点数据域置值 */
         t->next=NULL;                          /* 给新串头结点指针域置空 */
         p=s->next;                             /* 从链串中查找子串的开始位置 i */
         for (m=1;m<i;m++)                      /* 循环结束,p 指向取子串的开始结点 */
```

```
            p=p->next;
    r=t;   m=1;                             /* r 指向子串的尾结点，m 统计字符个数 */
    while ((m<=j)&&(p!=NULL))               /* 从链串中取子串并保存 */
    {   q=(linkstring *)malloc(LEN);        /* 建立子串结点 */
        q->data=p->data;                    /* 给子串结点的数据域置值 */
        r->next=q;                          /* 将子串新结点连接到链串结尾处 */
        r=q;                                /* r 指向子串新的尾结点 */
        p=p->next;                          /* 将主串结点的指针向后移 */
        m++;
    }/* WHILE */
    r->next=NULL;
    return (0);                             /* 若取子串成功，函数返回成功信息 */
}/* L_SUBSTR */
```

4.4 串的模式匹配运算

子串定位运算通常称为串的**模式匹配**（Pattern Matching）或**串匹配**（String Matching）运算，是串处理中最重要的运算之一，应用非常广泛。例如，在文本编辑程序中，我们经常要查找某个特定单词在文本中出现的位置。显然，解决该问题的有效算法能极大地提高文本编辑程序的响应性能。

假设有两个串 s 和 t，且

$s="s_0s_1s_2\cdots s_{n-1}"$

$t="t_0t_1t_2\cdots t_{m-1}"$

式中，$0<m\leq n$（通常有 $m<n$）。子串定位就是要在主串 s 中找出一个与子串 t 相同的子串。通常，我们把主串 s 称为**目标串**，把子串 t 称为**模式串**，把从目标串 s 中查找 t 子串的定位过程称为串的"**模式匹配**"。模式匹配有两种结果：若从主串 s 中找到模式为 t 的子串，则返回 t 子串在 s 中的起始位置。当 s 中有多个模式为 t 的子串时，通常只找出第一个子串的起始位置，这种情况称为**匹配成功**，否则称为**匹配失败**。

模式匹配运算可用一个函数来实现，前面介绍的求子串序号就是一个实现模式匹配运算的函数。

串的匹配运算是一个比较复杂的串运算，许多人对此提出了多个效率各不相同的模式匹配算法。这里仅介绍 BF 模式匹配算法及基于 BF 算法的两种改进算法——BM 模式匹配算法和 KMP 模式匹配算法。

4.4.1 BF 模式匹配算法

1. BF 算法的基本思想

一种最简单的模式匹配算法是布鲁特-福斯（Brute-Froce）算法，简称为**朴素的模式匹配算法**或 **BF 算法**。

朴素的模式匹配的基本思想是：用模式串 $t="t_0t_1t_2\cdots t_{m-1}"$ 中的字符依次与目标串

$s="s_0s_1s_2\cdots s_{n-1}"$ 中的字符进行比较。从目标串 s 的第一个字符开始与模式串 t 的第一个字符进行比较，若相等，则逐个比较后续字符；否则，从目标串 s 第二个字符开始重新与模式串 t 的第一个字符进行比较。其余类推，若模式串 t 的每个字符依次与目标串 s 中一个连续的字符序列相等，则称**匹配成功**，函数返回模式串 t 中第一个字符在目标串 s 的位置；若将 s 的所有字符都检测完了，还找不到与 t 相同的子串，则称**匹配失败**，函数返回 0。

下面通过一个实例说明 BF 算法的匹配过程。

【例 4.5】 假设目标串 s="abbaba"，模式串 t="aba"。若用指针 i 指示目标串 s 当前待比较的字符位置，用指针 j 指示模式串 t 当前待比较的字符位置，请给出 BF 算法的模式匹配过程。

【解】 图 4.5 是采用 BF 算法进行模式匹配的过程示意图。

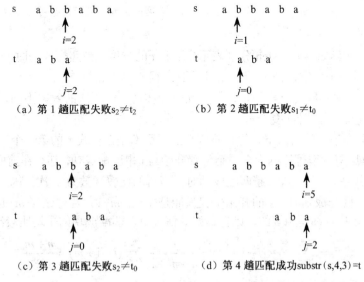

图 4.5 BF 算法的模式匹配过程示意图

根据 BF 算法的匹配过程，我们可以推知以下两点。

① 若前 $k-1$ 趟比较中未匹配成功，则第 k（$k \geqslant 1$）趟匹配是从 s 中第 k 个字符 s_{k-1} 开始与 t 中第一个字符 t_0 进行比较的。

② 假设某一趟匹配有 $s_i \neq t_j$，其中 $0 \leqslant i \leqslant n-1, 0 \leqslant j \leqslant m-1, j \leqslant i$，则应有 $s_{i-1}=t_{j-1}, \cdots, s_{i-j+1}=t_1$，$s_{i-j}=t_0$。再由①可知，下一趟比较是从目标串 s 的第 s_{i-j+1} 个字符和模式串 t 的第一个字符 t_0 开始进行比较的。

因此，BF 算法中某一次比较状态和下一次比较位置的一般性过程如图 4.6 所示。

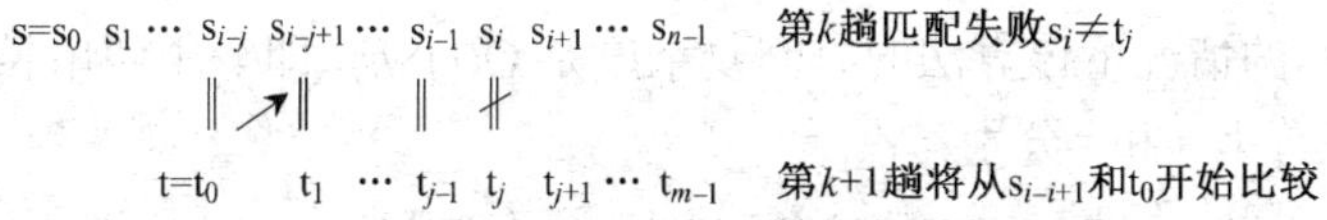

$s=s_0 \ s_1 \cdots s_{i-j} \ s_{i-j+1} \cdots s_{i-1} \ s_i \ s_{i+1} \cdots s_{n-1}$ 　　第 k 趟匹配失败 $s_i \neq t_j$

$t=t_0 \quad t_1 \cdots t_{j-1} \ t_j \ t_{j+1} \cdots t_{m-1}$ 　　第 $k+1$ 趟将从 s_{i-j+1} 和 t_0 开始比较

图 4.6 BF 模式匹配的一般过程示意图

2. 顺序串的 BF 模式匹配算法实现

若采用顺序存储结构存放主串 s 和模式串 t，则 BF 算法的实现程序如下：

```
int  S_bfindex(s, t)          /* 顺序串模式匹配运算求模式 t 在目标串 s 首次出现的位置 */
```

```
    seqstring   *s, *t;
   { int  i=0, j=0;              /* 模式 t 和目标串 s 初始位置为 0 */
     int  n=s->slen, m=t->slen;
     while((i<n)&&(j<m))          /* 两个字符串比较 */
       if(s->data[i]==t->data[j]) /* 若两个字符相等,则继续比较后继结点字符 */
         { i++;      j++;   }
       else                       /* 本趟匹配失败,指针 i 回溯,进行下一趟匹配 */
         { i=i-j+1;  j=0;   }     /* 从模式 t 第一个字符开始进行下一趟匹配 */
     if(j==m)   return(i-m);      /* 若匹配成功,则函数返回 t 在 s 串中起始位置 */
     else       return(-1);       /* 若匹配失败,则函数返回失败标志-1 */
   }/* S_BFINDEX */
```

上述算法中,s->slen 和 t->slen 分别表示串 s 和 t 的长度。当匹配成功时 j=m,i 值也相应地对应于 t_{m-1} 的后一个位置,故返回的序号是 i−m 而不是 i−m+1。

BF 算法的优点是:匹配过程简单,易于理解和实现。但算法的效率不高,其原因在于回溯。下面来分析该算法的时间复杂度。

【算法分析】在最好的情况下,每趟不成功的匹配都是在模式 t 的第一个字符与串 s 中相应的字符比较时就不相等。假设 s 从第 i 个位置开始与 t 串匹配成功,那么在前面 $i−1$ 趟匹配中字符比较次数总共是 $i−1$ 次,第 i 趟匹配成功时,字符的比较次数为 m 次,因此,总的比较次数是 $i−1+m$。由于匹配成功时,s 的开始位置只能是 $1 \sim n-m+1$。若对这 $n-m+1$ 个开始位置,匹配成功的概率为 P_i 且都是相等的,则在最好的情况下,匹配成功的平均比较次数 $C_{\min}$ 为:

$$C_{\min} = \sum_{i=1}^{n-m+1} P_i \times (i-1+m) = \frac{1}{n-m+1} \sum_{i=1}^{n-m+1} (i-1+m) = \frac{n+m}{2}$$

故在最好的情况下,该算法的平均时间复杂度是 $O(n+m)$。

在最坏的情况下,每趟匹配失败时都是在模式串 t 的最后一个字符与 s 中相应的字符比较后才不相等,新的一趟匹配开始前,指针 i 要回溯到 $i-m+2$ 的位置上。在这种情况下,若第 i 趟匹配成功,在前面 $i−1$ 趟不成功的匹配中,每一趟匹配失败时都要比较 m 次,因此,字符比较次数总共是 $(i−1)\times m$ 次,第 i 趟匹配成功时也比较了 m 次,所以总共要比较 $m\times i$ 次。若对这 $n-m+1$ 个开始位置,匹配成功的概率为 P_i 且都是相等的,则在最坏的情况下,匹配成功的平均比较次数 $C_{\max}$ 为:

$$C_{\max} = \sum_{i=1}^{n-m+1} P_i \times (i \times m) = \frac{m}{n-m+1} \sum_{i=1}^{n-m+1} i = \frac{m(n-m+2)}{2}$$

若 $n \gg m$,则在最坏的情况下该算法的时间复杂度是 $O(m\times n)$,即等于两串长度乘积的数量级。

例如,两个字符串 s 和 t 分别为:

$$s = \text{"gggggggga"} \quad (n=9)$$
$$t = \text{"gggb"} \quad (m=4)$$

由于 t 的前 3 个字符可在 s 中找到匹配,而 t 的第 4 个字符在 s 中找不到匹配,因此,每一趟匹配失败时都要比较 $m=4$ 次,然后再将指针 i 移到 s 的第 2 个字符,结果是 t 的前 3 个字符在 s 中找到匹配,而第 4 个字符在 s 中找不到匹配。继续比较,比较的总趟数为 $n-m+1=9-4+1=6$,而每一趟都要比较 4 次($m=4$),因此,总的比较次数为 $4\times(9-4+1)=24$。

3. 链串的 BF 模式匹配算法实现

采用结点大小为 1 的单链表存储字符串时，实现 BF 算法很简单。只要用一个指针 first 记住每一趟匹配开始时目标串 s 的起始位置，若某趟匹配成功，则返回指针 first 所指结点的地址；若匹配失败，则返回空指针。链串上的 BF 模式匹配算法如下：

```
linkstring *L_bfindex(s, t)      /* 在链串上求模式串 t 在目标串 s 中首次出现的位置 */
linkstring  *s, *t;              /* s, t 是带头结点的链串 */
{ linkstring *first, *sp, *tp;
  if((s==NULL)||(t==NULL))
      return(NULL);              /* 主串或模式为空，匹配失败函数返回 0 */
  first=s->next;                 /* first 是指向串 s 起始位置的指针 */
  sp=s->next;
  tp=t->next;                    /* 串 s 和串 t 从第一个结点开始进行比较 */
  while((sp!= NULL)&&(tp!= NULL))
      if(sp->data==tp->data)     /* 若两个结点的字符相等，则继续比较后继结点 */
          { sp=sp->next;
            tp=tp->next; }
      else   { first=first->next;    /* 匹配失败，串 s 回溯，与串 t 从头开始比较 */
               sp=first; tp=t->next; }
  if(tp==NULL) return(first);    /* 匹配成功，返回 first 所指子串开始位置 */
  else        return(NULL);      /* 匹配失败，返回空指针 NULL */
}/* L_BFINDEX */
```

【算法分析】该算法的时间复杂度是 $O(m \times n)$，它与顺序串上 BF 算法的时间复杂度相同。

4.4.2 BM 模式匹配算法

1. BM 算法的基本思想

一种改进的模式匹配算法称为 **BM**（Boy-Moore）**算法**。该算法对 BF 算法的匹配过程做了两点改进：其一是首先检查模式串 t 的首尾两个字符与主串 s 中对应的字符是否匹配，若这两对字符匹配了再检查中间的字符；其二是在下一轮比较中，当主串 s 中余下的字符个数已经小于模式串 t 的长度时即停止运算，因为，在这种情况下匹配已不可能成功。改进的 BM 算法利用主串中字符在模式串中出现的位置和长度等信息，减少每一趟的比较次数，从而大大提高算法的效率。

下面通过一个实例来说明 BM 算法的匹配过程。

【例 4.6】假设目标串 AA="dttabase"，模式串 BB="taba"。若利用 BM 算法进行模式匹配，请给出该算法在链接存储结构上进行模式匹配的过程示意图。

【解】图 4.7 是采用 BM 算法进行模式匹配时，其中某一趟模式匹配过程的示意图。

在图 4.7 中，AA 为目标串，BB 为模式串。p_{AA} 和 p_{BB} 分别指向 AA 和 BB 中当前正在进行比较的字符，而 q_{AA} 和 q_{BB} 分别指向目标串 AA 和模式串 BB 的最后一个字符，k 是指向目标串 AA 进行新一轮字符比较的起始位置指针。在第 1 趟匹配过程中，由于 BB 的第 1 个字符 t 与 AA 的第 1 个字符 d 不同,则停止检验,k 和 q_{AA} 分别向后移动一个结点,且使得 p_{AA}=k;在第 2 趟匹配中,因为 BB 的最后一个字符 a 与 AA 的第 5 个字符 b 不同(b 是此趟匹配中 AA 的最后一个字符),则停止检验,k 和 q_{AA} 再分别后移一个结点,且使得 p_{AA}=k;在第 3 趟匹配中,这次 BB 的第 1 个字符 t 与 AA 的第 3 个字符 t 相同,BB 的最后一个字符 a 与 AA 的第 6 个字符 a 也相同,因此 p_{BB} 和 p_{AA} 分别逐结点后移检查其他字符是否匹配,这一趟各个字符均能匹配,故匹配成功,此时,k 值指向 AA 的第 3 个结点。图 4.7 就是在第 3 趟匹配过程中,当 p_{AA} 和 p_{BB} 分别指向 BB 的第 2 个结点和 AA 的第 4 个结点时,二者字符进行比较的情况。显然,改进的模式匹配算法比 BF 算法运算速度要快。

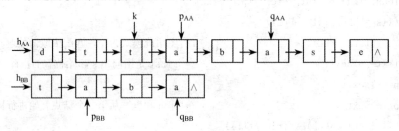

图 4.7 BM 算法的模式匹配过程示意图

2. 链串上 BM 模式匹配算法实现

当字符串采用链接存储方式时,改进的 BM 模式匹配算法如下:

```
    linkstring *L_bmindex(ha, hb)     /* 在链串上求模式 BB 在目标串 AA 中首次出现的位置 */
    linkstring * ha, *hb ;            /* ha 和 hb 为带头结点的链串 */
    { linkstring *pa, *pb, *qa, *qb, *ka=NULL, *first=NULL;
      int  i, lb=1;
      if ((ha==NULL)||(hb==NULL))
        return(NULL);                 /* 若为空串,则返回匹配失败的标志 NULL */
      first=ha->next;                 /* first 是指向 AA 的起始比较位置的指针 */
      qb=hb->next;                    /* qb 首先指向 BB 的第 1 个结点 */
      while (qb->next!=NULL)          /* 查找 BB 末端结点 */
      {  qb=qb->next;                 /* 循环停止,qb 为指向模式串 BB 末端结点 */
         lb=lb+1;                     /* 循环结束时,lb 为 BB 长度 */
      }/* WHILE1 */
      qa=ha->next;                    /* qa 首先指向 AA 的第 1 个结点 */
      for(i=2; i<=lb; i++)            /* 若 la>lb,则循环结束 qa 指向 AA 第 lb 个结点 */
         if(qa!=NULL)  qa=qa->next;   /* 若 la<lb,则循环结束 qa 为 NULL */
      while ((qa!=NULL) && (ka==NULL))  /* 若 AA 中余下字符数不少于 lb 个数,则比较 */
      { pb=hb->next;
        pa=first;
        if(qa->data==qb->data)        /* 若首末两端字符相等,则比较中间的字符 */
         { while((pb!=qb) && (pa->data==pb->data))  /* 若首末两端字符相等,则从头比较 */
            { pa=pa->next;            /* 字符相等,指针 pa 后移继续比较下一字符 */
```

```
            pb=pb->next;                    /* 字符相等,指针 pb 后移继续比较下一字符 */
        }/* WHILE3 */
        if(pb==qb)  ka=first;               /* 匹配成功,返回 first 所指结点位置 */
    }/* IF */
    first=first->next;                      /* 本趟匹配失败,回溯,继续下一趟比较 */
    qa=qa->next;
  }/* WHILE2 */
  if (ka!=NULL)   return(ka);               /* 匹配成功,则返回 first 所指结点位置 */
  else            return(NULL);             /* 匹配失败,则返回匹配失败的标志 NULL */
}/* L_BMINDEX */
```

【算法分析】可以证明,改进的 BM 算法就平均情况来说会加快处理速度,但在输入数据最不利的情况下,其时间复杂度仍然是 $O(m \times n)$。

4.4.3 KMP 模式匹配算法

1. KMP 算法的基本思想

另一种改进的模式匹配算法是克努特(Knuth)、莫里斯(Morris)和普拉特(Pratt)同时发现的,简称为 **KMP 算法**。KMP 算法较 BF 算法有很大改进,主要是在每一趟匹配过程中出现字符不等时,不需要回溯指针 i,而是利用已经得到的"部分匹配"结果将模式向右"滑动"尽可能远的一段距离后,再继续进行比较。KMP 算法把模式匹配的时间复杂度控制在 $O(m+n)$ 数量级上,从而使算法效率有了一定的提高。

下面通过一个实例说明 KMP 算法的匹配过程。

【例 4.7】假设主串 s="ababcabcacbab",模式串 t="abcac",请给出 KMP 算法进行匹配的过程。

【解】图 4.8 就是采用 KMP 算法进行模式匹配的过程示意图。

从图 4.8 中我们可以看出,第 1 趟匹配过程中,当 $i=2$,$j=2$ 时出现"失配",此时指针 i 不动,仅将模式 t 向右滑动 2 个字符的位置继续进行 $i=2$,$j=0$ 时的字符比较。第 2 趟匹配是从 $i=2$,$j=0$ 开始的,当 $i=6$,$j=4$ 时出现"失配"。经仔细观察可发现,主串第 4、5 和 6 个字符分别是"b"、"c"和"a",由于模式 t 的第 1 个字符是"a",因此,模式 t 无须再和这 3 个字符进行比较,故 $i=3$ 和 $j=0$,$i=4$ 和 $j=0$ 及 $i=5$ 和 $j=0$ 这 3 次比较不需要进行,此时 i 指针仍然不动,再将模式 t 向右滑动 3 个字符继续进行 $i=6$,$j=1$ 时的字符比较。因此,第 3 趟匹配从 $i=6$,$j=1$ 开始比较,当 $i=10$,$j=5$ 时匹配成功。由此可见,在整个匹配过程中,i 指针没有回溯。

分析 BF 模式匹配算法的执行过程可以发现,造成算法速度慢的原因是回溯,而这些回溯并不是必要的。这可以分成以下两种情况进行讨论。

第 1 种情况。参见图 4.5 中主串 s="abbaba"和模式串 t="aba"的模式匹配过程中第 1 次回溯。当 $s_0=t_0$,$s_1=t_1$,$s_2 \neq t_2$ 时,算法中取 $i=1$,$j=0$,使主串 s 的下标 i 值回溯一个位置,比较 s_1 和 t_0。但是因为 $t_1 \neq t_0$,所以一定有 $s_1 \neq t_0$。另外,因为 $t_0=t_2$,$s_0=t_2$,$s_2 \neq t_2$,则一定可以推出 $s_2 \neq t_0$,所以也不必取 $i=2$,$j=0$ 比较 s_2 和 t_0。可直接在第 2 次比较时取 $i=3$,$j=0$ 比较 s_3 和 t_0。这样,在模式匹配过程中,主串指针 i 可以不必回溯。

图 4.8 KMP 算法的模式匹配过程示例

第 2 种情况。假设主串 s="abacabab"，模式串 t="abab"。第 1 次匹配过程如图 4.9（a）所示。

图 4.9 KMP 模式匹配的一个示例

此时，不必从 $i=1$，$j=0$ 重新开始第 2 次匹配。因为 $t_0 \ne t_1$，$s_1=t_1$，必有 $s_1 \ne t_0$；又因为 $t_0=t_2$，$s_2=t_2$，所以必有 $s_2=t_0$。因此，第 2 次匹配可直接从 $i=3$，$j=1$ 开始，比较 s_3 和 t_1，匹配过程如图 4.9（b）所示。

总结以上两种情况可以发现，一旦 s_i 和 t_j 不相等，主串 s 的指针可不必回溯，主串的 s_i（或 s_{i+1}）可直接与模式串的 t_k（$0 \le k < j$）进行比较，k 的确定与主串 s 并没有关系，而只与模式串 t 本身的构成有关，即从模式串 t 本身就可以求出 k 值。

现在我们讨论一般情况。假设主串 $s="s_0 s_1 s_2 \cdots s_{n-1}"$，模式串 $t="t_0 t_1 t_2 \cdots t_{m-1}"$，为了实现 KMP 算法，需要解决的问题是：当匹配过程产生失配时（即 $s_i \ne t_j$），模式串"向右滑动"的距离有多远。换句话说，当主串中第 i 个字符与模式中第 j 个字符"失配"时，主串中第 i 个字符（i 指针不回溯）应与模式中哪个字符再比较？

假设此时应与模式中第 k 个字符（$k<j$）继续比较。当 $s_i \neq t_j$（$0 \leq i \leq n-m$，$0 \leq j \leq m-1$）时，存在：

$$"s_{i-j}s_{i-j+1}\cdots s_{i-1}"="t_0t_1t_2\cdots t_{j-1}" \tag{4.1}$$

若模式串中存在可互相重叠的真子串满足：

$$"t_0t_1t_2\cdots t_{k-1}"="t_{j-k}t_{j-k+1}\cdots t_{j-1}" \quad (0<k<j= \tag{4.2}$$

则说明模式串中的子串"$t_0t_1t_2\cdots t_{k-1}$"已与主串"$s_{i-k}s_{i-k+1}\cdots s_{i-1}$"匹配，下一次可直接比较 s_i 和 t_k；若模式串中不存在可互相重叠的真子串，则说明在模式串"$t_0t_1\cdots t_{j-1}$"中不存在任何以 t_0 为首字符的字符串与"$s_{i-j+1}s_{i-j+2}\cdots s_{i-1}$"中以 s_{i-1} 为末字符的字符串相匹配，下一次可直接比较 s_i 和 t_0。

若令 next[j]=k，则 next[j] 表示当模式中第 j 个字符 t_j 与主串中相应字符 s_i "失配"（即 $s_i \neq t_j$）时，在模式中需重新与主串中字符 s_i 进行比较的字符的位置。由此可引出模式串的 next[j] 的函数定义为：

$$\text{next}[j] = \begin{cases} \max\{k \mid 0<k<j, \text{且}"t_0t_1\cdots t_{k-1}"="t_{j-k}t_{j-k+1}\cdots t_{j-1}"\} & \text{当此集合为非空时} \\ 0 & \text{其他情况} \\ -1 & \text{当 } j=0 \text{ 时} \end{cases} \tag{4.3}$$

注意：关于 next[j] 的取值方式有两种，一种方式是 $j=0$ 时 next[j]=0，其他情况为 1；另一种是本书采用的方式，即 $j=0$ 时 next[j]=-1，其他情况为 0。前者适合模式串 t 中第一个元素的下标为 1，其余类推的情况。后者适合模式串 t 中第一个元素的下标为 0，其余类推的情况。若用 C 语言描述算法，最好采用后者。

若模式串 t 中存在真子串"$t_0t_1t_2\cdots t_{k-1}$"="$t_{j-k}t_{j-k+1}\cdots t_{j-1}$"，且满足 $0<k<j$，则 next[j] 表示当模式串 t 中 t_j 与主串 s_i "失配"（即比较不相等）时，模式串 t 中需重新与主串 s_i 进行比较的字符的位置为 k，即下一次比较是从 s_i 和 t_k 开始的；若模式串 t 中不存在这样的真子串，next[j]=0，则下一次比较从 s_i 和 t_0 开始；当 $j=0$ 时，则令 next[j]=-1，此处-1 是一个标记，表示下一次比较从 s_{i+1} 和 t_0 开始。这个匹配过程如图 4.10 所示。若模式串 t 右滑后仍有 $s_i \neq t_k$，则模式串 t 按 next[j] 的函数值继续向右滑动，这个过程可一直进行下去，直到 next[j]=-1 时，模式串 t 不再向右滑动，下一次从 s_{i+1} 和 t_0 开始比较。简而言之，KMP 算法对 BF 算法的改进就是：每当一趟匹配过程中出现"失配"时，利用已经得到的"部分匹配"结果将模式串 t 向右"滑动"尽可能远的一段距离后，再继续进行比较，而无须回溯主串 s 的指针 i。

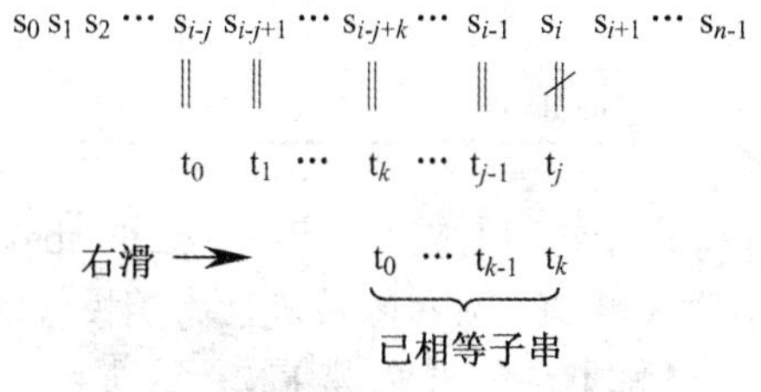

图 4.10 模式串 t 向右滑动示意图

因此，KMP 算法的基本思想是：假设 s 为主串，t 为模式串，并设 i 指针为主串 s 当前正待比较的字符下标，j 指针为模式串 t 当前正待比较的字符下标，令 i 和 j 的初值均为 0。当 $s_i = t_j$ 时，则 i 和 j 分别加 1 继续比较，否则，当 $s_i \neq t_j$ 时，i 不变，j 退回到 $j=$next[j] 的位置（即模式串向右滑动），继续比较 s_i 和 t_j，若 $s_i = t_j$ 相等，则指针 i 和 j 各加 1，否则，j 再退回到下一个 $j=$next[j] 的位置（即将模式串继续向右滑动），再比较 s_i 和 t_j。其余类推，直到出现下列两种情况之一：一种是 j 退回到某个 $j=$next[j] 时有 $s_i = t_j$，则指针 i 和 j 分别加 1 后继续进行匹配；另一种是 j 退回到 $j=-1$ 时（即模式的第一个字符"失配"），此时令主串 s 和模式串 t 的指针 i 和 j 各加 1，即下一次比较从主串的下一个字符 s_{i+1} 与模式串 t_0 开始重新匹配。

下面我们给出几个求 next[j] 函数值的实例,并通过实例说明 KMP 算法的匹配过程。

【例 4.8】已知 KMP 串匹配算法中模式串 t="aba",请计算模式 t 的 next[j] 函数值。

【解】当 j=0 时,next[0]= −1;

当 j=1 时,next[1]=0;

当 j=2 时,$t_0 \neq t_1$,next[2]=0。

因此,模式串 t 对应的 next[j] 函数值参见表 4.1。

表 4.1 模式串 t = "aba" 的 next[j] 函数值

模式串 t	a	b	a
j	0	1	2
next[j]	−1	0	0

【例 4.9】已知 KMP 算法中模式串 t="abcabcaaa",请计算模式串 t 的 next[j] 值。

【解】当 j=0 时,next[0]= −1;

当 j=1 时,next[1]=0;

当 j=2 时,$t_0 \neq t_1$,next[2]=0;

当 j=3 时,$t_0 \neq t_2$,next[3]=0;

当 j=4 时,$t_0 = t_3$="a",next[4]=1;

当 j=5 时,$t_0 t_1 = t_3 t_4$="ab",next[5]=2;

当 j=6 时,$t_0 t_1 t_2 = t_3 t_4 t_5$="abc",next[6]=3;

当 j=7 时,$t_0 t_1 t_2 t_3 \neq t_3 t_4 t_5 t_6$,$t_0 = t_6$="a",next[7]=1;

当 j=8 时,$t_0 t_1 \neq t_6 t_7$,$t_0 = t_7$="a",next[8]=1。

因此,模式串 t 对应的 next[j] 函数值参见表 4.2。

表 4.2 模式串 t="abcabcaaa"的 next[j] 函数值

模式串 t	a	b	c	a	b	c	a	a	a
j	0	1	2	3	4	5	6	7	8
next[j]	−1	0	0	0	1	2	3	1	1

【例 4.10】假设主串 s="acabaabaabcacaabc",模式串 t="abaabcac"。采用 KMP 算法,利用模式串 t 的 next 函数进行串的模式匹配运算,请给出每一趟的匹配过程。

【解】图 4.11 就是 KMP 算法利用模式串 t 的 next 函数进行模式匹配的过程示意图。

2. KMP 模式匹配算法的实现

在已知 next[j] 函数的情况下,顺序串的 KMP 模式匹配算法如下:

```
/* 利用模式串 t 的 next 函数求 t 在主串 s 中位置的 KMP 算法 */
int   S_kmpindex(s, t)                   /* 顺序串的模式匹配算法——KMP 算法 */
seqstring   *s, *t;
{ int   i=0, j=0, v, next[MAXLEN];
  S_getnext(t, next);                    /*求模式串 t 的 next 值并存入数组 next 中 */
  while((i<s->slen)&&(j<t->slen))
```

```
    { if(j==-1)||(s->data[i]==t->data[j])    /* 继续比较后继结点的字符 */
      { i++;    j++; }                       /* 指针各增 1 */
      else                                    /* 本趟匹配失败,i 不变,j 后退 */
        j=next[j] ;                           /* 从模式串向右滑动进行新一趟的匹配 */
    }
    if (j>=t->slen)  v=(i-t->slen);          /* 匹配成功,返回串 t 在主串 s 中的位置 */
    else             v=-1;                    /* 匹配失败,返回匹配失败的标志-1 */
    return(v)                                 /* 返回匹配失败标志或 t 在 s 中的下标 */
} /* S_KMPINDEX */
```

第1趟匹配　s a c a b a a b a a b c a c a a b c
　　　　　　　　↑
　　　　　　　　i=1

　　　　　t a b a a b c a c
　　　　　　↑
　　　　　　j=1　next[1]=0

(a) 第1趟匹配失败 $s_1 \neq t_1$

第2趟匹配　s a c a b a a b a a b c a c a a b c
　　　　　　　↑
　　　　　　　i=1

　　　　　t　a b a a b c a c
　　　　　　↑
　　　　　　j=0　next[0]=-1

(b) 第2趟匹配失败 $s_0 \neq t_0$

第3趟匹配　s a c a b a a b a a b c a c a a b c
　　　　　　　　↑　　　　↑
　　　　　　　　i=2　→　i=7

　　　　　t　　a b a a b c a c
　　　　　　　↑　　　　↑
　　　　　　　j=0　→　j=5　next[5]=2

(c) 第3趟匹配失败 $s_7 \neq t_5$

第4趟匹配　s a c a b a a b a a b c a c a a b c
　　　　　　　　　　　↑　　　　　↑
　　　　　　　　　　　i=7　→　　i=13

　　　　　t　　　　(a b) a a b c a c
　　　　　　　　　　↑　　　　↑
　　　　　　　　　　j=2　→　j=8

(d) 第4趟匹配成功 substr(s,6,8)

图 4.11　利用模式串 t 的 next 函数值进行模式匹配的过程示例

3. 求 next 函数值的算法实现

希望在每趟匹配后,指针 i 不回溯,由 j 退到某个位置 k 上,使 t 中 k 位置前的 $k-1$ 个字符与 s 中 i 指针前 $k-1$ 个字符相等。这将减少匹配的趟数和一趟比较次数,从而使算法的效率有了某种程度的提高。如何得到 k 值是 KMP 的模式匹配算法的关键。

KMP 算法是在已知模式串的 next 函数值的基础上执行的,那么,如何求模式串的 next 值呢?下面我们来讨论求 next[j] 的问题。

从上述讨论可见,此函数值仅取决于模式串 t 本身与主串 s 无关。我们可从分析其定义出发用递推的方法求得 next 函数值。

由定义可知

$$\text{next}[0] = -1 \tag{4.4}$$

假设 next[j]=k,这表明模式串 t 中存在下列关系:

$$"t_0 t_1 \cdots t_{k-1}" = "t_{j-k} t_{j-k+1} \cdots t_{j-1}" \quad (0<k<j= \tag{4.5}$$

式中 k 为满足 $0<k<j$ 的某个值,并且不可能存在 $k'>k$ 满足等式(4.5),则计算 next[j+1] 的值可能有两种情况。

① 若 $t_k=t_j$,则表明在模式串 t 中有

$$"t_0 t_1 \cdots t_k" = "t_{j-k} t_{j-k+1} \cdots t_j" \tag{4.6}$$

且不可能存在任何一个 $k'>k$ 满足等式(4.6),因此有

$$\text{next}[j+1] = \text{next}[j] + 1 = k+1 \tag{4.7}$$

② 若 $t_k \neq t_j$,则表明模式串 t 中有

$$"t_0 t_1 \cdots t_k" \neq "t_{j-k} t_{j-k+1} \cdots t_j" \tag{4.8}$$

此时可把求 next[j+1] 函数值的问题看成是一个模式匹配问题,整个模式串既是主串又是模式串,而当前的匹配过程中,已有 $t_0=t_{j-k}$, $t_1=t_{j-k+1}$, $\cdots$, $t_{k-1}=t_{j-1}$,当 $t_k \neq t_j$ 时,应将模式串向右滑到模式串中第 next[k] 个字符和主串的第 j 个字符相比较。若 k'=next[k],且 $t_{k'}=t_j$,则说明在主串中第 j+1 个字符之前存在一个长度为 k'(即 next[k])的最长子串,与模式串中从首字符起长度为 k' 的子串相等,即

$$"t_0 t_1 \cdots t_{k'}" = "t_{j-k'} t_{j-k'+1} \cdots t_j" \quad (0<k'<k<j) \tag{4.9}$$

因此有

$$\text{next}[j+1] = \text{next}[k] + 1 \tag{4.10}$$

同理,若 $t_{k'} \neq t_j$,则将模式继续右滑,直至将模式中第 next[k'] 个字符与 t_j 对齐为止。其余类推,直到某次匹配成功或不存在任何 k'($0<k'<j$)满足等式(4.9),则

$$\text{next}[j+1] = 0 \tag{4.11}$$

根据上述分析所得结果,见式(4.4)、式(4.7)、式(4.9)和式(4.10),仿照 KMP 算法,可得到求 next[j] 函数值的算法如下:

```
void S_getnext(t, next)            /*求模式串 t 的 next 函数值并存入数组 next */
seqstring   *t;
int next[];
{  int j=0, k=-1, next[0]=-1;
   while(j<t->slen)
   { if (( k==-1)||(t->data[j]==t->data[k]))
     {    j++;   k++;   next[j]=k; }
     else k=next[k];
   }/* WHILE*/
}/* S_GETNEXT */
```

【算法分析】 BF 算法最坏的时间复杂度为 $O(m×n)$，但在一般情况下，其算法的实际执行时间近似于 $O(m+n)$，因此至今仍然被采用。KMP 算法的时间复杂度为 $O(m+n)$，仅当模式串与主串之间存在许多"部分匹配"的情况下，KMP 算法才明显比 BF 算法快得多。但是，KMP 算法的最大特点是：指向主串的指针不需要回溯，在整个匹配过程中，对主串仅需从头至尾扫描一遍，这对处理从外部设备输入的庞大文件很有效，可以边读入边匹配，而无须回头重读。

4．修正的 KMP 模式匹配算法

前面定义的 next[j]函数在某些情况下还有些缺陷。例如，主串 s="aaabaaaab"和模式串 t="aaaab"匹配时，当 i=3, j=3 时，s->data[3] ≠ t->data[3]，根据 next[j]的指示还需要进行 i=3 和 j=2, i=3 和 j=1, i=3 和 j=0 这三次比较。而实际上，因为模式串中第 1、2、3 个字符和第 4 个字符都相等，因此，不需要再和主串中第 4 个字符进行比较，可以将模式串一次向右滑动 4 个字符的位置，直接进行 i=4, j=0 时的字符比较。这就是说，若按上述定义得到的 next[j]=k，而模式中 $t_j=t_k$，则当主串中字符 s_i 和 t_j 比较不等时，不需再和 t_k 进行比较，而可以直接和 $t_{next[k]}$ 进行比较，换句话说，此时的 next[j]应和 next[k]相同。为此将 next[j]修正为 nextval[j]。因此，顺序串上修正的 nextval 算法和 KMP 模式匹配算法如下：

```
/* 用模式串 t 的 nextval 函数修正值求 t 在主串 s 中位置的 KMP 算法 */
    int    S_kmpindex1(s, t)                /*顺序串上模式匹配算法——修正 KMP 算法 */
    seqstring *s, *t;
 {  int  i=0, j=0, v, next[MAXLEN];
    S_getnextval(t, nextval);               /*求模式串 t 的 next 值并存入数组 nextval */
    while((i<s->slen)&&(j<t->slen))         /* 继续比较后继结点的字符 */
    { if(j==-1)||(s->data[i]==t->data[j])
       { i++;   j++; }                      /* 将 i 和 j 指针各加 1 */
      else                                  /* 本趟匹配失败, i 不变, j 后退   */
       j=nextval[j]; }                      /* 从模式串 t 向右滑动进行新一趟的匹配 */
    if(j>=t->slen)  v=(i- t->slen);         /* 匹配成功, 返回串 t 在主串 s 中的位置 */
    else            v=-1;                   /* 匹配失败, 返回匹配失败的标志 */
    return(v)                               /* 返回匹配失败标志或 t 在 s 中的下标 */
 }/* S_KMPINDEX1 */

    void   S_getnextval(t, nextval)         /*将串 t 的 next 函数修正值存入数组 nextval 中 */
    seqstring  *t; int nextval[ ];
 {  int   j=0, k=-1;
    nextval[0]=-1;
    while(j<t->slen)
    { if(( k==-1)|| (t->data[j]== t->data[k]))
       {  j++;   k++;
          if (t->data[j]!=t->data[k]) nextval[j]=k; }
      else    k=nextval[k];
```

```
            }/* WHILE*/
        }/* S_GETNEXTVAL */
```

【例 4.11】 已知 KMP 匹配算法中模式串 t="abcdabcdabe"，请计算出模式串的 next[j] 函数值和 nextval[j] 函数修正值。

【解】 模式串 t 对应的 next[j] 函数值和 nextval[j] 函数的修正值见表 4.3。

表 4.3 模式串 t 对应的 next[j] 函数值和 nextval[j] 函数的修正值

模式串 t	a	b	c	d	a	b	c	d	a	b	e
j	0	1	2	3	4	5	6	7	8	9	10
next[j]	−1	0	0	0	0	1	2	3	4	5	6
nextval[j]	−1	0	0	0	−1	0	0	0	−1	0	6

4.5 串的简单应用举例

【例 4.12】 编写程序，测试一个顺序存储的字符串 s 的串值是否为回文，即从左面读与从右面读内容一样，例如："上海自来水来自海上"。

【算法分析】 对于一个给定的字符串 s，s="$s_0s_1s_2\cdots s_{n-1}$"，要判断其是否为回文，只要判断当 $i=0, 1, \cdots, n/2$ 时，等式 $s_0=s_{n-1}$，$s_1=s_{n-2}$，$s_i=s_{n-i-1}$ 是否成立即可。若成立，则可判断为回文。

```
# include "string.h"              /* 测试一个顺序串的值是否为回文 */
# include "stdio.h"
# include "BH.c"                  /* 自定义头文件包含一个清屏函数 clear */
#define STRMAX  64                /* 每个字符串的最大长度 */
typedef struct node
{   char    data[STRMAX];         /* 字符串数组 data 用来存储串中所有字符 */
    int     slen;                 /* 整数 slen 用来表示字符串的实际长度 */
}seqstring;
seqstring *p;                     /* p 为指向顺序串指针 */

main()                            /* 测试顺序串的值是否为回文主函数 */
{   int invert(), flag, j=0;
    clear();                      /* 包含在 BH.c 头函数中清屏函数 */
    printf("\n\t 判断输入的字符串是否为回文示例");
    printf("\n\t 请从键盘上输入一个字符串:");
    gets(p->data);                /* 从键盘输入一个字符串 */
    while(p->data[j++]!='\0')     /* 统计字符个数,即统计字符串的长度 */
    p->slen=j;                    /* 给出字符串的长度 */
    printf("\n\t 字符串长度 length=%d", p->slen);
    flag=invert(p);
    if(flag==1) printf("\n\t 该字符串是回文!");
```

```
        else          printf("\n\t 该字符串不是回文！");
        puts(p->data);                    /* 输出字符串 */
        getchar()                         /* 固定屏幕 */
}/* MAIN */

int invert(t)                             /* 判断字符串是否为回文，若是则返回1，否则返回0 */
seqstring  *t;
{   int i, j, n, sign=1;                  /* sign 为回文标志 */
    j=t->slen-1;
    n=t->slen/2;
    for(i=0; i<=n; i++, j--)              /* 判断字符串是否为回文 */
        if (t->data[i]!=t->data[j])  sign=0;
    return(sign);                         /* 若是回文，则返回1，否则为 0 */
}/* INVERT */
```

程序运行结果如图 4.12 所示。

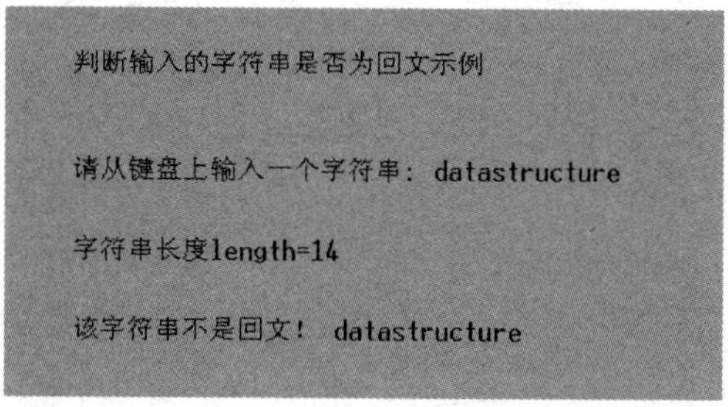

```
判断输入的字符串是否为回文示例

请从键盘上输入一个字符串：datastructure

字符串长度length=14

该字符串不是回文！ datastructure
```

图 4.12 判断顺序存储的字符串是否为回文

【例 4.13】编写程序，在一个结点大小为 1 的单链表表示的字符串中，将形如"data structures and data operation"的字符串中的各个单词分离出来。

【算法分析】首先调用函数 L_strassign 将串常量 t 赋给链串 head，建立用带头结点单链表表示的链串 head，然后调用函数 L_strsplit 从链串中分离每一个单词，最后输出全部的单词。若将 clear 函数存放在头文件"BH.c"中，则完整的程序如下：

```
# include "stdio.h"
# include "stdlib.h"
# include "BH.c"                          /* 包含清屏幕函数 clear */
# define  NULL 0
# define  LEN sizeof(linkstring)
typedef struct strnode                    /* 结点大小为1的链串类型定义 */
{   char data;                            /* data 为结点的数据域 */
    struct strnode *next;                 /* next 为结点的指针域 */
} linkstring;                             /* linkstring 为链串类型 */
linkstring *head ;                        /* head 是结点大小为1 链串的头指针 */
```

```c
    void  L_strwrite(linkstring *s)            /* 输出一个带头结点的链串 */
    { linkstring *p;
      p=s->next;                               /* 链串头结点的数据不用输出 */
      while (p!=NULL)                          /* 依次输出链串 s 中的每个字符 */
      {  printf("%c",p->data);
         p=p->next;
      }  /* while */
      printf("\n\n\t");
    }/* L_STRWRITE */


    linkstring  *L_strassign(s,t)    /* 将字符串常量 t 赋给链串 s 并输出 t 和建立的链串 s */
    linkstring  *s; char t[];        /* 根据字符串常量 t 建立带头结点的链串 s */
     { int  k=0;
       linkstring  *r, *p;
       s=(linkstring*)malloc(LEN);             /* 建立链串 s 的头结点 */
       s->next=NULL;                           /* 将链串 s 头结点指针域设置为空 */
       s->data='#';                            /* 将链串 s 头结点数据域设置为# */
       r=s;
       while (t[k]!='\0')                      /* 将字符串常量 t 依次赋给链串 s */
       {   p=(linkstring*)malloc(LEN);         /* 建立新的链串结点 */
           p->data=t[k++];                     /* 给结点的数据域 data 赋值 */
           r->next=p;                          /* 将新结点插入链串的尾部 */
           r=p;                                /* 修改链串的尾部指针 */
       }
       r->next=NULL;                           /* 链串最后一个结点指针置空 */
       printf("\n\n\t\t 输出字符串数组 t=%s",t); /* 输出字符串常量 t 和提示信息 */
       printf("\n\n\t\t 建立字符串链串 s=");    /* 建立链串 s 的提示 */
       L_strwrite(s);                          /* 调用函数输出链串 s 中每个字符 */
       return(s);                              /* 函数返回链串 s 头指针 */
    } /* L_STRASSIGN */


    void   L_strsplit( heads)    /* 将结点大小为 1 的链串中包含的所有单词分离出来 */
    linkstring *heads;
    { int i=1; linkstring *p,*s1,*r,*q;
      p=heads ;
      while (p!=NULL)                          /* 一次循环分离一个单词 */
      {  q=(linkstring*)malloc(LEN);           /* 创建一个单词链串的头结点 q */
         q->next=NULL;
         p=p->next;
         r=q;
```

```
        while((p!=NULL)&&(p->data!=' '))        /* 建立单词链串中的每个结点 */
        {    s1=(linkstring*)malloc(LEN);       /* 创建一个新的字符结点 */
             s1->data=p->data;
             s1->next=NULL;
             r->next=s1;                         /* 将新结点连接到每个单词链串 */
             r=s1;                               /* r 指向单词链串的尾结点 */
             p=p->next;
        }/* WHILE */
        printf("\n\t 输出一个单词%d: ", i++);    /* 统计和输出分离出的单词数 */
        L_strwrite(q);                           /* 输出分离出的每个单词链串 */
    } /* WHILE */
}/* L_STRSPLIT */

void  main()   /* 将链串表示的字符串中的每个单词分离出来 */
{ char t[80]="data structures and data operation";   /* t 为字符串常量 */
  clear();                                  /* 清屏幕 */
  printf("\n\t\t\t 将链串上的单词分离出来示例\n\t");
  head=L_strassign(&head,t);                /* 调用函数 L_strassign 生成链串 */
  L_strsplit(head);                         /* 将链串中所有的单词分离出来 */
  getchar();                                /* 固定屏幕 */
} /* MAIN */
```

程序的运行结果如图 4.13 所示。

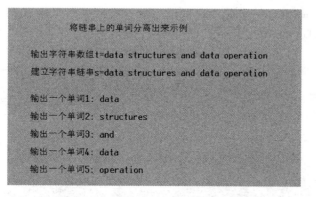

图 4.13 将链串中所有的单词分离出来

【例 4.14】假设用结点大小为 1 的带头结点的单链表表示两个字符串 heada 和 headb，heada 为主串，headb 为模式串。试编写程序，采用 BM 算法完成串的模式匹配运算。

【算法分析】首先调用函数 L_strassign，建立两个带头结点的链串 heada 和 headb，然后调用 BM 模式匹配函数 L_bmindex 完成模式匹配运算，最后输出匹配结果信息：若匹配成功，则输出第一个匹配字符；若匹配失败，则输出失败信息。

若将 4.4 节中模式匹配函数 L_bmindex、S_bfindex、L_bfindex 和 S_kmpindex 均存放在头文件 BHINDEX.c 中，将例 4.13 中所使用的链串的建立和输出函数 L_strassign、L_strwrite

放在头文件 BHSTRING.c 中，则完整的程序如下：

```c
# include "stdio.h"      /* BM 模式匹配运算在链串上求模式 BB 在目标串 AA 首次出现的位置 */
# include "stdlib.h"
# define    NULL  0
# define    LEN   sizeof(linkstring)
typedef struct strnode               /* 结点大小为 1 的链串类型定义 */
{     char data;                     /* data 为结点的数据域 */
      struct strnode *next;          /* next 为结点的指针域 */
}linkstring;                         /* linkstring 为链串类型 */
linkstring *heada, *headb ;          /* heada,headb 是目标串和模式串头指针 */

# include "BH.c"                     /* 函数 clear 等放在头文件 BH.c 中 */
# include "BHINDEX.c"                /* 函数 L_bmindex 等放在头文件 BHINDEX.c 中 */
# include "BHSTRING.c"               /* 函数 L_strassign 等放在头文件 BHSTRING.c 中 */

void  main()                         /* 采用 BM 算法完成链串的模式匹配运算 */
{ char s[80]="data structures and data operation";  /* s 为存放主串的字符数组 */
  char t[80]= "structure";           /* t 为存放模式串的字符数组 */
  linkstring *p;
  printf("\n\t\t    采用 BM 算法进行字符串的模式匹配运算示例\n");
  heada=L_strassign(&heada,s);       /* heada 指向所建立的目标链串头指针 */
  headb=L_strassign(&headb,t);       /* headb 指向所建立的模式链串头指针 */
  p=L_bmindex(heada,headb);          /* 采用 BM 算法进行模式匹配运算 */
  if(p!=NULL) printf("\n\t\t 匹配成功!匹配的字符串第一个字符是: %c", p->data);
  else       printf("\n\t\t 匹配失败!没有所匹配的字符串！");
  getchar();                         /* 固定屏幕 */
}/*  MAIN */
```

程序运行结果如图 4.14 所示。

```
            采用BM算法进行字符串的模式匹配运算示例

         输出字符串数组t=data structures and data operation
         建立字符串链串s=data structures and data operation

         输出字符串数组t=structure
         建立字符串链串s=structure

         匹配成功!匹配的字符串第一个字符是：s
```

图 4.14 采用 BM 算法完成链串的模式匹配运算示例

【例4.15】假设 s 和 t 是采用结点大小为 1 的单链表表示的两个字符串,请编写程序,将串 s 首次与串 t 匹配的子串逆置。

【算法分析】首先调用函数 L_strassign,建立用带头结点单链表表示的链串 s 和模式串 t;然后进行模式匹配运算;若匹配成功,则将模式链串 t 逆置输出;若匹配失败,则输出失败信息。若将前述链串的建立和输出运算函数存放在头文件 BHSTRING.c 中,则程序如下:

```
# include "stdio.h"
# include "stdlib.h"
# include "BH.c"                    /* 包含 clear 和 good_bye 等函数 */
# define    NULL 0
# define    LEN  sizeof(linkstring)
typedef struct strnode              /* 结点大小为 1 的链串类型定义 */
{   char data;                      /* data 为结点的数据域 */
    struct strnode *next;           /* next 为结点的指针域 */
}linkstring;                        /* linkstring 为链串类型 */

# include "BHSTRING.c"      /* 函数 L_strassign 等放在头文件 BHSTRING.c 中 */

void  L_strwritetwo(s,t)            /* 将逆置前后的链接字符串输出 */
linkstring *s;
char t[];
{ printf("\n\n\t\t 匹配的字符串:headt=");   /* 输出所匹配模式字符串 */
  printf("%s",t);
  printf("\n\n\t\t 逆置后字符串:headv=");
  L_strwrite(s);                    /* 将匹配模式串逆置后输出 */
  getchar();                        /* 固定屏幕 */
}/* L_STRWRITETWO */


int   L_match(s,t) /* 将主串和模式串进行匹配,匹配成功则逆置子串 */
linkstring *s,*t;
{ linkstring *head,*sp,*q,*rt,*tp;
  head=s->next;  sp=s->next;  tp=t->next;
  if ((sp==NULL)||(tp==NULL))       /* 主串或模式串为空,匹配失败返回 0*/
       return (0);
  while ((sp!=NULL)&&(tp!=NULL))    /* 将目标串与模式串进行匹配 */
    if (sp->data==tp->data)
       { sp=sp->next;    tp=tp->next; }
     else { head=head->next;  sp=head;  tp=t->next; }
  if (tp!=NULL)   return(0);        /* 若匹配失败,则函数返回 0 */
  else { rt=t->next;                /* 若匹配成功,将模式串逆置 */
         headv=(linkstring*)malloc(LEN);   /* 设置逆置模式串的头结点 */
```

```
            headv->next=NULL;
            headv->data='#';
            while (rt!=NULL)              /* 将匹配的模式串进行逆置操作 */
            {  q=(linkstring*)malloc(LEN);
               q->data=rt->data;
               q->next=headv->next;
               headv->next=q;
               rt=rt->next;
            }/* while */
        }/* ELSE */
        return(1);                        /* 匹配成功,则函数返回 1 */
    }/* L_MATCH */


void  main()  /* 将链串 t 首次与链串 s 匹配的子串进行逆置程序 */
{ char s[80]="data structures and data operation";
  char t[20]= "operation";
  linkstring *heads,*headt,*headv;        /* 分别存储主串,模式串和逆置串 */
  clear();                                /* 包含在头函数中的清屏函数 */
  printf("\n\t\t    将模式链串 t 与目标链串 s 匹配的子串逆置例题\n\t\t");
  heads=L_strassign(&heads, s);           /* heads 是目标串的头指针 */
  headt=L_strassign(&headt, t);           /* headt 是模式串的头指针 */
  if(L_match(heads, headt)==1)
       L_strwritetwo(headv, t);           /* 若匹配成功则打印逆置模式串 */
  else  printf("\n\t\t%s 没有匹配的字符串!", t);/* 若匹配失败则打印失败的信息 */
  getchar();                              /* 固定屏幕 */
}/* MAIN */
```

程序运行结果如图 4.15 所示。

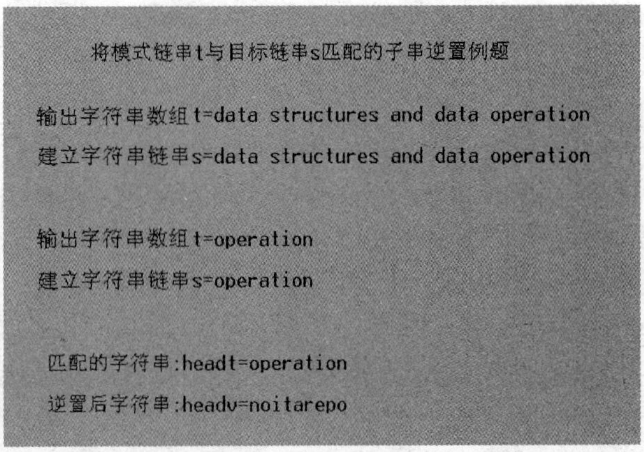

```
            将模式链串t与目标链串s匹配的子串逆置例题

        输出字符数组t=data structures and data operation
        建立字符串链串s=data structures and data operation

        输出字符数组t=operation
        建立字符串链串s=operation


        匹配的字符串:headt=operation
        逆置后字符串:headv=noitarepo
```

图 4.15 将模式串 t 首次与目标串 s 匹配的子串逆置

本章小结

串是一种特殊的线性表,它的每个结点仅由一个字符组成。随着计算机的发展,串在文字编辑、信息检索、词法扫描、符号处理及定理证明等许多领域得到越来越广泛的应用。很多高级语言都具有较强的串处理功能,C 语言更是如此。本章简要介绍了串的有关概念和术语,以及串的两种存储方法,着重介绍了串的基本运算及算法的实现,详细讨论了串的匹配算法:BF 算法、KMP 算法和 BM 算法,并通过实例给出了这三种算法的基本思想和算法的实现。

本章的复习要求

(1)串是由有限个字符组成的序列。串中字符的个数称为串的长度,长度为 0 的串称为空串。应注意空格串和空串的区别。

串的基本运算有:求字符串的长度、判断某串是否为空串、两个串的连接、求某串的子串、串的模式匹配及串的插入、删除、复制、替换等。

(2)串的存储方法主要有两种:顺序存储结构和链接存储结构。

串采用顺序存储结构时有两种格式:紧缩格式和非紧缩格式。对于以字为存取单位的计算机来说,若采用非紧缩格式,每个存储单元只存放一个字符。非紧缩存储方式虽然随机存取方便,但存储空间利用率不高,只适合于程序中串变量不多,每个串变量又不太长的情况。若采用紧缩格式,每个存储单元可存放多个字符,最后一个存储单元如果未能占满可填充空格。采用这种紧缩存储方式时,需要将串的长度显式给出,其空间利用率较高。对以字节为存取单位的计算机来说,每个字符恰好对应一个单元,既便于存取又能充分利用空间。这种存储方式不必显式地给出串的长度,只要在串的末尾加上分界符即可。

串的顺序存储方式的缺点是对顺序串进行插入和删除等运算很不方便。

在串的链接存储结构中,每个结点由字符域和指针域组成,可采取每个结点只存放一个字符和每个结点存放多个字符的两种链接结构,前者运算速度较快,而后者的空间利用率较高。

(3)串的模式匹配算法就是判断某串是否是另一个已知串的子串,如果是其子串,则给出该子串的起始位置。

本章详细介绍了三种较简单的串匹配算法:BF 算法、KMP 算法和 BM 算法,并通过实例给出了这三种模式匹配算法的基本思想及算法的实现。

本章的重点和难点

本章的重点是:通过本章学习,要求熟悉串的有关概念和术语,串和线性表的关系;掌握串的顺序和链接存储结构,比较它们的优点和缺点,从而学会根据具体情况选用恰当的存储结构;熟练掌握串的基本运算并能利用这些基本运算编写程序完成串的各种其他运算;熟练掌握 BF 模式匹配算法的基本思想及在顺序串和链串上该算法的实现;理解 KMP 模式匹配算法的基本思想、next[j]函数值的计算及算法的实现;了解 BM 模式匹配算法的基本思想。

本章的难点是:BF 模式匹配算法及时间复杂度的分析;KMP 模式匹配算法的基本思想和实现算法,特别是 KMP 算法中 next[j]函数值的计算。

习题 4

4.1 简述下列各对术语的区别：
   空串和空格串　　　　串变量和串常量
   主串和子串　　　　　串名和串值

4.2 空格串中的空格字符有何意义？空串在串的处理中有何作用？

4.3 两个字符串相等的充分必要条件是什么？

4.4 对于字符串的每个基本运算，是否可用其他基本运算构造而得？如何构造？

4.5 假设有 A="structures"，B="data"，C="my"，D="program"，请给出下面串运算的结果。

（1）strcat(A, B)
（2）substr(B, 3, 2)
（3）length(A)
（4）index(A, B)
（5）insert(A, 1, B)
（6）delete(D, 2, 2)
（7）replace(D, 2, 2, 'k')

4.6 试设计算法，将两个顺序表示的字符串 s 和 t 连接起来。要求：不能用 strcat 函数。

4.7 试设计算法，在顺序串上实现两个字符串 s 和 t 的比较运算。若 s>t，则输出一个正数；若 s<t，则输出一个负数；若 s=t，则输出一个 0。要求：不能用 strcmp 函数。

4.8 若 s 和 t 是用结点大小为 1 的单链表表示的两个串，试设计一个算法，将 s 串首次与串 t 匹配的子串逆置。

4.9 若 s 是用结点大小为 1 的单链表存储的串，试设计一个算法，把最先出现的子串"AB"改为"XYZ"。

4.10 试设计一个算法，测试一个用结点大小为 1 的单链表表示的字符串 t 的串值是否为回文，即从左面读与从右面读内容一样，例如，"上海自来水来自海上"。

4.11 假设一个仅由字母组成的字符串 s 用单链表表示（假设每个结点存放一个字符），试设计一个算法，删除字符串中所有字母 x，并释放删除结点的存储空间。

4.12 试设计一个算法，将顺序存储的字符串 s 逆置，要求不另设置存储空间。

4.13 用 C 语言编程，分别在顺序存储和链接存储（假设每个结点存放一个字符）这两种方式下，用串 s_2 替换串 s 中的子串 s_1。要求：不能用串替换函数 replace(s, s_1, s_2)。

4.14 用 C 语言编程，分别在顺序和链接（假设每个结点存放一个字符）这两种存储方式下，将串 s_2 复制到串 s_1 中。要求：不能用串复制函数 strcpy。

4.15 编写程序，输入一个由若干单词组成的文本行（最多 50 个字符），每个单词之间用若干个空格隔开，统计此文本行中单词的个数（假设字符串采用顺序存储结构）。

第 5 章 数组和广义表

> 数组是一种常用的数据结构,大多数程序设计语言都提供数组来描述数据。数据结构的顺序存储结构多数采用数组来描述。广义表是线性表的一种推广。广义表在文本处理、人工智能和计算机图形学等领域得到广泛应用,其使用价值和应用效果逐渐受到人们的重视。在 LISP 和 PROLOG 程序语言中,所有的概念和对象都是用广义表表示的。
>
> 本章讨论的两种数据结构:数组和广义表,它们可以看成是线性表的推广,但它们与线性结构有很大的区别,在逻辑结构上不同于线性结构的一个元素至多有一个直接前驱和一个直接后继,而可能有多个直接前驱和多个直接后继。
>
> 本章将首先讨论数组的逻辑结构特征及其存储方式,然后讨论特殊矩阵和稀疏矩阵的压缩存储方法,以及稀疏矩阵采用顺序和链接存储方式时,如何实现矩阵的基本运算,最后讨论广义表的逻辑结构和它的存储结构及广义表的几种简单运算。

5.1 数组的概念和存储

数组是程序设计中最常用的数据类型,在早期的高级语言中,数组是唯一可供使用的结构类型。本节将详细讨论数组的特点、逻辑结构及其存储方式。

5.1.1 数组的概念

数组是由 n($n \geqslant 1$)个相同类型的数据元素 $a_1, a_2, a_3, \cdots, a_n$ 组成的有限序列,也可以称为**向量**。由于数组中各数据元素(分量)具有统一的类型,并且可用下标来区分各元素,一个下标唯一地对应一个元素,元素的下标一般具有固定的上界和下界。因此,数组的处理较其他复杂的结构更为简单。

一维数组 $A[n]$ 是由 $[a_1, a_2, \cdots, a_{n-1}, a_n]$ 这 n 个元素组成的,每个元素除了具有相同的类型外,还有一个确定元素位置的下标,显然一维数组是一个线性表。

二维数组 $A[m][n]$ 是由 $m \times n$ 个元素组成的,元素之间有规则地排列。每个元素由值和两个能确定元素位置的下标组成,如图 5.1 所示。

$$A_{m \times n} = \begin{bmatrix} a_{11} & a_{12} & \cdots & a_{1n} \\ a_{21} & a_{22} & \cdots & a_{2n} \\ \vdots & \vdots & \ddots & \vdots \\ a_{m1} & a_{m2} & \cdots & a_{mn} \end{bmatrix}$$

图 5.1 $m \times n$ 的二维数组

我们还可以把二维数组 $A_{m \times n}$ 看成是由 m 个行向量组成的向量,也可看成是由 n 个列向量组成的向量。若将二维数组 $A_{m \times n}$ 元素看成是这样一个线性表:

$$A = (B_1, B_2, \cdots, B_p) \quad (p = m \text{ 或 } p = n)$$

式中每个数据元素都是一个行向量形式的线性表:

$$B_i = (a_{i1}, a_{i2}, \cdots, a_{in}) \quad (1 \leqslant i \leqslant m)$$

或者每个数据元素都是一个列向量形式的线性表：

$$B_j = (a_{1j}, a_{2j}, \cdots, a_{mj}) \quad (1 \leqslant j \leqslant n)$$

则二维数组就是一个具有 m 个（或 n 个）元素的特殊线性表，其元素类型为一维数组：

$$A_{m \times n} = ((a_{11}, a_{12}, \cdots, a_{1n}), (a_{21}, a_{22}, \cdots, a_{2n}), \cdots, (a_{m1}, a_{m2}, \cdots, a_{mn}))$$

或

$$A_{m \times n} = ((a_{11}, a_{21}, \cdots, a_{m1}), (a_{12}, a_{22}, \cdots, a_{m2}), \cdots, (a_{1n}, a_{2n}, \cdots, a_{mn}))$$

二维数组 $A_{m \times n}$ 中的每个元素 a_{ij} 均属于两个向量：第 i 行的行向量和第 j 列的列向量，也就是说，除边界外，每个元素 a_{ij} 都恰好有两个直接前驱和两个直接后继，行向量的直接前驱 $a_{i,j-1}$ 和直接后继 $a_{i,j+1}$，列向量的直接前驱 $a_{i-1,j}$ 和直接后继 $a_{i+1,j}$。二维数组有且仅有一个开始结点 a_{11}，它没有前驱；仅有一个终端结点 a_{mn}，它没有后继。另外，边界结点（开始结点和终端结点除外）只有一个直接前驱或者只有一个直接后继，也就是说，除开始结点 a_{11} 外，第一行和第一列上的结点 a_{1j}（$j=2, 3, \cdots, n$）和 a_{i1}（$i=2, 3, \cdots, m$）都只有一个直接前驱；除终端结点 a_{mn} 外，第 m 行和第 n 列上的结点 a_{mj}（$j=1, 2, \cdots, n-1$）和 a_{in}（$i=1, 2, \cdots, m-1$）都只有一个直接后继。

同理，三维数组 A[m][n][p] 由 $m \times n \times p$ 个元素组成，数组中的每个元素 a_{ijk} 都属于 3 个向量，每个元素最多可以有 3 个直接前驱和 3 个直接后继。

类似地，n 维数组 A[t_1][t_2]$\cdots$[t_n] 由 $t_1 \times t_2 \times \cdots \times t_n$ 个元素组成，每个元素 $a_{i_1 i_2 \cdots i_n}$ 都属于 n 个向量，最多可以有 n 个直接前驱和 n 个直接后继。每个元素由值及 n 个能确定元素位置的下标组成，根据数组 n 个下标的变化次序关系可以确定数组元素的前驱和后继关系并写出对应的线性表。因此，一个 n 维数组类型也可定义为数据元素为 $n-1$ 维数组类型的一维数组类型，这样，多维数组由 $n-1$ 维线性表结构辗转合成得到，是线性表的推广。

数组一旦被定义，它的维数和维界就不再改变。因此，除了数组的初始化和删除数组元素之外，数组的运算只能进行数据元素的存取和修改元素值的操作。

5.1.2 数组的存储结构

从定义可知，多维数组中元素之间的关系是一种线性关系。但多维数组不能像一般线性表那样进行插入和删除运算。多维数组一旦建立起来，结构中的元素个数和元素之间的关系就不再发生变动。因此，多维数组通常采用顺序存储方式，即把数组中各元素的值按某种次序存放在计算机的一组连续存储单元中。

数组采用顺序存储方式可以随机存取数组元素或修改数组元素的值。由于计算机的存储单元是一维结构，而多维数组是个多维结构，因此，用一组连续的存储单元存放多维数组就必须按照某种次序将数组中的元素排成一个线性序列，然后将这个线性序列顺序存放到计算机中。那么，如何通过数组的下标给出该数据元素的存放位置是实现数组顺序存储首先要解决的问题。下面我们将详细介绍一维数组和二维数组的顺序存储方法、存储地址的计算公式，并给出一般的 n 维数组的存储地址的计算公式。

1. 一维数组的顺序存储结构

一维数组 A[n] 是由元素 a[1]，a[2]，$\cdots$，a[n] 组成的有限序列。若从某个地址开始将数组中各元素依次存放在一组连续的存储单元中，则其存储分配情况如图 5.2 所示。

图 5.2 一维数组 A[n]的存储分配情况示意图

假设数组中每个元素占用 d 个存储单元,则一维数组 A 中第 i 个元素 a_i 的存储位置的计算公式为:

$$LOC(a_i)=LOC(a_1)+(i-1)\times d \quad (1\leqslant i\leqslant n) \quad (5.1)$$

式中,$LOC(a_i)$ 是一维数组 A 中第 i 个元素 a_i 的存储位置;$LOC(a_1)$ 是数组第一个元素 a_1 的存储位置,即一维数组的起始存储位置,亦称为基地址或基址或数组的首地址。

2. 二维数组的两种顺序存储方式

二维数组通常有两种顺序存储方式:一种是以行序为主序的存储方式,另一种是以列序为主序的存储方式。

(1)以行序为主序的存储方式

以行序为主序的存储方式又称为**行优先顺序**,该方法把数组元素按行向量排列,第 $i+1$ 个行向量紧接在第 i 个行向量后面。在高级语言中,如 Pascal、COBOL、BASIC 和 C 语言等,数组都是按行优先顺序存放的。

例如,对于图 5.1 所示的二维数组 A,其 $m\times n$ 个元素按行优先顺序存储的线性序列如图 5.3 所示。

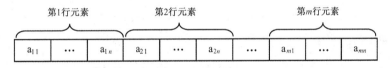

图 5.3 二维数组 A 按行优先顺序存储分配情况示意图

(2)以列序为主序的存储方式

以列序为主序的存储方式又称为**列优先顺序**,该方法是将数组元素按列向量排列,第 $j+1$ 个列向量紧接在第 j 个列向量之后。在 FORTRAN 语言中,数组是按列优先顺序存放的。

例如,对于图 5.1 所示的二维数组 A,其 $m\times n$ 个元素按列优先顺序存储的线性序列如图 5.4 所示。

图 5.4 二维数组 A 按列优先顺序存储分配情况示意图

二维数组按上述两种方式顺序存放时,只要给出数组的起始位置即基地址、维数和各维的长度,以及每个数组元素占用的存储单元数,就可以为它分配存储空间。反之,只要给出数组存放的起始地址、数组的行号数和列号数,以及每个数组元素所占用的存储单元数,便可以求出给定下标的数组元素在数组中存储位置的起始地址。由此可知,数组元素的存储位置可表示为其下标的线性函数。

下面以行序为主序的存储结构为例,说明数组元素存储位置的计算方法。

假设二维数组 $A_{m\times n}$ 按"行优先顺序"存储在计算机中,每个元素占用 d 个存储单元,则二维数组中任一元素 a_{ij} 的存储位置应该是该数组的起始地址加上排在 a_{ij} 前面的元素所占用的存储单元数。因为 a_{ij} 位于第 i 行的第 j 列，其前面 $i-1$ 行共有 $(i-1)\times n$ 个元素，而第 i 行上 a_{ij} 前面又有 $j-1$ 个元素，故 a_{ij} 之前共有 $(i-1)\times n+(j-1)$ 个元素。因此，二维数组中任一元素 a_{ij} 存储位置的计算公式为：

$$LOC(a_{ij})=LOC(a_{11})+[(i-1)\times n+(j-1)]\times d \tag{5.2}$$

式中，$LOC(a_{ij})$ 是二维数组中任一元素 a_{ij} 的存储位置；$LOC(a_{11})$ 是数组第一个元素 a_{11} 的存储位置，即二维数组的起始存储位置。

上述讨论的是假设数组的下界为 1 的情况。但是，一般来说，数组下界并非一定从 1 开始。更一般的情况是二维数组 $A[k_1..k_2, t_1..t_2]$，这里 k_1 和 k_2 不一定是 1。a_{ij} 之前共有 $i-k_1$ 行，二维数组共有 t_2-t_1+1 列，故这 $i-k_1$ 行共有 $(i-k_1)\times(t_2-t_1+1)$ 个元素，在第 i 行 a_{ij} 之前共有 $j-t_1$ 个元素。因此，二维数组中任一元素 a_{ij} 的存储位置亦可用下列公式计算：

$$LOC(a_{ij})=LOC(a_{11})+[(i-k_1)\times(t_2-t_1+1)+(j-t_1)]\times d \tag{5.3}$$

例如，在 C 语言中，数组下标的下界均为 0，因此，二维数组中任一元素 a_{ij} 的存储位置为：

$$LOC(a_{ij})=LOC(a_{00})+[i\times(t_2+1)+j]\times d \tag{5.4}$$

此处，$k_1=t_1=0$。后面在讨论数组的存储结构时，数组下标的下界均以 0 开始叙述。

3. 多维数组的顺序存储结构

同样，三维数组 $A_{m\times n\times p}$ 按"行优先顺序"存储时，三维数组中任一元素 a_{ijk} 存储位置的计算公式为：

$$LOC(a_{ijk})=LOC(a_{000})+[i\times n\times p+j\times p+k]\times d \tag{5.5}$$

式中，$LOC(a_{ijk})$ 是三维数组中任一元素 a_{ijk} 的存储位置，$LOC(a_{000})$ 是数组第一个元素 a_{000} 的存储位置。

可以将以上规则推广到 n 维数组：行优先顺序存储可规定为从右到左，即首先排最右的下标，最后排最左下标；列优先顺序存储与此相反，从左到右，首先排最左下标，最后排最右的下标。

对于 n 维数组 $A[t_1][t_2]\cdots[t_n]$，可看成是由 t_1 个（$n-1$）维数组组成的特殊线性表：

$$a_1[t_2][t_3]\cdots[t_n],\ a_2[t_2][t_3]\cdots[t_n],\ \cdots,\ a_{t_1}[t_2][t_3]\cdots[t_n]$$

则可按线性表的顺序存储方法，先存储第一个 $n-1$ 维数组 $a_1[t_2][t_3]\cdots[t_n]$，紧接着存储第二个 $n-1$ 维数组 $a_2[t_2][t_3]\cdots[t_n]$，……，最后存储第 t_1 个 $n-1$ 维数组 $a_{t_1}[t_2][t_3]\cdots[t_n]$。对于每个 $n-1$ 维数组，又可看成是由 t_2 个 $n-2$ 维的数组组成的特殊线性表，其余类推，直到最后看成是 t_n 个数组元素组成的一维数组。

同理，若 n 维数组第一个元素的存储位置为 $LOC(a_{00\cdots0})$，那么对于任何一组有效的下标 $i_1, i_2, \cdots, i_n$，其对应的数组元素 $a_{i1, i2, \cdots, in}$ 的存储位置 $LOC(a_{i1, i2, \cdots, in})$ 可用下式计算：

$$LOC(a_{i1, i2, \cdots, in}) = LOC(a_{00\cdots0})+d\times[i_1\times t_2\times t_3\times\cdots\times t_n+i_2\times t_3\times t_4\times\cdots\times t_n+i_{n-1}\times t_n+i_n]$$

$$= LOC(a_{00\cdots0})+d\times\sum_{k=1}^{n}i_k c_k \tag{5.6}$$

式中，$c_k = \prod_{j=k+1}^{n}t_j = i_{k+1}\times t_{k+2}\cdots t_n(1\leqslant j<n), c_n=1$。

公式（5.6）称为 n 维数组的映像函数。容易看出，数组元素的存储位置是其下标的线性函数。由于计算各个元素存储位置的时间相等，因此，数组中任一数据元素可以在相同的时间内存取。我们将具有这一特点的存储结构称为随机存储结构，即顺序存储的数组是一个随机存取结构。

5.2 特殊矩阵的压缩存储

矩阵是许多科学计算和工程计算问题中常用的数学对象。在数据结构中，我们感兴趣的不是矩阵本身，而是如何存储矩阵中的元素，使矩阵的各种运算能有效地进行。

用高级语言编程时，通常使用二维数组顺序存储矩阵中的元素。矩阵采用这种存储方法，可以随机地访问每一个数据元素，因而能够很容易地实现矩阵的各种运算，例如，矩阵的转置运算、加法运算和乘法运算等。

但是，当矩阵中非零元素呈某种规律分布或者矩阵中出现大量零元素时，若使用二维数组存储矩阵，将使许多单元重复存储相同的非零元素或零元素。对于高阶矩阵而言，这种存储方法不仅浪费大量的存储单元，而且在运算中又要花费大量的时间进行零元素的无效计算，显然是不可取的。有时为了节省存储空间，我们可以对这类矩阵进行**压缩存储**。所谓压缩存储，就是根据矩阵元素的分布规律，使多个相同的非零元素共享同一个存储单元，而对零元素则不分配存储空间。

通常有两种矩阵需要采用压缩方式存储：特殊矩阵和稀疏矩阵。**特殊矩阵**是指非零元素或零元素的分布有一定规律的矩阵，**稀疏矩阵**是指非零元素的个数远远小于零元素的个数且非零元素的分布没有规律的矩阵。

特殊矩阵包括：对称矩阵、三角矩阵和对角矩阵等。本节将讨论这几种特殊矩阵的压缩存储方法。关于稀疏矩阵的压缩存储将在下一节中进行讨论。

5.2.1 对称矩阵的压缩存储

在一个 n 阶方阵 A 中，若元素满足以下性质：
$$a_{ij}=a_{ji} \quad (0 \leqslant i,j \leqslant n-1)$$
则称 A 为 n 阶对称矩阵。

由于对称矩阵中的元素是关于主对角线对称的，因此，为了节约存储空间，可使用压缩存储方法。当对称矩阵采用压缩方式时，我们只需存储对称矩阵中的上三角元素或下三角元素，可将对称矩阵中 n^2 个元素存放到一维数组 $sa[n(n+1)/2]$ 中，让两个对称元素共享一个存储单元。因此，对称矩阵中 n^2 个元素就存放在 $n(n+1)/2$ 个单元中，这样就能够节约近一半的存储空间。

【例5.1】图 5.5（a）是一个 4 阶对称矩阵 A。若按"行优先顺序"压缩存储该矩阵主对角线（包括对角线）以下的所有元素，请给出其存储结构示意图。

【解】图 5.5（b）所示是对称矩阵 A 的下三角矩阵按行优先顺序存储时，其元素的存储顺序示意图。

$$\begin{bmatrix} 4 & 0 & 3 & 6 \\ 0 & 0 & 5 & 7 \\ 3 & 5 & 8 & 9 \\ 6 & 7 & 9 & 2 \end{bmatrix}$$

| 4 | 0 | 0 | 3 | 5 | 8 | 6 | 7 | 9 | 2 |

（a）4阶对称矩阵A　　（b）对称矩阵A的下三角矩阵行优先存储

图 5.5　对称矩阵 A 的行优先顺序存储示意图

在这个下三角矩阵中，第 i 行（$0 \leq i \leq n-1$）有 $i+1$ 个元素，其元素总数为：
$$\sum_{i=0}^{n-1}(i+1)=\frac{n(n+1)}{2}$$

若用一维数组 sa[$n(n+1)/2$]存放 n 阶对称矩阵 A，则可按图 5.5(b)中箭头所指的次序将对称矩阵 A 的下三角元素依次存放到一维数组 sa[k]中，其压缩存储分配情况如图 5.6 所示。

数组下标k=0	1	2	3	4	5	...	$n(n+1)/2-2$	$n(n+1)/2-1$
a_{00}	a_{10}	a_{11}	a_{20}	a_{21}	a_{22}	...	$a_{n-1,n-3}$	$a_{n-1,n-2}$ $a_{n-1,n-1}$

图 5.6 对称矩阵 A 在一维数组 sa 中存储分配情况示意图

在这种压缩存储结构中，为了便于访问对称矩阵 A 中元素并能进行处理，我们必须通过给定的一组下标（i, j）找到对称矩阵中任一元素 a_{ij} 在一维数组 sa[k]中的存储位置，即在 a_{ij} 和 sa[k]之间找到一个对应关系。

若 $i \geq j$，则 a_{ij} 在下三角矩阵中。此时，a_{ij} 之前的 i 行（$0 \sim i-1$ 行）共有元素：
$$1+2+\cdots+i=i \times (i+1)/2$$
而第 i 行本身，a_{ij} 之前还有 j 个元素（即 $a_{i0}, a_{i1}, \cdots, a_{i,j-1}$），因此一维数组下标 k 为：
$$k=i \times (i+1)/2+j \quad 0 \leq k < n(n+1)/2$$

若 $i < j$，则 a_{ij} 在上三角矩阵中。因为 $a_{ij}=a_{ji}$，所以只需要交换对应关系式中 i 和 j 的位置，即可得到：
$$k=j \times (j+1)/2+i$$

若令 $I=\max(i,j)$，$J=\min(i,j)$，则 k 与 i 和 j 的对应关系式可统一为：
$$k=I \times (I+1)/2+J$$

因此，对称矩阵 A 中任一元素 a_{ij} 在一维数组 sa[k]中的存储位置可用下列公式计算：
$$\text{LOC}(a_{ij})=\text{LOC}(sa[k])=\text{LOC}(sa[0])+k \times d=\text{LOC}(sa[0])+[I \times (I+1)/2+J] \times d \quad (5.7)$$

式中，LOC(a_{ij})为对称矩阵 A 第 i 行第 j 列元素 a_{ij} 在一维数组 sa 中存储位置，LOC(sa[0])为一维数组 sa 的首地址，k 为一维数组 sa 下标，d 为每个数组元素所占用的存储单元数。

有了上述下标变换公式，我们能立即给出对称矩阵中任一元素 a_{ij} 在一维数组 sa[k]的存储位置。例如，对于图 5.5（b）所示的对称矩阵 A，其元素 $a_{32}=a_{23}=9$ 均存放在一维数组 sa[8]中，这是因为：
$$k=I \times (I+1)/2+J=3(3+1)/2+2=8$$

5.2.2 三角矩阵的压缩存储

以主对角线划分，三角矩阵分为两种：上三角矩阵和下三角矩阵。所谓上三角矩阵，是指下三角（不包括主角线）中的元素均为常数 c 的 n 阶方阵。下三角矩阵正好相反，其主对角线上方均为常数 c。在多数情况下，三角矩阵的常数 c 为 0。

对于任何一个 n 阶下三角矩阵都具有下述性质：当 $i < j$ 时，$a_{ij}=c$；同理，对于任何一个 n 阶上三角矩阵：当 $i > j$ 时，$a_{ij}=c$。

例如，图 5.7 是上三角矩阵和下三角矩阵示意图。

当三角矩阵采用压缩存储方式时，只存储三角矩阵中的下三角元素或上三角元素。如果让三角矩阵中所有的重复元素 c 共享一个存储单元，那么三角矩阵中 n^2 个元素就可以压缩存储到一维数组 sa[$n(n+1)/2+1$]中，其中重复元素 c 放在数组的最后一个单元中。

$$\begin{bmatrix} a_{00} & a_{01} & \cdots & a_{0,n-1} \\ c & a_{11} & \cdots & a_{1,n-1} \\ \vdots & \vdots & \ddots & \vdots \\ c & c & \cdots & a_{n-1,n-1} \end{bmatrix} \quad \begin{bmatrix} a_{00} & c & \cdots & c \\ a_{10} & a_{11} & \cdots & c \\ \vdots & \vdots & \ddots & \vdots \\ a_{n-1,0} & a_{n-1,1} & \cdots & a_{n-1,n-1} \end{bmatrix}$$

(a) 上三角矩阵　　　　　　　　　(b) 下三角矩阵

图 5.7　三角矩阵示意图

若按"行优先顺序"存储下三角矩阵中的元素，则矩阵下三角元素的压缩存储情况如图 5.8 所示。

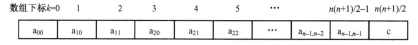

图 5.8　下三角矩阵 A 在一维数组 sa 的存储分配情况示意图

下面讨论三角矩阵 A 中任一元素 a_{ij} 在一维数组 $sa[k]$ 中的存储位置。

在上三角矩阵中，主对角线之上的第 p 行（$0 \leq p \leq n-1$）恰有 $n-p$ 个元素，按行优先顺序存放上三角矩阵中元素 a_{ij} 时，a_{ij} 之前的 i 行共有元素：

$$\sum_{p=0}^{i-1}(n-p)=\frac{i(2n-i+1)}{2}$$

在第 i 行上，a_{ij} 之前有 $j-i$ 个元素。因此，上三角矩阵 A 中任一元素 a_{ij} 与一维数组 $sa[k]$ 之间的对应关系为：

$$k = \begin{cases} \dfrac{i(2n-i+1)}{2} + (j-i) & \text{当}i \leq j\text{时} \\ \dfrac{n(n+1)}{2} & \text{当}i > j\text{时} \end{cases}$$

下三角矩阵的存储方法和对称矩阵类似，因此，下三角矩阵 A 中任一元素 a_{ij} 与一维数组 $sa[k]$ 之间的对应关系为：

$$k = \begin{cases} \dfrac{i(i+1)}{2} + j & \text{当}i \geq j\text{时} \\ \dfrac{n(n+1)}{2} & \text{当}i < j\text{时} \end{cases}$$

因此，三角矩阵 A 中任一元素 a_{ij} 在一维数组 $sa[k]$ 中存储位置的计算公式为：

$$\text{LOC}(a_{ij})=\text{LOC}(sa[k])=\text{LOC}(sa[0])+k \times d \quad (5.8)$$

5.2.3　对角矩阵的压缩存储

当矩阵中所有的非零元素都集中在以主对角线为中心的带状区域中，即除了主对角线上和主对角线相邻两侧的若干条对角线上元素之外，其他所有的元素均为零，这类矩阵称为**对角矩阵**或**带状矩阵**。带状区域包含主对角线和直接在主对角线上、下方各 b 条对角线上的元素，b 称为**矩阵半带宽**，$(2b+1)$ 称为**矩阵的带宽**。

对于半带宽为 b（$0 \leq b < n$）的带状矩阵，当 $0 \leq i, j \leq n-1$ 且 $|i-j|>b$ 时，其元素 $a_{ij}=0$。

例如，图 5.9 就是一个半带宽 $b=1$，带宽为 3 的三对角带状矩阵示意图。其非零元素仅出现在主对角线上 a_{ii}（$0 \leq i<n$）、紧邻主对角线上面那条对角线上 $a_{i,i+1}$（$0 \leq i<n$）和紧邻主对角线下面那条对角线上 $a_{i+1,i}$（$0 \leq i<n$）。显然，当 $|i-j|>1$ 时，元素 $a_{ij}=0$。

$$\begin{bmatrix} a_{00} & a_{01} & 0 & \cdots & 0 & 0 \\ a_{10} & a_{11} & a_{12} & \cdots & 0 & 0 \\ 0 & a_{21} & a_{22} & \ddots & \vdots & \vdots \\ \vdots & \vdots & \vdots & \ddots & a_{n-2,n-2} & a_{n-2,n-1} \\ 0 & 0 & 0 & \cdots & a_{n-1,n-2} & a_{n-1,n-1} \end{bmatrix}$$

图 5.9　带宽为 3 的三对角矩阵示意图

当对角矩阵采用压缩存储方式时，只存储带状区域中的$(2b+1)n-b(b+1)$个非零元素，其余区域的零元素不予存储，可按行（或列）的优先次序或对角线的次序将其压缩存储到一维数组中，并且也能找到带状矩阵中每个非零元素和一维数组下标的对应关系。但在实际应用中，为了计算方便，通常要空留一些存储单元。

下面以行优先顺序存储方式为例，说明对角矩阵的压缩存储方法。

当对角矩阵采用按行优先顺序存储方式时，其压缩存储方法如下：除第一行和最后一行外，其余每一行都按照 $2b+1$ 个非零元素计算，即对于不够 $2b+1$ 个元素的行，在该行的前面或后面添加一些元素，其值可以任意，因为这些补上的元素以后根本不会使用，实际上是在存储单元中留一些空位置，以便更容易计算地址。这种方法总共需要$(2b+1)n-2b$ 个存储单元，多花费 $b(b-1)$个存储单元。

【例 5.2】图 5.10（a）是一个半带宽 b 为 3 的 6 阶对角矩阵 $\boldsymbol{A}$。若按行优先顺序存储对角矩阵 $\boldsymbol{A}$，请给出对角矩阵 $\boldsymbol{A}$ 中任一非零元素在一维数组 sa 中的存储位置示意图。

$$\begin{array}{c} \\ ①\ ② \\ ③ \\ \\ \\ \\ \end{array} \begin{bmatrix} a_{00} & a_{01} & a_{02} & a_{03} & 0 & 0 \\ a_{10} & a_{11} & a_{12} & a_{13} & a_{14} & 0 \\ a_{20} & a_{21} & a_{22} & a_{23} & a_{24} & a_{25} \\ a_{30} & a_{31} & a_{32} & a_{33} & a_{34} & a_{35} \\ 0 & a_{41} & a_{42} & a_{43} & a_{44} & a_{45} \\ 0 & 0 & a_{52} & a_{53} & a_{54} & a_{55} \end{bmatrix} \begin{array}{c} \\ \\ \\ ④ \\ ⑤\ ⑥ \\ \\ \end{array}$$

（a）半带宽为3的6阶对角矩阵**A**

数组下标k=0	1	2	3	4	5	6	7	⋯	$(2b+1)n-2b-1$
a_{00}	a_{01}	a_{02}	a_{03}	①	②	a_{10}	a_{11}	⋯	a_{55}

（b）对角矩阵**A**在一维数组sa中的存储分配情况

图 5.10　对角矩阵压缩存储结构示意图

【解】在图 5.10（a）中，矩阵外的①②③④⑤⑥是为了补足每行有 7 个元素而添加的元素，第一行和最后一行不用增补。增补的元素仅占用存储单元，决不会对它进行存取操作。按上述存储方法，该对角矩阵中的非零元素将按如下的次序顺序存储到一维数组 sa 中：

$a_{00}, a_{01}, a_{02}, a_{03}$, ①, ②, $a_{10}, a_{11}, a_{12}, a_{13}, a_{14}$,③, $a_{20}, a_{21}, a_{22}, a_{23}, a_{24}, a_{25}$,

$a_{30}, a_{31}, a_{32}, a_{33}, a_{34}, a_{35}$, ④, $a_{41}, a_{42}, a_{43}, a_{44}, a_{45}$, ⑤, ⑥, $a_{52}, a_{53}, a_{54}, a_{55}$

在一维数组 sa 中的存储分配情况如图 5.10（b）所示。

采用上述方法压缩存储对角矩阵时，除第一行和最后一行之外，每行都有 $2b+1$ 个元素。若用一维数组 sa$[(2b+1)n-2b]$存放带宽为 $2b+1$ 的对角矩阵，则带状区域中任一元素 a_{ij} 在一维数组 sa$[k]$中存储位置的计算公式如下：

$$\begin{aligned} \mathrm{LOC}(a_{ij}) &= \mathrm{LOC}(\mathrm{sa}[k]) = \mathrm{LOC}(\mathrm{sa}[0]) + k\times d \\ &= \mathrm{LOC}(\mathrm{sa}[0]) + [i\times(2b+1)+(j-i)]\times d \end{aligned} \tag{5.9}$$

根据地址公式可以计算对角矩阵任一非零元素 a_{ij} 在一维数组 sa 中的存放位置。例如，
$$LOC(a_{11})=1\times(2\times 3+1)+(1-1)=7$$
在上述各种特殊矩阵中，其非零元素的分布都是有规律的，因此，总能找到一种方法将其压缩存储到一维数组中，并且都能找到矩阵中的非零元素与一维数组元素的对应关系，通过这个关系，我们仍然能够对矩阵元素进行随机存取。

5.3 稀疏矩阵的压缩存储

在一个较大矩阵中，它的大多数元素值都是零，只有少数的非零元素，这类矩阵称为**稀疏矩阵**（Sparse Matrix）。

稀疏矩阵是一种特殊的矩阵，其非零元素个数远远小于零元素的个数。例如，图 5.11（a）是一个 4×5 的稀疏矩阵，该矩阵共有 20 个元素，其中非零元素的个数为 4，占总数的 4/20。图 5.11（b）是一个 5×4 的稀疏矩阵，共有 20 个元素，其中非零元素个数为 3，占总数的 3/20。对于 100×100 的稀疏矩阵，若非零元素的个数为 200，则非零元素占总元素的比例仅为 1/50。在实际应用中，稀疏矩阵一般都比较大，其非零元素所占的比例都比较小。

$$A_{4\times 5}=\begin{bmatrix}0 & 5 & 0 & 0 & 0\\ 0 & -3 & 0 & 0 & 0\\ 9 & 0 & 0 & 0 & 0\\ 0 & 8 & 0 & 0 & 0\end{bmatrix} \qquad B_{5\times 4}=\begin{bmatrix}0 & 0 & 0 & 0\\ 10 & 0 & 0 & 0\\ 0 & 0 & 22 & 0\\ 27 & 0 & 0 & 0\\ 0 & 0 & 0 & 0\end{bmatrix}$$

（a）稀疏矩阵 A （b）稀疏矩阵 B

图 5.11　稀疏矩阵 A 和稀疏矩阵 B

在存储稀疏矩阵时，为了节省存储空间，必须采用压缩存储方式，即只存储非零元素。但是，由于非零元素在矩阵中的分布通常是没有规律的，因此，在存储非零元素的同时，还必须存储其行号和列号信息，这样才能确定非零元素在矩阵中的位置。对于任何一个稀疏矩阵来说，我们可用一个三元组（i, j, a_{ij}）来表示位于第 i 行 j 列的非零元素 a_{ij}。若将每个非零元素表示为一个三元组元素，并且按行号的递增次序（行号相同则按列号的递增次序）顺序存放到一个三元组线性表中，这就是稀疏矩阵的三元组表示方法。显然，稀疏矩阵采用这种压缩存储方式使其不具有随机存取功能。

若用三元组表示一个非零元素，则稀疏矩阵有两种压缩存储方式：顺序存储方式和链接存储方式。下面将分别讨论稀疏矩阵这两种存储方式。

5.3.1　稀疏矩阵的三元组表示

1. 稀疏矩阵的顺序存储结构——三元组顺序表

稀疏矩阵的顺序存储结构就是对其相应的三元组线性表进行顺序存储，也就是将所有非零元素三元组按行和列的递增次序顺序存放到一个由三元组组成的数组中。我们把稀疏矩阵的顺序存储结构称为**三元组顺序表**。

为了运算方便，可将稀疏矩阵的行数、列数和非零元素的个数与三元组数组存放在一起。因此，稀疏矩阵顺序存储结构的类型可定义如下：

```
#define SMAX    16              /* 稀疏矩阵中非零元素的最大个数 */
```

```
            typedef int datatype;
            typedef struct three              /*将每个非零元素行、列和值定义为三元组*/
            { int i, j;                       /* 非零元素的行号和列号 */
                datatype v;                   /* 非零元素的值 */
            }node;                            /* 三元组类型 */
            typedef struct threelist          /* 三元组顺序存储结构定义 */
            { int   m, n, t;                  /*稀疏矩阵的行数、列数和非零元素的个数*/
                node data[SMAX+1];            /* 三元组数组 */
            }spmat;                           /* 稀疏矩阵的三元组顺序表类型 */
```

其中，数据域 i、j、v 分别用来存储稀疏矩阵中非零元素所在的行号、列号和非零元素值。数据域 m、n、t 分别用于存储稀疏矩阵的行数、列数和非零元素的个数。data 数组用于存放稀疏矩阵所有非零元素的三元组。SMAX 是一个常量，它决定 data 数组的大小，该数组最多能存储的三元组元素的个数为 SMAX+1（这里假定数组从 data[1] 开始使用，而 data[0] 不用）。

【例 5.3】假设用 spmat 类型顺序存储稀疏矩阵，请给出图 5.12 所示的稀疏矩阵 **A** 和 **B** 的三元组顺序表。

$$A_{4\times 5} = \begin{bmatrix} 0 & 5 & 0 & 7 & 0 \\ 0 & -4 & 0 & 0 & 0 \\ 3 & 0 & 2 & 0 & 0 \\ 0 & 8 & 0 & 0 & 0 \end{bmatrix} \qquad B_{5\times 4} = \begin{bmatrix} 0 & 0 & 3 & 0 \\ 5 & -4 & 0 & 8 \\ 0 & 0 & 2 & 0 \\ 7 & 0 & 0 & 0 \\ 0 & 0 & 0 & 0 \end{bmatrix}$$

(a) 稀疏矩阵 **A**　　　　　　　(b) 稀疏矩阵 **B**

图 5.12　稀疏矩阵 **A** 和稀疏矩阵 **B**

【解】假设 a 和 b 为指向 spmat 类型的指针变量，用于存储稀疏矩阵 **A** 和 **B**，则图 5.13（a）的三元组表 a->data 表示图 5.12（a）稀疏矩阵 **A**，其中 m=4，n=5，t=6。同样，图 5.13（b）的三元组表 b->data 表示图 5.12（b）稀疏矩阵 **B**，其中 m=5，n=4，t=6。

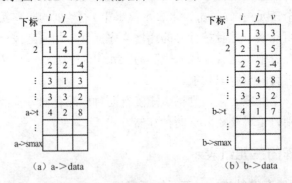

(a) a->data　　　　　　　　(b) b->data

图 5.13　稀疏矩阵 **A** 和稀疏矩阵 **B** 的三元组表表示

2. 稀疏矩阵的转置运算

稀疏矩阵采用压缩存储方式时，如何实现矩阵转置、矩阵相加、矩阵相减、矩阵相乘和求逆等运算呢？下面我们首先讨论用三元组顺序表存储稀疏矩阵时，如何实现矩阵的转置运算。

矩阵的转置运算就是变换元素行和列的位置，把位于 (i,j) 位置上的元素换到 (j,i) 位置上,也就是说,把元素的行和列对换。所以,对于一个 m×n 的矩阵 **A**,其转置矩阵 **B** 就是一个 n×m 矩阵,且 $A[i][j]=B[j][i]$ ($1 \leqslant i \leqslant m$, $1 \leqslant j \leqslant n$),即 **A** 的行是 **B** 的列,**A** 的列是 **B** 的行。例如,图 5.12 所示的两个矩阵 **A** 和 **B** 互为转置矩阵。

稀疏矩阵的压缩存储方式可节约存储空间,但实现相同的操作要比采用正常存储方式花费较多的时间,同时也增加了算法的难度。由于矩阵转置后其三元组仍然按行号的递增次序(若行号相同,则按列号的递增次序)存储,若将存放三元组的第一列与第二列对调,所得到的三元组在数组中的存放次序显然不能满足要求。因此,要得到正确的次序就必须做大量的调整操作。

例如,将矩阵 **A** 转置为矩阵 **B**,就是把 **A** 的三元组表 a->data 置换为 **B** 的三元组表 b->data,如果只是简单的交换 a->data 中 i 和 j 中的内容,那么得到的 b->data 将是一个按 **A** 的列优先顺序存储的稀疏矩阵 **B**,若要得到按行优先顺序存储的 b->data,就必须重新排列三元组的顺序。为了避免经常移动元素,可用下面两种方法实现稀疏矩阵的转置运算。

(1)稀疏矩阵按 **A** 的列序转置算法

按 **A** 的列序转置算法的基本思想是:由于 **A** 的行是 **B** 的列,因此,按 a->data 的列序转置,所得到的转置矩阵 **B** 的三元组表 b->data 必定是按行优先顺序存放的。为了找到 **A** 中各列所有的非零元素,可对 **A** 的三元组表 a->data 的第二列从第一行起多次扫描所有的三元组表,按列号从小到大依次形成转置矩阵三元组表 b->data 中的所有元素。

稀疏矩阵采用三元组顺序表表示时,按 **A** 的列序进行转置的算法如下:

```
spmat *transmat(a)       /* 稀疏矩阵的普通转置运算,函数返回稀疏矩阵 A 的转置矩阵 B */
spmat *a;
{ int ano, bno;          /* ano, bno 分别指示 a->data 和 b->data 中结点的序号 */
  int col;                                /* col 指示*a 的列号,即*b 的行号 */
  spmat  *b;                              /* 存放转置后的矩阵 B */
  b=malloc(sizeof(spmat));                /* 申请转置矩阵 B 的存储空间 */
  b->m=a->n;   b->n=a->m;                 /* 将行数和列数交换 */
  b->t=a->t;                              /* 将非零元素个数赋给转置后的矩阵 B */
  if(b->t>0)                              /* 若有非零元素,则转置 */
  { bno=1;
    for(col=1;col<=a->n;col++)            /* 按*a 的列序转置 */
      for(ano=1;ano<=a->t;ano++)          /* 扫描整个三元组表 */
        if(a->data[ano].j==col)           /* 若列号为 col,则进行置换 */
        { b->data[bno].i=a->data[ano].j;
          b->data[bno].j=a->data[ano].i;
          b->data[bno].v=a->data[ano].v;
          bno++;                          /* b->data 结点序号加 1 */
        }
  }/* IF */
  return(b);                              /* 函数返回转置后矩阵 B */
}/* TRANSMAT */
```

【算法分析】该算法的时间主要耗费在 col 和 ano 二重循环上。若 **A** 的列数为 n,非零元

素个数为 t，则算法的时间复杂度为 $O(n×t)$，即与 A 的列数和非零元素个数的乘积成正比。在最坏的情况下，当非零元素个数 t 的数量级接近 $m×n$ 时，其执行时间变成 $O(m×n^2)$，这比直接用二维数组存储矩阵时，其转置算法的时间复杂度 $O(m×n)$ 更差。可见，该算法的效率不高，其问题在于二重循环的重复扫描。

（2）稀疏矩阵的快速转置算法

为了解决重复扫描的问题，我们提出一种对 A 只扫描一遍的快速转置算法。快速转置算法的基本思想是：按照 A 的三元组表 a->data 的顺序进行转置，并且将转置后的三元组一次置入 b->data 中恰当的位置上。这就需要预先确定矩阵 A 中各列第一个非零元素在 b->data 中的正确位置。为了确定这些位置，在转置前应该先求出 A 中各列非零元素的个数，进而求得各列第一个非零元素在 b->data 中的起始位置。

为了实现上述算法，需要设置两个一维数组 num 和 cpot。数组 num[col] 用于统计矩阵 A 中第 col 列的非零元素个数，数组 cpot[col] 用于表示矩阵 A 第 col 列中第一个非零元素在 b->data 中的恰当的存储位置。cpot[col] 值可按下列公式得到：

$$\begin{cases} cpot[1]=1; \\ cpot[col]=cpot[col-1]+num[col-1] \end{cases} \quad (2 \leq col \leq n)$$

例如，对于图 5.12（a）所示的稀疏矩阵 A，其数组 num 和 cpot 的值见表 5.1。

表 5.1 对于稀疏矩阵 A，其数组 num 和 cpot 的值

col	1	2	3	4	5
num[col]	1	3	1	1	0
cpot[col]	1	2	5	6	7

若采用三元组顺序表存储稀疏矩阵时，其快速转置算法如下：

```
spmat *fast_transmat(a)  /* 稀疏矩阵的快速转置运算——函数返回稀疏阵 A 的转置矩阵 B */
spmat *a;
{ int ano, bno;          /* ano, bno 分别指示 a->data 和 b->data 中结点的序号 */
  int col;               /* col 指示*a 的列号，即*b 的行号 */
  spmat *b;              /* 存放转置后的矩阵 */
  int num[SMAX];         /* num 表示各行非零元素的个数 */
  int cpot[SMAX];        /* cpot 为 A 中第 col 列非零元素在 B 中位置 */
  b=malloc(sizeof(spmat));
  b->m=a->n;  b->n=a->m;  /* 将行数和列数交换 */
  b->t=a->t;              /* 将非零元素个数赋给转置后的矩阵 B */
  if(b->t>0)              /* 若有非零元素，则转置 */
  { for(col=1; col<=a->n; col++)  /* 初始化统计各行非零元素个数的数组 */
      num[col]=0;
    for(ano=1; ano<=a->t; ano++)  /* 统计转置矩阵各行非零元素的个数 */
    { col=a->data[ano].j;
      num[col]=num[col]+1;
    }
```

```
            cpot[1]=1;
            for(col=2;col<=a->n;col++)           /* 计算每一行元素在 B 中的起始位置 */
                cpot[col]=cpot[col-1]+num[col-1];
            for(ano=1;ano<=a->t;ano++)           /* 对 A 整个三元组表进行扫描 */
            {   col=a->data[ano].j;              /* 取 a->data 的列号存放到 col 中 */
                bno=cpot[col];                   /* bno 为 B 中当前存储位置 */
                b->data[bno].i=a->data[ano].j;   /* 把三元组装入 B 中当前存储位置 */
                b->data[bno].j=a->data[ano].i;
                b->data[bno].v=a->data[ano].v;
                cpot[col]=cpot[col]+1;           /* 指向 b->data 的下一个存储位置 */
            } /* FOR */
        } /* IF */
        return(b);                               /* 函数返回转置后的矩阵 B */
    }/* FAST_TRANSMAT */
```

【算法分析】 快速转置算法比按 A 的列序转置运算多用了两个辅助向量。从时间上看，算法中有 4 个并列的单循环，其循环次数分别为 t 和 n，因而总的时间复杂度为 $O(t+n)$。当非零元素的个数 t 的数量级接近 $m×n$ 时，算法的时间复杂度为 $O(m×n)$，这与直接用二维数组存储矩阵的转置算法的时间复杂度相同。可见，稀疏矩阵的快速转置算法比按 A 的列序转置运算的速度要快。该算法通过一遍扫描确定位置关系，避免了重复扫描，从而大大提高了算法的效率，因此这种转置方法称为**快速转置**。

3. 稀疏矩阵三元组顺序表的初始化

稀疏矩阵的存储方式不同，初始化运算也不同。稀疏矩阵三元组顺序表的初始化算法为：

```
    spmat *initsmat()                            /* 将稀疏矩阵的三元组顺序表初始化 */
    {  spmat *Mat;
       Mat=malloc(sizeof(spmat));                /* 设置稀疏矩阵的三元组顺序表的存储空间 */
       Mat->m=0;  Mat->n=0;  Mat->t=0;           /* 将稀疏矩阵的行数、列数和非零元素的个数置 0 */
       return(Mat);                              /* 函数返回稀疏矩阵的三元组顺序表为空表 */
    }/* INITSMAT */
```

4. 稀疏矩阵三元组顺序表的建立运算

假设用 spmat 类型存储稀疏矩阵，则稀疏矩阵三元组顺序表的建立过程如下：以行为主关键字，以列为辅关键字，按行号和列号的递增次序输入 t 个非零元素的三元组。每行输入一个三元组 (i, j, v)，其行号、列号和元素值之间用逗号分开，按回车键结束。若非零元素全部输入完毕，以一个特殊的三元组 $(0, 0, 0)$ 结束整个输入过程。

稀疏矩阵三元组顺序表的建立算法如下：

```
    spmat *inputsmat(Mat, m, n)                  /* 函数的功能是建立稀疏矩阵的三元组顺序表 */
    spmat *Mat;
    int m, n;
    {  int row, col, val, k=0;
```

```
      Mat->m=m;      Mat->n=n;                    /* 输入稀疏矩阵的行数和列数 */
      printf("\n\t 请输入稀疏矩阵第%d 个三元组（以 0 结束输入并以逗号分隔）：", k+1);
      scanf("%d, %d, %d", &row, &col, &val);
      while ((row!=0)&&(col!=0))                  /* 以 0 结束三元组的输入 */
      { k++;                                      /* 统计输入的非零元素的个数 */
        Mat->data[k].i=row;                       /* 输入非零元素所在行号 */
        Mat->data[k].j=col;                       /* 输入非零元素所在列号 */
        Mat->data[k].v=val;                       /* 输入非零元素的值 */
        printf("\n\t 请输入稀疏矩阵第%d 个三元组（以 0 结束输入并以逗号分隔）：", k+1);
        scanf("%d, %d, %d", &row, &col, &val);
      }
      Mat->t=k;                                   /* 统计稀疏矩阵非零元素的个数 */
      return(Mat);                                /* 函数返回稀疏矩阵的三元组顺序表 */
    }/* INPUTSMAT */
```

5. 稀疏矩阵三元组顺序表的输出运算

稀疏矩阵三元组顺序表的输出算法如下：

```
    void outputsmat(Mat)        /* 函数的功能是输出转置后的稀疏矩阵的三元组顺序表 */
    spmat *Mat;
    { int x, row, col, val;
      printf("\n\t 输出稀疏矩阵的三元组：");           /* 输出矩阵行列和非零元素个数 */
      printf("\n\t 行数=%d 列数=%d 元素个数=%d\n", Mat->m, Mat->n, Mat->t);
      for(x=1;x<=Mat->t;x++)
      {   row=Mat->data[x].i;                     /* 输出非零元素所在的行号 */
          col=Mat->data[x].j;                     /* 输出非零元素所在的列号 */
          val=Mat->data[x].v;                     /* 输出非零元素的值 */
          printf("\t 行=%2d  列=%2d  值=%2d\n", row, col, val);
      }
    }/* OUTPUTSMAT */
```

6. 稀疏矩阵三元组顺序表的加法运算

下面讨论用三元组顺序表存储稀疏矩阵时，如何实现两个稀疏矩阵的加法运算。

两个矩阵相加的条件是：当两个矩阵大小相同时，即行数和列数分别对应相等，才能进行加法运算。假设两个稀疏矩阵分别为 **A** 和 **B**，两个矩阵相加的结果存放在 **C** 中，即 **C=A+B**。若用三元组顺序表存储稀疏矩阵，则稀疏矩阵加法运算的过程如下。

若矩阵 **C=A+B**，则 **C** 中非零元素 c_{ij} 只有如下 3 种情况：它或者是 $a_{ij}+b_{ij}$（当 $a_{ij}+b_{ij}\neq 0$ 时），或者是 a_{ij}（当 $b_{ij}=0$ 时），或者是 b_{ij}（当 $a_{ij}=0$ 时）。整个加法运算过程是从矩阵的第一行开始逐行进行的，并根据以下 7 种不同的情况分别进行处理：

① 若 a.i=b.i 且 a.j=b.j 且 a.v+b.v≠0，则将 **A** 与 **B** 之和保存到 **C** 的结点中；

② 若 a.i=b.i 且 a.j<b.j，则将 a_{ij} 保存到 **C** 的结点中；

③ 若 a.i=b.i 且 a.j＞b.j，则将 b_{ij} 保存到 C 的结点中；
④ 若 a.i＜b.i，则将 a_{ij} 保存到 C 的结点中；
⑤ 若 a.i＞b.i，则将 b_{ij} 保存到 C 的结点中；
⑥ 若 a.t＞b.t，则将表 **A** 全部剩余结点 a_{ij} 复制到 C 的结点中；
⑦ 若 a.t＜b.t，则将表 **B** 全部剩余结点 b_{ij} 复制到 C 的结点中。

若稀疏矩阵 **A**、**B**、**C** 均采用三元组顺序表表示，则两个稀疏矩阵的加法运算的算法如下：

```
spmat *addsmat (a, b)     /* 两个三元组表示的稀疏矩阵加法运算, 函数返回稀疏矩阵和 C */
spmat *a, *b;             /* 将三元组表示的稀疏矩阵 A 和 B 相加后保存到矩阵 C 中 */
{ int ano=1, bno=1;       /* ano,bno 分别指示 a->data 和 b->data 中结点的序号 */
  int cno=1;              /* cno 指示 C 矩阵 c->data 中结点序号 */
  datatype x;
  spmat *c;               /* 存放相加后的稀疏矩阵 C */
  c=malloc(sizeof(spmat));  /* 申请稀疏矩阵 C 的存储空间 */
  if ((b->m!=a->m)||(b->n!=a->n))  /* 检查稀疏矩阵 A 和 B 的行数和列数是否相等 */
    return(0);            /* 若不相等, 则函数返回失败信息 */
  c->m=a->m;
  c->n=a->n;              /* 若相等, 则设置稀疏矩阵 C 的行数和列数 */
  while ((ano<=a->t)&&(bno<=b->t))  /* 若两个三元组表非空, 进行加法运算 */
  { if (b->data[bno].i==a->data[ano].i)  /* 若稀疏矩阵 A 和 B 行数相等, 则检查列 */
    { if (b->data[bno].j>a->data[ano].j)  /* A 和 B 行数相等, A 列数小于 B 列数 */
      { c->data[cno].i=a->data[ano].i;
        c->data[cno].j=a->data[ano].j;
        c->data[cno].v=a->data[ano].v;
        cno++;ano++;      /* a->data, c->data 结点序号加 1 */
      }/* ENDIF A<B */
      if (b->data[bno].j<a->data[ano].j)  /* A 和 B 行数相等, A 列数大于 B 列数 */
      { c->data[cno].i=b->data[bno].i;
        c->data[cno].j=b->data[bno].j;
        c->data[cno].v=b->data[bno].v;
        cno++; bno++;     /* b->data, c->data 结点序号加 1 */
      }/* ENDIF A>B */
      if(b->data[bno].j==a->data[ano].j)  /* 若 A 与 B 行数和列数相等, 则相加 */
      { x=b->data[bno].v+a->data[ano].v;  /* 若 A 与 B 行数和列数相等, 则 C=A+B */
        if (x!=0)         /* 若 A 与 B 之和不为 0, 则建 C 表结点 */
        { c->data[cno].i=b->data[bno].i;
          c->data[cno].j=b->data[bno].j;
          c->data[cno].v=x;
          cno++; bno++; ano++;  /* a->data, c->data, b->data 序号加 1 */
        }/* ENDIF X */
    }/* ENDIF A=B */
```

```
            }/* ENDIF A=B */
        else if(b->data[bno].i>a->data[ano].i)       /* A和B行数不同，A行数小于B行数 */
        {   c->data[cno].i=a->data[ano].i;           /* 将A表结点复制到三元组表C中 */
            c->data[cno].j=a->data[ano].j;
            c->data[cno].v=a->data[ano].v;
            cno++; ano++;                            /* a->data, c->data 结点序号加1 */
        }/* ENDIF A.I<B.I */
        else if(b->data[bno].i<a->data[ano].i)       /* A和B行数不等，A行数大于B行数 */
        {   c->data[cno].i=b->data[bno].i;           /* 将B表结点复制到C中 */
            c->data[cno].j=b->data[bno].j;
            c->data[cno].v=b->data[bno].v;
            cno++; bno++;                            /* 将b->data, c->data 结点序号加1 */
        }/* ENDIF A.I>B.I */
    }/* ENDOF WHILE */
    if ((ano>a->t)&&(bno<=b->t))                     /* 若表A为空而B非空，将表B复制到C中 */
    {   while (bno<=b->t)                            /* B表非空时，将B表剩余结点复制到C中 */
        {   c->data[cno].i=b->data[bno].i;
            c->data[cno].j=b->data[bno].j;
            c->data[cno].v=b->data[bno].v;
            cno++;  bno++;                           /* 将b->data, c->data 结点序号加1 */
        }/* WHILE BNO */
    }/* END OF A.t<B.t */
    if ((ano<=a->t)&&(bno>b->t))                     /*若表B为空而A非空，将表A复制到C中 */
    {   while(ano<=a->t)                             /* A表非空时，则将A表剩余结点复制到C中 */
        {c->data[cno].i=a->data[ano].i;
            c->data[cno].j=a->data[ano].j;
            c->data[cno].v=a->data[ano].v;
            cno++; ano++;                            /* 将a->data, c->data 结点序号加1 */
        }/* WHILE ANO */
    }/* END OF B.t<A.t */
    c->t=cno-1;                                      /* 统计非零元素个数赋给稀疏矩阵C */
    return(c);                                       /* 函数返回相加后的稀疏矩阵C */
}/* SMATADD */
```

5.3.2 稀疏矩阵的十字链表表示

用三元组顺序表存储稀疏矩阵时，可以节约存储空间和运算的时间，因此，在某些应用上用三元组顺序表存储稀疏矩阵不失为一种好的方法。但是，在进行矩阵加法、减法和乘法等运算时，由于矩阵中非零元素的位置或个数在操作中经常发生变化，这必将引起数据的大量移动，此时，如果还用三元组顺序表存放稀疏矩阵就不太合适了。例如，将两个稀疏矩阵

A 和 B 相加且将相加的结果存于 A 中,由于矩阵中非零元素的插入或删除操作将会引起三元组顺序表中元素的大量移动,这时,采用链接存储结构表示稀疏矩阵将更为恰当。

稀疏矩阵的链接存储结构就是对其相应的三元组线性表进行链接存储。稀疏矩阵的链接存储方法有多种,这里仅介绍稀疏矩阵的十字链表表示。

1. 十字链表的组成

(1) 非零元素的结点结构

十字链表是一种既有行指针向量又有列指针向量的链接存储结构。在十字链表中,稀疏矩阵中每个非零元素表示为十字链表中的一个结点。链表中每个结点有 5 个域,除了表示非零元素所在的行、列和值的三元组 (i, j, v) 外,还需要增加两个链域:行指针域 rptr 用于指向本行下一个非零元素;列指针域 cptr 用于指向本列下一个非零元素,其结点的结构如图 5.14 所示。

图 5.14 十字链表的结点结构

(2) 结点的类型定义

采用十字链表表示稀疏矩阵时,图 5.14 所示结点的结构类型可定义如下:

```
typedef struct inode              /* 十字链表中结点的类型定义 */
{ int i, j;                       /* 非零元素结点的行和列域 */
  union{ datatype v;              /* 非零元素结点用值域 v */
     struct  inode *next;         /* 表头结点用指针域 next */
    }tag;
  struct  inode *cptr, *rptr;     /* 指向同一行或同一列的指针 */
} lbnode;
```

(3) 表头结点结构

为了运算方便,我们可在每一个行链表和列链表上增加一个结构和表结点相同的表头结点。表头结点的行域和列域均设置为 0。对于矩阵中每一行,rptr 域指向相应行第一个非零元素结点,next(与 v 域公用结构中相同空间)域指向下一行的表头结点。同样,对于矩阵中每一列,令 cptr 域指向相应列第一个非零元素结点,next 指向下一列的表头结点。

(4) 行链表和列链表

对于矩阵中的每一行,行指针域 rptr 将同一行的非零元素及相应的表头结点链接成一个线性链表;同样,对于矩阵中的每一列,列指针域 cptr 将同一列的非零元素及相应的表头结点链接成一个线性链表。

在这种链接存储中,每个非零元素 a_{ij} 既是第 i 行链表中的一个结点,又是第 j 列链表中的一个结点。行链表和列链表在位于该行和该列的结点处构成一个十字交叉的链表,这种链表结构称为**十字链表**(亦称为**正交链表**)。

在十字链表中,对于所有的表头结点都可用两个指针向量表示:一个是行指针向量,用来存储所有行链表的表头指针;另一个是列指针向量,用来存储所有列链表的表头指针。

【例 5.4】请给出图 5.12(a)所示稀疏矩阵 A 的十字链接存储结构示意图。

【解】假设稀疏矩阵的行号和列号均从 1 开始,则稀疏矩阵 A 的十字链表如图 5.15 所示。

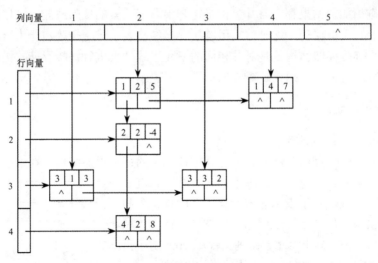

图 5.15　图 5.12（a）所示稀疏矩阵 A 的十字链接存储结构

对于图 5.15 所示的稀疏矩阵 A 的十字链表，其结点的类型定义和十字链表的存储结构也可采用以下的类型定义。

```
typedef struct inode          /* 十字链表中每个结点的类型定义 */
{ int i, j;                   /* 非零元素结点的行和列域 */
  datatype v;                 /* 非零元素结点的值域 v */
  struct inode *cptr, *rptr;  /* 指向同一行或同一列的指针 */
} lnode;
typedef struct clmatrix       /* 稀疏矩阵十字链表的类型定义 */
{ int m, n, t;                /* m 为行数值，n 为列数值，t 为结点个数值 */
  lnode *rv[MAXROW+1];        /* 常量 MAXROW 用来指定行链表表头指针向量的大小 */
  lnode *cv[MAXCOL+1];        /* 常量 MAXCOL 用来指定列链表表头指针向量的大小 */
} clmat;                      /* clmat 为十字链表类型 */
```

注意：后面在介绍十字链表的建立和输出等运算时，均采用 clmat 类型。

2．稀疏矩阵十字链表的建立运算

建立稀疏矩阵十字链表的过程如下。首先，将十字链表初始化设置为空表。对于 $m\times n$ 阶稀疏矩阵，建立一个有 m 行 n 列的空十字链表结构。然后，按稀疏矩阵的行和列次序，依次输入非零元素三元组（i, j, v）信息，建立十字链表。每个三元组生成一个链表中的结点，然后查找该结点在相应行和列上的插入位置，再将结点插到十字链表的第 i 行链表和第 j 列链表中对应的位置上。当输入 t 个非零元素三元组以后，以一个特殊三元组（0, 0, 0）作为输入过程的结束。

若采用前述 clmat 类型的十字链表存储稀疏矩阵，则十字链表的建立算法如下：

```
clmat *inputmatrix(Mat, m, n)   /* 输入非零元素三元组，建立稀疏矩阵的十字链表 */
clmat *Mat;
int m, n;
{ int row, col, val, k=0;        /* k 统计所输入的非零元素个数 */
```

```
        lnode *cp, *newptr;
        Mat=initmatrix();                      /* 将稀疏矩阵的十字链表结构初始化 */
        Mat->m=m;   Mat->n=n;                  /* 给稀疏矩阵的行数和列数赋值 */
        printf("\n\t 请输入第%d 个三元组（行、列、值）以逗号隔开: ", k+1);
        scanf("%d%d%d", &row, &col, &val);     /* 输入三元组的行号、列号和值 */
        while((row!=0)&&(col!=0))              /* 得到和建立十字链表的表结点 */
        {   k++;                               /* 统计非零元素的个数 */
            newptr=malloc(sizeof(lnode));      /* 创建一个新的非零元素表结点 */
            newptr->i=row;                     /* 给非零元素表结点的行赋值 */
            newptr->j=col;                     /* 给非零元素表结点的列赋值 */
            newptr->v=val;                     /* 给非零元素表结点的数据域赋值 */
            newptr->rptr=NULL;                 /* 将非零元素表结点的行指针域赋空 */
            newptr->cptr=NULL;                 /* 将非零元素表结点的列指针域赋空 */
            cp=Mat->rv[row];                   /* 将新的表结点链接到行指针向量中 */
            if(cp==NULL)                       /* 若行链表为空，则新结点是该行第一个结点 */
                Mat->rv[row]=newptr;
            else
            {   while(cp->rptr!=NULL)          /* 若行链表非空，则在行链表中查找插入位置 */
                    cp=cp->rptr;
                cp->rptr=newptr;               /* 在行链表中插入结点 */
            }
            cp=Mat->cv[col];                   /* 将新结点链接到列指针向量中 */
            if(cp==NULL)                       /* 若列链表为空，则新结点是该列第一个结点 */
                Mat->cv[col]=newptr;
            else{   while(cp->cptr!=NULL)      /* 若列链表非空，则在列链表中查找插入位置 */
                        cp=cp->cptr;
                    cp->cptr=newptr;           /* 在列链表中插入结点 */
            }
            printf("\n\n\t\t 请输入第%d 个三元组（行、列、值）以逗号隔开,以 0 结束:", k+1);
            scanf("%d, %d, %d", &row, &col, &val);  /* 输入新三元组的行号、列号和值 */
        }
        Mat->t=k;                              /* 统计非零元素的个数 */
        return(Mat);                           /* 函数返回稀疏矩阵十字链表的头指针*/
    }/* INPUTMATRIX */
```

【算法分析】 对于 m 行 n 列并且有 t 个非零元素的稀疏矩阵而言，上述算法建立表头结点的时间是 $O(s)$，其中 $s=\max(m,n)$。将 t 个非零结点插到相应的行链表和列链表中的时间复杂度为 $O(t \times s)$，这是因为把每个非零元素插入链表时，都必须在行链表和列链表中查找它的插入位置，故该算法的时间复杂度为 $O(t \times s)$。若以行序为主序依次输入三元组，则建立十字链表算法的时间复杂度可改为 $O(t)$。

3. 稀疏矩阵十字链表的初始化运算

将十字链表初始化就是建立稀疏矩阵的十字链表结构，同时将矩阵的行数、列数及非零元素的个数均设置为 0，将行向量和列向量设置为空指针。对于 $m×n$ 阶稀疏矩阵而言，则建立一个类型为 clmat 并有 m 行 n 列的空十字链表。十字链表的初始化算法如下：

```
clmat *initmatrix()                  /* 将稀疏矩阵十字链表进行初始化函数 */
{ clmat *Mat;
   int i;
   Mat=malloc(sizeof(clmat));        /* 建立类型为 clmat 的十字链表结构 */
   Mat->m=0;  Mat->n=0;  Mat->t=0;   /* 将行数、列数、结点个数设置为 0 */
   for(i=1;i<=MAXROW;i++)            /* 将行向量设置为空 */
      Mat->rv[i]=NULL;
   for(i=1; i<=MAXCOL;i++)           /* 将列向量设置为空 */
      Mat->cv[i]=NULL;
   return(Mat);                      /* 函数返回所建立的空十字链表 */
}/* INITMATRIX */
```

4. 稀疏矩阵十字链表的输出运算

若按行顺序输出稀疏矩阵中所有的非零元素，则稀疏矩阵十字链表的输出算法如下：

```
void outputmatrix(Mat)               /* 按行顺序输出稀疏矩阵的十字链表函数 */
clmat *Mat;
{ int m, i;
  lnode *cp, *newptr;
  m=Mat->m;                          /* 统计十字链表的行数 */
  printf("\n\t 按行输出稀疏矩阵的十字链表:", m);
  printf("\n\t 输出稀疏矩阵的行数=%d\n", m);
  for(i=1;i<=m;i++)                  /* 按行顺序输出十字链表中的非零元素 */
  { cp=Mat->rv[i];                   /* cp 是指向十字链表行表头结点的指针 */
    if (cp!=NULL) printf("\n\t");
    while(cp!=NULL)                  /* 输出十字链表中行链表上所有结点 */
    { printf("\t 行=%d 列=%d 值=%d", cp->i, cp->j, cp->v);
      cp=cp->rptr;                   /* 取同一行中下一个结点 */
    }/* WHILE */
  }/* FOR */
}/* OUTPUTMATRIX */
```

5.3.3 稀疏矩阵的简单应用举例

【例 5.5】假设稀疏矩阵采用三元组顺序表表示，其存储结构的类型为 spmat。请编写程序实现以下功能：对稀疏矩阵三元组顺序表进行初始化；建立三元组顺序表，实现稀疏矩阵的两种转置运算；输出转置前后的三元组顺序表。

【算法分析】首先对三元组顺序表进行初始化,然后输入 t 个非零元素三元组,建立三元组顺序表,再分别用两种转置算法实现稀疏矩阵的转置运算,最后输出转置后的三元组顺序表。

将前述稀疏矩阵三元组顺序表的相加运算 addsmat、按列转置运算 transmat 和快速转置运算 fast_transmat 等函数均保存在头文件"三元组顺序表.c"中,清屏幕、设置颜色和光标定位函数 clear 保存在头文件"BHCLEAR.C"中,那么利用前述函数实现上述功能的完整程序如下:

```c
#define   SMAX  16                 /* 大于非零元素个数的常数 */
typedef   int   datatype;
typedef   struct
{ int i, j;                        /* 非零元素所在行号、列号 */
  datatype  v;                     /* 非零元素的值 */
} node;
typedef struct
{ int  m, n, t;                    /* 稀疏矩阵的行数、列数及非零元素的个数 */
  node data[SMAX+1];               /* 三元组顺序表 */
} spmat;                           /* 稀疏矩阵的三元组顺序表的类型定义 */

#include  <三元组顺序表.c>          /* 稀疏矩阵三元组顺序表基本运算的包含文件 */
#include  < BHCLEAR.c >             /* 文件包含清屏幕、设置颜色及光标定位函数 */

void main()                        /* 实现稀疏矩阵三元组表的初始化、建立、转置和输出 */
{ spmat *Mat, *iMat, *fastMat;
  int m, n;
  clear();                         /* 清屏幕 */
  printf("请输入稀疏矩阵的行数、列数以逗号分隔开来:");
  scanf("%d, %d", &m, &n);
  Mat=initsmat();                  /* 对稀疏矩阵三元组表的初始化运算 */
  Mat=inputsmat(Mat, m, n);        /* 建立稀疏矩阵的三元组表 */
  printf("\n\n\t 输出稀疏矩阵三元组:");
  outputsmat(Mat);                 /* 输出稀疏矩阵三元组表 */
  fastMat=fast_transmat(Mat);      /* 用快速转置实现稀疏矩阵三元组表转置 */
  printf("\n\n\t 输出快速转置后的稀疏矩阵三元组:");
  outputsmat(fastMat);             /* 输出快速转置运算后的三元组表 */
  printf("\n\n\t 输出按 A 列序转置后的稀疏矩阵三元组:");
  iMat=transmat(Mat);              /* 用按 A 列序转置算法实现稀疏矩阵转置 */
  outputsmat(iMat);                /* 输出按 A 列序转置运算后的三元组表 */
}/* MAIN */
```

该程序运行后,若从键盘上输入 t 个非零元素三元组建立三元组顺序表,则程序运行结果如图 5.16 所示。

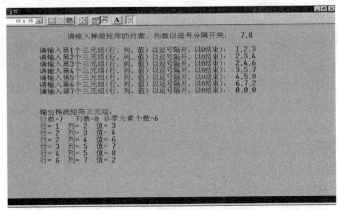

(a) 三元组顺序表的建立和输出

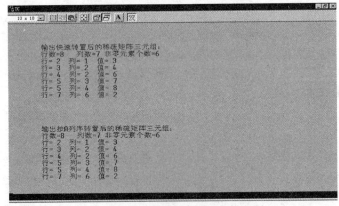

(b) 三元组顺序表的两种转置运算结果

图 5.16 稀疏矩阵三元组顺序表的建立、输出及转置运算结果示例

【例 5.6】假设稀疏矩阵采用链接存储方式，其存储结构的类型为 clmat。请编写程序，实现稀疏矩阵十字链表的建立和输出运算。

【算法分析】建立和输出十字链表的过程是：首先对十字链表进行初始化，然后建立稀疏矩阵的十字链表表示，最后输出十字链表。若将前述十字链表的初始化、建立和输出函数均保存在头文件"十字链表.c"中，clear 函数保存在头文件 BHCLEAR.c 中，则利用前述函数，实现十字链表建立和输出的完整程序如下：

```
#define    MAXROW  10          /* 常量 MAXROW 用来指定行链表表头指针向量大小 */
#define    MAXCOL  10          /* 常量 MAXCOL 用来指定列链表表头指针向量大小 */
typedef struct inode
{ int  i, j;                   /* 十字链表的行域和列域 */
  int  v;                      /* 十字链表结点的值域 */
  struct inode *cptr, *rptr;   /* 十字链表的指针域 */
}lnode;                        /* 十字链表结点的类型定义 */
typedef struct clmatrix
{ int m, n, t;                 /* m 为矩阵行，n 为列，t 为非零元素个数 */
  lnode   *rv[MAXROW+1];       /* rv 用来表示行链表表头指针向量 */
  lnode   *cv[MAXCOL+1];       /* cv 用来表示列链表表头指针向量 */
```

```
}clmat;                             /* clmat 为十字链表类型 */

#include "十字链表.c"                /* "十字链表.c"头文件中包含了十字链表基本运算 */
#include "BHCLEAR.c"                /* 包含了 clear 函数 */

void main( )                        /* 稀疏矩阵的十字链表初始化、建立和输出运算 */
{ clmat *Mat, *iMat; int m, n;
  clear();                          /* 清屏幕 */
  printf("请输入稀疏矩阵的行、列数以逗号隔开: ");
  scanf("%d%d", &m, &n);            /* 输入稀疏矩阵的行数和列数 */
  Mat=initmatrix();                 /* 对稀疏矩阵的十字链表进行初始化运算 */
  iMat=inputmatrix(Mat, m, n);      /* 输入稀疏矩阵的非零元素建立十字链表 */
  outputmatrix(iMat);               /* 输出稀疏矩阵十字链表中所有非零元素 */
}/* MAIN */
```

上机运行上述程序，其运行结果如图 5.17 所示。

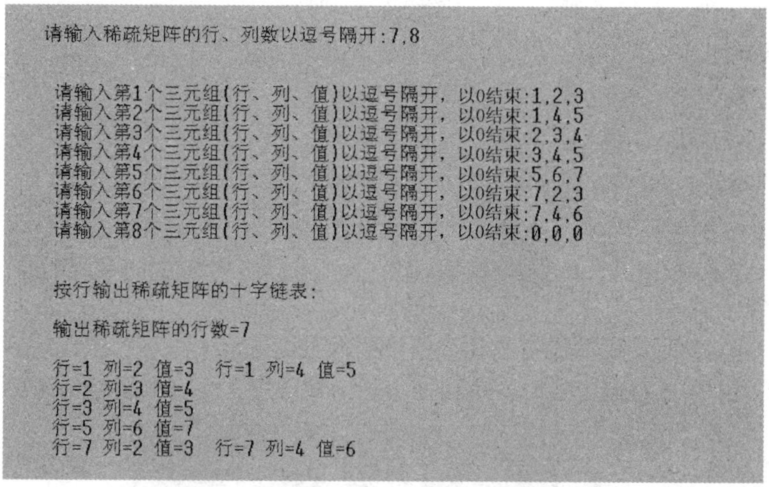

图 5.17 稀疏矩阵十字链表的建立和输出运算结果示例

【例 5.7】假设稀疏矩阵采用顺序存储方式，其存储类型为 spmat。请编写程序，实现两个稀疏矩阵的加法运算，即 $C=A+B$。

【算法分析】实现两个稀疏矩阵的加法运算的过程如下：首先对两个三元组顺序表 A 和 B 进行初始化；然后分别输入稀疏矩阵中的所有非零元素，建立三元组顺序表 A 和 B；最后实现两个稀疏矩阵的加法运算，并将相加的结果保存到三元组顺序表 C 中并输出。

前述稀疏矩阵三元组顺序表的基本运算函数和加法运算函数 addsmat 均存放在头文件"三元组顺序表.c"中，clear 函数存放在头文件 BHCLEAR.c 中。当稀疏矩阵用三元组顺序表表示时，实现两个矩阵加法运算的主程序如下：

```
#include "三元组顺序表.c"           /* 将稀疏矩阵输入、输出、初始化函数存在包含文件中 */
#include "BHCLEAR.c"                /* 包含文件包括清屏幕、设置颜色及光标定位函数 */
```

```
void main()    /* 三元组顺序表表示的稀疏矩阵加法运算,函数返回相加后稀疏矩阵和C */
{ spmat *Mata, *Matb, *Matc;
  int m, n;                    /* m, n 为稀疏矩阵的行数和列数 */
  clear();                     /* 清屏幕、设置颜色及光标定位函数 */
  Mata=initsmat();             /* 将稀疏矩阵 A 初始化 */
  Matb=initsmat();             /* 将稀疏矩阵 B 初始化 */
  Matc=initsmat();             /* 将稀疏矩阵 C 初始化 */
  printf("\n\t 请输入第一个稀疏矩阵的行数、列数以逗号分隔开来:");
  scanf("%d, %d", &m, &n);
  Mata=inputsmat(Mata, m, n);  /* 输入三元组建立稀疏矩阵三元组表 A */
  printf("\n\t 请输入第二个稀疏矩阵的行数、列数以逗号分隔开来:");
  scanf("%d, %d", &m, &n);
  Matb=inputsmat(Matb, m, n);  /* 输入三元组建立稀疏矩阵三元组表 B */
  Matc=addsmat(Mata, Matb);    /* 调用函数实现两个稀疏矩阵相加运算 */
  if (Matc!=NULL)              /* 若相加结果不为 0,则输出三元组表 C */
  { printf("\n\t 输出稀疏矩阵三元组表 Mata: ");
    outputsmat(Mata);          /* 输出稀疏矩阵三元组表 A */
    printf("\n\t 输出稀疏矩阵三元组表 Matb: ");
    outputsmat(Matb);          /* 输出稀疏矩阵三元组表 B */
    printf("\n\t 输出稀疏矩阵三元组表相加之和 Matc: ");
    outputsmat(Matc);          /* 输出稀疏矩阵三元组表 C */
  }
}/* MAIN */
```

注意:上机实验时,应增加变量和类型说明,否则无法上机运行该程序。

稀疏矩阵采用顺序存储方式时,实现两个稀疏矩阵加法运算的运行结果如图 5.18 所示。

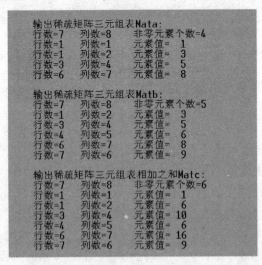

图 5.18 稀疏矩阵采用顺序存储方式时实现加法运算的示例

5.4 广义表

广义表（Generalized Lists）又称列表，它不仅是线性表的推广，也是树的推广。在第 2 章中，我们把线性表定义为 n（$n \geq 0$）个元素 $a_1, a_2, \cdots, a_n$ 的有限序列。线性表的元素仅限于原子项，原子是结构不可分割的独立成分，它可以是一个数或一个结构。若取消对线性表元素的这种限制，容许元素具有自身的结构，就得到了广义表的概念。

本节我们将讨论广义表的基本概念和定义，广义表的图形表示，广义表的链接存储结构，广义表的基本运算，并通过简单的例题说明广义表的运算。

5.4.1 广义表的基本概念

广义表是 n（$n \geq 0$）个数据元素 $a_1, a_2, \cdots, a_n$ 的有限序列，一般记为：
$$LS=(a_1, a_2, \cdots, a_n)$$
式中，LS 是广义表$(a_1, a_2, \cdots, a_n)$的名称。n 是广义表的长度，即广义表中所含元素的个数。若 $n=0$，则广义表称为空表。a_i 是广义表的元素，它可以是一个原子，也可以是一个广义表。若 a_i 是单个元素，则 a_i 称为广义表 LS 的原子；若 a_i 是一个广义表，则 a_i 称为广义表 LS 的子表。若广义表 LS 为非空表（$n \geq 1$），则表中第一个元素 a_1 称为广义表的**表头**（head），其余元素组成的表$(a_2, a_3, \cdots, a_n)$称为广义表的**表尾**（tail），分别记为：head(LS)=a_1 和 tail(LS)=$(a_2, a_3, \cdots, a_n)$。可见，一个广义表表尾始终是一个广义表，空表则无表头表尾。

显然，广义表的定义是递归的，因为在描述广义表时又用到了广义表的概念。广义表是一种递归的数据结构。

在广义表的讨论中，为了区分原子和广义表，通常用小写字母表示原子，用大写字母表示广义表的表名。为清楚见，用圆括号将广义表括起来，用逗号分隔其中的数据元素。

【例 5.8】广义表的示例。

（1）E=( )：E 是一个空表，其长度为 0。

（2）L=(a, b)：L 是长度为 2 的广义表，它的两个元素 a、b 均为原子。

（3）A=(u, L)=(u, (a, b))：A 是长度为 2 的广义表，表中第一个元素是原子 u，第二个元素是广义表 L。

（4）B=(A, v)=((u, (a, b)) , v)：B 是长度为 2 的广义表，表中第一个元素是广义表 A，第二个元素是原子 v。

（5）C=(A, B)=((u, (a, b)) , ((u, (a, b)), v))：C 是长度为 2 的广义表，表中两个元素都是广义表。

（6）D=(a, D)=(a, (a, (a, (⋯))))：D 是一个递归表，它的长度为 2，表中第一个元素是原子 a，第二个元素是 D 自身，展开后它是一个无限的广义表。

为了既表明每个表的名字，又说明它的组成，可以在每个表的前面加上该表的名字，这样，上述广义表也可相应地表示为：

（1）E( )

（2）L(a, b)

（3）A(u, L(a, b))

（4）B(A(u, L(a, b)) , v)

（5） C(A(u, L(a, b)) , B(A(u, L(a, b)) , v))
（6） D(a, D(a, D(…)))

由此可见，广义表具有如下 5 个重要的特征。

① 广义表是一种多层次的结构。因为广义表的元素可以是子表，而子表的元素还可以是子表……。

② 可用**广义表的深度**来衡量广义表的层次。所谓**深度**，是指广义表中括号嵌套的最大层数，是广义表的一种度量。例如，广义表 A 的深度为 2，广义表 D 的深度为∞。

③ 广义表可被其他广义表所共享。例如，广义表 A 和 B 都是 C 的一个子表，因此，在 C 中可以通过子表的名称来引用，而不必列出每个子表的值。

④ 广义表可以是一个递归表，即广义表可以是其本身的一个子表。例如，广义表 D 就是一个递归表。

⑤ 广义表可用图形表示。例如，图 5.19 所示就是例 5.8 中各广义表的图形表示。图中分支结点对应的是广义表，非分支结点一般对应的是原子。空表对应的也是非分支结点。

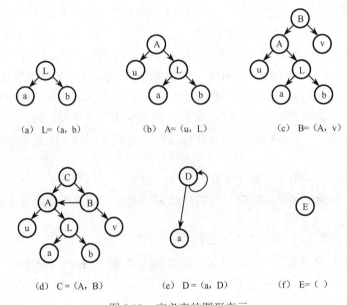

图 5.19　广义表的图形表示

从图 5.19 可以看出，图 5.19（a）、（b）、（c）的形状像一棵倒着画的树，树的根结点代表整个广义表，各层树枝结点代表相应的子表，树叶结点则代表原子结点或空表。这就是后续章节中将要讨论的树。通常把与树对应的广义表称为**纯表**，它限制了表中成分的共享和递归。把允许结点共享的表称为再入表。例如，在图 5.19（d）中，子表 A 是共享结点，它既是表 C 的一个元素，又是子表 B 的一个元素。把允许递归的表称为递归表。例如，在图 5.19（e）中，表 D 就是其自身的子表。它们之间的关系满足：

$$\text{递归表} \supset \text{再入表} \supset \text{纯表} \supset \text{线性表}$$

由此可见，广义表不仅是线性表的推广，也是树的推广。

5.4.2　广义表的链接存储结构

由于广义表（$a_1, a_2, \cdots, a_n$）中的元素可以具有不同的结构（可以是原子，也可以是广义表），因此很难用顺序结构存储广义表，通常采用链接存储方法来存储广义表，即广义表的每个元素可用一个链结点表示，每个结点按其在表中的次序用指针链接起来。广义表的链接存储结构称为**广义链表**。广义表的链接存储方法很多，这里仅介绍广义表的单链表表示。

1. 广义链表的结点结构

由于广义表中的数据元素可能是原子或广义表，所以对应的存储结构中两种：原子结点和表结点。原子结点用来表示原子；表结点用来表示广义表。为了使这两类结点既能在形式上保持一致，又能够加以区别，因此，用单链表存储广义表时，其结点的结构如图 5.20 所示。

图 5.20 广义表的单链表结点结构

在图 5.20 中，第一个域 tag 为标志字段，用于区分原子和广义表，其值为 0 或 1。第二个域由 tag 来决定：当 tag=0 时，表示该结点为原子结点，则第二个域是 data，用来存放相应原子结点的信息；当 tag=1 时，表示该结点是子表结点，则第二个域是 sublink，用来存放指向相应广义表的第一个元素的指针。第三个域 link 是指向与该结点同一层的直接后继结点的指针，当该结点是其所在层的最后一个结点时，link=NULL。广义链表中结点的类型定义如下：

```
typedef struct node
{ int tag;                  /* tag 是标志域，用于区分原子结点和表结点 */
  union
  { struct node *sublink;   /* sublink 是指向子表的表头结点指针 */
    datatype    data;       /* data 是原子结点的数值域 */
  } element;
  struct node  *link;       /* 指针指向与该结点同层的直接后继结点 */
} glists;                   /* glists 是广义表单链表类型 */
```

2. 广义表的单链表表示

广义表采用单链表存储时，广义表中每个数据元素表示为链表中的一个结点，同一层结点按其在表中的次序用 link 指针链接起来，每个结点的 sublink 指针用于指向其子表的第一个元素。广义表的表头结点是表中第一个元素，若用一个表头指针指向表头结点，则广义表就可以由该表头指针来确定。广义表若采用这种链接存储方式，则空表没有结点，其表头指针为空。

【例 5.9】请给出图 5.19 所示广义表 E、B 和 D 的单链表表示。

【解】图 5.21 所示是广义表 E、B 和 D 的单链表表示。其中 headb 和 headd 是广义表 B 和 D 的头指针，heade 是一个空指针。

广义表的单链表表示有两个缺点。一个缺点是：如果要在某个表中插入或删除一个结点，则必须找出所有指向该结点的指针，逐一加以修改。例如，若要删除 A 表的第一个结点 u，除了要修改 A 表的头结点 heada 外，还必须修改来自 C 表的两个指针，使之指向 A 表的第二个结点。然而，我们通常并不知道正在被引用的一个特定表的所有来源，即使知道，结点的增加和删除也需要耗费大量的时间。

该方法另一个缺点是：当删除某个子表时，若释放该子表的所有结点空间可能会导致错误。例如，删除 A 表时，由于广义表 A 是广义表 C 和 B 的一个子表，故不能释放表 A 的空间。

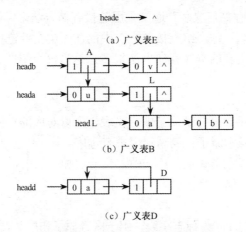

图 5.21 广义表的单链表表示

为了克服上述两个缺点,我们可以给每个广义表增加一个表头结点。当使用表头结点后,任何子表内部变化都不会涉及该表外部数据元素的变化。表头结点的结构与其他结点的结构相同,为了区分表头和其他结点,可将表头结点的 tag 域设置为-1,表头结点的 link 域指向表中第一个结点,表头结点的 data 域可用来表示本表被几个表所引用(即指向该表的指针个数)。这样,当删除某个子表时,将表头结点中 data 域计数减 1。仅当计数为 0 时,才可以真正删除一个子表。

若采用这种链接存储方法,则空广义表有一个表头结点,其结点的 sublink 和 link 域均为空指针,表的头指针就指向空表头结点。

相对于不带表头结点的广义链表而言,这种带表头结点的广义链表,在进行元素的插入、删除和表的共享等处理时,将给广义表的某些运算带来方便。

【例 5.10】若采用带表头结点的单链表来存储广义表,请给出图 5.19 所示广义表 B 和 D 及空广义表 E 的存储结构示意图。

【解】图 5.22 就是广义表 E、B 和 D 对应的带头结点的单链表存储结构示意图。其中,heade、headb、head 分别为广义表 E、B 和 D 的头指针。

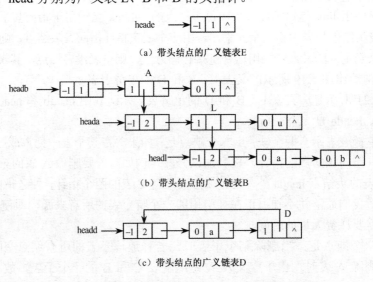

图 5.22 带表头结点广义表的单链表表示

5.4.3 广义表的基本运算

广义表的运算主要有：求广义表的表头和表尾、求广义表的长度和深度、广义表的建立和输出、广义表的复制、向广义表插入元素，以及在广义表中查找或删除元素等。由于广义表是一种递归的数据结构，所以对广义表的运算一般采用递归的算法。

由于广义表是对线性表和树的推广，并且具有共享和递归特性的广义表可与有向图建立对应关系，因此广义表的大部分运算与这些数据结构上的运算相类似。这里，我们仅讨论求广义表表头 head 和表尾 tail 运算，广义表的复制运算，以及建立和输出广义表。

1. 取广义表的表头 head 和表尾 tail 运算

根据广义表表头和表尾的定义可知：任何一个非空广义表的表头都是表中第一个元素，它可能是原子，也可能是子表，而其表尾始终是一个子表。空表无表头和表尾。例如，

$$head(L)=a \quad tail(L)=(b)$$
$$head(B)=A \quad tail(B)=(v)$$

由于 tail(L)是一个非空表，可继续分解得到：

$$head(tail(L))=b \quad tail(tail(L))=(\ )$$

同理，对非空表 A 和(v)，也可以继续进行分解。

值得注意的是：广义表()和(())不同。前者是长度为 0 的空表，对其不能求表头和表尾运算；而后者是长度为 1 的非空表，可以继续分解，得到表头和表尾均为空表( )。

【例 5.11】已知广义表 LA=(a, (b, (a, b)) , ((a, b) , (a, b)))，要求：
（1）计算广义表 LA 的表头 head(LA)和表尾 tail(LA)。
（2）计算广义表 LA 的深度。

【解】
（1）广义表 LA 的表头为 head(LA)=a，广义表 LA 的表尾为 tail(LA)=((b,(a,b)), ((a,b), (a,b)))。
（2）广义表 LA 的深度为 3。

【例 5.12】已知广义表 LB=(( )，((( ))，((( ))))，请给出它的长度和深度。

【解】广义表 LB 的长度为 3，深度为 5。

【例 5.13】已知广义表 LC=(((a)) , (b) , c, (a) , (((d, e))))，请写出表 LC 的长度和深度，并求出元素 e。

【解】广义表 LC 的长度为 5，深度为 4。

求出广义表 LC 元素 e 的方法是：

$$e=head(tail(head(head(head(tail(tail(tail(tail(LC)))))))))$$

2. 广义表的复制算法

任何一个非空的广义表均可分解成表头和表尾两部分，反之，一对确定的表头和表尾可唯一地确定一个广义表。由此可知，复制一个广义表只要分别复制其表头和表尾，然后合成即可。复制广义表的操作就是建立相应的链表。只要建立和原表的结点一一对应的新结点，便可以得到复制广义表的新链表。

广义链表的复制过程如下。假设 p 表示原表，q 表示复制的新表。广义链表的表头结点指针为*p，若 p 为空，则返回空指针；若 p 为表结点，则递归复制 p 的子表；否则复制原子

结点 p，然后继续递归复制 p 的后续表。函数返回所复制的广义链表的表头指针 q。

下面给出复制广义链表的递归算法：

```
    glists  *glistcopy(p)              /* 将广义表 p 复制到广义表 q 中的运算 */
    glists  *p ;                       /* p 是被复制的广义表的头结点指针 */
    { glists  *q;
      if(p==NULL) return(NULL);        /* 若 p 为空表，则返回出错信息 */
      q=(glists *)malloc(sizeof(glists)); /* 若 p 为非空表，则建立一个表结点 */
      q->tag=p->tag;
      if(p->tag==1)                    /* 若 p 为表结点，则递归复制子表结点 */
        q->element.sublink=glistcopy(p->element.sublink);
      else
        q->element.data=p->element.data; /* 若 p 为原子结点，则复制原子结点 */
      q->link=glistcopy(p->link);      /* 继续递归复制同一层中的后续表 */
      return(q);                       /* 函数返回复制后的表头结点指针 */
    }/* GLISTCOPY */
```

3. 建立广义表的链接存储结构

假设广义表中元素类型 datatype 为 char，元素值限定为英文字母。又假设广义表是一个表达式，元素之间用一个逗号分隔，表元素的起止符号为左、右圆括号，空表为在其圆括号内不包含任何字符的空白串，为了清晰起见，也可用一个字符"#"代替空白串，最后以"$"作为整个广义表的结束符。例如，"(a, (#), (b, c, d, e))$" 就是一个符合上述规定的广义表格式。

建立广义表链接存储结构的算法是一个递归算法。该算法使用一个具有广义表格式的字符串参数 s，返回所建立的广义链表的表头指针 p。该算法的基本思想是：在算法执行过程中，从头到尾扫描字符串 s 的每一个字符。若当前字符为左括号"("，表明它是一个表元素的开始，则应建立一个由 p 指向的表结点，并用它的 sublink 域作为子表的表头指针进行递归调用来建立子表的存储结构；若当前字符是一个英文字符，表明它是一个原子，则应建立一个由 p 指向的原子结点；若当前字符为右括号")"，表明它是一个空表，应将 p 置空。当建立一个由 p 指向的结点之后，再取下一个未处理的字符，若当前字符为逗号"，"，表明存在后继结点，需要建立当前结点的后继表；若当前字符为右括号")"或"$"，表明当前所处理的表已经结束，应将当前结点的 link 域设置为空。重复上述过程，直到字符串全部处理完毕，当前字符为"$"，则算法结束。

根据上述分析，给出建立广义表的链接存储结构的算法如下：

```
    glists  *glistcreat(char *s)       /* 带头结点链接存储的广义表建立算法 */
    { glists  *p;                      /* p 是指向广义链表头结点的指针 */
      char ch;
      ch=*s;  s++;                     /* 从字符串中取一个字符并将串指针后移 */
      if(ch!='$')                      /* 判断字符串是否结束 */
      { p=(glists *)malloc(sizeof(glists)); /* 创建一个新结点 */
        if (ch=='(')                   /* 当前字符串为左括号 */
```

```
            { p->tag=1;                           /* 新结点作为表头结点 */
              p->element.sublink=glistcreat(s);}  /* 递归构造子表并链接到表头结点 */
        else  if(ch==')')
                { p->tag=1;
                  p->element.sublink=NULL;}       /* 当前字符串为右括号，子表为空 */
            else  { p->tag=0;                     /* 新结点作为原子结点 */
                    p->element.data=ch;
                  }
      }/* IF */
    else    p=NULL;                               /* 当字符串结束时，子表为空 */
    ch=*s;   s++;                                 /* 从字符串中取下一个字符并将串指针后移 */
    if(p!=NULL)
        if(ch==',')                               /* 字符串是否结束判断且当前字符为 ',' */
            p->link=glistcreat(s);                /* 递归构造后续子表 */
        else p->link=NULL;                        /* 若串结束，则处理表最后一个元素 */
    return(p);                                    /* 函数返回指向广义链表头结点指针 p */
}/* GLISTCREAT */
```

【**算法分析**】该算法需要扫描输入广义表中的所有字符，并且对每个字符处理都是简单的比较和赋值操作，其时间复杂度为 $O(1)$，所以整个算法的时间复杂度为 $O(n)$，n 表示广义表中字符的个数。由于平均每两个字符可以生成一个表结点或原子结点，所以 n 也可以看成是生成的广义表中所有结点的个数。在这个算法中，既包含向子表的递归调用，也包含向后继表的递归调用，所以递归调用的最大深度不会超过生成的广义表中所有结点的个数，因而其空间复杂度也为 $O(n)$。

4. 广义表的输出算法

带表头结点的广义链表的输出过程如下，假设 ha 为指向带表头结点的广义链表的表头指针，打印输出该广义链表时，需要对子表进行递归调用。当 ha 为表结点时，首先应输出一个表的起始符号左括号 "("，然后再输出以 ha->sublink 为表头指针的表；当 ha 为原子结点时，则应输出该元素的值。当以 ha->sublink 为表头指针的子表输完后，应在其最后输出一个作为表终止符的右括号 ")"。当结点 ha 输出结束后，若存在后继结点，即 ha->link≠NULL，则应首先输出一个逗号 ","作为分隔符，然后再递归输出由 ha->link 指针所指向的后继表。

打印输出一个带表头结点的广义链表的算法如下：

```
void  glistwrite (ha)                        /* 带表头结点链接存储广义表的输出算法 */
glists *ha;                                  /* ha 是一个广义表的头结点指针 */
{ if(ha!=NULL)                               /* 若为空表，则打印错误信息返回 */
  {  if(ha->tag==1)                          /* 若为表结点，则输出 '(' */
     { printf("(");
       if (ha->element.sublink==NULL)        /* 若子表为空，则输出空子表 '#' */
          printf("#");
       else
```

```
            glistwrite(ha->element.sublink);  /* 若子表非空，则递归输出子表 */
         }/* ENDIF HA->TAG==1 */
         else    printf("%c", ha->element.data);/* 若为原子结点，则输出元素值 */
         if(ha->tag==1)                        /* 若为表结点，则输出 ')' */
            printf(")");
         if (ha->link!=NULL)                   /* 若子表后继结点非空，则输出后续表 */
         { printf(",");                        /* 输出分隔符 ',' */
            glistwrite(ha->link);              /* 递归输出后继表 */
         }
      }/* ENDIF ha=NULL */
   }/* GLISTWRITE */
```

【算法分析】该算法的时间复杂度和空间复杂度与建立广义表的链接存储结构的情况相同，均为 O(n)，n 表示广义表中所有字符的个数。

5. 求广义表表头的算法

假设把广义表看成是 n 个并列的子表（假设原子也看成为子表）的子表。求带表头结点的广义链表表头的过程如下。若广义链表为空表或原子时，则不能求表头运算。若表头结点是原子，则复制该结点到 q；若表头结点是子表，则由于结点的 link 不一定为 NULL，所以复制该表头结点产生一个结点 t，并设置 t->link=NULL，t 称为虚拟表头结点（见图 5.23）。然后调用广义链表的复制函数 glistcopy 将 t 复制到 q。最后函数返回指针 q。

例如，图 5.23 所示就是广义链表 L=(E(a), F(b)) 求表头时设置虚拟表头结点 t 的情况。

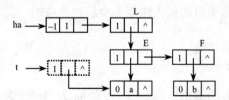

图 5.23 带表头结点的广义链表求表头过程示意图

下面给出带表头结点的广义链表求表头运算的算法：

```
   glists *headglist(glists *ha)              /* 带表头结点广义链表求表头算法 */
   { glists *p=ha->element.sublink;           /* ha 是一个广义链表的头结点指针 */
      glists *q, *t;
      if (p==NULL)                            /* 若为空表，则打印错误信息返回 */
      { printf("空表不能求表头"); exit(0);}
      else if(ha->tag==0)                     /* 若为原子，则打印错误信息返回 */
      { printf("原子不能求表头"); exit(0);}
      if(p->tag==0)                           /* 若为原子，则取表中第一个原子 */
      { q=( glists *)malloc(sizeof(glists));
         q->tag=0;
         q->element.data=p->element.data;
```

```
          q->link=NULL;
       }
     else
       { t=( glists *)malloc(sizeof(glists ));      /* 若为子表,则产生虚子表 t */
         t->tag=1;
         t->element.sublink=p->element.sublink;
         t->link=NULL;
         q=glistcopy(t);                             /* 将子表 t 复制到 q 中 */
         free(t);
       }
     return(q);                                      /* 函数返回原子或指向子表头结点指针*/
  }/* HEADGLIST */
```

6. 求广义表表尾的算法

同理,广义表求表尾的过程如下:空表或原子不能求表尾运算。若广义表为非空表,则创建一个虚拟表头结点 t,并设置 t->element.sublink=ha->element.sublink->link,然后调用广义表的复制函数 glistcopy,将 t 复制为 q,最后函数返回 q 指针。

例如,图 5.24 是广义表 L=(E(a), F(b)) 求表尾时设置虚拟表头结点 t 的情况示意图。

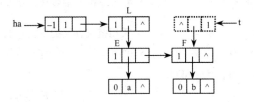

图 5.24 带表头结点的广义表求表尾过程示意图

带表头结点的广义表求表尾运算的算法如下:

```
     glists *tailglist(glists *ha)                   /* 求带表头结点广义表表尾运算 */
  { glists *p=ha->element.sublink;                   /* ha 是一个广义表的头结点指针 */
    glists *q, *t;
    if(p==NULL)                                       /* 若为空表,则打印错误信息返回 */
       { printf("空表不能求表尾"); exit(0);}
    else if (ha->tag==0)                              /* 若为原子,则打印错误信息返回 */
       { printf("原子不能求表尾"); exit(0);}
    p=p->link;
    t=(glists *)malloc(sizeof(glists));              /* 若为子表,则建立一个虚子表 t */
    t->tag=1;
    t->element.sublink=p;
    t->link=NULL;
    q=glistcopy(t);                                   /* 将子表 t 复制到 q 中  */
    return(q);                                        /* 函数返回指向子表头结点指针 */
  }/* TAILGLIST */
```

5.4.4 广义表的简单应用举例

【例 5.14】假设建立广义表的链接存储结构的输入格式由字符串的值所提供，请编写程序实现以下功能：根据所给的字符串 sa，建立带表头结点的广义表的链接存储结构；打印输出所建立的广义表；完成广义表的复制；求广义表的表头和表尾。

【算法分析】将前述广义表的几种基本运算函数保存到 GLISTYS.c 头文件中。若利用前面所给的函数，则实现上述几个功能的完整程序如下：

```c
#include <stdio.h>
typedef struct node
{ int tag;                          /* tag 是标志域，用于区分原子结点和表结点 */
  struct node *link;                /* 指针指向与该结点同层的直接后继结点 */
  union                             /* 原子结点和子表结点的联合部分 */
  { struct node *sublink;           /* sublink 是指向子表的表头结点指针 */
    char data;                      /* data 是原子结点的数值域 */
  }element;
}glists;                            /* glists 是广义表的单链表类型 */

#include "GLISTYS.c"                /* 将广义表基本运算函数保存在 GLISTYS.c 头文件中 */
#include "BHCLEAR.c"                /* 将 clear 等函数保存在 BHCLEAR.c 头文件中 */

void   main()                       /* 采用链接存储的广义表的简单应用程序的主函数 */
{ char  *sa={"(a, (b, c, q, j, p))$\0"};   /* 建立广义表的字符串 */
  glists *pcopy, *p, *ga=NULL;
  clear();                          /* 清屏幕、设置颜色和光标定位函数 */
  printf("\n\n\t\t 广义表的基本运算");
  printf("\n\n\t 输入的字符串是: sa=%s", sa);  /* 输出广义表的元素即字符串 */
  ga=glistcreat(sa);                /* 建立带表头结点的广义表结构 */
  printf("\n\n\t 建立的广义表是: ga=");
  glistwrite(ga);                   /* 输出带表头结点广义表的单链表 */
  pcopy=glistcopy(ga);              /* 将广义表 ga 复制到 pcopy 中 */
  printf("\n\n\t 复制的广义表是: pa=");
  glistwrite(pcopy);                /* 输出所复制的广义表 pcopy */
  p=headglist(ga);                  /* 求广义表表头并输出表头元素 */
  printf("\n\n\t 表头运算结果是:head=%c", p->element.data);
  p=tailglist(ga);                  /* 求广义表表尾并输出该子表 */
  printf("\n\n\t 表尾运算结果是:tail=");
  glistwrite(p);
}/* MAIN */
```

上机运行该程序，其运行结果如图 5.25 所示。

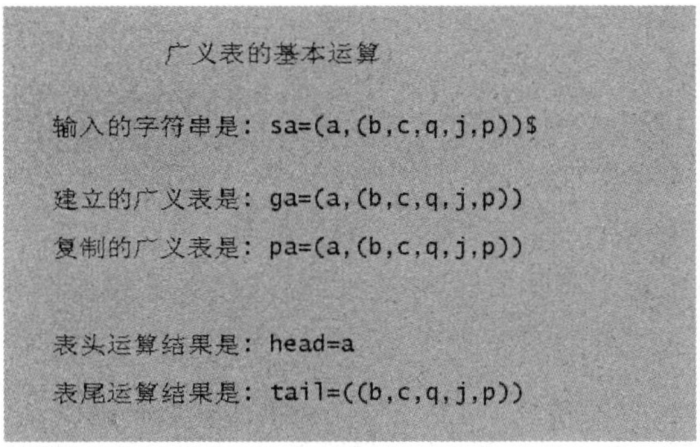

```
广义表的基本运算

输入的字符串是：sa=(a,(b,c,q,j,p))$

建立的广义表是：ga=(a,(b,c,q,j,p))
复制的广义表是：pa=(a,(b,c,q,j,p))

表头运算结果是：head=a
表尾运算结果是：tail=((b,c,q,j,p))
```

图 5.25 广义表的简单应用程序的运行结果

本章小结

数组是最常用的一种数据结构。数组元素一般顺序存储在一组地址连续的存储单元中，下标和存储地址之间有一定的对应关系，不同维数的数组有不同的对应公式。多维数组在内存中的存放顺序有两种：可以按行优先，也可以按列优先。

数组是一种随机存取结构，可根据下标随机访问任意一个数组元素。其缺点是它的维数和数组下标的上、下界必须事先给定，取值不合适就可能造成内存浪费或出现下标越界而使程序无法进行下去的情况。

在多维数组中，二维数组使用最多，它与科技计算中广泛出现的矩阵相对应。对于非零元素或零元素分布有一定规律的矩阵称为特殊矩阵；对于非零元素的个数远远小于零元素个数且非零元素分布没有规律的矩阵称为稀疏矩阵。用二维数组存储特殊矩阵和稀疏矩阵将浪费大量的存储空间，因此必须进行压缩存储。

对于特殊矩阵，为了节约存储空间，根据特殊矩阵的规律和特点，通常采用特定的方法将矩阵中的非零元素压缩存储到一维数组中。利用特殊矩阵任一非零元素与一维数组元素之间的对应关系式，可以很容易地计算出特殊矩阵中任一非零元素在一维数组中的存储位置。通过这个关系式，我们仍然能够对特殊矩阵中的元素进行随机存取。

对于稀疏矩阵，为了节约存储空间，通常采用三元组顺序表或十字链表来存储稀疏矩阵中的非零元素。稀疏矩阵的顺序存储结构称为三元组顺序表，而稀疏矩阵的链接存储结构则称为十字链表。

本章通过实例详细介绍了在顺序存储方式下，稀疏矩阵三元组顺序表的初始化、建立和输出运算、稀疏矩阵的两种转置运算，及稀疏矩阵的加法运算；还介绍了在链接存储方式下，稀疏矩阵十字链表的初始化、建立和输出运算。

广义表是一种复杂的非线性结构，是线性表的推广。本章简单介绍了广义表的基本概念和图形表示方法，着重介绍了广义表的链接存储结构，以及在该结构上实现广义表的几种简单运算。

本章的复习要求

（1）熟练掌握数组的顺序存储方法，熟练掌握一维数组和二维数组存储地址的计算方法，了解多维数组存储地址的计算方法。

（2）掌握特殊矩阵的压缩存储方法：将特殊矩阵中的非零元素根据一定的方法压缩存储

到一维数组中，并能根据矩阵元素与一维数组元素的对应关系，计算任意元素在一维数组中的存储地址。

（3）熟练掌握稀疏矩阵的压缩存储方法：用三元组顺序表或十字链表存储稀疏矩阵。掌握稀疏矩阵采用三元组顺序表存储时，稀疏矩阵的转置运算、建立和输出及稀疏矩阵的加法运算。了解稀疏矩阵采用十字链表表示时，稀疏矩阵的建立和输出运算。

（4）理解广义表的概念和图形表示方法，广义表链接存储方式，熟练掌握广义表取表头和表尾运算，掌握广义表的基本运算的实现。

本章的重点和难点

本章的重点是：一维数组和二维数组存储地址的计算方法，特殊矩阵和稀疏矩阵的压缩存储方法及相应的操作运算，广义表的存储结构及相应的运算，特别是取表头和表尾运算。

本章的难点是：特殊矩阵采用压缩存储方式时，若将特殊矩阵任意非零元素按照一定的规律压缩存储到一维数组中，其对应元素在一维数组中存储地址（下标）的计算方法。

在顺序存储方式下，稀疏矩阵三元组顺序表的快速转置算法的理解；在链接存储方式下，稀疏矩阵的十字链表表示及运算的实现。

广义表的基本运算，特别是取表头和表尾的运算。

习题 5

5.1 给出三维数组按行优先顺序存储的地址计算公式。

5.2 请按行和按列优先顺序存储三维数组 A[2][2][2]中的所有元素，给出这两种顺序下数组元素在内存中的存储次序，开始结点为 a_{000}。

5.3 假设二维数组 $A_{5\times 6}$ 的每个元素占 4 个字节，已知 LOC（a_{00}）=1000，问 A 共占用多少个字节？按行和按列优先存储时，a_{20} 的起始地址分别为何？

5.4 假设有 n 阶对称矩阵 $A_{n\times n}$，若采用一维数组 sa 按行优先顺序存储其上三角元素，给出 sa[k]与 $a_{ij}=A[i][j]$ 的对应关系。

5.5 假设有三对角矩阵 $A_{n\times n}$，将其三条对角线上的元素按行优先顺序逐行（跳过零元素）存放到数组 B[0..3n-3]中，使得 B[k]=a_{ij}，试求：

（1）用（i,j）表示 k 的下标变换公式；

（2）用 k 表示（i,j）的下标变换公式。

5.6 鞍点问题。若在矩阵 $A_{m\times n}$ 中存在一个元素 A[i-1][j-1]满足以下条件：A[i-1][j-1]是第 i 行元素中的最小值，同时又是第 j 列元素中的最大值。符合此条件的元素称为矩阵中的一个鞍点。假设以二维数组存储矩阵 $A_{m\times n}$，请编写一个程序，在矩阵 A 中找出所有的鞍点（如果这个鞍点存在）；如果没有这样的元素，则打印相应的信息。分析该算法在最坏情况下的时间复杂度。

5.7 n 阶魔阵问题。给定一个奇数 n，构造一个 n 阶魔阵。所谓 n 阶魔阵就是一个 n 阶方阵，其元素由自然数 1, 2, 3, $\cdots$, n^2 组成。它的每一行、每一列和两个对角线上的每个元素之和都相等，其值等于 $n(n^2+1)/2$，此处 n 代表方阵的行数或列数，即对于给定的奇整数 n 及 i=1, 2, 3, $\cdots$, n，魔阵 A 满足条件：

$$\sum_{k=1}^{n}a_{ik}=\sum_{k=1}^{n}a_{ki}=\sum_{k=1}^{n}a_{kk}=\sum_{k=1}^{n}a_{k,n-k+1}$$

要求：输出的格式为 n 阶矩阵的形式。

5.8 已知一个稀疏矩阵 A 如图 5.26 所示，要求：
（1）画出稀疏矩阵 A 的三元组顺序表；
（2）画出稀疏矩阵 A 的转置矩阵 B 的三元组顺序表；
（3）画出稀疏矩阵 A 的十字链表表示。

$$A_{5\times5}=\begin{bmatrix} 0 & -2 & 0 & 0 & 0 \\ 9 & 0 & 8 & 0 & 0 \\ 0 & 4 & 0 & 0 & 7 \\ 0 & 3 & 0 & -6 & 0 \\ 0 & 1 & 0 & 0 & 0 \end{bmatrix}$$

图 5.26 稀疏矩阵 A

5.9 假设稀疏矩阵采用三元组顺序表表示，请编写算法，计算该稀疏矩阵的对角线元素之和。

5.10 假设两个稀疏矩阵 A 和 B 采用三元组顺序表表示，请编写算法，实现两个稀疏矩阵相加运算 $C=A+B$，要求将结果存放在三元组表 C 中。

5.11 假设用十字链表存放稀疏矩阵，若有两个稀疏矩阵 A 和 B，请编写算法，实现两个稀疏矩阵相加 $A=A+B$ 运算。要求：利用原表空间，将相加结果存放在十字链表 A 中。

5.12 请写出下列广义表的运算结果：
（1）head((p, h, w))
（2）tail((b, k, p, h))
（3）head(((a, b), (c, d)))
（4）tail(((a, b), (c, d)))
（5）head(tail(((a, b), (c, d))))
（6）tail(head(((a, b), (c, d))))

5.13 假设广义表 L=(( ), ( ))，试问 head(L)和 tail(L)的长度、深度各为多少？

5.14 请画出下列广义表的链接存储结构的示意图：
（1）A(a, B(b, d), C(e, B(b, d), L(f, g)))
（2）A(a, B(b, A))

5.15 请画出下列广义表的带表头结点的链接存储结构示意图并分别计算其长度和深度。
（1）D(A(), B(e), C(a, L(b, c, d)))
（2）$J_1(J_2, J_4(J_1, a, J_3(J_1)), J_3(J_1))$

5.16 假设广义表的字符串值是从键盘上输入的，请编写算法建立广义表的链接存储结构。

第 6 章 树

> 树结构是指结点之间有分支、具有层次关系的结构，类似于自然界中的树。在计算机科学领域中，树结构是一种非常重要的非线性结构，其中以树和二叉树最为常用。一方面，树结构为计算机应用中常出现的嵌套数据提供了自然的表示方法；另一方面，在解决各种算法问题中，树结构也有着十分广泛的应用。
>
> 本章首先将重点讨论树和二叉树的概念，二叉树的定义、性质和存储表示，二叉树的三种遍历、建立和插入及有关的运算，线索化二叉树的概念、存储表示及其运算；然后详细介绍树的三种存储表示方法、树和森林的遍历，以及树和森林与二叉树之间的相互转换；最后将着重介绍哈夫曼树的概念及其应用实例。

6.1 树的基本概念

树（Tree）是树结构的简称，是一种十分重要的非线性数据结构，它可以很好地描述客观世界中广泛存在的具有分支关系或层次特性的对象，因此，树在计算机领域里有着十分广泛的应用，能够有效地解决许多算法问题，如操作系统中的文件管理、编译程序中的语法结构、数据库系统中信息组织形式等。在现实生活中，同样有很多可以用树结构描述的对象，如行政组织机构、人类社会的族谱等。本节将详细介绍树的基本概念和树的有关术语。

6.1.1 树的定义

树是由 n（$n \geq 0$）个结点组成的有限集合。若 $n=0$，则树是一棵**空树**，即不包含任何结点的树；若 $n>0$，则树是一棵**非空树**，即至少包含一个结点的非空树。一棵非空树满足如下两个条件：

① 有且仅有一个特定的结点，该结点称为**根结点**（Root）；

② 除根结点外的其他结点可分为 m（$m \geq 0$）个互不相交的有限集合 $T_1, T_2, \cdots, T_m$，其中每个集合本身又是一棵树，这些集合称为根结点的**子树**（Subtree）。

在树的定义中又用到了树的概念，即树是由若干棵子树构成的，而子树又是由若干棵更小的子树构成的……。因此，树是一种递归的数据结构。

树是一种非线性数据结构，其特点是：树中每个结点都可以有零个或多个直接后继，若有多个后继结点，则后继结点是该结点的每个子树的根结点；除根结点之外的所有结点，有且仅有一个直接前驱；这些数据结点按分支关系组织起来，清晰地反映了数据元素之间的层次关系。可以看出，树结构中数据元素之间的关系是一对多或者多对一的关系，它与前面讨论的线性结构，如线性表、栈、队列和数组，有很大的差别。

图 6.1 就是树结构示意图。在图 6.1 中，图（a）是一棵只有一个根结点的树，图（b）是

一棵一般的树。在这棵树中,A 是树根结点,其余结点分成三棵互不相交的子树 T={T_1, T_2, T_3}。由结点 B、E、F、G、M、N 构成 A 的第一棵子树 T_1;由结点 C、H、I 构成 A 的第二棵子树 T_2;由结点 D、J、K、L 构成 A 的第三棵子树 T_3。B 是子树 T_1 的根结点,它有三棵子树分别为 T_{11}={E}、T_{12}={F}、T_{13}={G};C 是子树 T_2 的根结点,它有两棵子树分别为 T_{21}={H}、T_{22}={I};D 是子树 T_3 的根结点,它有三棵子树分别为 T_{31}={J}、T_{32}={K}、T_{33}={L}。F 是子树 T_{12} 的根结点,它有两棵子树分别为 T_{121}={M} 和 T_{122}={N}。

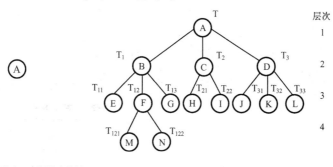

(a) 只有一个根结点的树　　　(b) 一般的树

图 6.1　树结构示意图

从图 6.1 可以看出,树的根结点 A 没有直接前驱结点,其他结点都有一个唯一的直接前驱结点,例如,B、C、D 的直接前驱结点是 A,E、F、G 的直接前驱结点是 B,H、I 的直接前驱结点是 C,J、K、L 的直接前驱结点是 D。每个结点可以有多个直接后继结点,例如,A 的直接后继是 B、C、D,B 的直接后继结点是 E、F、G,C 的直接后继结点是 H、I,D 的直接后继结点是 J、K、L,结点 F 的直接后继结点是 M 和 N。而结点 E、M、N、G、H、I、J、K、L 没有直接后继结点。

树也可以用二元组来定义:

T=(K, R)

K={k_i|1≤i≤n, 0≤n}, k_i∈datatype

R={r_i}

式中,n 为树中结点数。若 n=0,则 T 为空树;若 n>0,则 T 为非空树。对于一棵非空树,关系 r 应满足下列条件:

① 有且仅有一个结点没有前驱,该结点称为树的**根结点**;
② 除了树的根结点外,树中其他任一结点有且仅有一个**前驱结点**;
③ 树中每个结点都可以有任意多个(包括 0 个)**后继结点**。

若采用二元组表示图 6.1(b) 所示的树,则结点的集合 K 和 K 上二元关系 r 分别为:

K={A, B, C, D, E, F, G, H, I, J, K, L, M, N}

R={ r_1, r_2, r_3 }

r_1={<A, B>, <B, E>, <B, F>, <B, G>, <F, M>, <F, N>}

r_2={<A, C>, <C, H>, <C, I>}

r_3={<A, D>, <D, J>, <D, K>, <D, L>}

在日常生活和工作中及计算机领域有很多对象都可以用树结构来描述。下面仅举两个实例说明树结构的特点。

【例6.1】一个家族血统关系可以看成是一棵树,树中结点为家族的成员,树中关系为父子关系,即父亲是儿子的直接前驱,儿子是父亲的直接后继。图 6.2(a)就是一棵代表家族血统关系的树。图中 A 代表祖父,祖父有三个孩子 B、C、D,B 有一个孩子 E,C 有一个孩子 F,而 F 又有三个孩子 G、H、I,D 没有孩子。这样家庭成员之间的关系就像一棵倒长的树。

从图 6.2(a)中可以看出,家庭成员之间的关系是层次关系:A 在第 1 层,B、C、D 在第 2 层,E、F 在第 3 层,而 G、H、I 则在第 4 层。

【例6.2】一本书的篇章结构亦可看成一棵树。假设一本书 A 共有两章 B 和 C。B 章有三节 D、E、F,C 章有两节 G 和 H,而 E 节又包含有两小节 I 和 J。若用缩进格式描述该书的结构,则这本书的篇章结构如图 6.2(b)所示。

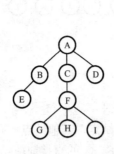

(a)家族血统关系的树状表示   (b)书的缩进格式表示

图 6.2 树的表示方法实例

树的表示方法有很多种,常用的方法有:图形表示法、二元组表示法、集合图表示法、缩进格式表示法、广义表表示法等。图 6.2(a)所示就是树的图形表示法,而图 6.2(b)所示是树的缩进格式表示法。本书主要采用树状图来表示树数据结构。

6.1.2 树的基本术语

为了形象地描述树结构中各结点的关系,我们常用家族关系中的称呼作为树的术语。下面简单介绍树结构中常用的一些基本术语。

1. 结点的度和树的度

树的结点包含一个数据元素及若干指向其子树的分支。结点具有的子树个数称为**结点的度**(Degree)。我们把一棵树中所有结点的度的最大值称为**树的度**。

例如,在图 6.1(b)所示的树中,结点 A、B、C、D、F 的度分别为 3、3、2、3、2,结点 E、G、H、I、J、K、L、M、N 的度均为 0。因为树中结点度的最大值为 3,所以该树的度为 3。

2. 叶子结点和分支结点

树中度为 0 的结点称为**叶子结点**(Leaf)或**终端结点**,度不为 0 的结点称为**非终端结点**或**分支结点**。除根结点外,分支结点也称为**内部结点**。在分支结点中,每个结点的分支数就是该结点的度数。对于度为 1 的结点,其分支数为 1,称为**单分支结点**;对于度为 2 的结点,其分支数为 2，称为**双分支结点**；其余类推。

例如，在图 6.1（b）所示的树中，E、G、H、I、J、K、L、M、N 均为叶子结点，其余结点是分支结点，其中 C、F 为双分支结点，A、B、D 为三分支结点。

3. 双亲结点、孩子结点和兄弟结点

树中每个结点的子树的根称为该结点的**孩子**或**儿子**或**子女**（Child），相应地，该结点称为孩子结点的**双亲**或**父亲**（Parent）。具有同一个双亲的孩子们之间互称为**兄弟**（Brothers）。

例如，在图 6.1（b）所示的树中，B、C、D 是三棵子树 T_1、T_2、T_3 的根结点，那么 A 是 B、C、D 的父亲结点，而 B、C、D 是 A 的孩子结点，B、C、D 互为兄弟结点。

由孩子结点和双亲结点的定义可知：在一棵树中，树的根结点没有双亲结点，叶结点没有孩子结点，其余结点既有双亲结点又有孩子结点。例如，图 6.1（b）所示的树中，根结点 A 没有双亲，叶结点 E、G、H、I、J、K、L、M、N 则没有孩子。

每个结点的**祖先**是从树的根结点到该结点所经过路径上的所有结点。反之，以某结点为根的子树中的所有结点都称为该结点的**子孙**。

例如，在图 6.1（b）所示的树中，M 的祖先是 F、B 和 A，B 的子孙是 E、F、G、M 和 N。

4. 路径、边和路径长度

对于任意两个结点 k_i 和 k_s，若树中存在一个结点序列 $k_1, k_2, \cdots, k_{i-1}, k_i, \cdots, k_{s-1}, k_s$，使得 k_i 是 k_{i+1} 的双亲（$1 \leq i < s =$ 结点，则称该结点序列是从 k_i 到 k_s 的**一条路径**（Path）。用路径所通过的结点序列（$k_i, k_{i+1}, k_{i+2}, k_{i+3}, \cdots, k_{s-1}, k_s$）表示这条路径。连接两个结点的线段称为树的**边**（Edge）。路径的长度就等于一条路径所经过的结点数目减 1（即路径上的边的数目）。可见，路径就是从 k_i 出发"自上而下"到达 k_s 所经过的结点序列。显然，从树的根结点到树中其余结点均存在一条路径。例如，在图 6.1（b）所示的树中，结点 A 到 M 有一条路径（A, B, F, M），其路径长度为 3；A 到 H 有一条路径（A, C, H），其路径长度为 2；结点 B 到 C 之间不存在任何路径。

5. 结点的层数和树的高度

树既是一种递归结构，也是一种层次结构，树中每个结点都处在一定的层数上。结点的**层数**（Level）从树的根结点开始计算。假设树的根结点为第一层，它的孩子结点为第二层，其余类推，如果某结点在第 l 层，则其子树的根就在第 $l+1$ 层。与双亲在同一层的结点互为**堂兄弟**。树中结点的最大层数就称为**树的高度**（Height）或**深度**（Depth）。例如，图 6.1（b）所示树的高度为 4。树的根结点 A 处于第 1 层，B、C、D 结点处于第 2 层，E、F、G、H、I、J、K、L 结点处于第 3 层，M 和 N 结点处于第 4 层。因为 M 和 N 结点所处的第 4 层为树中结点的最大层数，故树的高度为 4。

6. 森林

森林（Forest）是 m（$m \geq 0$）棵互不相交的树的集合。对树中每个结点而言，其子树的集合即为森林。在自然界中，树和森林是两个不同的概念，但在数据结构中，树和森林概念很相近。删去一棵非空树的根结点，树就变成了森林；反之，增加一个根结点并让森林中的每一棵树的根结点都变成它的孩子，则森林就变成为一棵树。例如，在图 6.1（b）所示树中，

若删除根结点 A，就可以得到由 B、C、D 这三棵树组成的森林；反之，只要加上根结点 A，森林就变成为树。

7. 有序树和无序树

若树中结点的各子树从左到右是有次序的，且相对次序是不能变换的，则该树被称为**有序树**（Order Tree），否则称为**无序树**（Unorder Tree）。在有序树中最左边的子树的根结点称为第一个孩子，最右边的结点称为最后一个孩子。

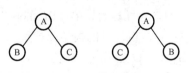

图 6.3 两棵不同的有序树

例如，对于图 6.3 中所示的两棵树，若将其看成是无序树，则它们是两棵相同的树；若将其看成是有序树，则它们是两棵不同的树。

6.2 二叉树

二叉树（Binary Tree）是最简单、最重要的一种树结构，在计算机领域有着十分广泛的应用。首先，许多实际问题抽象出来的数据结构大多是二叉树形式的，而且许多算法问题用二叉树来解决非常简单；其次，任何树都可以通过一个简单的处理转换到与之对应的二叉树，这为树的存储及运算提供了方便。在讨论一般树的存储结构及操作之前，本节先着重介绍二叉树的概念、定义、性质及二叉树的顺序存储结构和链接存储结构。

6.2.1 二叉树的概念

1. 二叉树的定义

二叉树是有限的结点集合，这个集合或者为空，或者有一个根结点，它由两棵不相交的分别称为根的左子树和右子树的二叉树组成。左子树和右子树同样又都是一棵二叉树。

显然，二叉树的定义是一个递归定义。它的特点是：每个结点最多只有两棵子树，也就是说，在二叉树中任何结点的度数不得大于 2；另外，二叉树是有序树，其子树有严格的左、右之分，其次序不能任意颠倒，否则就变成另一棵二叉树。

根据二叉树根结点、左子树和右子树的不同组合情况，可以得到 5 种基本形态的二叉树，如图 6.4 所示。

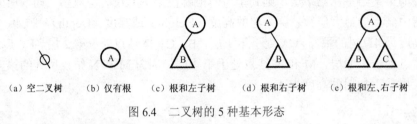

(a) 空二叉树　(b) 仅有根　(c) 根和左子树　(d) 根和右子树　(e) 根和左、右子树

图 6.4 二叉树的 5 种基本形态

图 6.4 (a) 是空二叉树。图 6.4 (b) 是只有根结点的二叉树，根的左、右子树均为空。图 6.4 (c) 是只有左子树，右子树为空的二叉树。图 6.4 (d) 是只有右子树，而左子树为空的二叉树。图 6.4 (e) 是一棵左、右子树双全的二叉树。

在二叉树中，左子树的根结点被称为**左孩子**（Left Child），右子树的根结点被称为**右孩**

子（Right Child）。例如，在图 6.5（a）中，结点 A 的右孩子为 B 结点，左孩子为空；B 结点的左孩子为 C 结点，右孩子为 D 结点；C 结点没有左、右孩子；D 结点的左孩子为 E 结点，右孩子为空。

尽管树和二叉树有许多相似之处，但它们是两种不同的数据结构。树和二叉树之间最主要的差别是：二叉树中每个结点的子树要区分左子树和右子树，即使在结点只有一棵子树的情况下也要明确指出该子树是左子树还是右子树。例如，图 6.5（a）和（b）是两棵完全不同的二叉树，它们是两棵有序树。而图 6.6 是一棵普通的无序树。虽然图 6.5 中所示的两棵二叉树与图 6.6 中的无序树在形态上很相似，但其性质却不相同。若将图 6.5 中的两棵二叉树都看成是普通的无序树，那么这三棵树就是完全相同的树。

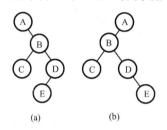 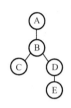

图 6.5　两棵不同的二叉树　　　　　　　图 6.6　一棵普通的无序树

6.1 节中有关树的基本术语，对于二叉树也都适用。

2．满二叉树和完全二叉树

满二叉树和完全二叉树是二叉树的两种特殊情况。

在一棵二叉树中，若所有分支结点都有左孩子和右孩子，并且叶结点的层数都等于树的深度，则这样的二叉树称为**满二叉树**（Full Binary Tree）。若满二叉树的深度为 k，则叶结点有 2^{k-1} 个，树中结点总数为 2^k-1。

图 6.7（a）是一棵深度为 4 的满二叉树，该树的叶结点有 $2^{4-1}=8$ 个，结点总数为 $2^4-1=15$ 个。满二叉树的特点是每一层上的结点数都是最大的结点数。

可以对满二叉树中所有结点进行连续编号，其编号的方法是：首先将树的根结点的编号定为 1，然后从树的根结点开始，按层数从上到下，同一层从左到右的顺序依次对满二叉树中每个结点进行编号。

在一棵二叉树中，除最后一层外，其余各层都是满的，而最后一层或者是满的，或者是最右边缺少若干个连续结点，这样的二叉树就称为**完全二叉树**（Complete Binary Tree）或称**近似满二叉树**。

图 6.7（b）是一棵完全二叉树。这种树的特点是：叶子结点只可能出现在最大的两层上。另外，若完全二叉树某结点没有左孩子，则它一定没有右孩子。例如，图 6.7（c）中结点 G 没有左孩子而有右孩子 O，所以它不是完全二叉树。

同样，可以对完全二叉树中每个结点进行编号，其编号的方法与满二叉树相同，即将树根结点的编号定为 1，然后按层从上到下，每层从左到右，依次对树中所有结点进行编号。

显然，满二叉树是完全二叉树的一种特例，并且完全二叉树与深度相同的满二叉树对应位置的结点有相同的编号。

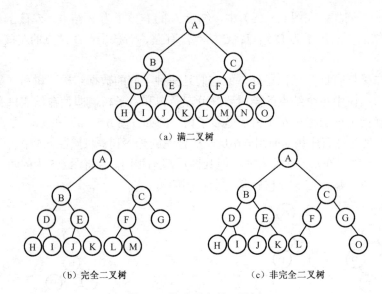

图 6.7 特殊形态的二叉树

6.2.2 二叉树的基本性质

二叉树具有以下 5 个重要的性质。

性质 1 对任意一棵非空的二叉树 T，其叶结点的个数等于双分支结点数加 1，即 $n_0=n_2+1$。

证明： 假设二叉树 T 总的结点数为 n，叶结点数为 n_0，单分支结点数为 n_1，双分支结点数为 n_2，则二叉树中结点总数为：

$$n=n_0+n_1+n_2 \tag{6.1}$$

再看二叉树中的分支数。在一棵二叉树中，所有结点的分支数（即度数）等于单分支结点数加上双分支结点数的 2 倍。假设 B 为总的分支数，则二叉树中孩子结点总数为：

$$B=n_1+2n_2 \tag{6.2}$$

由于二叉树中除根结点以外，每个结点都有唯一的一个分支指向它，因此，二叉树中总的分支数又可表示为树中总结点数减 1，即

$$B=n-1 \tag{6.3}$$

由式（6.2）和式（6.3）可得 $n=n_1+2n_2+1$ (6.4)

由式（6.1）和式（6.4）可得 $n_0+n_1+n_2=n_1+2n_2+1$

即 $n_0=n_2+1$ (6.5)

例如，在图 6.7（c）所示的二叉树中，度为 0 的结点有 6 个，度为 2 的结点有 5 个，满足 $n_0=n_2+1$。

性质 2 若二叉树的层次从 1 开始，则非空二叉树中第 i 层最多有 2^{i-1} 个结点（$i \geq 1$）。

证明： 用数学归纳法证明。

当 $i=1$ 时，非空二叉树只有一个结点（根结点），显然，$2^{1-1}=2^0=1$，结论成立。

假设当 $j=i-1$ 层（$i>1$）时，结论成立，即二叉树的第 $i-1$ 层上最多有 $2^{(i-1)-1}=2^{i-2}$ 个结点。

当 $j=i$ 时，由二叉树的定义可知，每个结点最多有两个子女，第 i 层上结点的最大数是第 $i-1$ 层上的结点最大数的 2 倍，所以第 i 层有 $2^i=2^{i-1} \times 2=2^{i-2} \times 2=2^{i-1}$ 个结点，故命题成立。

性质3 深度为 k 的二叉树中最多有 2^k-1 个结点（$k\geqslant 1$）。

证明： 显然，当深度为 k 的二叉树上每一层都达到最大结点数时，则整个二叉树的结点数是最多的。假设每一层的最大结点数为 $S_i(1\leqslant i\leqslant k)$，由于第 i 层上最大结点数为 2^{i-1}，则整个二叉树总的结点数 n 为：

$$n=\sum_{i=1}^{k}S_i=\sum_{i=1}^{k}2^{i-1}=2^0+2^1+\cdots 2^{k-1}=2^k-1$$

根据性质3可知，深度为 k 的满二叉树的结点数 n 为 2^k-1。例如，图6.7（a）所示满二叉树的深度为4，树的结点数 n 最多为 2^4-1，即 $n=15$ 个。

性质4 具有 n 个（$n>0$）结点的完全二叉树的深度 k 为 $\lceil \log_2(n+1) \rceil$ 或 $\lfloor \log_2 n \rfloor+1$。

证明： 假设完全二叉树的深度为 k，根据性质3和完全二叉树的定义可知，它的前($k-1$)层都是满的，而第 k 层上可以是满的也可以是不满的，因此可得到如下的不等式：

$$2^{k-1}-1<n\leqslant 2^k-1$$

可以转换为 $\qquad 2^{k-1}<n+1\leqslant 2^k$

取对数后得 $\qquad k-1<\log_2(n+1)\leqslant k$

亦即 $\qquad \log_2(n+1)\leqslant k<\log_2(n+1)+1$

因为 k 只能取整数，所以 $\qquad k=\lceil \log_2(n+1) \rceil$

同样，完全二叉树深度 k 与结点数 n 的关系还可以表示为：

$$2^{k-1}\leqslant n<2^k$$

取对数后得 $\qquad k-1\leqslant \log_2 n<k$

亦即 $\qquad \log_2 n<k\leqslant \log_2 n+1$

因为 k 只能取整数，所以 $\qquad k=\lfloor \log_2 n \rfloor+1$

性质5 对于一棵具有 n 个结点的完全二叉树，如果从树的根结点开始，按层自上而下，每层自左向右对所有结点进行编号，就能得到一个足以反映整个二叉树结构的线性序列。对于完全二叉树中任一个编号为 i 的结点 k_i（$1\leqslant i\leqslant n$），它的父亲结点和左、右儿子结点的编号与 i 值有如下的关系。

① 若 $i>1$，则结点 k_i 的双亲编号为 $\lfloor i/2 \rfloor$；若 $i=1$，则结点 k_i 为根结点，无双亲。

② 若 $2i\leqslant n$，则结点 k_i 的左孩子的编号为 $2i$，结点 k_i 为分支结点；否则，结点 k_i 无左孩子，即 k_i 必为叶结点，故完全二叉树中编号 $i>\lfloor n/2\rfloor$ 的结点必定是叶结点。

③ 若 $2i+1\leqslant n$，则结点 k_i 的右孩子的编号为 $2i+1$；否则，结点 k_i 无右孩子。

④ 若 i 为奇数且不为1，则结点 k_i 的左兄弟的编号为 $i-1$；否则，结点 k_i 无左兄弟。

⑤ 若 i 为偶数且小于 n，则结点 k_i 的右兄弟的编号为 $i+1$；否则，结点 k_i 无右兄弟。

⑥ 若 n 为奇数，则每个分支结点既有左孩子，又有右孩子。

性质5实际上指出一个重要的事实：完全二叉树结点之间的逻辑关系（父子关系）可由它们编号之间的关系来表达。这一性质是二叉树顺序存储结构的基础。

6.2.3 二叉树的存储结构

二叉树常用的存储方法有两种：顺序存储结构和链式存储结构。下面分别介绍这两种存储结构。

1. 二叉树的顺序存储结构

二叉树的顺序存储方法是：把二叉树的所有结点，按照一定的次序顺序存放到一组地址连续的存储单元中。适当安排好二叉树中所有结点的存放次序，使结点在这种存放序列中的相互位置能够反映出结点之间的逻辑关系，否则二叉树的基本运算就难以实现。

（1）完全二叉树的顺序存储结构

完全二叉树的顺序存储方法是：对完全二叉树中所有结点进行编号得到一个结点的线性序列，然后将完全二叉树各结点按其编号顺序存放到一个一维数组中，即将完全二叉树上编号为 i 的结点存入一维数组下标为 i 的分量中。对于编号为 i 的结点，若有左孩子，它的左孩子的编号为 $2i$；若有右孩子，它的右孩子的编号为 $2i+1$。

例如，图 6.8 是一棵深度为 4 的完全二叉树的顺序存储结构示意图。图 6.8（a）是一棵带编号的完全二叉树，结点旁边的数字就是该结点的编号。若用一维数组 data 按其编号从小到大顺序存储这棵完全二叉树，则数组中各元素的值如图 6.8（b）所示。

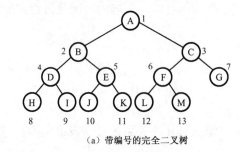

（a）带编号的完全二叉树

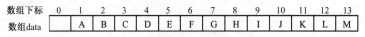

（b）二叉树的顺序存储结构

图 6.8 完全二叉树的顺序存储结构示意图

（2）普通二叉树的顺序存储结构

普通二叉树的顺序存储方法是：为了能用结点在数组中的相对位置表示结点的双亲、子女和兄弟之间的关系，也必须按照完全二叉树那样，对普通二叉树的所有结点进行编号，然后将各结点按其编号顺序存放到一维数组中。

例如，图 6.9（a）是一棵普通二叉树。尽管这棵树只有 A、B、C 三个结点，为了顺序存储这棵二叉树，适当添加 4 个虚构结点把它变成一棵完全二叉树。然后对添加虚结点的完全二叉树进行编号，再将结点按其编号顺序存放到一维数组相应的分量中。添加 4 个虚构结点后的完全二叉树及结点的编号如图 6.9（b）所示，其对应的顺序存储结构则如图 6.9（c）所示。

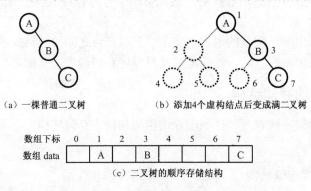

图 6.9 普通二叉树的顺序存储结构示意图

（3）顺序存储结构分析

在二叉树的顺序存储结构中，结点之间的关系可以通过下标计算出来。根据结点的编号可以推算出它的双亲结点、左右孩子结点及兄弟结点的编号，因此，访问每个结点的双亲、子女和兄弟都非常方便。

显然，顺序存储方式适合满二叉树和完全二叉树，它能够充分利用存储空间，是存储满二叉树和完全二叉树的最简单、最节省空间的存储方法。因此，涉及完全二叉树的大多数算法都采用顺序存储结构。

但是，对于一般二叉树采用顺序存储结构不太合适。原因在于：为了用结点在数组中的相对位置表示结点之间的逻辑关系，必须给二叉树添上一些并不存在的虚构结点，若按完全二叉树的形式来存储一般二叉树结点，这将浪费大量的存储单元。特别是对退化的二叉树（即每个分支结点都是单分支的），空间浪费更是惊人。另外，由于顺序存储结构固有的一些缺陷，使得二叉树的插入和删除等运算十分不方便。因此，对于一般二叉树，我们通常采用下面介绍的链接存储结构。

2．二叉树的链接存储结构

二叉树的链接存储结构是用一个链表来存储一棵二叉树的所有结点，二叉树中每个结点都用链表中的一个链结点来存储。

在二叉树的链接存储结构中，由于二叉树每个结点最多有两个孩子，因此，链表中每个链结点应有三个域：数据域、左孩子指针域和右孩子指针域，其结点的结构如图6.10所示。

图 6.10　二叉树的结点结构

相应的类型定义如下：

```
    typedef  int  datatype;          /* 根据要求用户自定义 datatype 的类型 */
    typedef struct node              /* 二叉树中结点的结构 */
    { datatype data;                 /* 结点的数据域 */
      struct  node *lchild, *rchild; /* 结点的左孩子和右孩子指针 */
    } bitree;                        /* 二叉树的结点类型定义 */
    bitree  *root;                   /* 指向二叉树的根结点 */
```

其中，**data** 称为**数据域**，用于存储二叉树结点本身的数据信息。**lchild** 和 **rchild** 分别称为**左孩子指针域**和**右孩子指针域**（简称**左指针**和**右指针**），用于存放结点的左孩子和右孩子的存储位置（即指针）。当结点某个孩子为空时，则相应的指针域为空指针。

在一棵二叉树中，所有这样形式的结点，再加上一个指向二叉树根结点的表头指针 root 就构成了二叉树的链接存储结构，通常把这种链表结构称为**二叉链表**。

例如，图 6.11（b）就是图 6.11（a）所示二叉树的二叉链表表示。其中，root 是指向二叉树根结点的指针，简称为**根结点**，它作为二叉链表的头指针。显然，一个二叉链表由头指针唯一确定。若二叉树为空树，则 root=NULL。若结点的某个孩子不存在，则相应的指针为空。具有 n 个结点的二叉树，其二叉链表共有 $2n$ 个指针域，其中只有 $n-1$ 个用来指向结点的左右孩子，而剩下的 $n+1$ 个指针域为空。

在二叉链表这种存储结构上，二叉树的多数基本运算很容易实现。例如，根据结点 lchild 指针和 rchild 指针找出它的左、右孩子等。但求双亲运算很困难，而且其时间性能不高。

如果实际问题中需要经常查找结点的双亲时,用二叉链表作为二叉树的存储结构显然是不合适的。这时可在结点中增加一个指向其双亲的指针 parent,形成一个带双亲指针的三叉链表,在这种情况下采用带双亲指针的三叉链表作为二叉树的存储结构是比较好的。

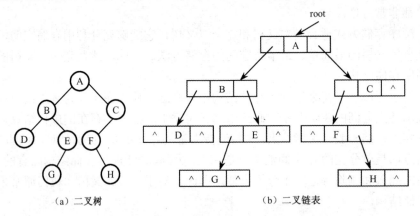

图 6.11 二叉树的链接存储结构

二叉树最常用的存储结构是二叉链表。后面章节将基于这种存储结构介绍有关二叉树的各种算法,如二叉树的遍历、二叉树的建立、交换二叉树左右子树等。当然树结构也可以采用其他链接存储方法。至于选用何种方法,主要依赖于算法处理实际问题的运算频度。

6.3 二叉树的运算

本节主要介绍二叉树的三种遍历运算、二叉树的插入和建立运算及利用遍历实现二叉树的其他运算。

6.3.1 二叉树的遍历

遍历二叉树是二叉树的一种重要的运算,是二叉树中所有其他运算的基础。二叉树的**遍历**(Traversal)是指按一定的次序"访问"二叉树的所有结点,使得每个结点仅被"访问"一次。所谓"访问"结点,是指对该结点的数据进行某种处理,处理内容依据具体问题而定。例如,输出结点的信息、求结点的孩子结点、寻找树中所有结点的最大值或者最小值等,但要求这种访问不破坏它原来的数据结构。

遍历二叉树的过程,实际上就是把二叉树的所有结点放入一个线性序列的过程。由于二叉树是一种非线性结构,每个结点可以有两个后继结点,因此,将结点放在一个线性序列中就不像遍历线性表那么容易,因而需要寻找一种规律来系统地访问二叉树的各个结点。根据二叉树的递归定义可知,一棵非空二叉树是由根结点、左子树和右子树这三个部分组成的。因此,遍历一棵非空二叉树的问题就可以分解为三项"子任务":

① 访问根结点;
② 遍历左子树(即依次访问左子树上的全部结点);
③ 遍历右子树(即依次访问右子树上的全部结点)。

如果用 D、L、R 分别表示这三项子任务,则有 DLR、LDR、LRD、DRL、RDL、RLD 共 6 种遍历二叉树的方案。其中前三种方案都是按先左后右的次序先遍历左子树,后遍历右子树，而后三种方案则相反，都是先遍历右子树，后遍历左子树。由于先遍历左子树和先遍历右子树在算法设计上没有本质区别，因此，我们只讨论前三种遍历方案。

在 DLR 方案中，因为访问根结点的操作在遍历其左子树和右子树之前，故称为**前序遍历**（Preorder）或**先根遍历**。类似地，在 LDR 方案中，访问根结点在遍历左子树之后和遍历右子树之前，故称为**中序遍历**（Inorder）或**中根遍历**；在 LRD 方案中，访问根结点的操作在遍历左右子树之后，故称为**后序遍历**（Postorder）或**后根遍历**。基于二叉树的递归定义，因此，对于非空二叉树，很容易写出这三种遍历的递归定义。

1. 前序遍历二叉树

若二叉树非空，则前序遍历二叉树的顺序是：
① 访问根结点；
② 按前序遍历根结点的左子树；
③ 按前序遍历根结点的右子树。

2. 中序遍历二叉树

若二叉树非空，则中序遍历二叉树的顺序是：
① 按中序遍历根结点的左子树；
② 访问根结点；
③ 按中序遍历根结点的右子树。

3. 后序遍历二叉树

若二叉树非空，则后序遍历二叉树的顺序是：
① 按后序遍历根结点的左子树；
② 按后序遍历根结点的右子树；
③ 访问根结点。

可以看出，这三种遍历算法都是递归的，递归的终止条件是二叉树为空。实现二叉树的遍历算法有很多，可以用递归、栈或其他方法。假设二叉树采用二叉链表作为存储结构，根结点的访问仅为打印结点的信息，那么实现这三种遍历的递归算法和中序遍历的非递归算法如下。

（1）前序遍历二叉树的递归算法

```
    void    preorder(t)                         /* 用递归方法前序遍历二叉树的算法 */
    bitree *t;
    { if (t!=NULL)
       { n=n+1;                                 /* n 为全局变量 */
         printf("\tdata[%2d]=%3d", n, t->data); /* 打印结点信息 */
         if (n%5==0)   printf("\n");            /* 每行输出 5 个结点 */
         preorder(t->lchild);                   /* 递归前序遍历左子树*/
         preorder(t->rchild); }                 /* 递归前序遍历右子树*/
    }/* PREORDER */
```

（2）中序遍历二叉树的递归算法

```
    void  inorder(t)                        /* 用递归方法中序遍历二叉树的算法 */
    bitree  *t;
    { if (t!=NULL)
       { inorder(t->lchild);                /* 递归中序遍历左子树算法 */
         n=n+1;                             /* n 为全局变量 */
         printf("\tdata[%2d]=%3d",n, t->data);  /* 打印结点信息 */
         if (n%5==0)   printf("\n");        /* 每行输出 5 个结点 */
         inorder(t->rchild);  }             /* 递归中序遍历右子树 */
    }/* INORDER */
```

（3）后序遍历二叉树的递归算法

```
    void postorder(t)                       /* 用递归方法后序遍历二叉树的算法 */
    bitree  *t;
     { if (t!=NULL)
       { postorder(t->lchild);              /* 递归后序遍历左子树*/
         postorder(t->rchild);              /* 递归后序遍历右子树*/
         n=n+1;                             /* n 为全局变量 */
         printf("\tdata[%2d]=%3d", n, t->data);  /* 打印结点信息 */
         if (n%5==0) printf("\n");  }       /* 每行输出 5 个结点 */
    }/* POSTORDER */
```

（4）中序遍历二叉树的非递归算法

```
    void   inorder_fdg(tree)                /*用非递归方法中序遍历二叉树的算法 */
    bitree *tree;
    { bitree *stack[MAX], *t=tree;          /* stack 为堆栈指针数组   */
      int top=0, n=0;                       /* top 为栈顶指针，初始为 0 */
      do{ while (t!=NULL)
         { top=top+1;
           if(top>=MAX)
              { printf("栈溢出错误\n"); exit(1);}
           else  { stack[top]=t;            /* 根指针进栈顶 */
                   t=t->lchild;             /* 指向左子树，继续扫描 */
                 }
         }/* WHILE */
         if(top>0)                          /* 栈非空则退栈 */
           { t=stack[top];
             n=n+1;
             printf("\tdata[%2d]=%3d", n, t->data);/* 访问并输出结点信息 */
             if (n%4==0)  printf("\n");
```

```
                top=top-1;
                t=t->rchild;                    /* 指向右子树 */
            }
        } while(top!=0);                        /* 若栈空,则遍历结束 */
}/* INORDER_FDG */
```

显然,上述三种遍历算法的区别就在于访问根结点的时机不同。如果在算法中暂时不考虑和递归无关的访问语句,则三个遍历算法是完全相同的。因此,从递归执行过程的角度来看前序、中序和后序遍历也是完全相同的。

二叉树的遍历次序是递归定义的。以前序遍历为例,要遍历一课二叉树,首先访问根,然后向左下降进入根的左子树,在左子树里先访问根,然后再向上,去遍历这个根的右子树。因此,实现二叉树遍历的算法,要用到栈结构,使得在向左下降访问结点的过程中保存各个右子树的根的地址,以便在遍历完一个根的左子树后能顺利地转移到这个根的右子树继续遍历下去。

定义了遍历次序,我们可以说在某种遍历次序下某结点的前驱结点是哪个结点,后继结点是哪个结点。用这三种算法遍历二叉树,将得到该树上所有结点的访问序列,这些结点序列都是线性的。为区分起见,通常指明是基于何种算法的序列,即前序序列、中序序列和后序序列。

【例6.3】对于图6.12所示的二叉树进行前序遍历、中序遍历和后序遍历,请分别给出其遍历的结果。

【解】对图6.12所示的二叉树分别进行前序遍历、中序遍历和后序遍历,其结果如下。

前序序列为:A B D E C F G
中序序列为:D B E A F C G
后序序列为:D E B F G C A

二叉树的这三个遍历次序是很重要的,它们与树结构的大多数运算有联系。为了便于理解递归的遍历算法,下面以中序遍历算法为例,结合图6.12所示的二叉树,分析并给出算法遍历此二叉树的执行踪迹和递归的执行过程。

若执行 inorder(t)算法对图6.12所示的二叉树进行中序遍历,其搜索路线如图6.13所示,图中虚线表示中序遍历二叉树时的搜索路线和方向,二叉树中虚线结点和结点中的字符"*"表示并不存在的虚构结点,即空指针所指的结点。

为了说明递归的执行过程,将前述递归的中序遍历算法改写成如下的形式:

```
        void    inorder(t)                      /* 用递归方法中序遍历二叉树的算法 */
        bitree  *t;
①       { if (t!=NULL)
②           { inorder(t->lchild);              /* 递归中序遍历左子树*/
③             printf("\t%3d",t->data);         /* 打印结点信息 */
④             inorder(t->rchild);              /* 递归中序遍历右子树*/
⑤           }
⑥       }/* INORDER */
```

在算法中,①~⑥是对应语句的编号。这样,在分析算法时,就可用①~⑥来代替中序遍历算法 inorder 中某个对应的语句。

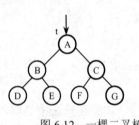
图 6.12 一棵二叉树
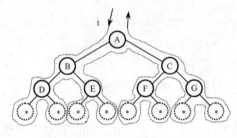
图 6.13 遍历二叉树的搜索路线

算法 inorder(t)的执行踪迹如图 6.14 所示,图中"&A","&B"等表示结点 A、B 的地址,①~⑥分别表示中序遍历算法 inorder 对应的语句。

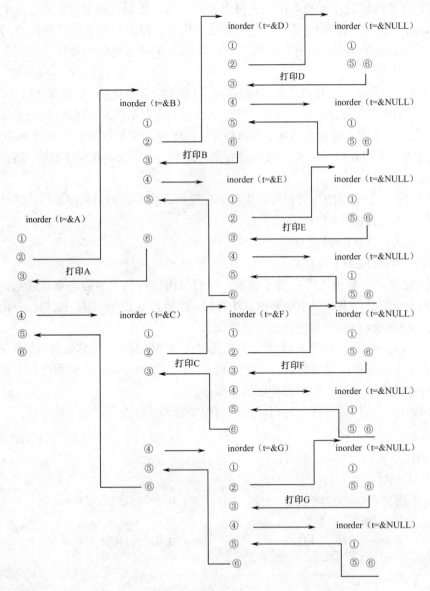

图 6.14 中序遍历算法 inorder(t)执行的踪迹示意图

6.3.2 二叉树的建立

建立二叉树就是在计算机中建立二叉树的存储结构。建立二叉树的顺序存储结构比较简单，这里仅讨论如何建立二叉树的链接存储结构，即建立二叉链表。由于建立二叉树的算法有多种，故输入二叉树结点信息也有多种形式。下面仅介绍两种建立二叉树的方法。

1. 用递归方法建立二叉树

"遍历"是二叉树各种运算的基础，可以在遍历过程中对结点进行各种操作，例如，对于一棵已知树可以求结点的双亲、求结点的孩子结点、判定结点所在层次等。反之，也可以在遍历过程中生成结点，建立二叉树的存储结构。下面以前序建立二叉树的存储结构为例，介绍建立二叉树的递归算法及数据的输入方法。

采用递归算法前序建立二叉树存储结构的方法是：首先，将二叉树各结点的空指针引出一个孩子结点，其值为一个特定值（此处假设为0），从而得到一棵新的二叉树。然后，将这棵新二叉树的前序序列作为该算法的输入序列，这样便可产生所要的二叉树。

例如，建立图6.15（a）所示的二叉树。首先，将结点空指针引出孩子结点，从而得到一棵新的二叉树如图6.15（b）所示。然后，前序遍历这棵新的二叉树得到一个前序序列，将此前序序列作为该算法的输入序列，依次输入下列整数：23, 10, 0, 88, 0, 0, 15, 0, 34, 0, 0, 0（其中最后一个整数0表示结束标志），就可得到相应的二叉链表。

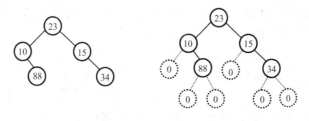

（a）一棵普通二叉树　　　　（b）将结点的空指针引出孩子结点

图6.15　前序遍历建立二叉树的示意图

下面给出用递归方法前序建立二叉树的算法：

```
bitree *creat_preorder()                          /* 用递归方法前序建立二叉树的算法 */
{ bitree *t;
    datatype  x;
    printf("\n\t\t 请输入正整数以 0 结束:");
    scanf("%d", &x);                              /* 输入结点的数据值 */
    if (x==0)   t=NULL;                           /* 输入数据，以 0 结束 */
    else{ t=(struct node*)malloc(sizeof(bitree)); /* 生成新结点 */
        t->data=x;                                /* 输入新结点的数据值 */
        t->lchild=creat_preorder();               /* 将新结点插入左子树 */
        t->rchild=creat_preorder();               /* 将新结点插入右子树 */
        }
    return(t);                                    /* 返回树的根结点 */
}/* CREAT_PREORDER */
```

2. 用非递归队列方法建立二叉树

假设用二叉链表作为二叉树的存储结构，本方法按完全二叉树的层次顺序，依次输入结点信息建立二叉链表。

例如，图 6.16（a）是一棵具有 5 个结点的普通二叉树。首先为这棵二叉树添加一些虚构结点构成完全二叉树如图 6.16（b）所示，然后按完全二叉树进行编号，并按编号顺序输入各结点的数据值：30，20，55，0，68，0，94，-99。其中，负整数"-99"是输入结束的标志，"0"代表虚构结点的数据值。

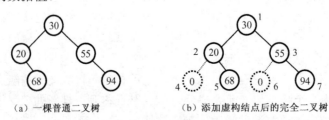

（a）一棵普通二叉树　　　　　（b）添加虚构结点后的完全二叉树

图 6.16　一般二叉树添加虚结点成为完全二叉树的示意图

该算法的基本思想是：对于任意一棵二叉树，首先添加若干个虚构结点使其成为完全二叉树，然后按完全二叉树进行编号，并按层从上往下，每层自左向右，按编号顺序输入二叉树所有结点的信息，建立二叉链表。若输入结点不是虚构结点，则建立一个新结点。若新结点是第 1 个结点，则令其为根结点；否则将新结点作为孩子结点链接到它的双亲结点上。如此重复下去，直至输入结束标志"-99"为止。

为了使新结点能够正确地与其双亲结点链接，算法中可设置一个队列，该队列是一个指针类型的数组，保存已输入结点的地址。由于逐层自左向右输入结点信息，所以先输入结点的孩子一定比后输入结点的孩子先进入队列，因此，用队头指针 front 指向当前必须与其孩子结点建立链接的双亲结点，利用队尾指针 rear 指向刚输入的结点，即当前必须与其双亲结点建立链接的孩子结点。若 rear 为偶数，则表示当前输入结点的编号为偶数，rear 所指的结点应作为左孩子与其双亲链接；若 rear 为奇数，则表示 rear 所指的结点应作为右孩子与其双亲链接。若双亲结点或孩子结点为虚构结点，则不需要链接。若双亲结点与两个孩子链接完毕，则进行出队操作，将队列的头指针 front 指向下一个等待链接的双亲结点。如此下去，直到二叉树的所有结点都处理完为止。

下面给出用非递归队列方法建立二叉树的算法：

```
    bitree *q[MAX];                    /* 定义队列 q 为指针类型的数组 */
    bitree *creat_tree()    /* 用非递归队列方法建立二叉树算法，函数返回根结点指针 */
    { int x;
      int front, rear;                 /* 队列的头指针和尾指针 */
      bitree *root, *s;
      root=NULL;                       /* 置空二叉树 */
      front=1;   rear=0;               /* 置空队列 */
      printf("\n\t\t 请输入数据，结束输入-99，叶结点输入 0: ");
      scanf("%d", &x);                 /* 输入结点的数据值 */
      while (x!=-99)                   /* 未输入结束数据-99，重复 */
```

```
        { if (x!=0)                                      /* 不是叶结点时，建立新结点 */
            { s=(struct node*)malloc(sizeof(bitree));/* 生成新结点 */
              s->data=x;                                 /* 输入新结点的数据 */
              s->lchild=NULL;
              s->rchild=NULL;
            }
          rear=rear+1;
          q[rear]=s;                                     /* 将新结点地址入队 */
          if (rear==1)   root=s;                         /* 输入第一个结点为根结点 */
            else { if(s && q[front])                     /* 孩子和父亲均为非虚结点 */
                    if (rear%2==0)                       /* rear 为偶数，新结点作为左孩子 */
                       q[front]->lchild=s;
                    else q[front]->rchild=s;             /* rear 为奇数，新结点作为右孩子 */
                  if(rear%2==1)  front=front+1;          /* q[front]两孩子处理完则出队 */
                }
          printf("\n\t\t 请输入数据以-99 结束输入，以 0 为端点数据:");
          scanf("%d", &x);                               /* 输入新结点数据 */
        }
      return(root);                                      /* 函数返回指向根结点的指针 */
    }/* CREAT_TREE */
```

6.3.3 二叉树的其他运算举例

二叉树中许多操作都是以遍历操作为基础的，只不过对具体问题，访问结点时所做的处理不同。前面已经介绍了在遍历过程中输入结点信息建立二叉树的递归算法，下面将通过几个实例介绍二叉树遍历的具体应用。

【例 6.4】设计算法，用非递归方法按层遍历二叉树。

【算法分析】对二叉树进行遍历的路径除了按前序、中序和后序遍历外，还可以按层进行遍历，即按层从上到下，同一层从左到右的次序访问各结点。例如，对于图 6.12 所示的二叉树，按层遍历该树得到结点的访问次序为：

A, B, C, D, E, F, G

按层遍历算法需要使用一个队列，开始时将二叉树的根结点入队，然后在每次从队列中删除一个结点并输出该结点的信息时，都把它的非空的左、右孩子结点入队，这样，当队列为空时算法结束。

下面给出按层遍历二叉树的非递归算法：

```
void lever_order(t)              /* 二叉树的其他运算——非递归方法按层遍历二叉树 */
bitree *t;
{ bitree  *p, *delete_queue();   /* delete_queue 为入队函数 */
  void   enter_queue();          /* enter_queue 为出队函数 */
  int n=0;
```

```
        printf("\n\n\t\t 用非递归方法按层遍历二叉树\n\n\n");
        if (t!=NULL)
        { enter_queue(t);                    /* 将根结点进入队列 */
          while (front!=rear)                /* 当队列非空时执行循环 */
          { p=delete_queue(t);               /* 删除队首结点 */
            n=n+1;
            printf("\tdata[%2d]=%3d", n, p->data);   /* 按层输出树结点 */
            if (n%4==0)  printf("\n");       /* 控制每行结点的个数 */
              if (p->lchild!=NULL)           /* 若结点有左孩子,则左孩子指针入队 */
                enter_queue(p->lchild);
              if (p->rchild!=NULL)           /* 若结点有右孩子,则右孩子指针入队 */
                enter_queue(p->rchild);
          }/* WHILE */
        }/* IF */
      } /* LEVER_ORDER */

      void   enter_queue(t)                  /* 按层遍历二叉树——二叉树根结点入队函数 */
      bitree *t;
      { if (front!=(rear+1)%MAX)             /* 若循环队列不满,则进行入队操作 */
        { rear=(rear+1)%MAX;                 /* 将循环队列的队尾指针加 1 */
          queue[rear]=t;                     /* 入队操作 */
        }
      }/* ENTER_QUEUE */

      bitree *delete_queue()                 /* 按层遍历二叉树——二叉树根结点出队函数 */
      {  if (front==rear)   return(NULL);    /* 若循环队列为空,则函数返回 0 */
         front=(front+1)%MAX;                /* 若循环队列不空,则进行出队操作 */
         return(queue[front]);               /* 函数返回循环队列的队头元素 */
      }/* DELETE_QUEUE */
```

【例 6.5】 设计算法,统计二叉树叶结点的数目并输出所有的叶结点。

【算法分析】 求叶结点的数目可用任何一种遍历算法对二叉树进行遍历,只要设置一个参数 n,在遍历过程中对叶结点进行计数即可。若该结点为叶结点,则将 n 加 1。根据叶结点的定义可知,若结点的左、右孩子结点均为空,则该结点是叶结点。

下面给出统计二叉树中所有叶子结点数并输出叶结点的非递归算法:

```
      void leaf_order(t)                     /* 非递归方法输出二叉树所有叶结点的算法 */
      bitree *t;
      { bitree *p, *delete_queue();
        int n=0;
        void enter_queue();
```

```
        printf("\n\n\t\t 用非递归方法输出二叉树所有叶子结点\n\n\n");
        if (t!=NULL)
         { enter_queue(t);
           while (front!=rear)
           { p=delete_queue(t);
              if ((p->rchild==NULL)&&(p->lchild==NULL))
              { n=n+1;                                     /* 统计叶结点的个数 */
                 printf("\tdata[%2d]=%3d", n, p->data);    /* 输出叶结点信息 */
                 if (n%4==0)  printf("\n");                /* 控制每行输出结点个数 */
              }
              if(p->lchild!=NULL)
                 enter_queue(p->lchild);                   /*若结点有左孩子,则左孩子入队 */
              if(p->rchild!=NULL)
                 enter_queue(p->rchild);                   /*若结点有右孩子,则右孩子入队 */
           }/* WHILE */
         }/* IF */
       }/* LEAF_ORDER */
```

本问题亦可用递归算法实现。用中序遍历统计和输出叶结点的递归算法如下：

```
       void  leafinorder(t)                              /* 统计二叉树叶结点数并输出的递归算法 */
       bitree *t;
        { if (t!=NULL)
           { leafinorder(t->lchild);                      /* 递归中序遍历左子树 */
              if ((p->rchild==NULL)&&(p->lchild==NULL))   /* 判断结点是否为叶结点 */
              { n=n+1;                                    /* 统计叶结点的个数 */
                 printf("\tdata[%2d]=%3d", n, p->data);   /* 输出叶结点信息 */
                 if (n%4==0)  printf("\n");               /* 控制每行输出结点个数 */
              }
              leafinorder(t->rchild);                     /* 递归中序遍历右子树 */
           }
       }/* LEAFINORDER */
```

【例6.6】设计算法，将二叉树中所有结点的左、右子树进行交换。

【算法分析】若二叉树非空，则原问题可以分解为如下三个子问题：

① 将根结点的左子树中所有结点的左、右子树进行交换；
② 将根结点的右子树中所有结点的左、右子树进行交换；
③ 交换根结点的左、右子树。

实际上，交换左、右子树算法可以通过遍历访问根结点，交换根结点的左、右子树来完成。

下面给出交换二叉树左、右子树的非递归算法：

```
       void  exchange(t)                /* 将二叉树所有结点的左、右子树进行交换的算法 */
```

```
        bitree *t;
        { bitree *p, *stack[MAX]; int top;
          printf("n\n\t\t 二叉树的其他运算——二叉树的左右子树交换运算\n\n");
          if (t!=NULL)
            { top=1;
              stack[top]=t;                          /* 根指针进入栈 */
              do{   t=stack[top];                    /* 栈顶元素退栈 */
                  top=top-1;
                  if ((t->lchild!=NULL)||(t->rchild!=NULL))
                    { p=t->lchild;                   /* 结点的左、右指针交换 */
                      t->lchild=t->rchild;
                      t->rchild=p; }
                  if (t->lchild!=NULL)               /* 交换后的左孩子入栈 */
                    { top=top+1;
                      stack[top]=t->lchild;
                    }
                  if (t->rchild!=NULL)               /* 交换后的右孩子入栈 */
                    { top=top+1;
                      stack[top]=t->rchild;
                    }
              } while (top==0);                      /* 栈空结束 */
            }/* IF */
        }/* EXCHANGE */
```

注意：用中序遍历交换二叉树中所有结点左右子树的递归算法，请读者参阅例 6.5 自行完成。

【例 6.7】利用前述函数，编写完整的程序实现二叉树的建立、遍历等综合运算。

【算法分析】若将二叉树的遍历、二叉树的建立、二叉树上其他运算函数及清除屏幕函数均存放在文件 treejbys.h 中，并将该文件存放在 C:\turboc2 目录下，则实现二叉树综合运算的完整程序如下：

```
# define  MAX  64                        /* 二叉树上基本运算程序 */
# define  NULL 0
# define  LEN  sizeof(bitree)
# include "stdio.h"
# include "stdlib.h"
# include "conio.h"
typedef  int  datatype;
typedef  struct  node                    /* 二叉树的类型定义 */
  { datatype data;                       /* 数据域 */
    struct   node *lchild, *rchild;      /* 左孩子和右孩子指针 */
```

```c
   } bitree;
bitree *root, *queue[MAX];
void inorder(), inorder_fdg(), lever_order(), leaf_order(), exchange(), info();
int  n=0, front=0, rear=0;


# include "treejbys.h"              /* 二叉树运算及清屏函数均保存在文件 treejbys.h 中 */

int  menu_select()                  /* 选择主菜单功能函数 */
{ char c;
  int n;
  clear();                          /* 清屏幕 */
  printf("二叉树的基本运算——主控模块: \n\n\n ");
  printf("\t\t\t1.   二叉树的建立 \n ");
  printf("\t\t\t2.   二叉树的左右子树交换\n ");
  printf("\t\t\t3.   二叉树按层次遍历二叉树\n ");
  printf("\t\t\t4.   二叉树所有叶子结点的输出\n ");
  printf("\t\t\t5.   二叉树的中序遍历(用递归方法)\n ");
  printf("\t\t\t6.   二叉树的中序遍历(用非递归方法)\n ");
  printf("\t\t\t0.   退       出 \n ");
  do { printf("\n\t\t\t 请按数字 0～6 键选择功能: ");
       c=getchar();
       n=c-48;
     } while ((n<0)||(n>6));
  return(n);
}/* MENU_SELECT */


void info(int k,int ch)             /* 二叉树的建立模块——提示递归信息函数 */
{ if (ch==1)   clear();
   switch (k)
    { case 1: printf("\n\n\t\t 用递归方法前序建立二叉树\n\n\n");   break;
      case 2: printf("\n\n\t\t 用递归方法遍历二叉树\n\n\n\t");    break;
      case 3: printf("\n\n\t\t 用非递归方法遍历二叉树\n\n\n\t");  break;
    }
} /* INFO */


main()                              /* 实现二叉树综合运算程序 */
{ int kk;
  do { kk=menu_select();            /* 进入主菜单功能选择模块 */
    n=0;                            /* n 用来统计结点的个数 */
    switch(kk)                      /* 根据主菜单选择二叉树操作 */
```

```
        { case 1: { info(1, 1); root=creat_preorder(); break;}  /* 用递归方法前序建立二叉树 */
          case 2: { exchange(root); break; }                    /* 将二叉树左右子树交换 */
          case 3: { lever_order(root); break; }                 /* 按层遍历二叉树 */
          case 4: { leaf_order(root); break; }                  /* 输出二叉树所有叶结点 */
          case 5: { info(2, 0); inorder(root); break; }         /* 二叉树的递归中序遍历 */
          case 6: { info(3, 0); inorder_fdg(root); break; }     /* 二叉树的非递归中序遍历 */
          case 0: { good_bye(); exit(0); }                      /* 程序运行结束 */
        }/* SWITCH */
    } while(kk!=0);
}/* MAIN */
```

上机运行该程序，按图 6.15（b）所示的二叉树输入结点信息，建立二叉树，其部分程序运行结果如图 6.17 所示。

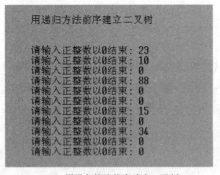
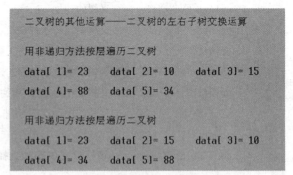

（a）用递归算法前序建立二叉树　　　　　　（b）用非递归算法按层遍历二叉树和交换二叉树的左右子树并输出

图 6.17　二叉树的其他运算部分程序运行结果示意图

6.4　线索二叉树

本节将主要介绍线索二叉树的概念、线索二叉树的存储结构及有关的运算，并以中序线索二叉树为例详细介绍中序线索二叉树的建立、遍历、查找和插入运算。

6.4.1　线索二叉树的概念

遍历二叉树是以一定规则将二叉树中结点排列成一个线性序列，得到二叉树中结点的前序序列或中序序列或后序序列。这实际上是对一个非线性结构进行线性化操作，使每个结点在这个序列中有且仅有一个前驱和一个后继。

但是，用二叉链表作为二叉树的存储结构时，只能找到结点的左、右孩子信息，而不能得到结点在某种遍历次序中的前驱和后继结点，这种信息只能在遍历的过程中才能得到。

如何保存这种在遍历过程中得到的信息呢？其中一个方法就是利用二叉链表中的空指针域来存放结点的前驱和后继信息。前面已经提到过：对于一棵具有 n 个结点的二叉树，对应的二叉链表中共有 $2n$ 个指针域，但只有 $n-1$ 个用来指向结点的左、右孩子，而另外 $n+1$ 个指针域空着，这显然是浪费存储空间的。若充分利用这些空指针，把每个结点中空着的左、右指针域分别指向某种遍历次序下的前驱结点和后继结点，那么在遍历这种二叉树时，可由此信息直接找到在该遍历次序下的前驱结点或后继结点，从而提高遍历的速度，节省建立系统栈所使用的存储空间。这种在结点的空指针域中存放指向该结点在某种遍历次序下的前驱结点或后继结点的指针称为**线索**（Thread），其中在空的左指针域中存放指向其前驱结点的指针称为**左线索**或**前驱线索**，在空的右指针域中存放指向其后继结点的指针称为**右线索**或**后继线索**。增加了线索的二叉树，就好像用一条线把整个二叉树的结点按某种遍历序列穿了起来一样，因此，加上线索的二叉树就称为**线索二叉树**（Threaded Binary Tree），相应的二叉链表称为**线索链表**。

在线索二叉树中，为了区分一个结点的指针域是指向其孩子的指针，还是指向其前驱或后继的线索，可在每个结点中增加两个线索标志域：左线索标志域 lflag 和右线索标志域 rflag，分别表示左、右指针域保存的是指针还是线索。具体的设定如下：

  lflag=0 lchild 是指向结点的左孩子的指针；

  rflag=0 rchild 是指向结点的右孩子的指针；

  lflag=1 lchild 是线索指向结点的某种遍历次序下前驱的左线索；

  rflag=1 rchild 是线索指向结点的某种遍历次序下后继的右线索。

在线索二叉树中，增加线索标志后线索链表的结点结构如图 6.18 所示。

lflag	lchild	data	rflag	rchild

图 6.18 线索链表中的结点结构

线索链表中结点的类型定义如下：

```
typedef int datatype;               /* datatype 是结点的数据类型，假设为整型 */
typedef struct node                 /* 线索二叉树的结点结构 */
{ int  lflag, rflag;                /* 左线索标志域和右线索标志域 */
  datatype data;                    /* 结点的数据域 */
  struct node *lchild, *rchild;     /* 结点的左指针域和右指针域 */
}twiclubtree;                       /* 线索二叉树的结点的类型定义 */
```

【例 6.8】为如图 6.11（a）所示的二叉树添加中序线索，请给出其中序线索二叉树和线索链表的存储结构示意图。

为该二叉树添加线索后，得到的中序线索二叉树如图 6.19（a）所示，其中序线索链表的存储结构如图 6.19（b）所示。图中实线表示指针，虚线表示新增加的线索。原来为空的左指针被指向结点的中序前驱线索所代替，原来为空的右指针则被指向结点的中序后继线索所代替。结点 D 的左线索为空 NULL，表示 D 是中序序列的开始结点，它没有前驱；结点 C 的右线索为空 NULL，表示 C 是中序序列的终端结点，它没有后继。显然，在线索二叉树中，一个结点是叶结点的充要条件是：它的左、右线索标志都是 1。

6.4.2 二叉树的中序线索化

把一棵二叉树中所有结点的空指针域按照某种遍历次序加上线索，将二叉树变为线索二叉树的过程称为**线索化**。对二叉树进行某种遍历次序的线索化，实际上就是对二叉树进行遍历的过程，只不过在访问根结点时，不是简单地打印根结点的数据值，而是用线索代替各结点的空指针即可将其线索化。

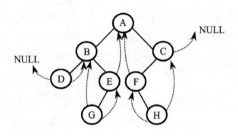

(a) 中序线索二叉树

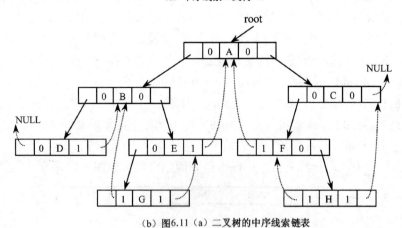

(b) 图6.11(a) 二叉树的中序线索链表

图 6.19　中序线索二叉树及其存储结构示意图

下面以中序遍历为例，给出二叉树中序线索化的算法。该算法与中序遍历类似，对中序遍历的递归算法稍加改动，就能够得到对一个已经存在的二叉树按中序遍历进行中序线索化的算法。

将一棵二叉树变成线索二叉树时，该二叉树的初始状态应该是：每个结点的左右线索标志域均为 0，若结点有左孩子或右孩子，则相应的指针域应指向该孩子结点，否则指针域为空，以便在线索化的过程中加入线索。

假设 p 是当前正在访问的根结点，pre 是 p 的前驱结点，它在中序遍历过程中总是指向 p 刚刚访问过的结点，在线索化算法中访问当前根结点 p 的处理方法如下。

① 若结点 p 有空指针域，则将其相应的标志置为 1。
② 若结点 p 有中序前趋结点 pre（即*pre!=NULL），则
- 若结点 pre 的右线索标志已建立，则使 pre->rchild 指向其中序前驱结点 p 的右线索；
- 若结点 p 的左线索标志已建立，则使 p->lchild 指向其中序前驱结点 pre 的左线索。
③ 将 pre 指向刚刚访问过的结点 p（即 pre=p）。

下面给出建立中序线索二叉树即二叉树进行中序线索化算法：

```
    twiclubtree *pre=NULL;          /* pre 为全程量，初值为 NULL */
    void  MID_CLUB(p)               /* 对二叉树进行中序线索化算法，线索标志初值为 0 */
    twiclubtree  *p;
    { if(p!=NULL)                   /* 当二叉树为空时结束递归 */
      { MID_CLUB(p->lchild);        /* 当左子树非空时，给左子树加中序线索 */
        if(p->lchild==NULL) p->lflag=1;    /* 建立左线索标志 */
        if(p->rchild==NULL) p->rflag=1;    /* 建立右线索标志 */
```

```
    if(pre!=NULL)
    { if(pre->rflag==1) pre->rchild=p;    /* 若 pre 无右子树,则 pre 右线索指向 p */
        if(p->lflag==1)   p->lchild=pre;   /* 若 p 无左子树,则 p 左线索指向 pre */
    }
    pre=p;                                  /* pre 指向刚刚访问过的结点 */
    MID_CLUB(p->rchild);                    /* 右子树非空,则给右子树加中序线索 */
  }
}/* MID_CLUB */
```

在二叉树中序线索化算法中,如果把对左子树加线索的条件语句放在对右子树加线索的条件语句之上,就可以得到二叉树的前序线索化算法,所建立的线索为前序线索二叉树。类似地,可得到后序线索化算法。

6.4.3 线索二叉树的遍历和插入运算

线索二叉树建立之后,我们讨论线索二叉树上三种常用的运算。

1. 查找某结点 p 的中序后继结点

在中序线索二叉树中,查找某个结点 p 的中序后继结点分两种情况。

① 若 p 的右子树为空,则 p->rchild 就是右线索,它直接指向 p 的中序后继结点。

② 若 p 的右子树非空,则 p 的中序后继结点必是其右子树中第一个中序遍历到的结点,也就是从 p 的右孩子开始,沿左指针链往下查找,直到找到一个没有左孩子的结点为止。该结点是 p 的右子树中"最左下"的结点,它就是 p 的中序后继结点。

下面给出中序线索二叉树中求结点 p 的中序后继结点的算法:

```
    twiclubtree *MID_CLUBNEXT(p)        /* 从中序线索树中查找结点 p 的中序后继结点 */
    twiclubtree *p                       /* 函数返回指向中序后继结点的指针 */
    { twiclubtree *q;
      if(p->rflag==1)                    /* 若结点 p 的右子树为空,则 */
          return(p->rchild);             /* p->rchild 是右线索,指向 p 的后继结点 */
      else { q=p->rchild;                /* 从 p 的右孩子开始查找 */
          while(q->lflag==0)             /* 当 q 不是左下结点时,继续查找 */
             q=q->lchild;
          return(q); }                   /* 函数返回 p 的后继结点 q */
    }/* MID_CLUBNEXT */
```

2. 查找某结点 p 的中序前驱结点

可用类似的方法,在中序线索二叉树中查找结点 p 的中序前驱结点,具体方法如下。

① 若 p 的左子树为空,则 p->lchild 为左线索,它直接指向 p 的中序前驱结点。

② 若 p 的左子树非空,则从 p 的左孩子开始,沿右指针链往下查找,直到找到一个没有右孩子的结点为止。该结点是 p 的左子树中"最右下"的结点,它是 p 左子树中最后一个中序遍历到的结点,即 p 中序前驱结点。

下面给出中序线索二叉树中求结点 p 的中序前驱结点的算法：

```
    twiclubtree *MID_CLUBBEFORE(p)      /* 从中序线索树中查找结点 p 的中序前驱结点 */
    twiclubtree *p;                     /* 函数返回指向中序结点前驱的指针 */
    { twiclubtree *q;
      if(p->lflag==1)                   /* 若结点 p 的左子树为空，则 */
          return(p->lchild);            /* p->lchild 是左线索，指向 p 的前驱结点 */
      else { q=p->lchild;               /* 从 p 的左孩子开始查找 */
          while(q->rflag==0)            /* 当 q 不是右下结点时，继续查找 */
              q=q->rchild;
          return(q); }                  /* 函数返回 p 的前驱结点 q */
    }/* MID_CLUBBEFORE */
```

3. 线索二叉树的遍历

遍历某种次序的线索二叉树，先找到该次序下的第一个结点，然后反复查找结点在该次序下的后继结点，直至找到终端结点为止。遍历线索二叉树比遍历二叉树要简单，它不需要引入栈来保存留待以后访问的子树信息。有了求中序后继结点的算法，就不难写出对线索二叉树进行中序遍历的算法。

中序遍历整个线索二叉树的过程是：先由指向根结点的指针找到根结点，从根结点出发沿左指针链一直向左查找，直到找到一个左线索标志域为 1 的结点为止，该结点的左指针域必为空，它是整个中序序列的第一个结点。然后访问该结点，接着利用求中序后继结点算法反复寻找后继结点，依次进行下去，直到中序后继结点为空时终止遍历。

下面给出对中序线索二叉树进行中序遍历的算法：

```
    void TRAVELMID_CLUB(p)              /* 按中序线索遍历中序线索二叉树算法 */
    twiclubtree *p;
    { if(p!=NULL)                       /* 若中序线索二叉树是非空树，则 */
      { while(p->lflag==0)              /* 查找中序序列下的第一个结点 */
          p=p->lchild;
        do { printf("\t%d\n", p->data); /* 输出结点 p 的值 */
          p=MID_CLUBNEXT(p);            /* 查找出 p 的中序序列下的后继结点 */
        } while(p!=NULL);               /* 当 p 为空时算法结束 */
      }
    }/* TRAVELMID_CLUB */
```

【算法分析】遍历线索二叉树的时间复杂度为 $O(n)$，而空间复杂度为 $O(1)$，这是因为线索二叉树的遍历不需要使用栈来实现递归操作。因此，若需要经常对一棵二叉树进行遍历或查找某结点在指定次序下的前驱结点和后继结点操作，其存储结构采用线索二叉树比较好。

4. 线索二叉树结点的插入运算

线索二叉树并非各方面都优于非线索树。就插入和删除运算来说，除修改指针外，还要修改相应的线索，因此，线索树的插入和删除算法的时间开销比非线索树的时间开销要大。

下面我们仅讨论中序线索二叉树中插入结点的运算。在一棵线索化的二叉树中插入一个新结点时，必须修改插入位置上原有的前驱和后继线索，使原有的中序线索化关系在新结点插入后仍能正确地保持。假设把一个新结点 r 作为结点 p 的右孩子插到中序线索二叉树中，有两种情况需要考虑。

① 若结点 p 的右子树为空，则新插入的结点 r 直接成为结点 p 的右孩子。原来 p 的后继线索作为新结点 r 的后继线索，新结点 r 的前驱线索就指向结点 p，新结点 r 就成为结点 p 的中序后继结点。插入过程中各结点线索变化情况如图 6.20（a）所示。

② 若结点 p 的右子树非空，则结点 p 原来的右子树就成为新结点 r 的右子树。当 p 不是中序序列的终端结点时，它必然有一个中序后继结点 q，因此，插入新结点 r 后，除了要修改 r 的两个线索和 p 的后继线索外，还要修改 q 的前驱线索。插入过程中各结点线索变化情况如图 6.20（b）所示。

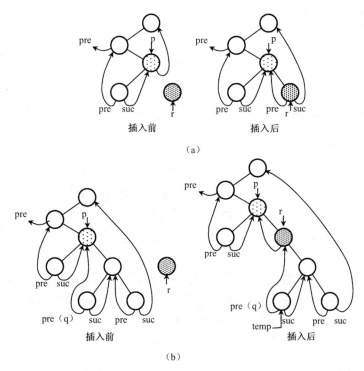

图 6.20 结点 r 作为结点 p 的右孩子插入的示例

在上述两种情况下，原结点 p 都是新结点 r 的前驱。

下面给出在中序线索二叉树中插入一个新结点的算法：

```
void  INSERTMID_CLUB(p, r)         /* 将新结点 r 作为 p 的右孩子插入线索二叉树中 */
twiclubtree  *p, *r;
{ twiclubtree *q;                   /* q 为 p 的后继结点 */
    q=MID_CLUBNEXT(p);              /* 查找 p 的原中序序列下的后继结点 q */
    r->lflag=1;                     /* 建立新结点 r 的左线索标志 */
    r->lchild=p;                    /* r 的中序前驱为 p 结点 */
    r->rflag=p->rflag;              /* 建立新结点 r 的右线索标志 */
    r->rchild=p->rchild;            /* r 的右线索或右子树等于原 p 的 */
```

```
            p->rflag=0;                    /* 修改 p 的右线索标志 */
            p->rchild=r;                   /* 新结点 r 成为 p 的右孩子 */
            if((q!=NULL)&&(q->lflag==1))   /* 若 q 有左线索，则修改 q 的左线索 */
                q->lchild=r;               /* 将 q 的前驱结点修改为新结点 r */
        }/* INSERTMID_CLUB */
```

将新结点 r 作为结点 p 的左孩子插入线索二叉树的算法，请读者参照以上程序自行设计。

本节以中序线索二叉树为例，详细介绍了它的结构和有关操作。除此之外，还可以通过前序遍历和后序遍历建立前序线索二叉树和后序线索二叉树，它们与中序遍历建立中序线索二叉树的区别仅在于加入前驱线索和后继线索的时间不同而已，请读者自行设计。

6.5 树和森林

本节我们将介绍树的常用的三种存储方法、树和森林的遍历操作、树和森林与二叉树之间的对应关系及相互转换方法。

6.5.1 树的存储结构

1. 双亲链表表示法

在树结构中，每个结点可以有多个孩子，但双亲只有一个。利用树的双亲是唯一的这个特性，在存储树中结点的同时，为每个结点增加一个指向其双亲的指针 parent，这样就可以唯一地表示任何一棵树。通过指向双亲的指针将树中所有结点组织在一起，这种存储方法称为树的**双亲链表表示法**。尽管可以用动态链表实现这种存储方式，但用静态链表会更加方便。

静态双亲链表采用一维数组实现树的存储。数组中每个元素有两个域：数据域和双亲域。数据域存放树中每个结点的数据值；双亲域用于存放其双亲结点所在的位置，即双亲结点在数组中的下标值。静态双亲链表的类型定义如下：

```
        #define maxsize  64              /* 结点数目的最大值加 1 */
        typedef struct                   /* 结点的结构定义 */
        { datatype data;                 /* 数据域 */
          int parent;                    /* 双亲域（静态指针域）*/
        } Ttree;                         /* 静态双亲链表结点的类型定义 */
        Ttree T[maxsize];                /* 静态双亲链表 */
```

由于树的根结点的编号为 1，所以用双亲链表 T 表示树时，不用 T[0]。若结点 T[i] 的双亲结点是 T[j]，则 T[i].parent=j；若 T[i] 是根结点，则 T[i].parent=0。

【例 6.9】图 6.21（b）就是图 6.21（a）所示树的静态双亲链表的存储结构示意图。

在静态双亲链表中，通过任一结点双亲的值，就可找到该结点的双亲。例如，图 6.21（b）中，结点 D、E、F 双亲域的值均为 2，这说明它们的双亲结点在数组中的位置为 2，即结点 B 是它们的双亲。由于根结点没有双亲，因此其双亲域的值为 0。

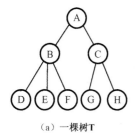

数组下标	0	1	2	3	4	5	6	7	8
数据域 data		A	B	C	D	E	F	G	H
双亲域 parent	0	0	1	1	2	2	2	3	3

（a）一棵树T　　　　　　　　　　　　　（b）树T的静态双亲链表

图 6.21　树 T 的静态双亲链表示例

由于双亲链表中指针 parent 是向上链接的，所以这种存储方法对于求指定结点的双亲或祖先是很方便的。但是，对于求指定结点的孩子或其他后代不太方便，需要遍历整个数组。为了减少遍历时间，可对树中结点按层编号，并以结点的编号作为它们在数组中的序号。这样，孩子结点的下标值大于其双亲结点的下标值，兄弟结点之间的下标值从左向右递增。如果查找任意一个下标为 i 的结点 p 的子孙，只需在下标大于 i 的结点中进行查找。这样可以缩小查找范围，加快查找过程。

2．孩子链表表示法

孩子链表存储树的方法是：将树中每个结点的数据元素及指向该结点所有孩子的指针存储在一起以便于运算的实现。由于树中每个结点可能有多棵子树，因此各结点的度没有限制而且可能相差很大。一种自然的表示方法是为树中每个结点 x 建立一个孩子链表，如果树有 n 个结点，那么该树就有 n 个孩子链表（叶子结点的孩子链表为空表）。一个孩子链表就是一个带头结点的单链表。为了查找方便，将这 n 个孩子链表的头指针组成一个数组，称为**表头数组**。

表头数组中每个结点有两个域：数据域和指针域。其中，数据域用于存放树中结点 x 的数据值，指针域用于存放指向其孩子链表的第一个表结点（首结点）的指针。对于结点 x 的孩子链表来说，每个孩子结点也有两个域：孩子域（数据域）和指针域。其中，孩子结点的数据域存放它们在表头数组中的位置，指针域存放指向其兄弟结点的指针。

【例 6.10】图 6.22（b）是图 6.22（a）所示树 T 的孩子链表的存储结构示意图。

图 6.22（b）中，树 T 的所有结点都存放到表头数组中，而各结点的孩子信息则存放到孩子链表中。例如，结点 B 有三个孩子 D、E、F，而 D、E、F 在表头数组中的下标值分别为 4、5、6，所以，在 B 的孩子链表中这三个结点的孩子域的数据值分别为 4、5、6。显然，根据孩子域的数据值就可以在表头数组中迅速找到其对应的孩子结点。例如，由结点 C 的孩子链表中表结点的孩子域值为 7、8，可立即从表头数组中查出 C 的孩子是 G 和 H。

与双亲链表存储方法相反，采用孩子链表作为树的存储结构，便于实现查找孩子及其子孙的运算，但实现与双亲有关的操作运算时就比较麻烦。因此，我们可以把双亲链表和孩子链表这两种表示方法结合起来，即在各结点中增加一个双亲域，形成一个带双亲的孩子链表。这种存储结构称为**带双亲的孩子链表表示法**。

图 6.22（c）就是图 6.22（a）所示的树 T 带双亲的孩子链表的存储结构示意图，它和图 6.22（b）表示的是同一棵树。

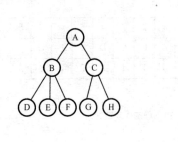
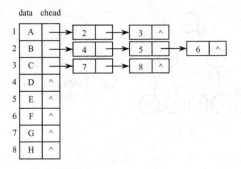

(a) 一棵树T　　　　　　　(b) 树T的孩子链表

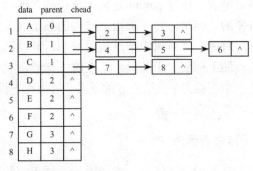

(c) 树T带双亲的孩子链表

图 6.22　树 T 的孩子链表和带双亲的孩子链表

带双亲的孩子链表的结构类型可定义如下：

```
typedef struct cnode              /* 孩子链表中孩子结点的结构 */
{   int cno;                      /* 孩子结点的数据域表示在表头数组中位置 */
    struct cnode *next;           /* 孩子结点的指针域指向其兄弟结点 */
} link;
typedef struct headnode           /* 表头数组中结点的结构 */
{   datatype data;                /* 表头结点的数据域表示树中结点数据值 */
    link chead;                   /* 表头结点的指针域指向孩子链表头结点 */
    int  parent;                  /* 表头结点的双亲域表示结点的双亲 */
} cldtree;                        /* 表头结点的类型定义 */
cldtree  T[maxsize];              /* 表头数组 */
```

3. 孩子兄弟链表表示法

孩子兄弟链表表示法的基本思想是：利用树中每个结点与其最左孩子和右邻兄弟的关系来表示树。孩子兄弟链表中各结点的存储形式都是相同的。每个结点有三个域：数据域用于存储树中结点的数据元素，孩子指针域用于存放该结点的第一个孩子的指针，兄弟域用于存放该结点右邻兄弟的指针。

【例 6.11】图 6.23（b）就是图 6.23（a）所示树 T 的孩子兄弟链表存储结构示意图。

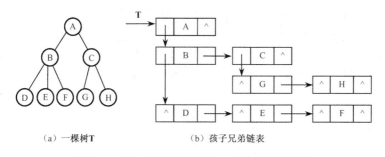

(a) 一棵树T　　　　　(b) 孩子兄弟链表

图 6.23　树 T 的孩子兄弟链表存储结构示意图

应当注意的是：孩子兄弟链表的结构形式与二叉链表完全相同，但每个结点的指针含义不同。二叉链表中结点的左、右指针分别指向其左、右孩子，而孩子兄弟链表中结点的两个指针则分别指向其"长子"和"大弟"。例如，在图 6.23（b）中，树的根结点 A 没有兄弟，所以其兄弟域为空；但它有两个孩子 B 和 C，因此它的孩子域指向其"长子" B 的地址。结点 B 既有孩子又有兄弟，所以它的孩子指针指向它的"长子" D，它的兄弟指针指向其兄弟C。结点 D 的孩子域为空，兄弟指针指向它的"大弟" E。

这种存储方法的最大优点是：它和二叉树的二叉链表结构完全一样，因此，可以利用二叉树的算法实现树的各种操作。同时，由于结点的结构相同，结点间的联系密切，易于实现查找结点的孩子等操作。例如，若要访问结点 B 的所有子女，只需要通过结点 B 的孩子指针，先找到它的第一个孩子结点 D，然后通过结点 D 的兄弟指针找到其下一个兄弟 E，再由结点 E 的兄弟指针找到 E 的下一个兄弟 F；当结点 F 的兄弟指针为空时，则查找结束。但是，孩子兄弟链表查找结点的双亲比较麻烦，需要从树的根结点开始逐个查找。当然，如果为每个结点增加一个双亲域，则同样能方便地实现查找结点的双亲操作。

后面我们将会讨论到，树的孩子兄弟链表方法实际上是一种二叉树的表示方法，树和森林都可以用二叉树来表示。因此，使用这种存储结构可以很容易地实现树和二叉树的相互转换。

6.5.2　树和森林与二叉树的转换

二叉树是存储结构最简单、运算最简便的一种树结构。但很多实际问题的"自然"描述形态是树或森林。因此，研究树和森林与二叉树之间的一个对应关系是很有意义的。

树和森林与二叉树有一个自然的对应关系，它们之间可以相互进行转换，即任何一个森林或一棵树都可以唯一地对应一棵二叉树；反过来，任何一棵二叉树也能唯一地对应到一个森林或一棵树上。与树和森林相比较，二叉树存储结构更简单，运算更简便。由于存在这种对应关系，因此，将树和森林中所要处理的问题对应到二叉树中进行处理，显然可使问题简单化。

下面将介绍森林和树与二叉树相互转换的规则并通过实例说明具体的转换方法。

1. 树和森林转换为二叉树的规则

若 $F=\{T_1, T_2, ..., T_m\}$ 表示由 m（$m \geq 0$）棵树组成的森林，则森林 F 对应的二叉树 B(F)的构造规则如下：

① 若 F 为空（$m=0$），则对应的二叉树 B(F)为空树。

② 若F非空（$m>0$），则对应二叉树B（F）的根结点是森林F中第一棵树T_1的根结点，B(F)根结点的左子树为B（T_{11}，T_{12}，…，T_{1n}），其中，T_{11}，T_{12}，…，T_{1n}是T_1的子树；B(F)根结点的右子树为B（T_2，…，T_m），其中，T_2，T_3，…，T_m是除T_1以外其他树构成的森林。

这实际上是一种递归的构造方法，如果假定F是有序树的序列，那么，由F所构造的二叉树B(F)是唯一的。

2．森林和树转换为二叉树的方法

给定一棵树，可以找到唯一的一棵二叉树与之对应。由于树中结点可能有多个孩子，但二叉树每个结点最多只有两个孩子，因此，将树转换成对应的二叉树时，我们规定：原树的根结点作为二叉树的根结点。二叉树中每个结点对应着它所表示的普通树的一个结点，取原树中该结点任意一个孩子结点作为二叉树中相应结点的左孩子，而取原树中该结点的任意一个兄弟作为二叉树中相应结点的右孩子。

由于树的根结点没有兄弟，因此，一棵普通树转换成对应的二叉树是一棵根结点的右子树始终为空的二叉树。

下面通过实例，说明将树和森林转换成对应的二叉树的方法。

【例6.12】图6.24（a）是由5棵普通树组成的森林F={T_1，T_2，T_3，T_4，T_5}。其中，T_1={A, B, C, J}，T_2={D, E, F, G, H, I}，T_3={K, L, M, N, O, P, R}，T_4={S, U}，T_5={V, W, X, Y}。若将森林中这5棵普通树分别转换为对应的二叉树，请给出这5棵树对应的二叉树表示。

【解】图6.24（a）中这5棵普通树T_1、T_2、T_3、T_4、T_5所对应的二叉树表示分别为BT_1、BT_2、BT_3、BT_4和BT_5，如图6.24（b）所示。

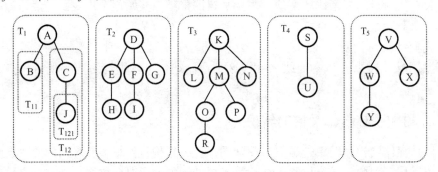

（a）由5棵树T_1、T_2、T_3、T_4、T_5组成的森林F

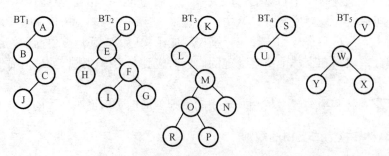

（b）将5棵树转换后得到对应的二叉树BT_1、BT_2、BT_3、BT_4和BT_5

图6.24 将森林F中5棵普通树转换为对应的二叉树表示

将普通树 T_1 转换为二叉树 BT_1 的方法是：首先，取普通树 T_1 的根结点 A 作为二叉树 BT_1 的根结点；然后，取 A 任意一个孩子结点 B 作为 A 的左孩子，原树中结点 B 没有孩子，但有一个兄弟 C，因此，取结点 C 作为 B 的右孩子；而结点 C 没有兄弟仅有一个孩子 J，故取结点 J 作为 C 的左孩子。普通树 T_1 对应的二叉树 BT_1 如图 6.24（b）所示。

同理，继续使用上述方法，将树 T_2、T_3、T_4 和 T_5 分别转换为二叉树 BT_2、BT_3、BT_4 和 BT_5，如图 6.24（b）所示。

树是森林的特殊情况。若把森林中其他树的根结点看成是第一棵树的根结点的兄弟，则同样可以得到森林和二叉树的对应关系。因此，把森林转换成一棵二叉树的方法如下：

① 将森林中的每一棵树都转换成对应的二叉树；
② 将每棵二叉树的根结点视为兄弟从左往右连接在一起，就得到森林对应的二叉树。

【例 6.13】将图 6.24（a）所示的森林 $F=\{T_1, T_2, T_3, T_4, T_5\}$ 转换为二叉树，请给出该森林对应的二叉树表示并给出其转换过程。

【解】图 6.25 就是图 6.24（a）所示的森林 $F=(T_1, T_2, T_3, T_4, T_5)$ 对应的二叉树表示。

把森林 F 转换为二叉树的方法是：首先，将森林 F 中的 5 棵树 T_1、T_2、T_3、T_4、T_5 分别转换成对应的二叉树 BT_1、BT_2、BT_3、BT_4、BT_5，如图 6.24（b）所示。然后，取第一棵二叉树 BT_1 的根结点 A 作为该二叉树的根结点，把第二棵二叉树 BT_2 的根结点 D 作为 A 的右子树，接着再将第三棵二叉树 BT_3 的根结点 K 作为结点 D 的右子树，其余类推，直到把第 5 棵二叉树 BT_5 的根结点 V 作为结点 S 的右子树插入二叉树后结束。

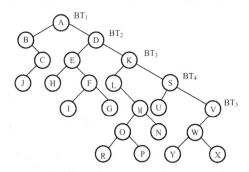

图 6.25 图 6.24（a）的森林 F 的二叉树表示

应当注意是，对于一棵普通无序树来说，由于没有规定树中各子树的先后次序，因此树中兄弟结点之间是相互平等的，上述规定中的"取任意一个儿子"和"取任意一个兄弟"的取法可能有多种，因此，树对应的二叉树表示不是唯一的。对于同一棵树，可以表示成不同的二叉树。例如，若图 6.26（a）所示树 T 是一棵无序树，因此，可将其转换成不同形态的二叉树，如图 6.26（b）所示，当然还可以表示成其他形态的二叉树。

3．二叉树转换为树和森林的规则

如果 B(F) 是一棵二叉树，可以按如下方法把 B(F) 还原为相应的 m（$m \geq 0$）棵树构成的森林 $F=\{T_1, T_2, \cdots, T_m\}$：

① 若 B(F) 为空二叉树，则森林 F 为空（$m=0$）；
② 若 B(F) 非空二叉树，则 F 中第一棵树 T_1 的根结点就是二叉树 B(F) 的根结点，T_1 中根结点的子树序列 $\{T_{11}, T_{12}, \cdots, T_{1n}\}$ 是由 B(F) 的左子树转换而成的森林，F 中除 T_1 之外其余树组成的森林 $F=\{T_2, T_3, T_4, \cdots, T_m\}$ 是由 B(F) 的右子树转换而成的森林。

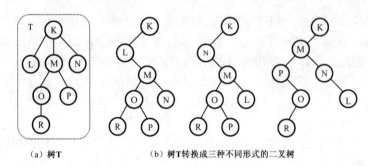

（a）树T　　　　　　（b）树T转换成三种不同形式的二叉树

图 6.26　同一棵树得到的不同形式的二叉树表示

4．二叉树还原为森林的方法

将一棵由森林或普通树转换来的二叉树还原为森林或普通树的过程如下：

① 对于一棵二叉树中任一结点 x，若结点 x 是其双亲 y 的左孩子，则把结点 x 的右孩子，右孩子的右孩子，……，都与结点 y 用连线连接起来；

② 删除所有双亲到右孩子之间的连线；

③ 将图形规整化，使各结点按层次排列。

下面通过实例，说明将二叉树还原为树和森林的方法。

【例 6.14】图 6.27（a）是某森林对应的二叉树表示。若将该二叉树还原为森林，请给出其还原过程。

【解】将森林对应的二叉树还原为森林的过程如图 6.27（b）、（c）、（d）所示，图中虚线表示待删除的连线，粗实线表示双亲与右孩子新添加的连线。

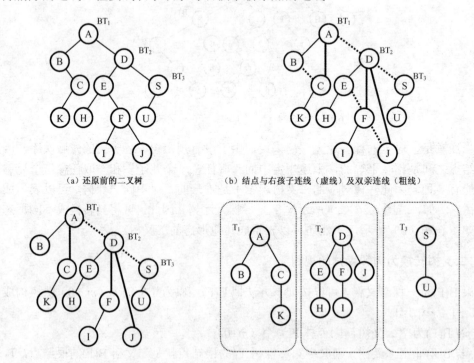

图 6.27　二叉树还原为森林的过程

二叉树还原为森林的过程如下：首先，将根结点 A 与其左孩子结点 B 的右孩子结点 C 相连接，接着将 A 的右孩子结点 D 分别与其左孩子 E 的右孩子结点 F 及 F 的右孩子结点 J 相连接，如图 6.27（b）所示。然后，删除结点 B 与其右孩子 C 的连线，删除结点 E 与其右孩子结点 F 及 F 与其右孩子结点 J 的连线，如图 6.27（c）所示。最后，删除根结点 A 与其右孩子 D，以及 D 与其右孩子 S 之间的连线，则整个转换过程结束，还原后的森林 F 如图 6.27（d）所示。

6.5.3 树的遍历

遍历是树和森林的一种重要的运算。树的遍历方法有两种：深度优先遍历和广度优先遍历。深度优先遍历分为两种：前序遍历（先根次序）和后序遍历（后根次序）。广度优先遍历也称为按层遍历。

1. 树的深度优先遍历

由于普通树没有规定各子树的先后次序，所以只能人为地假设为第一棵子树、第二棵子树等。

（1）树的前序遍历

若树非空，则树的前序遍历顺序如下：

① 访问树的根结点；
② 前序遍历根的第一棵子树；
③ 前序遍历根的其余子树。

（2）树的后序遍历

若树非空，则树的前序遍历顺序如下：

① 后序遍历根的第一棵子树；
② 后序遍历根的其他子树；
③ 访问树的根结点。

2. 树的广度优先遍历

广度优先遍历就是按层访问树中所有结点。其遍历顺序是：首先访问第一层的根结点；然后自左向右顺序访问第二层结点；继续向下访问下面的层，直到把最下面一层的所有结点都访问完为止。显然，在按层遍历所得到的结点序列中，各结点的序号与按层编号所得的编号是一致的。

【例 6.15】假设对图 6.28 所示树 T 进行前序遍历、后序遍历和按层遍历，请给出该树的前序序列、后序序列和层次序列。

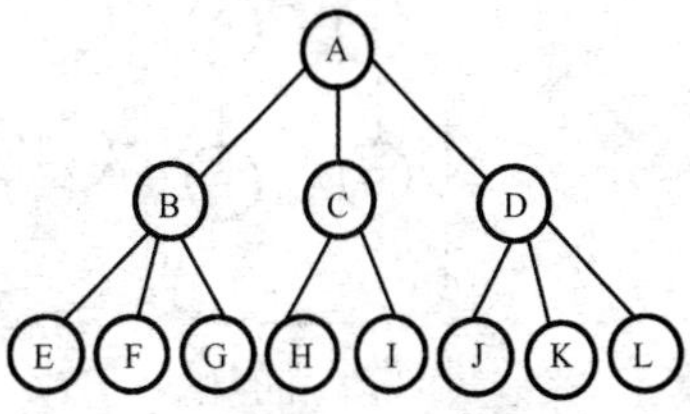

【解】树的前序序列为：A B E F G C H I D J K L

    树的后序序列为：E F G B H I C J K L D A

    树的层次序列为：A B C D E F G H I J K L

图 6.28 树 T 的遍历示例

值得注意的是：如果把树对应的二叉树当作二叉树进行遍历就会发现，前序遍历一棵树的结果与前序遍历该树对应的二叉树的结果恰好相同，而后序遍历树的结果与中序遍历该树对应的二叉树的结果恰好相同。

6.5.4 森林的遍历

森林的遍历方法有两种：深度优先遍历和广度优先遍历。但后者很少用到，常用的只有前者。森林的深度优先遍历有两种：前序（先根次序）遍历和后序（后根次序）遍历。

1. 森林的深度优先遍历

（1）森林的前序遍历

若森林非空，则前序遍历森林的顺序如下：

① 访问森林中第一棵树的根结点；
② 前序遍历第一棵树中根结点的各子树所组成的森林；
③ 前序遍历除第一棵树外其他树组成的森林。

（2）森林的后序遍历

若森林非空，则后序遍历森林的顺序如下：

① 后序遍历第一棵树的根结点的各子树所组成的森林；
② 后序遍历除第一棵树外其他树组成的森林；
③ 访问森林中第一棵树的根结点。

简而言之，前序遍历森林是从左到右依次前序遍历森林中的每一棵树，后序遍历森林则是从左到右依次后序遍历森林中的每一棵树。

2. 森林的广度优先遍历

森林的广度优先遍历（层次遍历）规则是：依次访问第一层的结点，然后自顶向下逐层访问，同一层自左向右，依次访问森林中各棵树的结点，直到最下面一层的所有结点均访问完为止，不要求一棵树一棵树地去解决。

【例 6.16】假设森林 F 由三棵有序树 T_1、T_2、T_3 组成，如图 6.29（a）所示，森林 F 对应的二叉树 BT 如图 6.29（b）所示。请按要求完成下列任务：

（1）若对森林 F 进行前序遍历、后序遍历和按层遍历，请分别给出森林 F 的遍历结果；
（2）若把森林 F 对应的二叉树 BT 当作二叉树进行遍历，请给出二叉树 BT 的前序遍历、中序遍历和后序遍历的结果。

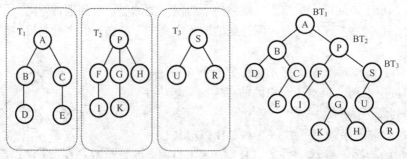

图 6.29 森林的遍历示例

【解】森林 F 的前序序列为：　　ABDCEPFIGKHSUR
　　　森林 F 的后序序列为：　　DBECAIFKGHPURS

森林 F 的层次序列为：　　APSBCFGHURDEIK
二叉树 BT 前序序列为：　　ABDCEPFIGKHSUR
二叉树 BT 中序序列为：　　DBECAIFKGHPURS
二叉树 BT 后序序列为：　　DECBIKHGFRUSPA

由此可见，前序遍历森林的结果与前序遍历该森林对应二叉树的结果是相同的，后序遍历森林的结果与中序遍历该森林对应二叉树的结果是相同的。这主要是由森林转换成二叉树的方法所决定的，因为森林中的第一棵树对应到二叉树的根和左子树，森林中其他树则对应到二叉树的右子树。

因此，若用二叉链表作为树和森林的存储结构，可以利用相应二叉树的前序遍历和中序遍历算法实现树和森林的前序遍历和后序遍历运算。

6.6　哈夫曼树及其应用

二叉树在实际问题中有着广泛的应用。哈夫曼树和二叉排序树是二叉树最典型的应用。本节我们将讨论哈夫曼树（**或称最优二叉树**）的概念及其在通信编码问题中的应用。二叉排序树将在第 9 章中进行讨论。

6.6.1　哈夫曼树的基本概念

1. 树的路径长度

从树中一个结点到另一个结点之间的分支构成这两个结点之间的路径，路径上分支的数目称为**路径长度**。**树的路径长度**是指从树的根结点到树中每个结点的路径长度之和。

2. 树的带权路径长度

在实际应用中，常将树中结点赋予一个有某种含义的实数值，这个实数就称为**该结点的权**。从树的根结点到该结点之间的路径长度与结点权的乘积，称为**该结点的带权路径长度**。树中所有叶结点的带权路径长度之和称为**树的带权路径长度**，通常记为：

$$WPL = \sum_{i=1}^{n} w_i l_i$$

式中，n 表示树中叶子结点的数目，w_i 表示叶结点 k_i 的权，l_i 表示根结点到叶结点 k_i 之间的路径长度。

3. 哈夫曼树

在 n 个权值为 $w_1, w_2, \cdots, w_{n-1}, w_n$ 的带权叶结点构成的所有二叉树中，其带权路径长度 WPL 最小的二叉树称为**哈夫曼树**或**最优二叉树**（**Huffman Tree**）。

【例 6.17】假设 4 个叶结点 a、b、c、d，其权值分别为 w=(2, 5, 8, 11)，试构造一棵最优二叉树。

【解】根据叶结点的权值，我们可以构造出带有该组权值的许多不同形态的二叉树，其中三棵二叉树如图 6.30 所示。

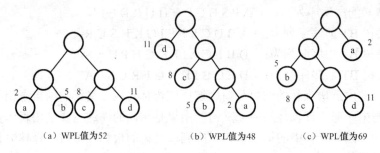

图 6.30　具有相同权值的叶结点但不同带权路径长度 WPL 的二叉树

图 6.30 中这三棵二叉树的带权路径长度 WPL 分别为：

(a) WPL=2×2+2×5+2×8+2×11=52
(b) WPL=3×2+3×5+2×8+1×11=48
(c) WPL=1×2+2×5+3×8+3×11=69

其中，(b) 树的 WPL 是三棵树中最小的。可以证明，它就是一棵哈夫曼树，即该树的 WPL 是这 4 个叶结点构成的所有二叉树中最小者。

对于 n 个带权的叶结点，我们可以构造出许多不同形态的具有 n 个叶结点并带有该组权值的二叉树，由于二叉树左、右分支的不同取法，可得到形态结构完全不同的两棵哈夫曼树，因此哈夫曼树不是唯一的，但其最小的 WPL 是确定的。在一般情况下，无论什么形态的哈夫曼树，其权值越大的叶结点离根结点越近，权值越小的叶结点离根结点越远。

6.6.2　哈夫曼树的构造及实现

下面介绍哈夫曼树的存储结构，如何构造哈夫曼树，以及哈夫曼编码和译码的程序实现。

1. 哈夫曼算法

给定 n 个带权叶结点，如何构造一棵 n 个带有给定权值的叶结点的二叉树，使其带权路径长度 WPL 最小呢？哈夫曼首先给出了构造最优二叉树的方法，故称其为**哈夫曼算法**。其算法的基本思想如下：

① 将 n 个权值分别是 $w_1, w_2, \cdots, w_{n-1}, w_n$ 的结点按权值递增排列。将每个权值作为一棵二叉树，构成 n 棵二叉树的森林 $F=\{T_1, T_2, \cdots, T_{n-1}, T_n\}$，其中每棵二叉树 T_i 都只有一个权值为 w_i 的根结点，其左、右子树均为空。

② 在森林 F 中选取两棵根结点权值最小的二叉树，作为左、右子树构造一棵新的二叉树，并使得新二叉树根结点的权值为其左、右子树上根结点的权值之和。

③ 在森林 F 中，删除这两棵树，同时将新得到的二叉树代替这两棵树加入森林 F 中。因此，森林 F 中二叉树的个数将比以前少一棵。

④ 对新的森林 F 重复②和③，直到森林 F 中只有一棵树为止。这棵树就是哈夫曼树。

【例 6.18】假设树中 4 个叶结点的带权值 w=(1, 22, 24, 35)，试用哈夫曼算法构造一棵哈夫曼树。

【解】图 6.31 是用哈夫曼算法构造一棵哈夫曼树的过程示意图。

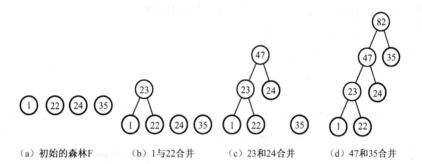

（a）初始的森林F　　（b）1与22合并　　（c）23和24合并　　（d）47和35合并

图6.31　哈夫曼树构造过程

按照哈夫曼算法，首先，将这4个带权的叶结点按权值从小到大递增排序，得到4棵二叉树组成的森林F，每棵二叉树仅有一个结点，如图6.31（a）所示。然后从森林F中选取权值最小的两棵二叉树，即1和22这两棵二叉树，构成一棵新的二叉树，此时森林中有3棵二叉树，如图6.31（b）所示。从森林中继续选取权值最小的两棵二叉树23和24，构成一棵新的二叉树，如图6.31（c）所示。最后将森林中剩下的两棵二叉树35和47合并成一棵二叉树，合并到此为止。图6.31（d）就是最后生成的哈夫曼树，其带权路径长度为152。

2．哈夫曼算法的实现程序

下面给出哈夫曼树的存储结构及哈夫曼算法的实现程序。

为了实现哈夫曼算法，首先要定义哈夫曼树的存储结构及树中结点的结构。如何选择结点的结构呢？由于构造哈夫曼树之后，为求编码要从叶结点出发走一条从叶结点到根的路径，而为译码要从根结点出发走一条从根到叶结点的路径。对于每个结点而言，既需要知道双亲的信息，又需要知道孩子的信息。因此，可采用带双亲的孩子链表作为结点的存储结构。由哈夫曼算法可知，如果哈夫曼树有 n 个叶结点，则最终生成的哈夫曼树共有 $2n-1$ 个结点。因此，我们可用一个长度为 $2n$ 的一维数组存放哈夫曼树中所有结点，其存储结构定义如下：

```
#define  leafnum  7              /* leafnum 为哈夫曼树叶结点的最大值 */
#define  hufnum   2*leafnum      /* hufnum 为哈夫曼树中结点总数 */
typedef char datatype;
typedef struct  node             /* 哈夫曼树中结点的存储结构 */
{ datatype   name;               /* 结点的数据域 */
  float weight;                  /* 结点的权值域 */
  int lchild, rchild, parent;    /* 结点的左、右孩子及双亲指针 */
}huftree;                        /* 哈夫曼树中结点的类型定义 */
huftree   tree[hufnum];          /* 采用静态带双亲的孩子链表存储哈夫曼树 */
```

其中，name 表示结点数据的名称；weight 表示结点的权值；lchild、rchild 分别是结点的左、右孩子在数组中的下标值，叶结点的左孩子和右孩子的下标值均为0；parent 表示结点双亲在数组中的位置。它的主要作用有两点：第一，区分根和非根结点；第二，使得查找某个结点的双亲变得更为简单。若 parent=0，则该结点是树的根结点，否则为非根结点。因为把森林中的两棵二叉树合并成一棵树时，必须从森林的所有结点中选取两个根结点的权值为最小的结点，此时就是根据 parent 来区分根与非根结点的。

若采用上述存储结构,则构造一棵哈夫曼树的算法如下:

```c
# define   maxfloat   999.9                /* maxfloat 为 float 类型最大值 */
char   ch[8]={'\0', 'a', 'b', 'c', 'd', 'e'};   /* 存储叶结点所代表的字符 */
float  w[8]={0, 0.10, 0.25, 0.15, 0.2, 0.3 };   /* 字符在电文中出现的频率 */

void  creattreehuffman(huftree tree[])      /* 根据叶结点权值建立哈夫曼树 */
{ int i, j, p1, p2; float least1, least2;
  for(i=1;i<=hufnum+1;i++)                  /* 将哈夫曼树初始化 */
  { tree[i].name='\0';
    tree[i].parent=0;
    tree[i].lchild=0;
    tree[i].rchild=0;
    tree[i].weight=0.0;
  }
  for(i=1;i<=leafnum;i++)                   /* 输入待编码的字符及带权值 */
  { tree[i].name=ch[i];                     /* 输入叶结点所代表的字符 */
    tree[i].weight=w[i];                    /* 输入叶结点的带权值 */
  }
  for(i=leafnum+1;i<=hufnum;i++)            /* 进行合并,新结点存储于 tree 中*/
  { p1=0;  p2=0;
    least1=maxfloat;                        /* 为 least1 和 least2 赋初值 */
    least2=maxfloat;
    for(j=1;j<i;j++)                        /* 选出两个权值最小的根结点 */
      if(tree[j].parent==0)                 /* 权值最小结点的序号为 P1 和 P2 */
        if(tree[j].weight<least1)
        { least2=least1;                    /* 改变最小权值和次小权值及其对应位置 */
          least1=tree[j].weight;
          p2=p1;
          p1=j; }
        else
          if(tree[j].weight<least2)
          { least2=tree[j].weight;          /* 改变次小权值及其位置 */
            p2=j; }
    tree[p1].parent=i;                      /* 设置新结点的双亲指针 */
    tree[p2].parent=i;
    tree[i].lchild=p1;                      /* 最小根结点是新结点的左孩子 */
    tree[i].rchild=p2;                      /* 次小根结点是新结点的右孩子 */
    tree[i].weight=tree[p1].weight+tree[p2].weight;
  }/* FOR */                                /* 新结点权值是两个孩子权值之和 */
  tree[hufnum-1].parent=0;                  /* 将根结点的双亲结点设置为 0 */
}/* CREATTREEHUFFMAN */
```

【例6.19】假设叶结点表示的字符为：A、B、C、D、E，其对应的权值分别为：0.10, 0.25, 0.15, 0.2, 0.3，执行上述算法，请分析其执行结果。

【解】执行算法 creattreehanffman，存放哈夫曼树中各结点的数组 tree 在算法执行过程中是不断变化的，其初始状态如图 6.32（a）所示，数组 tree 最终状态及 weight 域在算法执行过程中的变化情况如图 6.32（b）所示。

数组下标	0	1	2	3	4	5	6	7	8	9
name		a	b	c	d	e				
weight		0.10	0.25	0.15	0.2	0.3				
parent		0	0	0	0	0	0	0	0	0
lchild		0	0	0	0	0	0	0	0	0
rchild		0	0	0	0	0	0	0	0	0

（a）数组tree的初始状态

数组下标	0	1	2	3	4	5	6	7	8	9
name		a	b	c	d	e				
weight		0.10	0.25	0.15	0.2	0.3	0.25	0.45	0.55	1.00
parent		6	7	6	7	8	8	9	9	0
lchild		0	0	0	0	0	1	4	6	7
rchild		0	0	0	0	0	3	2	5	8

（b）数组tree的最终状态

图 6.32 存放哈夫曼树中各结点的数组 tree 的变化情况

6.6.3 哈夫曼编码

哈夫曼树应用十分广泛，用它解决具体问题时，可以根据不同的应用需要赋予叶结点权值并给出相应的解释。下面以哈夫曼树在通信编码问题中的应用为例说明其使用方法。

1．编码和译码

在电报通信中，电文是以二进制数 0、1 序列传送的。在发送端将电文中的字符序列转换为二进制数 0、1 序列，这就是**编码**。在接收端则需要将收到的二进制数 0、1 序列转换成对应的字符序列，这就是**译码**。

2．等长编码、不等长编码和前缀编码

编码的方式有多种。常用的编码方法有等长编码和不等长编码两种。在等长编码中，每个字符的二进制编码长度是相同的。译码时将接收到的编码序列按照码长分割即可得到对应的译文。在不等长编码中，每个字符的二进制编码长度是不同的。例如，假设一份英文电文是由 A、B、C、D、E、F 这 6 个英文字母组成。当采用等长编码时，可用 3 位二进制位串表示一个字母，则这 6 个英文字母的编码依次为：A：000、B：001、C：010、D：011、E：100、F：101。进行译码时，只要将接收到的编码序列按 3 位分割就可得到相应的译文。

等长编码方法简单，但效率太低。原因在于：字符集中各个字符的使用频率不同。例如，英文中的 26 个字母，经统计研究表明，字母 e 和 t 的使用频率分别是 0.1304 和 0.1045，较之

字母 q 和 z 的使用频率 0.0012 和 0.0008 要频繁得多。

如果采用不等长编码，让电文中出现频率高的字符采用尽可能短的编码，必然会缩短电文传送的总长度。然而采用这种不等长编码有可能使译码产生多义性。例如，假设 e 的编码为 00，t 的编码为 01，q 的编码为 0001，译码将无法确定收到的信息序列 0001 是 et 还是 q，产生这个问题的原因是：e 的编码和 q 的编码的前缀（开始）部分相同。因此，对某个字符集进行不等长编码时，为了避免译码的多义性，要求字符集中任一个字符的编码都不能是其他字符编码的前缀，符合这种要求的编码就称为**前缀编码**。

电话号码是前缀编码。例如，110 是报警电话，其他电话号码就不能以 110 开头。显然等长编码是前缀编码，因为在译码字符个数未达到一定的码长时，中途是不可能译出一个字符的。不等长编码也应是前缀编码。

3. 编码二叉树

每种编码方案都可以对应一棵二叉树，故可以利用二叉树设计二进制前缀编码。其编码方法是：用二叉树的叶子结点表示字符，对二叉树中每个分支结点的左、右分支分别用 0 和 1 进行编码，从树的根结点到叶子结点，沿途路径上所有 0 和 1 组成的编码序列作为该叶子结点所代表字符的二进制编码。若字符集中每个字符都在叶子结点上，则该编码一定是前缀编码。

编码二叉树也可以用来译码。其译码过程是：从树的根结点出发，按二进制位串中的 0 和 1 确定是进入左分支还是进入右分支，到达叶子结点时，译出该叶子对应的字符。若电文未结束，则回到根结点继续进行译码。

【**例 6.20**】假设一棵二叉树如图 6.33（a）所示，其叶子结点分别表示 A, B, C, D, E 这 5 个字符。如果利用二叉树设计编码，请给出这 5 个字符的二进制前缀编码。

【**解**】将二叉树的左、右分支分别用 0 和 1 进行编码，得到一棵编码二叉树，这 5 个字符 A、B、C、D、E 的二进制前缀编码分别为 00、01、100、101、11，如图 6.33（b）所示，如此得到的编码必为前缀编码。

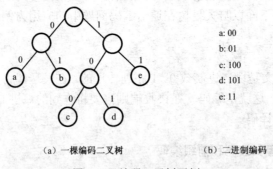

(a) 一棵编码二叉树　　　　(b) 二进制编码

图 6.33　编码二叉树示例

4. 编码总长度的计算

根据电文中每个字符的出现频率，可用下列公式计算一份电文编码后的总长度 WL：

$$WL = \sum_{i=1}^{n} w_i l_i$$

式中，n 表示电文中所使用的字符数，w_i 和 l_i 分别表示对应字符 c_i 在电文中出现频率和编码的长度。显然，WL 越小电文传送时间就越短。

假设在一份电文中，A、B、C、D、E、F 这 6 个字符出现的频率分别为：4、2、6、8、3、2，若采用上述等长编码，则该电文的总长度 WL 为：

$$WL = \sum_{i=1}^{n} w_i l_i = 3\times(4+2+6+8+3+2) = 75$$

可见，采用等长编码时其电文传送的总长度为 75。

5．哈夫曼编码

如何进行编码才能得到最短的二进制前缀编码，以缩短传送电文的总长度 L 呢？用等长编码方法显然不合适。我们自然想到，如果采用不等长前缀编码，让出现频率高的字符具有较短的编码，而让出现频率低的字符具有较长的编码，这样就有可能缩短传送电文的总长度。

为了确保不等长编码成为电文总长最短的二进制前缀编码，可用该字符集中每个字符作为叶子结点生成一棵编码二叉树。为了得到总长最短的电文，可将每个字符出现的频率作为叶子结点的权赋予该结点，求出此树的最小带权路径长度就等于求出了传送电文的最短长度，因此，求传送长度最短的电文问题就转化为以字符集中所有字符作为叶子结点，由字符出现的频率作为结点的权，设计一棵哈夫曼树的问题。用哈夫曼树得到的二进制前缀编码就称为**哈夫曼编码**。

利用哈夫曼树容易求出给定字符集及字符出现频率的哈夫曼编码。具体做法是：对于给定的字符集 C={$c_1, c_2, \cdots, c_n$} 及字符出现的频率 W={$w_1, w_2, \cdots, w_n$}，以 $c_1, c_2, \cdots, c_n$ 作为叶结点，以 $w_1, w_2, \cdots, w_n$ 作为该结点上的权，利用哈夫曼算法，构造一棵带权路径长度最小的哈夫曼树。然后对哈夫曼树中每个分支结点的左、右分支分别用 0 和 1 进行编码，这样从树的根结点到每个叶结点之间，沿途路径上 0 和 1 组成的编码序列就是叶结点所代表字符的二进制编码。显然，每个字符 c_i 的编码长度是从根结点到叶结点 c_i 的路径长度 l_i，哈夫曼树带权路径长度就等于编码的总长度。由于哈夫曼树是带权路径长度最小的二叉树，因此，哈夫曼编码使得电文的总长度最短。另一方面，由于树中没有一片树叶是另一片树叶的祖先，而字符集中每个字符都在叶结点上，因而每个叶结点对应的编码不可能是另外一个叶结点的前缀码。读者可以证明，由此得到的编码必为二进制前缀编码。可见，利用哈夫曼树得到的字符编码是最优的前缀编码。

6．哈夫曼编码的实现程序

哈夫曼编码的实现程序应包括以下两个过程：
① 建立哈夫曼树。这可以用前面介绍的算法来实现；
② 利用哈夫曼树进行编码，求出每个叶子结点所代表字母的编码。

利用哈夫曼树对字符进行哈夫曼编码，实际上就是求出从根结点到叶结点的路径。由于采用带双亲的孩子链表作为存储结构，因此，对于电文中的每个字符，可以从哈夫曼树的叶结点出发，沿结点的双亲链表回溯到根结点，从而确定其路径。在整个回溯过程中，每回溯一步就会遇到哈夫曼树的一个分支，从而得到一个哈夫曼编码。显然，这样生成的代码序列与要求的编码次序相反，因此，可设置一个位串数组 bits，将生成的代码序列从后向前依次存放到位串数组 bits 中，并用一个变量 start 指示编码在位串数组中的起始位置。当某个字符编码完成时，从变量的 start 处开始将编码复制到该字符对应的数组 bits 中即可。由于字符集大小为叶子结点总数 leafnum，故不等长编码的长度不会超过 leafnum，再加上结束符号'\0'，位串数组 bits 的大小应为 leafnum+1。

下面给出哈夫曼编码表的存储结构及用哈夫曼树设计某字符集的哈夫曼编码的算法：

```
    typedef struct  cnode                    /* 哈夫曼编码表结构 */
    { char bits[leafnum+1];                  /* 存储哈夫曼编码位串 */
      int start;                             /* 哈夫曼编码在位串中的起始位置 */
      char ch;                               /* 编码字符的名称 */
    } hufcode;                               /* 哈夫曼编码表 */
    char  ch[8]={ '\0', 'a', 'b', 'c', 'd', 'e' };   /* 存储字符名称 */
    float  w[8]={0, 0.1, 0.25, 0.15, 0.2, 0.3};      /* 字符出现的频率 */

    void  creatcodehuffman(code, tree)       /* 根据哈夫曼树求出所给字符集的哈夫曼编码 */
    hufcode code[];                          /* 存储字符的哈夫曼编码表 */
    huftree tree[];                          /* 存储已建哈夫曼树的所有结点 */
    { int i, c, p;
      hufcode  buf;                          /* buf 为临时变量，用于存储编码位串 */
      for(i=1;i<=leafnum; i++)               /* 从叶结点出发向上回溯 */
      { buf.ch=ch[i];
        buf.start=leafnum;
        c=i;
        p=tree[i].parent;                    /* p 为树的双亲结点 */
        while (p!=0)
        { buf.start--;
          if(tree[p].lchild==c)
             buf.bits[buf.start]='0';        /* 若为树的左分支，则生成代码 0 */
          else  buf.bits[buf.start]='1';     /* 若为树的右分支，则生成代码 1 */
          c=p;
          p=tree[p].parent;
        }/* WHILE */
        code[i]=buf;                         /*将第i个字符编码存到编码表code[i]中 */
      }/* FOR */
    }/* CREATCODEHAFFMAN */
```

【例 6.21】假设某系统用于通信的电文仅由字符集 C={a, b, c, d, e}中的 5 个字母组成，这 5 个字母在电文中出现的频率分别为 W={0.1, 0.25, 0.15, 0.2, 0.3}，试为这 5 个字母设计哈夫曼编码。

【解】首先以这 5 个字母 a, b, c, d, e 作为叶结点，以字母的使用频率作为结点的权构造一棵哈夫曼树。然后将哈夫曼树中每个分支结点的左、右分支分别标上 0、1，从哈夫曼树的根结点到叶结点之间，沿途路径上由 0、1 组成的序列就是叶结点所代表字母的哈夫曼编码。这 5 个字母构成的哈夫曼树及字母对应的哈夫曼编码如图 6.34 所示。

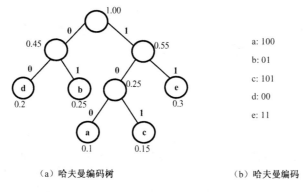

（a）哈夫曼编码树　　　　　　　（b）哈夫曼编码

图 6.34　哈夫曼树及其对应的哈夫曼编码

当然，哈夫曼编码树有多种形态，这里只是其中的一种，但无论哪种形态的哈夫曼编码树，其带权路径长度都是相同的。若以图 6.34（a）所示的哈夫曼树为例，输入结点信息运行上述程序，所得到的哈夫曼编码存放在编码表数组 code 中，如图 6.35 所示。

序号	ch	start	bits[leafnum+1]				
1	a	3			1	0	0
2	b	2				0	1
3	c	3			1	0	1
4	d	2				0	0
5	e	2				1	1

图 6.35　哈夫曼编码存放在编码表数组 code 中

6.6.4　哈夫曼译码

对于等长编码的译码，可根据码长进行分割，再查编码表即可得到相应的字符。而对于不等长编码，难以对编码进行分割，不能用简单的查表方法进行译码。因此，它的译码就需要利用编码二叉树。

哈夫曼树不仅能编码也能译码。哈夫曼译码过程与编码过程相反，译码过程就是分解电文中字符串的过程，具体步骤如下：首先输入要译电文的二进制编码，然后从哈夫曼树的根结点出发，对于电文的二进制编码，按照二进制位串中的 0 和 1 确定是进入左分支还是进入右分支；若编码为 0，则进入结点的左孩子，否则进入结点的右孩子；一旦到达叶结点，就译出该叶子结点所代表的字符；若电文没有结束，则重新输入一串新的二进制编码，回到根结点继续进行译码，直到二进制电文全部译完为止；如果被译的二进制编码的最后部分不能成为前缀中的序列，可添加 0 或添加 1，直至译完为止。

下面给出输入一个二进制编码串，通过哈夫曼树将其翻译成对应的字符并输出的算法。

```
# define    leafnum    7              /* leafnum 为哈夫曼树中叶结点个数 */
# define    hufnum     2*leafnum      /* hufnum 为哈夫曼树中结点总数 */

void transcodehuffman(code, tree)     /* 将输入哈夫曼编码串翻译成对应的字符函数 */
huftree tree[];                                    /* 已经构成的哈夫曼树 */
hufcode code[];                                    /* 已知的哈夫曼编码位串表 */
```

```
    { int i;
       char s[leafnum+1]={'\0'}, *q=NULL;              /* 初始化 */
       printf("\n\t 请输入一个二进制编码(以'9'结束)：");
       scanf("%s", s);                                 /* 输入一个二进制编码串 */
       while(s[0]!='9')                                /* 若输入结束符 9，则停止输入 */
       { i=hufnum-1;    q=s;                           /* 从根结点开始往下搜索 */
          while(*q!='\0')
           { if(*q=='0') i=tree[i].lchild;             /* 若编码为 0，则进入左孩子 */
             if(*q=='1') i=tree[i].rchild;             /* 若编码为 1，则进入右孩子 */
             if((tree[i].lchild==0)&&(tree[i].rchild==0))  /* 若是叶结点，则进行译码 */
             { printf("\n\t 若哈夫曼编码的二进制串为：%s", s);
                printf("\n\t 则哈夫曼编码代表的字符为：%c\n", code[i].ch);
             }
             else  q++;                                /* 继续向下进行搜索 */
          }/* WHILE2 */
          printf("\n\t 请继续输入一个二进制编码(以'9'结束):");
          scanf("%s", s);                              /* 输入二进制编码串进行译码 */
       }/* WHILE1 */
    }/* TRANSCODEHUFFMAN */
```

6.6.5 哈夫曼树在编码问题中的完整程序

下面给出哈夫曼树在编码问题中的完整程序。该程序的功能是：构造哈夫曼树，根据哈夫曼树对给定的字符进行哈夫曼编码和译码，输出所建立的哈夫曼树、哈夫曼编码和译码。

这里将构造哈夫曼树、哈夫曼编码和译码这三个函数保存在头文件 HUFFMAN.c 中，将清屏、光标定位并设置屏幕颜色的 clear 函数包含头文件 BHCLEAR.c 中，并将这两个头文件存放在..\include 目录下。程序中调用的 creattreehuffman 函数和 creatcodehuffman 函数前面已经给出，这里不再赘述。哈夫曼树在编码问题中的综合应用程序如下：

```
# include "stdio.h"        /* 建立哈夫曼树，完成给定字符的哈夫曼编码和译码程序 */
# define  leafnum    7     /* 哈夫曼树中叶结点个数 */
# define  hufnum    2*leafnum   /* 哈夫曼树结点总数 */
typedef struct  tnode              /* 结点的类型 */
{ char  name;                      /* 结点的字符名称 */
   float weight;                   /* 结点的带权值 */
   int lchild, rchild, parent;     /* 结点左、右孩子及双亲指针 */
} huftree;                         /* 哈夫曼树的类型定义 */
typedef struct  cnode
{ char bits[leafnum+1];            /* 存储哈夫曼编码位串 */
   int start;                      /* 哈夫曼编码在位串中的起始位置 */
   char ch;                        /* 编码字符的名称 */
}hufcode;                          /* 哈夫曼编码的类型定义 */
```

```c
hufcode code[leafnum+1];              /* 哈夫曼编码表 */
huftree tree[hufnum+1];               /* 用静态的带双亲孩子链表数组存储哈夫曼树 */
char    ch[8]={ '\0', 'a', 'b', 'c', 'd', 'e', 'f', 'g' };   /* 存储字符名称 */
float   w[8]={0, 7, 5, 1, 4, 8, 10, 20};                     /* 字符出现的频率 */
# include "HUFFMAN.c"                 /* 文件包含建哈夫曼树、哈夫曼编码和译码函数 */
# include "BHCLEAR.c"                 /* 文件包含清屏、光标定位和设置屏幕颜色函数 */

void printtreehuffman(tree)           /* 输出根据字符使用概率构造的哈夫曼树 */
huftree tree[];
{ int i;
  printf("\n\t 根据字符的使用概率所建立的哈夫曼树为:\n");
  printf("\n\t 字符序号  字符名称 使用概率 双亲位置 左孩子 右孩子\n");
  for(i=1;i<hufnum;i++)
  { printf("\t  NO%d\t%6c     ", i, tree[i].name);
    printf("%6.2f      p=%2d", tree[i].weight, tree[i].parent);
    printf("%8d%8d\n", tree[i].lchild, tree[i].rchild);
  } getchar();
}/* PRINTTREEHUFMAN */


void   printcodehuffman(code)                    /* 输出每个字符的哈夫曼编码 */
hufcode code[];
{ int i, j;
  printf("\n\n\t 根据哈夫曼树对字符所建立的哈夫曼编码为:\n\n");
  printf("\t 字符序号    字符名称    字符编码   字符串起始位置\n");
  for(i=1;i<=leafnum;i++)
  { printf("\t  NO%d\t\t%c\t ", i, code[i].ch);     /* 输出字符名称 */
    for(j=code[i].start;j<leafnum;j++)
        printf("%c", code[i].bits[j]);               /* 输出字符位串 */
    printf("\t\t%d\n", code[i].start);               /* 输出位串起始位置 */
  } getchar();
}/* PRINTCODEHUFFMAN */

main()                                /* 构造哈夫曼树并进行哈夫曼编码和译码程序 */
{ clear();                            /* 函数功能为清屏、光标定位并设置屏幕颜色 */
  creattreehuffman(tree);             /* 根据字符的使用概率构造哈夫曼树函数 */
  printtreehuffman(tree);             /* 输出哈夫曼树函数 */
  creatcodehuffman(code, tree);       /* 根据哈夫曼树求哈夫曼编码函数 */
  printcodehuffman(code);             /* 输出哈夫曼编码函数 */
  transcodehuffman(code, tree);       /* 将输入的二进制编码翻译成对应的字符函数 */
}/* MAIN */
```

【例 6.22】 假设某通信系统中只使用字符集 C={a, b, c, d, f, e, g}中的字符，这 7 个字符出现的频率分别为 W={7, 5, 1, 4, 8, 10, 20}。编写程序，设计这 7 个字符的哈夫曼编码并能根据输入的二进制编码字符串进行译码。

【解】 上机运行该程序，输入字符集和字符的使用频率，就可以建立哈夫曼树，并自动完成哈夫曼编码，然后采用人机对话方式对输入的二进制编码进行译码。程序的运行结果如图 6.36 所示，其中图 6.36（a）所示是输出根据字符集和字符的使用频率所建立的哈夫曼树，图 6.36（b）所示是输出这 7 个字符的哈夫曼编码和译码结果。

根据字符的使用概率所建立的哈夫曼树为：

字符序号	字符名称	使用概率	双亲位置	左孩子	右孩子
N01	a	7.00	p=10	0	0
N02	b	5.00	p=9	0	0
N03	c	1.00	p=8	0	0
N04	d	4.00	p=8	0	0
N05	e	8.00	p=10	0	0
N06	f	10.00	p=11	0	0
N07	g	20.00	p=12	0	0
N08		5.00	p=9	3	4
N09		10.00	p=11	2	8
N010		15.00	p=12	1	5
N011		20.00	p=13	6	9
N012		35.00	p=13	10	7
N013		55.00	p=0	11	12

（a）输出所建立的哈夫曼树

根据哈夫曼树对字符所建立的哈夫曼编码为：

字符序号	字符名称	字符编码	字符串起始位置
N01	a	100	4
N02	b	010	4
N03	c	0110	3
N04	d	0111	3
N05	e	101	4
N06	f	00	5
N07	g	11	5

请输入一个二进制编码(以'9'结束)：100

若哈夫曼编码的二进制串为：100
则哈夫曼编码代表的字符为：a

请继续输入一个二进制编码(以'9'结束):9

（b）输出的哈夫曼编码和译码

图 6.36 哈夫曼树应用程序的运行结果

本章小结

树和二叉树是一类具有层次或嵌套关系的非线性结构，被广泛用于计算机领域，尤其二叉树最重要、最常用。

本章是数据结构课程的重点之一，是本书后续许多章节的基础。本章主要内容包括：树的基本概念，二叉树的定义、性质和存储表示及相关算法的实现，特别是二叉树的三种遍历算法，线索二叉树的有关概念及运算，二叉树与树和森林之间的相互转换，树的存储表示，树和森林的遍历方法，最后介绍了树的一个应用实例——哈夫曼树的应用。

树结构中每个结点至多只有一个直接前驱，但可以有多个直接后继。而线性表最多只能有一个直接后继。因此，线性表可以看成是树结构的特例。树结构的表达能力比线性表更强，可以描述数据元素之间的分层关系。

二叉树是一种最重要的数据结构。二叉树有两种存储方式：顺序存储和链接存储。顺序存储结构适合满二叉树和完全二叉树，而链接存储结构适合一般的二叉树。二叉树和树的链接存储结构可采用动态链表，也可采用静态链表。对于链接存储结构，要掌握结点的结构及指针域的作用；对于顺序存储结构，要掌握用结点的位置关系来表示结点间父子关系的方法。二叉树线索化的目的是为了加速遍历过程和有效地利用存储空间。由于二叉树与树和森林之间能够相互转换，所以可先将树转换为二叉树，然后再进行遍历等运算。

遍历是二叉树和树的一种重要运算。以遍历为基础，可实现二叉树的其他较复杂的运算。

树的应用非常广泛。哈夫曼树只是其中的一种，它能完成通信中的编码和译码问题。

本章复习要点

（1）要求理解树结构的基本概念：树和森林的定义，二叉树的定义和性质，熟练掌握二叉树的顺序存储结构和链接存储结构，熟悉树的三种存储方法。

（2）熟练掌握二叉树的三种遍历方法：前序遍历、中序遍历和后序遍历。掌握从二叉树遍历结果得到二叉树的方法。能够灵活运用各种次序的遍历算法，实现二叉树其他较复杂的运算。例如，计算二叉树叶结点数目，将二叉树的左、右子树交换，求二叉树中结点的最大值或最小值等。

（3）理解线索二叉树的概念、存储结构、结构特性，理解中序线索二叉树的结构，建立线索二叉树的方法，在中序线索二叉树中寻找某结点前驱和后继结点的方法，以及线索二叉树遍历算法，熟练掌握对给定二叉树的中序线索化方法。

（4）熟练掌握树和森林与二叉树之间的相互转换方法，树的三种存储表示方法，树的遍历方法。

（5）熟练掌握哈夫曼树的实现方法，理解哈夫曼编码与译码的过程和算法实现。

（6）在算法设计方面，要求熟练掌握二叉树的建立方法（递归和非递归算法），二叉树的前序、中序和后序的递归遍历算法，使用栈的中序非递归算法，理解统计二叉树叶结点个数，交换二叉树左、右子树等算法，理解中序线索二叉树的建立及中序线索二叉树的中序遍历算法，熟悉建立哈夫曼树、哈夫曼编码和译码的完整程序。

本章重点和难点

本章的重点是：树结构的概念，二叉树的定义、存储结构及建立和遍历算法，哈夫曼树的建立方法及哈夫曼编码和译码。难点是：二叉树的遍历算法的执行过程，线索二叉树的概念和结构。

习题 6

6.1 假设一棵树的逻辑结构为 T=(K, R)，其中：
K={A, B, C, D, E, F, G, H, I, J}
R={r}
r={<A, B>，<A, C>，<A,D>，<B, E>，<B, F>，<C, G>，<D, I>，<D, J>，<G, H>}
请画出这棵树的图形表示，并指出树中各结点的层数和度数。

6.2 二叉树与树有何区别？一棵度为 2 的树与二叉树有何区别？

6.3 有三个结点 A、B、C，试分别画出具有三个结点的所有不同形态的树和二叉树。

6.4 请分别写出图 6.37 所示二叉树 T 的前序、后序、中序遍历的结点序列。

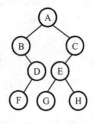

图 6.37 二叉树 T

6.5 将图 6.37 中的二叉树转换为对应的森林，再分别用先根次序、后根次序遍历森林，并写出相应的结点序列，将遍历结果与题 6.4 的结果进行比较。

6.6 已知二叉树的中序遍历和后序遍历结果分别为 BDCEAFHG 和 DECBHGFA，试画出这棵二叉树，并写出该二叉树前序遍历结果。

6.7 已知二叉树前序遍历的结果是 ABECDFGHIJ，中序遍历结果是 EBCDAFHIGJ，试画出这棵二叉树，并写出该二叉树后序遍历的结果。

6.8 试分别画出图 6.38 所示树 T_1、T_2、T_3 的孩子链表、孩子兄弟链表和静态双亲链表。

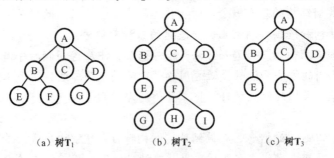

(a) 树 T_1　　(b) 树 T_2　　(c) 树 T_3

图 6.38 由 T_1、T_2、T_3 组成的森林 F

6.9 写出图 6.38 中树 T_2 的先根遍历序列和后根遍历序列。

6.10 将图 6.38 所示的森林 F 转换为二叉树表示，并根据要求完成下列遍历任务：
（1）按森林的遍历规则先序遍历、后序遍历和层次遍历森林 F；
（2）按二叉树遍历方法前序遍历、中序遍历和层次遍历森林 F 所对应的二叉树。

6.11 试找出分别满足下面条件的所有二叉树：
（1）前序序列和中序序列相同；
（2）中序序列和后序序列相同；
（3）前序序列和后序序列相同。

6.12 画出与下列已知序列对应的树 T：
（1）树的先根访问序列为 ABDEFCGHIJK；
（2）树的后根访问序列为 DEFBGHICJKA。

6.13 画出与下列已知序列对应的森林 F：
（1）森林的先根次序访问序列为 ABCDEFGHIJKL；
（2）森林的后根次序访问序列为 CBEFDGAJIKLH。

6.14 已知一棵度为 3 的树有 2 个度为 1 的结点，3 个度为 2 的结点，4 个度为 3 的结点，则该树中有多少个叶子结点？

6.15 任意一棵有 n 个结点的二叉树，已知它有 m 个叶子结点。证明：度为 2 的结点有 $m-1$ 个，其他结点是度数为 1 的结点。

6.16 已知一棵二叉树中序遍历序列为 CDBAEGF，先序遍历序列为 ABCDEFG，试问能不能唯一确定一棵二叉树？若能请画出该二叉树。若给定先序遍历序列和后序遍历序列，能否唯一确定一棵二叉树？说明理由。

6.17 深度为 6（根的层次为 1）的二叉树最多有多少个结点？

6.18 假设某系统用于通信的电文仅由字符集 C={a, b, c, d, e, f, g, h}中的 8 个字母组成，这 8 个字母在电文中出现的频率分别为 W={7, 19, 2, 6, 32, 3, 21, 10}。要求：

（1）画出由这些结点所构成的哈夫曼树；

（2）计算此树的带权路径长度 WPL；

（3）给出这 8 个字母的哈夫曼编码。

6.19 试编写一个将百分制转分数换成五分制分数的程序。要求其时间性能尽可能好（即平均比较次数尽可能少）。假设学生成绩的分布情况如下：

分数	0～59	60～69	70～79	80～89	90～100
比例	0.05	0.15	0.40	0.30	0.10

6.20 试编写非递归中序遍历二叉树的算法，假设二叉树的存储结构为二叉链表。

6.21 试编写算法统计二叉树中叶结点的个数，假设用二叉链表作为二叉树的存储结构。

6.22 求二叉树中度为 1 的结点个数。（采用递归或非递归算法均可。）假设一棵二叉树以二叉链表作为存储结构，请设计算法。

6.23 试编写算法，求出指定结点 p 在给定的二叉树中所在的层次。

6.24 试编写算法，求二叉树高度。假设二叉树的存储结构为二叉链表。

6.25 试编写算法，交换二叉树中所有结点的左、右子树。假设二叉树的存储结构为二叉链表。

6.26 假设二叉树用二叉链表表示，其根指针为 t。请设计算法，从根开始按层遍历二叉树，同层的结点按从左到右的次序访问。

6.27 假设用二叉链表作为二叉树的存储结构。试编写算法求在前序遍历中处于第 k 个位置上的结点。

6.28 试编写二叉树中序线索化的递归算法。

6.29 试编写将二叉树前序线索化的算法（采用递归或非递归方法均可)。

第 7 章 图

 内容提要

图（Graph）是比线性表和树更为复杂的一种非线性结构。在人工智能、工程、数学、物理、化学、计算机科学等领域中，图结构有着广泛的应用。

在线性结构中，数据元素之间的关系是线性关系，除开始元素和终端元素外，每个元素只有一个直接前驱和直接后继。在树型结构中，数据元素之间的关系实质上是父子关系，除根结点外，每个元素都只能有一个双亲（前驱）。但每个元素可以有零个或多个孩子（后继），因此，父子关系是非线性的，但它在树中数据元素之间建立了一个明显的层次关系：每一层上的数据元素可以和它下面一层的多个元素相连接，但是只能和它上面一层的一个元素相连接（根结点除外）。然而在图结构中，对结点（图中常称为顶点）的前驱和后继个数都是不加限制的，即结点之间的关系是任意的，图中任意两个结点之间都可能相关。

本章将重点讨论图的基本概念、图的存储表示及图的常用算法，包括：图的两种遍历算法，两种求最小生成树算法，两类求最短路径问题的算法，拓扑排序和关键路径算法，同时将介绍图的简单应用实例。

7.1 图的基本概念

图（Graph）是一种复杂的非线性结构。图在人工智能、工程、数学、物理、化学、计算机科学等领域有着广泛的应用。本节将简单介绍图的实际应用背景，重点介绍图的基本概念、定义及其有关的术语。

7.1.1 图的实际背景

图结构可以描述各种复杂的数据对象，并广泛应用于自然科学、社会科学和人文科学等许多学科。图的重要性，一方面在于很多问题直接与图有关，例如，分析输电网络、通信网络、交通运输网，管道或线路的敷设，印制电路板与集成电路的布图等；另一方面在于很多实际问题可以间接地用图来表示，处理起来比较方便，例如，工作分配、工程进度安排、课程表的制定等。

有许多实际问题适合用图结构表示，进而可用计算机进行处理和解决。图最常见的应用是在交通运输和通信网络中找出造价最低的方案。例如，在 n 个城市之间建立一个通信网络，使得任意两个城市之间有直接或间接的通信线路。假设已知两个城市之间线路造价，要求找出一个造价最低的通信网络。当城市很多，即 n 很大时，这个问题十分复杂，最好采用计算机进行处理。为此，首先必须找到一种适当的方法来描述问题中的数据。一种自然且直观的描述方式是：用一个圆圈代表一个城市，用圆圈之间的连线代表对应两个城市之间的通信线路，在连线旁加一数值代表它们之间的距离或通信线路的造价。例如，图 7.1（a）所示就是假设 6 个城市之间可能的通信网络示意图。

这种描述形式就是一种图结构,图中的圆圈按图结构的术语称为"顶点",连线称为图的"边",连线附带的数值称为"边的权"。由于这种图结构可以映射为计算机的某种存储形式,因此,借助图结构的表示方法,可以利用计算机处理这类通信网络的问题。

【例 7.1】对于图 7.1(a)所示的通信网络,请给出一个造价最低的通信网络方案。

【解】将图 7.1(a)中的通信网络以图的某种形式存储到计算机中,利用计算机就可以设计出多个满足要求且造价最低的通信网络方案。图 7.1(b)就是其中一种造价最低的通信网络方案。

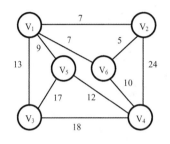
(a) 城市间的通信网络问题

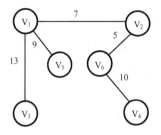
(b) 一个造价最低的通信网络

图 7.1 通信网络示例

在交通运输和通信网络中,寻找路径最短、造价最低的方案这类问题只是一种利用计算机处理图结构的典型实例,在现实世界中,图的实际应用还有很多。

7.1.2 图的定义

图(Graph)是图结构的简称,它是一种复杂的非线性数据结构。一个图 G 是由两个集合 $V(G)$ 和 $E(G)$ 组成的,图的二元组可定义为:

$$G=(V, E)$$

其中,

① $V(G)$ 是顶点的有穷非空集合,每个顶点都可以标上不同的字符或数字。

② $E(G)$ 是 V 中顶点边的有穷集合,而边是 V 中顶点的偶对。在特殊情况下,$E(G)$ 可以是空集。若 $E(G)$ 为空集,则图中只有顶点而没有边。

在图 G 中,如果每条边都是无方向的,则称 G 为**无向图**(Undigraph),反之,称 G 为**有向图**(Digraph)。

在无向图中,边是顶点的无序偶对。无序偶对通常用圆括号表示。例如,边(V_i, V_j)表示顶点 V_i 和 V_j 间相连的边。

在有向图中,有向边亦称为**弧**(Arc)。一条有向边是由两个顶点组成的有序偶对。有序偶对通常用尖括号表示。例如,弧$<V_i, V_j>$表示从顶点 V_i 出发到顶点 V_j 终止的一条有向边。V_i 为弧的起点,称为**弧尾**(Tail),V_j 为弧的终点,称为**弧头**(Head)。

请注意:边(V_i, V_j)与(V_j, V_i)是同一条边,但$<V_i, V_j>$与$<V_j, V_i>$是两条不同的弧。

【例 7.2】图 7.2 是图的三个简单实例,其中 G_1 和 G_2 为无向图,G_3 为有向图。请给出图 G_1 和 G_3 的二元组定义。

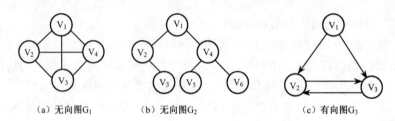

(a) 无向图G_1　　　　(b) 无向图G_2　　　　(c) 有向图G_3

图 7.2　有向图和无向图示例

【解】在无向图 G_1 中，图的顶点集和边集分别为：

$$\begin{cases} V(G_1)=\{V_1, V_2, V_3, V_4\} \\ E(G_1)=\{(V_1, V_2), (V_1, V_3), (V_1, V_4), (V_2, V_3), (V_2, V_4), (V_3, V_4)\} \end{cases}$$

在有向图 G_3 中，图的顶点集和边集分别为：

$$\begin{cases} V(G_3)=\{V_1, V_2, V_3\} \\ E(G_3)=\{<V_1, V_2>, <V_1, V_3>, <V_2, V_3>, <V_3, V_2>\} \end{cases}$$

7.1.3　图的基本术语

1. 端点和邻接点

在一个无向图中，若存在一条边（V_i, V_j），则称 V_i 和 V_j 为此边的两个端点，并称顶点 V_i 和 V_j 互为邻接点（Adjacent），或称 V_i 和 V_j 相邻接。

例如，在图 7.2 所示的无向图 G_1 中，以顶点 V_1 为端点的三条边分别是（V_1, V_2），（V_1, V_3）和（V_1, V_4），V_1 的邻接点分别为 V_2、V_3 和 V_4。同样，以 V_2 为端点的三条边分别是（V_2, V_1），（V_2, V_3）和（V_2, V_4），V_2 的邻接点分别为 V_1、V_3 和 V_4。

在有向图中，若存在一条有向边<V_i, V_j>，则称此边是顶点 V_i 的一条**出边**（Outedge），顶点 V_j 的一条**入边**（Inedge），称 V_i 为此边的**起点**，称 V_j 为此边的**终点**，并且称 V_j 是 V_i 的出边邻接点，V_i 是 V_j 的入边邻接点，V_i 和 V_j 互为邻接点。

例如，在图 7.2 所示的有向图 G_3 中，顶点 V_1 有两条出边<V_1, V_2>和<V_1, V_3>；V_2 有一条出边<V_2, V_3>，两条入边<V_1, V_2>和<V_3, V_2>；V_3 有两条入边<V_1, V_3>和<V_2, V_3>，一条出边<V_3, V_2>。V_1 的出边邻接点为 V_2 和 V_3，V_2 的出边邻接点为 V_3，V_3 的出边邻接点为 V_2，V_2 的入边邻接点为 V_1 和 V_3，V_3 的入边邻接点为 V_1 和 V_2。

2. 顶点的度、入度和出度

在无向图中，与顶点 v 相邻接的边数称为该顶点的**度**（Degree），记为 D(v)。在有向图中，顶点 v 的度又分为入度和出度两种。以顶点 v 为终点的弧的数目称为顶点 v 的**入度**（Indegree），记为 ID(v)；以顶点 v 为起点的弧的数目称为顶点 v 的**出度**（Outdegree），记为 OD(v)；有向图顶点 v 的**度**定义为该顶点的**入度**和**出度**之和，即 D(v)=ID(v)+OD(v)。

例如，在图 7.2 所示的无向图 G_1 中，顶点 V_1 的度为 3。在有向图 G_3 中，顶点 V_2 和 V_3 的出度均为 1，入度均为 2，故顶点 V_2 和 V_3 的度均为 3；顶点 V_1 的出度为 2，入度为 0，故顶点 V_1 的度为 2。

无论是有向图还是无向图，一个图的顶点数 n、边数 e 和每个顶点的度 d_i 之间满足以下的关系式：

$$e = \frac{1}{2}\sum_{i=1}^{n} D(v_i)$$

3. 完全图、稠密图和稀疏图

为简便起见，假设无向图的边(V_i, V_j)和有向图的弧$<V_i, V_j>$的两个顶点不能相同，因此，图 G 的顶点数 n 和边数 e 满足下述关系：若 G 为有向图，则 $0 \leq e \leq n(n-1)$；若 G 为无向图，则 $0 \leq e \leq n(n-1)/2$。恰好有 $n(n-1)/2$ 条边的无向图称为**无向完全图**（Undirected Complete Graph）。具有 $n(n-1)$ 条弧的有向图称为**有向完全图**（Directed Complete Graph）。显然，完全图具有最多的边数，任意一对顶点之间均有边相连。例如，图 7.2 中无向图 G_1 就是有 4 个顶点的无向完全图。

若一个图接近完全图，则称其为**稠密图**（Dense Graph）；反之，若一个图含有很少条边或弧（即 $e \ll n^2$），则称其为**稀疏图**（Sparse Graph）。

4. 子图

假设两个图 G=(V, E)和 $G_a=(V_a, E_a)$，若 G 和 G_a 满足如下两个条件：V_a 是 V 的子集且 E_a 是 E 的子集，即 $V(G_a) \subseteq V(G)$ 且 $E(G_a) \subseteq E(G)$，则图 G_1 称为图 G 的**子图**（Subgraph）。

例如，图 7.2 中 G_1 和 G_3 的子图如图 7.3 所示。图 7.3（a）是无向图 G_1 的 4 个子图，图 7.3（b）是有向图 G_3 的 5 个有向子图。

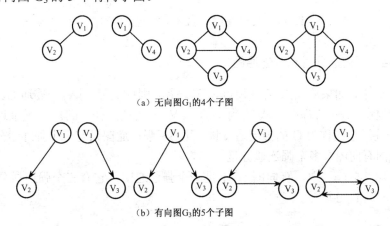

(a) 无向图G_1的4个子图

(b) 有向图G_3的5个子图

图 7.3 图 7.2 中无向图 G_1 和有向图 G_3 的子图

5. 路径、回路和路径长度

在无向图 G 中，若存在一个顶点序列$(V_p, V_{i1}, V_{i2}, \cdots, V_{in}, V_q)$，使$(V_p, V_{i1}), (V_{i1}, V_{i2}), \cdots, (V_{in}, V_q)$均为图 G 的边，则称从顶点 V_p 到顶点 V_q 存在一条**路径**（Path）。若 G 是有向图，则路径是由有向边$<V_p, V_{i1}>, <V_{i1}, V_{i2}>, \cdots, <V_{in}, V_q>$组成的。路径长度定义为路径上的边数或者弧的数目。若一条路径上除起点 V_p 和终点 V_q 可以相同外，其余顶点均不重复出现，则称此路径为**简单路径**。起点和终点相同的路径（$V_p = V_q$）称为**回路**或**环**（Cycle）。除了起点和终点相同外，其余顶点不相同的回路，称为**简单回路**或**简单环**。

例如，在图 7.2 所示的无向图 G_1 中，顶点序列（V_1, V_2, V_3, V_4）是一条从顶点 V_1 到顶点 V_4，长度为 3 的简单路径；顶点序列（V_1, V_2, V_4, V_1, V_3）是一条从顶点 V_1 到顶点 V_3，长度

为 4 的路径，但不是简单路径；顶点序列（V_1, V_2, V_3, V_1）是一条长度为 3 的简单回路。在有向图 G_3 中，顶点序列（V_2, V_3, V_2）是一个长度为 2 的有向简单环。

6．连通、连通分量和连通图

在无向图 G 中，如果从顶点 V_i 到顶点 V_j 有路径（同样，V_j 到 V_i 也有路径），则称 V_i 和 V_j 是**连通**的。如果图中任意两个不同的顶点 V_i 和 V_j 都连通（即有路径），则称 G 为连通图（Connected Graph），否则称为**非连通图**。

无向图 G 的极大连通子图称为 G 的**连通分量**（Connected Component）。显然，任何连通图的连通分量只有一个，即其自身，而非连通图有多个连通分量。

一个连通图的生成树，是指含有该连通图的全部顶点的一个极小连通子图。

例如，图 7.2 中图 G_1 和 G_2 均为连通图，其连通分量为 1。而图 7.4 中图 G_4 是一个非连通图，它有两个连通分量，分别为 C_1 和 C_2。

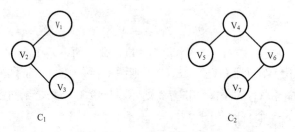

图 7.4 具有两个连通分量的非连通图 G_4

7．强连通、强连通分量和强连通图

在有向图 G 中，如果从顶点 V_i 到顶点 V_j 有路径，则称从 V_i 到 V_j 是**连通的**。如果图中任意两个不同的顶点 V_i 和 V_j 都存在从 V_i 到 V_j 及从 V_j 到 V_i 的路径，则称 G 是**强连通图**。有向图 G 的极大强连通子图称为 G 的**强连通分量**。显然，强连通图只有一个强连通分量，即其自身，非强连通的有向图有多个强连通分量。

例如，在图 7.5（a）中，有向图 G_5 不是一个强连通图，它有三个强连通分量，分别如图 7.5（b）、（c）和（d）所示。

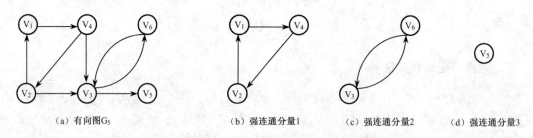

（a）有向图G_5　　（b）强连通分量1　　（c）强连通分量2　　（d）强连通分量3

图 7.5 有向图 G_5 和强连通分量示例

又如，图 7.2 中的有向图 G_3 不是一个强连通图，它有两个强连通分量。因为 V_1 到 V_2、V_3 有路径(V_1, V_2, V_3)，但 V_2、V_3 到 V_1 没有路径，故 G_3 是一个非强连通图。而<V_2, V_3>和<V_3, V_2>构成一个强连通图，因此 G_3 有两个强连通分量。

8．带权图和网

在实际应用中，图的每条边可以具有某种实际意义的数值，即每条边对应一个数值，这种与边相关的数值称为**权**。通常，权可以表示为从一个顶点到另一个顶点之间的距离、代价和费用等数值。例如，对于一个城市交通线路图，边上的权可表示为该条线路的长度或等级；对一个电子线路图，边上的权可表示为两端点间的电阻、电流或电压；对于一个零件装配图，边上的权可表示为一个端点需要装配另一个端点的零件的数量；对于一个工程进度图，边上的权也可表示为前面一个子工程到后面一个子工程所需要的天数。这种每条边都带权的图称为**带权图**或**网**（Network）。

例如，图 7.6 就是两个带权图，图 G_6 是一个无向带权图，图 G_7 则是一个有向带权图。

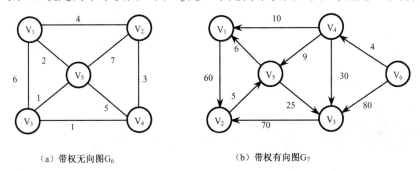

（a）带权无向图 G_6　　　　　　（b）带权有向图 G_7

图 7.6　无向带权图和有向带权图示例

7.2 图的存储结构

图与链表和树一样，也可以使用多重链表作为存储结构，但由于图的结构比树更为复杂，采用多重链表的存储结构不便于进行图的各种运算，因此需要针对具体的图和所进行的运算来决定采用什么样的存储结构。图的存储结构又称**图的存储表示**或**图的表示**，图的存储方法有多种，本节仅介绍两种常用的图的存储表示方法：邻接矩阵和邻接表。

7.2.1 邻接矩阵表示法

1．邻接矩阵的定义

邻接矩阵（Adjacency Matrix）是表示顶点之间相邻关系的矩阵。假设 $G=(V, E)$ 是具有 n ($n \geqslant 1$) 个顶点的图，则 G 的邻接矩阵 A 是一个具有下述性质的 $n \times n$ 阶方阵：

（1）如果 G 是无向图，则

$$A[i,j] = \begin{cases} 1 & 若(V_i, V_j) \in E(G) \\ 0 & 若(V_i, V_j) \notin E(G) \end{cases}$$

（2）如果 G 是有向图，则

$$A[i,j] = \begin{cases} 1 & 若<V_i, V_j> \in E(G) \\ 0 & 若<V_i, V_j> \notin E(G) \end{cases}$$

（3）如果 G 是无向带权图，则

$$A[i,j]=\begin{cases}w_{ij} & \text{若}V_i \neq V_j\text{且}(V_i,V_j)\in E(G)\\0\text{或}\infty & \text{其他}\end{cases}$$

或者表示为

$$A[i,j]=\begin{cases}w_{ij} & \text{若}V_i \neq V_j\text{且}(V_i,V_j)\in E(G)\\0 & \text{若}V_i=V_j\\\infty & \text{若}(V_i,V_j)\notin E(G)\end{cases}$$

（4）如果 G 是有向带权图，则

$$A[i,j]=\begin{cases}w_{ij} & \text{若}V_i \neq V_j\text{且}<V_i,V_j>\in E(G)\\0\text{或}\infty & \text{其他}\end{cases}$$

或者表示为

$$A[i,j]=\begin{cases}w_{ij} & \text{若}V_i \neq V_j\text{且}<V_i,V_j>\in E(G)\\0 & \text{若}V_i=V_j\\\infty & \text{若}<V_i,V_j>\notin E(G)\end{cases}$$

式中，w_{ij} 表示边(V_i,V_j)或弧$<V_i,V_j>$的权，∞ 表示一个计算机允许的且大于所有边上权值的数，例如整型 int 的最大值为 32767。

例如，图 7.2 中无向图 G_1 和有向图 G_3 的邻接矩阵分别为 A_1 和 A_2：

$$A_1=\begin{bmatrix}0 & 1 & 1 & 1\\1 & 0 & 1 & 1\\1 & 1 & 0 & 1\\1 & 1 & 1 & 0\end{bmatrix} \quad A_2=\begin{bmatrix}0 & 1 & 1\\0 & 0 & 1\\0 & 1 & 0\end{bmatrix}$$

无向图 G_1 的邻接矩阵 A_1　　　　　　有向图 G_3 的邻接矩阵 A_2

【例 7.3】图 7.7 是两个带权图 G_8 和 G_9。若用邻接矩阵作为带权图的存储结构，试给出带权图 G_8 和 G_9 的邻接矩阵。

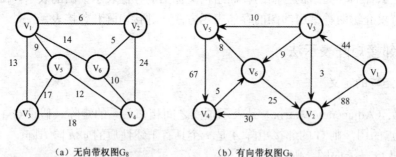

（a）无向带权图 G_8　　　　　　（b）有向带权图 G_9

图 7.7 无向带权图 G_8 和有向带权图 G_9

【解】对于 7.7（a）所示的无向带权图 G_8，其带权图的两种邻接矩阵分别为 A_3 和 A_4。对于图 7.7（b）所示有向带权图 G_9，其带权图的两种邻接矩阵分别为 A_5 和 A_6。

$$A_3 = \begin{bmatrix} 0 & 6 & 13 & 0 & 9 & 14 \\ 6 & 0 & 0 & 24 & 0 & 5 \\ 13 & 0 & 0 & 18 & 17 & 0 \\ 0 & 24 & 18 & 0 & 12 & 10 \\ 9 & 0 & 17 & 12 & 0 & 0 \\ 14 & 5 & 0 & 10 & 0 & 0 \end{bmatrix}$$

无向带权图 G_8 的邻接矩阵 A_3

$$A_4 = \begin{bmatrix} 0 & 6 & 13 & \infty & 9 & 14 \\ 6 & 0 & \infty & 24 & \infty & 5 \\ 13 & \infty & 0 & 18 & 17 & \infty \\ \infty & 24 & 18 & 0 & 12 & 10 \\ 9 & \infty & 17 & 12 & 0 & \infty \\ 14 & 5 & \infty & 10 & \infty & 0 \end{bmatrix}$$

无向带权图 G_8 的邻接矩阵 A_4

$$A_5 = \begin{bmatrix} 0 & 88 & 44 & 0 & 0 & 0 \\ 0 & 0 & 0 & 30 & 0 & 0 \\ 0 & 3 & 0 & 0 & 10 & 9 \\ 0 & 0 & 0 & 0 & 0 & 5 \\ 0 & 0 & 0 & 67 & 0 & 0 \\ 0 & 25 & 0 & 0 & 8 & 0 \end{bmatrix}$$

有向带权图 G_9 的邻接矩阵 A_5

$$A_6 = \begin{bmatrix} 0 & 88 & 44 & \infty & \infty & \infty \\ \infty & 0 & \infty & 30 & \infty & \infty \\ \infty & 3 & 0 & \infty & 10 & 9 \\ \infty & \infty & \infty & 0 & \infty & 5 \\ \infty & \infty & \infty & 67 & 0 & \infty \\ \infty & 25 & \infty & \infty & 8 & 0 \end{bmatrix}$$

有向带权图 G_9 的邻接矩阵 A_6

2．邻接矩阵的特点

从图的邻接矩阵不难看出，这种表示方法具有以下 4 个特点。

① 一个图的邻接矩阵表示是唯一的。

② 对于无向图来说，它的邻接矩阵是关于主对角线对称的，因此，按照压缩存储的思想，只需要存放邻接矩阵的上三角矩阵（或下三角矩阵）。若无向图有 n 个顶点，则存放邻接矩阵所需的存储空间为 $n(n+1)/2$。因为有向图的邻接矩阵不一定是对称矩阵，所以用邻接矩阵存储一个具有 n 个顶点的有向图时，所需的存储空间为 n^2。

③ 借助邻接矩阵可以很容易判断出两个顶点是否有边相邻接，查找图中任意一条边或边上的权很方便。若要查找边 (i, j) 或 $<i, j>$，只要查找邻接矩阵 A 中第 i 行第 j 列元素 $A[i, j]$ 是否为一个有效值（即非零值和非 Maxvalue）即可。因为邻接矩阵中的元素可以随机存取，所以查找一条边的时间复杂度为 O(1)。

④ 利用邻接矩阵能够很容易计算出图中各顶点的度。对于无向图，邻接矩阵 A 中第 i 行非零元素（或第 j 列元素）的个数就是顶点 V_i 的度 $D(V_i)$，即

$$D(V_i) = \sum_{j=1}^{n} A[i, j]$$

对于有向图来讲，邻接矩阵 A 中第 i 行非零元素的个数是顶点 V_i 的出度 $OD(V_i)$，第 i 列非零元素的个数是顶点 V_i 的入度 $ID(V_i)$，即

$$OD(V_i) = \sum_{j=1}^{n} A[i, j] \qquad ID(V_i) = \sum_{j=1}^{n} A[j, i]$$

因此，有向图各顶点 V_i 的总度数就等于出度与入度之和，即 $D(V_i)=OD(V_i)+ID(V_i)$。

由于求任一顶点的度需访问对应一行或一列中的所有元素，所以其时间复杂度为 O(n)，n 表示图中的顶点数，亦即邻接矩阵的阶数。

3. 邻接矩阵的类型定义和建立算法

采用邻接矩阵存储具有 n 个顶点的图时,除了要用一个二维数组存储顶点间相邻关系的邻接矩阵外,通常还需要另设一个一维数组存储 n 个顶点信息,数组第 i 个元素表示顶点 V_i 的信息。为了正确反映图的全部信息,邻接矩阵的存储结构可定义为:

```
# define    NMAX    5              /* 定义图中最大的顶点数 */
# define    EMAX    6              /* 定义图中最大的边数 */
# define    MAX     999            /* 此处用999代替无穷大数∞ */
typedef    int    vextype;         /* 定义图中顶点的数据类型 */
typedef    float  adjtype;         /* 定义图中边的权值类型 */
typedef    struct
{ vextype  vexs[NMAX+1];            /* 一维数组用于存储图中顶点的信息 */
  adjtype  arcs[NMAX+1][NMAX+1];    /* 二维数组用于存储图的邻接矩阵 */
  int  n, e;                        /* 图中当前的顶点数和边数 */
}graphjz;                           /* 用邻接矩阵存储图时其类型定义 */
graphjz *g;                         /* 定义图 g 为全程变量 */
```

无向网络图邻接矩阵的建立方法是:首先将邻接矩阵 A 中所有元素都初始化为 0 或最大值,然后依次输入图中所有边和权值 (i, j, w_{ij}),将邻接矩阵中相应元素 $A[i,j]$ 和 $A[j,i]$ 的权值设置为 w_{ij}。

若用邻接矩阵存储无向带权图,则无向带权图的建立算法如下:

```
void  creat_wxdgraphjz(ga)  /* 用邻接矩阵存储无向带权图时,无向带权图的建立算法 */
graphjz  *ga;
{ int i, j, k, x; float w;
  for(i=1; i<=NMAX; i++)                                /* 读入 n 个顶点信息 */
  { printf("\n 请输入图的所有顶点 Vi=");
    scanf("%d", &x);                                    /* 输入顶点名称 */
    ga->vexs[i]=x; }                                    /* 假设顶点信息为整数 */
  for(i=1; i<=NMAX; i++)
    for(j=1; j<=NMAX; j++)
      if(i==j)   ga->arcs[i][j]=0;                      /* 邻接矩阵对角线初始置 0 */
      else       ga->arcs[i][j]=MAX;                    /* 邻接矩阵其他元素置∞ */
  for(k=1; k<=EMAX; k++)                                /* 读入 k 条边数 */
  { printf("\n 输入图中各边的起点终点及权 i, j, w: ");   /* 读入无向边及边的权 */
    scanf("%d%d%f", &i, &j, &w);
    ga->arcs[i][j]=w;                                   /* 输入无向边[i][j]和权 */
    ga->arcs[j][i]=w;}                                  /* 输入无向边[j][i]和权 */
  ga->n=NMAX;                                           /* 图的顶点数 */
  ga->e=EMAX;                                           /* 图的边数 */
}/* CREAT_WXDGRAPHJZ */
```

【算法分析】 该算法的执行时间是 $O(n+n^2+e)$,其中耗费在邻接矩阵初始化操作上的时间

为 $O(n^2)$，因为 $e \ll n^2$，所以算法的时间复杂度是 $O(n^2)$。

7.2.2 邻接表表示法

1. 邻接表的组成

邻接表（Adjacency List）是一种顺序和链接相结合的图的存储方法，该方法为图中每个顶点建立一个邻接关系的单链表，并把单链表的表头指针存储到一个数组中。

由于每个顶点都要建立一个邻接关系的单链表，因此，如果图有 n 个顶点，就要建立 n 个单链表。对于无向图，第 i 个单链表中的结点表示依赖于顶点 V_i 的相邻边；对于有向图，它表示以顶点 V_i 为尾的弧。我们将这个单链表称为顶点 V_i 的**邻接表**，无向图的邻接表称为**边表**；有向图的邻接表称为**出边表**。

单链表中的结点用于存储以该顶点为起点的边的信息，称为**边结点**或**表结点**。每个边结点都有三个域：一是邻接顶点域 adjvex，用于存放与顶点 V_i 相邻接顶点 V_j 的序号 j；二是权值域 weight，用于存储边的权值；三是链域 next，用于指向同 V_i 相邻接的下一个结点。在这三个域中，邻接顶点域和链域是必不可少的，权域可根据情况进行取舍，若表示无权图，则可省去此域。边结点的结构如图 7.8（a）所示。

对于具有 n 个顶点的图来说，有 n 个单链表就有 n 个表头指针，因此，对于每个顶点 V_i 对应的邻接表，还要设置一个表头结点，我们称为**顶点结点**，其结构如图 7.8（b）所示。顶点结点有两个域：一个是顶点域 vertex，用来存放顶点 V_i 的信息；另一个是指针域 link，用来指向 V_i 邻接表的第一个边结点。为了便于管理和随机访问任意顶点的邻接表，可将这 n 个邻接表的表头结点放在一起构成一个一维数组，数组下标 i 表示顶点 V_i 邻接表表头结点的存储位置，通过这个表头数组就可以存取该图。邻接表的表头数组称为**顶点表**。

图 7.8 邻接表的边结点和顶点结点的存储结构形式

【**例 7.4**】请给出图 7.2 中无向图 G_1 的邻接表表示。

【**解**】若用邻接表存储无向图 G_1，则图 G_1 的存储结构如图 7.9 所示。

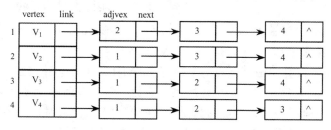

图 7.9 图 7.2 中无向图 G_1 的邻接表存储结构

从图 7.9 可以看出，由于图中各边表的结点数均为 3，故图中所有顶点的度均为 3。在邻接表中求顶点 V_i 的度很容易。对于无向图，顶点 V_i 邻接表中的结点数就是顶点 V_i 的度数、边数或邻接点数。对于有向图，顶点 V_i 邻接表中的结点数就是顶点 V_i 的出度数、出边数或出边邻接点数。

对于有向图,有时需要建立一个逆邻接表。在逆邻接表中,图中每个顶点 V_i 同样建立一个单链表,这个单链表称为**入边表**。入边表的每个结点均对应一条以 V_i 为终点(即射入 V_i)的边,这与邻接表正好相反,在逆邻接表中求顶点 V_i 的入度很容易。

【**例7.5**】请给出图 7.2 中有向图 G_3 的邻接表和逆邻接表表示。

【**解**】图 7.10(a)是有向图 G_3 的邻接表表示。图 7.10(b)是有向图 G_3 的逆邻接表,其中顶点 V_2 的入边表有两个边结点 1 和 3,表示射入 V_2 的两条有向边为 <V_1, V_2> 和 <V_3, V_2>。从图 7.10 可以看出,顶点 V_1 的出度为 2,入度为 0,顶点 V_2 和 V_3 的出度均为 1,入度均为 2。可见,邻接表求顶点的出度容易,而逆邻接表求顶点的入度很容易。

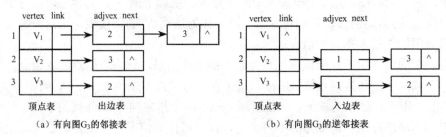

图 7.10 图 7.2 中有向图 G_3 的邻接表和逆邻接表表示

2. 邻接表的特点

从图的邻接表不难看出,这种存储方法有以下 4 个特点。

① 一个图的邻接矩阵表示是唯一的,但一个图的邻接表表示不是唯一的。这是因为在每个顶点的邻接表中,各边表结点的链接次序可以任意安排,它取决于建立邻接表的算法、边的输入次序及具体的链接次序。

② 对于无向图,若它有 n 个顶点 e 条边,则邻接表中需要 $n+2e$ 个结点。其中,n 个顶点构成顶点表,$2e$ 个边结点构成邻接表。对于有向图,若它有 n 个顶点 e 条边,则其邻接表中需要 $n+e$ 个结点。其中,n 个顶点结点构成顶点表,e 个边结点构成邻接表。显然,在边稀疏的情况下,邻接表比邻接矩阵更节省存储空间。

③ 在邻接表中,查找图中某个顶点的边(出边)或邻接点(出边邻接点)很方便,只要从表头数组中取出对应的表头指针,然后从表头指针出发进行查找即可。由于每个邻接表的平均长度为 e/n(对于有向图)或 $2e/n$(对于无向图),所以查找的时间复杂度为 $O(e/n)$。但是,在有向图的邻接表中,查找顶点 V_i 的入边或入边邻接点很不方便,需要扫描整个邻接表中边结点,其时间复杂度为 $O(n+e)$。

④ 借助于邻接表计算图中某顶点的度很容易。对于无向图,计算某顶点的度很简单,顶点 V_i 的度就是顶点 V_i 对应的第 i 个链表中的结点数。对于有向图,顶点 V_i 对应的第 i 个单链表中的结点个数是顶点 V_i 的出度。此时求顶点 V_i 的入度比较难,必须扫描整个邻接表,这是很浪费时间的。在实际应用中,为了求顶点的入度,可另外建立一个逆邻接表。逆邻接表中顶点 V_i 对应的第 i 个单链表的结点个数就是顶点 V_i 的入度。邻接表求顶点 V_i 的出度容易,求入度难;而逆邻接表求顶点 V_i 的入度容易,求出度难,因此可将两者结合起来。

3. 邻接表的类型定义和建立算法

下面给出邻接表存储结构的类型定义:

```c
#define    NMAX    5                    /* 定义图中最大的顶点数 */
#define    EMAX    6                    /* 定义图中最大的边数 */
typedef    int     vextype;             /* 定义图中顶点的数据类型 */
typedef    float   adjtype;             /* 定义图中边的权值类型 */
typedef    struct  enode                /* 邻接表中边结点类型描述 */
{ vextype  adjvex;                      /* 邻接顶点域 */
  adjtype  weight;                      /* 权值域 */
  struct   enode *next;                 /* 链域 */
} edgenode ;                            /* 边结点类型定义 */
typedef    struct  vnode                /* 邻接表中顶点结点的类型描述 */
{ vextype  vertex;                      /* 图中每个顶点的信息 */
  edgenode *link;                       /* 边表头指针域 */
} vexnode ;                             /* 顶点表中顶点结点的类型定义 */
vexnode g[NMAX+1];                      /* 邻接表的顶点表定义 */
```

若用邻接表存储无向带权图,则邻接表的建立方法是:首先将邻接表的表头数组初始化,即将第 i 个表头的顶点域 vertex 设置为 i,指针域 link 设置为 NULL;然后输入图中所有边的顶点对及其边上的权 $<i,j,w>$,新建一个边结点,将 j 存放到边结点的 adjvex 域中,将 w 存放到边结点的权值域中,用头插法将新建的边结点链接到邻接表的表头数组的第 i 个表头 link 域中。同样,再新建一个边结点 $<i,j,w>$,将 i 存放到边结点的 adjvex 域,将 w 存放到边结点的权值域中,并将新建的边结点链接到表头数组的第 j 个表头的 link 域中。

对于有向图,邻接表的建立方法与此类似,但更加简单,每输入一条有向边 $<V_i, V_j>$ 的顶点序号时,仅生成一个邻接点序号为 j 的边结点,将其插入 V_i 出边表的头部。如果建立有向带权图的邻接表,则在边结点的权值域中输入边上的权即可。

若用邻接表存储无向带权图时,则邻接表的建立算法如下:

```c
creat_wxdadjlist(g)      /* 无向带权图的邻接表表示——无向带权图邻接表的建立算法 */
vexnode g[];
{ edgenode *s;
  int i, j, k, x; float w;
  for(i=1; i<=NMAX; i++)              /* 读入图中顶点的信息 */
  { printf("\n 请输入图的所有顶点 i=");
    scanf("%d", &x);
    g[i].vertex=x;
    g[i].link=NULL;                   /* 将边表头指针初始化 */
  }
  for(k=1; k<=EMAX; k++)              /* 输入所有边的信息建立图的邻接表 */
  { printf("\n 请输图中边和权 i, j, w: ");  /* 读入边(V_i, V_j)的顶点对序号和边的权 */
    scanf("%d%d%f", &i, &j, &w);
    s=malloc(sizeof(edgenode));       /* 生成邻接点序号为 j 的边结点*s */
    s->adjvex=j;                      /* 邻接点序号为 j 的边结点顶点域 */
    s->weight=w;                      /* 邻接点序号为 j 的边结点权值域 */
```

```
            s->next=g[i].link;                /* 邻接点序号为 j 的边结点指针域 */
            g[i].link=s;                      /* 将 s 插入顶点 V_i 的边表头部 */
            s=malloc(sizeof(edgenode));       /* 生成邻接点序号为 i 的边结点 s */
            s->adjvex=i;                      /* 邻接表边结点 i 的顶点域 */
            s->weight=w;                      /* 邻接表边结点 i 的权值域 */
            s->next=g[j].link;                /* 邻接表边结点 i 的指针域 */
            g[j].link=s;                      /* 将 s 插入顶点 V_j 的边表头部 */
        }
    }/* CREAT_WXDADJLIST */
```

【算法分析】邻接表建立算法的时间复杂度为 $O(n+e)$，空间复杂度亦为 $O(n+e)$。

4．邻接矩阵和邻接表的比较

邻接矩阵和邻接表是两种最常用的图的存储结构，它们各有所长。下面对它们进行比较。若图的边数 e 远远小于 n^2（即 $e \ll n^2$），我们称此类图为**稀疏图**。显然，这时用邻接表比用邻接矩阵更节省空间。若图的边数 e 接近于 n^2（即无向图的边数 e 接近于 $n(n-1)/2$，有向图的边数 e 接近于 $n(n-1)$），我们称此类图为**稠密图**。考虑到邻接表中需要附加指针，所以用邻接矩阵作为图的存储结构比较好。

在邻接矩阵中，判定 (V_i, V_j) 或 $<V_i, V_j>$ 是否为图的一条边很容易，只需判断 $A[i, j]$ 是否为零即可。其时间复杂度为 $O(1)$。但在邻接表中，需要扫描第 i 个边表。在最坏的情况下，所耗费的时间为 $O(n)$。

在邻接矩阵中，如果求图的边数 e，则必须检测整个矩阵，其时间复杂度是 $O(n^2)$，与 e 的大小无关。而在邻接表中，只要对每个边表的结点个数进行统计，就可得到图中全部的出边数 e，所耗费的时间为 $O(e+n)$。因此，当 $e \ll n^2$ 时，采用邻接表存储图更能节省查找运算的时间。

前面已经讨论了在邻接矩阵和邻接表中求顶点度的方法。对于无向图，采用邻接矩阵和邻接表表示时，求顶点的度很简单。对有向图来说，邻接矩阵比邻接表求顶点的度更容易。

图的邻接矩阵和邻接表表示各有利弊，具体应用时，应根据图的稠密和稀疏程度及算法的要求进行选择。

7.3　图的遍历

与树的遍历类似，**图的遍历**是指从任意指定的某个顶点（称此为初始点）出发，按照一定的搜索方法依次访问图中所有顶点，且每个顶点仅被访问一次。若给定的图是一个连通的无向图或者是一个强连通的有向图，则从图中任何一个顶点出发按照一个指定的顺序，可以访问该图的所有顶点，遍历过程一次就能完成。

然而，图的遍历比树的遍历要复杂得多，因为树是一种特殊类型的图，即无回路的连通图，树中两个顶点之间只有唯一的路径相通，在一个顶点被访问过以后，不可能沿着另外一条路径访问到已被访问过的结点；而图中任意一个顶点都可能和其余顶点相邻接，从图的初始点到其余顶点可能存在多条路径，因此，在访问了某个结点之后，有可能顺着某条回路又回到了该顶点，即存在**回路**。为了避免同一个顶点被重复访问，必须记住每个顶点是否被访问过，为此可设置一个辅助数组 visited[n]，用来记录图中所有被访问过的顶点。数组元素 visited[i]的初值全部置为逻辑假（False），即常量 0，表示顶点 V_i 未被访问；一旦顶点 V_i 已经被访问，就将对应元素 visited[i]置为逻辑真（True），即常量 1，表示 V_i 已被访问过。

根据搜索路径不同，图的遍历方法有两种：一种叫做**深度优先搜索遍历**（DFS），另一种叫做**广度优先搜索遍历**（BFS）。这两种方法对于无向图和有向图都适用。

7.3.1 连通图的深度优先搜索遍历

1. 深度优先搜索的基本思想

连通图的深度搜索遍历类似于树的前序遍历。假设从图 $G=(V, E)$ 中任选一个顶点 V_0 作为起始出发点，则连通图深度优先遍历的基本思想是：首先访问初始出发点 V_0，并将其标记设置为已访问；然后任选一个与 V_0 相邻接且没有被访问的邻接点 V_1 作为新的出发点，访问 V_1 之后，将其标记设置为已访问；再以 V_1 为新的出发点，继续进行深度优先搜索，访问与 V_1 相邻接且没有被访问的任一个顶点 V_2；重复上述过程，若遇到一个所有邻接点均被访问过的结点，则回到已访问结点序列中最后一个还没有被访问的相邻结点的顶点，再从该顶点出发继续进行深度优先搜索，直到图中所有顶点都被访问过，搜索结束。这个搜索过程就称为连通图的**深度优先搜索**（Depth First Search），简称 DFS。

显然，图的深度优先搜索遍历是一个递归的遍历过程。

对图进行深度优先遍历时，按访问顶点的先后次序所得到的顶点序列，称为该图的深度优先搜索序列，简称为 **DFS 序列**。

【例 7.6】假设无向图 G_{10} 如图 7.11 所示。若以顶点 V_1 为起始出发点，请给出从顶点 V_1 出发进行深度优先搜索的遍历结果。

【解】从顶点 V_1 出发进行深度优先遍历无向图 G_{10}，得到的部分顶点序列有以下 3 种：

① $V_1, V_2, V_5, V_{10}, V_6, V_7, V_3, V_{12}, V_{11}, V_8, V_4, V_9$
② $V_1, V_2, V_5, V_{10}, V_{12}, V_{11}, V_8, V_4, V_9, V_6, V_7, V_3$
③ $V_1, V_3, V_7, V_{10}, V_5, V_2, V_6, V_{12}, V_{11}, V_8, V_4, V_9$

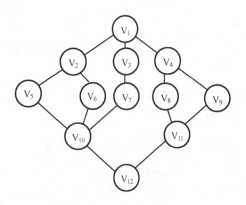

图 7.11 无向连通图 G_{10}

可见，一个图的 DFS 序列不是唯一的，它与遍历算法、图的存储结构及初始出发点有关。由于图的邻接矩阵表示是唯一的，因此，对于指定初始出发点，由 Dfsjz_visit 算法得到的 DFS 序列是唯一的。但是，由于图的邻接表表示不是唯一的，所以对于指定初始出发点，由算法 Dfsljb_visit 得到的 DFS 序列并不是唯一的，它取决于邻接表中边的输入次序和边结点的链接次序。

2. 深度优先搜索遍历算法

连通图深度优先搜索的处理过程如下。

（1）打印访问的初始出发点 V_0，并将顶点 V_0 的访问标记设置为 1 表示该顶点已被访问。
（2）将初始点 V_0 进栈。
（3）若栈不空，则

① 取当前栈顶结点。
② 若栈顶结点存在未被访问的邻接顶点，则选择一个顶点 W 进行如下步骤：
- 打印该顶点，并将该顶点的访问标记设置为 1 表示该顶点已被访问；
- 将该顶点 W 进栈。

③ 否则，栈顶结点退栈。

图的深度优先搜索遍历是递归定义的，故很容易写出其递归算法。图的遍历过程必然包含对图中每个顶点查找其邻接点这一操作，而在图的不同存储结构上查找邻接点的方法是不同的。若以邻接表为存储结构，则查找邻接点的操作实际上是顺序查找链表。

下面以邻接矩阵和邻接表作为图的存储结构，分别给出相应的深度优先搜索的递归算法。算法中数组 visited 为全程变量，表示图中所有顶点的访问标记。数组元素 visited[i] 初始值均为 0，若图中某顶点已被访问，则对应元素 visited[i] 将设置为 1。

```
/* 用邻接矩阵存储图——连通图的深度优先搜索遍历 DFS 算法 */
int visited[NMAX+1];    /* 标记结点是否访问过，若visited=0，表示未访问，反之为 1 */
Dfsjz_visit(g,i)        /* 从 Vi 出发深度优先搜索图 g，g用邻接矩阵表示 */
graphjz g[];
int i;
{ int j;
  printf("%4d", g->vexs[i]);              /* 输出访问出发点 Vi */
  visited[i]=1;                           /* 访问 Vi 后将其访问标记设置为1*/
  for(j=1; j<=NMAX; j++)                  /* 依次搜索 Vi 的邻接点 */
    if ((g->arcs[i][j]!=0)&&(visited[j]==0))   /* 若 Vi 邻接点 Vj 未被访问过 */
      Dfsjz_visit(g,j);                   /* 则从 Vj 出发进行深度优先搜索 */
}/* DFSJZ_VISIT */


/* 用邻接表存储图——连通图的深度优先搜索遍历 DFS 算法 */
int visited[NMAX+1];    /*标记结点是否访问过，若visited=0，表示未访问，反之为1*/
void Dfsljb_visit(ga,i) /* 从 Vi 出发深度优先搜索图 ga，ga用邻接表表示 */
vexnode ga[];
int i;
{ edgenode *p;
  printf("%4d", ga[i].vertex);            /* 输出访问出发点 Vi */
  visited[i]=1;                           /* 访问 Vi 后将其访问标记设置为 1 */
  p=ga[i].link;                           /* 取 Vi 的边表头指针 */
  while (p!=NULL)                         /* 依次搜索 Vi 的邻接点 */
  { if (visited[p->adjvex]==0)            /* 若 Vi 邻接点 Vj 未被访问过 */
      Dfsljb_visit(ga,p->adjvex);         /* 则从 Vj 出发进行深度优先搜索 */
    p=p->next;                            /* 取 Vi 的下一个邻接点继续搜索 */
  }/* while */
}/* DFSLJB_VISIT */
```

【算法分析】对于只有 n 个顶点 e 条边的连通图，算法 Dfsjz_visit 和 Dfsljb_visit 均递归调用了 n 次。每次递归调用时，除了访问顶点和加标记外，主要时间花费在从该顶点出发搜索它的所有邻接点上。

用邻接矩阵作为图的存储结构时，搜索某个顶点的所有邻接点，需要检查邻接矩阵中相应行中所有的元素，所花费的时间为 $O(n)$，故从 n 个顶点出发搜索所需要的时间为 $O(n^2)$，即 Dfsjz_visit 算法的时间复杂度为 $O(n^2)$。用邻接表作为图的存储结构时，搜索 n 个顶点所有的邻接点，就是对 n 个邻接表的边结点扫描一遍，故算法 Dfsljb_visit 的时间复杂度为 $O(n+e)$。

算法 Dfsjz_visit 和 Dfsljb_visit 所用的辅助空间是标记数组 visited 和实现递归所用的栈，故它们的空间复杂度均为 $O(n)$。

7.3.2 连通图的广度优先搜索遍历

1. 广度优先搜索的基本思想

连通图的广度优先搜索遍历与树的按层遍历类似。广度优先搜索遍历的基本思想是：从图 $G=(V, E)$ 的某个起始点 V_0 出发，首先访问起始点 V_0，接着依次访问 V_0 所有邻接点 V_1，V_2，…，V_p，然后，分别从这些邻接点 V_1，V_2，…，V_p 出发，按广度优先遍历的方法，依次访问与其相邻接的所有未被访问过的顶点，其余类推，直到图中所有顶点都被访问到为止。这个过程称为连通图的**广度优先搜索遍历**（Breadth First Search），简称 **BFS**。

对图进行广度优先搜索时，按访问顶点的先后次序所得到的顶点序列，称为该图的广度优先遍历序列，简称 **BFS 序列**。

【例 7.7】若对无向图 G_{10} 进行广度优先遍历，给出从顶点 V_1 出发进行广度优先搜索的遍历结果。

【解】从顶点 V_1 出发对图 G_{10} 进行广度优先遍历时，所得到的部分 BFS 序列如下：

① $V_1, V_2, V_3, V_4, V_5, V_6, V_7, V_8, V_9, V_{10}, V_{11}, V_{12}$
② $V_1, V_4, V_3, V_2, V_8, V_9, V_7, V_5, V_6, V_{11}, V_{10}, V_{12}$

一个图的 BFS 序列并不是唯一的，它与图的存储结构、算法及初始出发点有关。由于图的邻接矩阵表示是唯一的，所以对于指定初始出发点，由 Bfsjz_visit 算法得到的 BFS 序列是唯一的。因为图的邻接表表示不是唯一的，所以对于指定出发点，由算法 Bfsljb_visit 得到的 BFS 序列并不是唯一的，它取决于邻接表中边的输入次序和边结点的链接次序。

值得注意的是：若连通图的邻接表已经建立，从指定初始点出发对连通图进行 DFS 或 BFS 遍历时，则 BFS 和 DFS 序列都是唯一的。

【例 7.8】假设有向图 G_{11} 如图 7.12（a）所示，其邻接矩阵和邻接表如图 7.12（b）和（c）所示。若从顶点 A 出发，对有向图 G_{11} 分别进行深度优先搜索遍历和广度优先搜索遍历，请给出有向图 G_{11} 深度优先遍历 DFS 和广度深度优先遍历 BFS 的结果。

【解】由 Dfsljb_visit 和 Bfsljb_visit 算法可知，从顶点 A 出发，对有向图 G_{11} 进行深度优先遍历和广度深度优先遍历，实际上是遍历该图的邻接表，由于有向图 G_{11} 的邻接表已经建立，所以得到的 DFS 序列和 BFS 序列是唯一的，其结果如下：

邻接表的 DFS 序列为 A, B, C, E, G, D, F, H
邻接表的 BFS 序列为 A, B, H, C, D, F, E, G

同样，因为图的邻接矩阵是唯一的，所以采用 Dfsjz_visit 和 Bfsjz_visit 算法遍历有向图 G_{11} 的邻接矩阵算法得到的 DFS 和 BFS 序列也是唯一的，其结果如下：

邻接矩阵的 DFS 序列为 A, B, C, E, G, D, F, H
邻接矩阵的 BFS 序列为 A, B, H, C, D, F, E, G

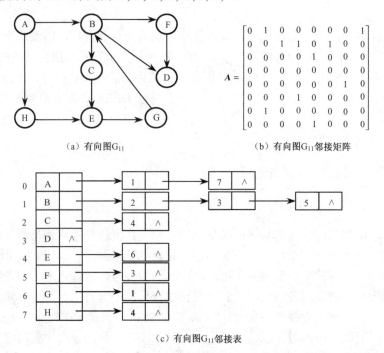

图 7.12 有向图 G_{11} 的邻接矩阵和邻接表表示

2. 广度优先搜索遍历算法

在广度优先搜索过程中，搜索邻接点具有"先进先出"的特征，为了保证结点的这种先后关系，可用队列来暂存那些刚访问过的顶点或还没有来得及处理的顶点。连通图广度优先搜索的处理过程如下。

（1）将队列设置为空队列。
（2）打印访问的初始出发点 V_0，并将顶点 V_0 的访问标记置为 1 表示该顶点已被访问。
（3）让初始点 V_0 的全部相邻顶点（$V_1, V_2, \cdots, V_p$）进队。
（4）若队列不空，则
① 让队列中队首顶点 $W=V_1$ 出队列。
② 在邻接表中，依次检测与顶点 W 相邻接的所有顶点，若未被访问，则
- 打印该顶点，并将该顶点的访问标记设置为 1 表示该顶点已被访问；
- 该顶点 W 的全部相邻顶点（$W_1, W_2, \cdots, W_p$）进队。
③ 转步骤（4）。
（5）若队列为空，则 BFS 算法结束。

下面分别以邻接矩阵和邻接表作为图的存储结构，给出连通图广度优先搜索算法。算法中 visited 为全程变量，数组元素 visited[i] 的初值均为 0。

```
/* 用邻接矩阵表示图——连通图的广度优先搜索遍历 BFS 算法*/
int visited[NMAX+1];     /*visited 是顶点访问标志，visited[i]=0 表示未访问，反之为 1*/
Bfsjz_visit(g,k)         /* 从 V_k 出发广度优先搜索图 g，g 用邻接矩阵表示 */
```

```
graphjz g[];
int k;
{ int i, j, front, rear, q[NMAX+1];
    front=-1;     rear=-1;                              /* 置空队列 */
    printf("\n 开始访问的第一个顶点是:%d", g->vexs[k]);   /* 访问出发点 V_k */
    visited[k]=1;                                       /* 标记 V_k 已访问过 */
    rear=rear+1;                                        /* 已访问过的顶点入队列 */
    q[rear]=k;
    while (rear!=front)                                 /* 队列非空时执行 */
    {   front=front+1;                                  /* 队头元素序号出队列 */
        i=q[front];
        for(j=1; j<=NMAX; j++)
         if((g->arcs[i][j]>0)&&(visited[j]==0))         /* 依次搜索 V_k 的邻接点 V_j */
         { printf("\n 顶点%d 的邻接点是:%d", i, g->vexs[j]);
            visited[j]=1;
            rear=rear+1;
            q[rear]=j;                                  /* 访问过的顶点入队 */
         }/* IF */
    }/* WHILE OF FRONT */
}/* BFSJZ_VISIT */
```

/* 用邻接表表示图——连通图的广度优先搜索遍历 BFS 算法 */
```
int  visited[NMAX+1];          /* visited[i]=0 表示未访问，反之为 1 */
void Bfsljb_visit(ga,k)        /* 从 V_k 出发广度优先搜索图 ga, ga 用邻接表表示 */
vexnode ga[];int k;
{int i, front, rear, q[NMAX+1]; edgenode *p;
 front=-1;    rear=-1;                                  /* 置队列为空队 */
 printf("\n 开始访问的第一个顶点是:%d", ga[k].vertex);   /* 访问出发点 */
 visited[k]=1;                                          /* 顶点 V 标记为已访问 */
 rear=rear+1;
 q[rear]=k;                                             /* 已访问过的顶点（序号）入队列 */
 while (rear!=front)                                    /* 队列非空时执行 */
 { front=front+1;
    i=q[front];                                         /* 队头元素出队列 */
    p=ga[i].link;                                       /* 取 V_i 的边表头指针 */
    while(p!=NULL)                                      /* 依次搜索 V_i 的邻接点 */
    { if(visited[p->adjvex]==0)                         /* 访问 V_i 的未被访问过的邻接点 V_j */
      { printf("\n 顶点%d 的邻接点是:%d", i, ga[p->adjvex].vertex);
        visited[p->adjvex]=1;                           /* 顶点 V_i 标记为已访问 */
        rear=rear+1;
```

```
            q[rear]=p->adjvex; }          /* 已访问过的顶点(序号)入队列 */
          p=p->next;                      /* 找 V_i 的下一个邻接点 */
        }/* WHILE OF P */
      }/* WHILE OF FRONT */
    }/* BFSLJB_VISIT */
```

【算法分析】 对于只有 n 个顶点和 e 条边的连通图而言，由于每个顶点需要入队一次，所以算法 Bfsjz_visit 和 Bfsljb_visit 的外循环次数为 n 次。在算法 Bfsjz_visit 中，其内循环的次数仍为 n 次，故算法 Bfsjz_visit 的时间复杂度为 $O(n^2)$。在 Bfsljb_visit 算法中，内循环的次数取决于所有顶点的边结点的个数，因此，其内循环执行的总次数就是边结点的总数 $2e$，故算法 Bfsljb_visit 的时间复杂度为 $O(n+e)$。算法 Bfsjz_visit 和 Bfsljb_visit 所用的辅助空间是队列和标记数组，故它们的空间复杂度均为 $O(n)$。

7.3.3 非连通图的遍历

1. 非连通图的遍历问题

前面讲述了连通图的遍历问题，对于非连通图的遍历方法与之类似，不过需要多次调用深度优先搜索 DFS 或广度优先搜索 BFS 算法，才能访问非连通图的所有顶点。非连通图的遍历过程就是求连通分量的过程。

如果一个无向图是非连通图，则从图中任一顶点出发进行深度优先搜索或广度优先搜索都不能访问到图中所有顶点，而只能访问初始出发点所在的那个连通分量的所有顶点。如果从每个连通分量中选择一个初始出发点，分别对每个连通分量进行搜索，就可以访问整个非连通图的所有顶点。

对于有向图，如果初始出发点到图中每个顶点都有路径，就可以访问图中所有顶点，否则便不能访问图中所有的顶点。为此，同样需要再选择初始出发点，继续进行遍历，直到图中所有顶点都被访问到为止。

2. 非连通图的遍历算法

下面给出的非连通图遍历算法是以邻接表作为存储结构，通过调用 DFS 深度优先搜索算法实现非连通图的遍历并计算连通分量的算法。同样，若将 DFS 换成 BFS 亦可给出调用 BFS 算法实现非连通图的广度优先搜索遍历程序。对于非强连通的有向图，其遍历算法只需简单修改程序即可。

```
        /* 用邻接表表示非连通图——用深度优先搜索非连通图的每个连通分量的 DFS 算法 */
        int  visited[NMAX+1];            /* 标志数组，设置顶点访问标志，已访问为 1 */
        void travel_ljb(g,n)             /* 用 DFS 算法遍历非连通图 g，g 用邻接表表示 */
        vexnode g[];                     /* g 为邻接表表示 */
        int n;                           /* n 为图的顶点数 */
        { int i, k=1;                    /* k 为非连通图中的连通分量 */
          void Dfsljb_visit();           /* 用邻接表表示连通图的深度优先遍历算法 */
          for (i=1;i<=n;i++)             /* n 为图的顶点数 */
            visited[i]=0;                /* 将标志数组初始化设置为 0 */
```

```
        for(i=1;i<=n;i++)              /* 从每个顶点 V_i 出发深度优先遍历非连通图 */
        { if(visited[i]==0)            /* 若 V_i 未访问,则从 V_i 出发深度优先遍历 */
          { Dfsljb_visit(g,i);         /* 从 V_i 出发深度优先遍历图 g 的每个连通分量 */
            printf("第%d 个连通分量遍历结束\n", k++);  /* 输出图 g 的连通分量的个数 */
          }/* IF */
        }/* FOR */
      }/* TRAVEL_LJB */
```

从上述算法可以看出,若无向图是一个连通图,或有向图从顶点 V_i 到所有顶点都有路径,则循环语句只需调用一次 Dfsljb_visit 就能结束遍历,否则要多次调用 Dfsljb_visit 才能结束遍历过程。对于无向图,调用 Dfsljb_visit 的次数就等于连通分量的个数,每次调用都可以得到此非连通图的一个连通分量。对于有向图,每次调用将遍历与初始点连通的部分顶点组成的子图,调用 Dfsljb_visit 的次数就等于有向图中子图的个数。

例如,对图 7.4 所示的非连通图 G_4 执行 travel_ljb 算法时,分别调用函数 Dfsljb_visit(1) 和 Dfsljb_visit(4),依次输出两个连通分量的顶点为:

V_1, V_2, V_3 第 1 个连通分量遍历结束
V_4, V_5, V_6, V_7 第 2 个连通分量遍历结束

【算法分析】算法 travel_ljb 对图中每个顶点最多调用一次 Dfsljb_visit 函数,若图的顶点数为 n,则总的调用次数为 n,故算法的时间复杂度是 $O(n^2)$。此算法对有向图同样适用。

7.3.4 连通图和非连通图的建立与遍历运算实例

下面通过一个简单的应用实例说明如何编写完整的程序,实现连通图和非连通图的建立和遍历运算。

【例 7.9】假设连通图 ga1 和非连通图 ga2 如图 7.13 所示,若用邻接表存储连通图 ga1 和非连通图 ga2,请编写程序实现连通图 ga1 和非连通图 ga2 的建立和遍历运算。

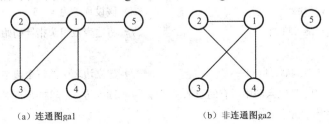

(a) 连通图 ga1   (b) 非连通图 ga2

图 7.13   连通图 ga1 和非连通图 ga2

【算法分析】首先输入连通图 ga1 的所有边和顶点,建立图 ga1 的邻接表,然后分别采用 Dfsljb_visit 和 Bfsljb_visit 算法遍历连通图 ga1,程序运行结果如图 7.14(a)所示。

再输入非连通图 ga2 的所有边和顶点,建立图 ga2 的邻接表,调用 Dfsljb_visit 算法深度优先遍历非连通图 ga2,程序运行结果如图 7.14(b)所示。

若将前述函数 Dfsljb_visit、Bfsljb_visit 和 travel_ljb 存放在头文件"图遍历.c"中,函数 clear 保存在 BH.c 头文件中,则实现连通图 ga1 和非连通图 ga2 的建立和遍历的完整程序如下:

```c
# define NMAX 5
# define EMAX 5
# define NULL 0
# include "stdio.h"
typedef int    vextype;
typedef struct node
{ vextype    adjvex;                    /* 邻接点域 */
   struct node * next;                  /* 链接域 */
} edgenode;                             /* 边结点 */
typedef struct
 { vextype   vertex;                    /* 顶点信息 */
    edgenode *link;                     /* 边表头指针 */
    }vexnode;                           /* 顶点表信息 */
vexnode ga1[NMAX+1], ga2[NMAX+1];       /* ga1 为连通图, ga2 为非连通图 */
int visited[NMAX+1];                    /* 标志数组, 设置顶点访问标志, 已访问为 1 */

# include "BH.c"                        /* 包含 clear 函数 */
# include "图遍历.c"                    /* 包含邻接表的 Dfs, Bfs, travel 函数 */

/* 图的邻接表表示——连通图和非连通图的建立和遍历(深度优先遍历和广度优先遍历) */
void  creat_wxtadjlist(g)               /* 建立无向图的邻接表算法 */
vexnode g[];
{ edgenode *s;  int i,j,k;
   for(i=1; i<=NMAX; i++)               /* 读入顶点信息 */
   { g[i].vertex=i;                     /* 假设顶点为 1~5 */
      g[i].link=NULL;                   /* 将边表数组头指针初始化 */
   }
   for(k=1; k<=EMAX; k++)               /* 建立边表中的每个边结点 */
   { printf("\t请输入图中所有的边 i,j: ");  /* 读入边(V_i, V_j)的顶点对序号 */
     scanf("%d,%d",&i,&j);
     s=malloc(sizeof(edgenode));        /* 生成邻接点序号为 j 的边结点 s */
     s->adjvex=j;
     s->next=g[i].link;
     g[i].link=s;                       /* 将 s 插入顶点 V_i 的边表头部 */
     s=malloc(sizeof(edgenode));        /* 生成邻接点序号为 i 的边结点 s */
     s->adjvex=i;
     s->next=g[j].link;
     g[j].link=s;                       /* 将 s 插入顶点 V_j 的边表头部 */
   }
}/* CREAT_WXTADJLIST */
```

```
/* 图的邻接表表示——连通图和非连通图的建立和遍历（深度优先遍历和广度优先遍历）*/
main()                    /* 采用邻接表表示图时，连通图和非连通图的建立和遍历程序 */
{ int i, k=1;                       /* k 为开始访问的顶点，假设为顶点 1 */
  clear();
  printf("\n\t 用邻接表表示连通图的建立和遍历\n\n");
  creat_wxtadjlist(ga1);            /* 建立连通图 ga1, ga1 用邻接表表示 */
  for (i=1; i<=NMAX; i++)           /* 标志数组，设置顶点访问标志，已访问为 1 */
     visited[i]=0;
  printf("\n\t 图的深度优先遍历，从顶点%d 开始访问，输出顶点为:\n\t", k);
  Dfsljb_visit(ga1,k);              /* 用邻接表存储连通图的深度优先遍历算法 */
  for (i=1; i<=NMAX; i++)           /* 标志数组，设置顶点访问标志，已访问为 1 */
     visited[i]=0;
  printf("\n\t 图的广度优先遍历，从顶点%d 开始访问，输出顶点为:\n\t", k);
  Bfsljb_visit(ga1,k);              /* 用邻接表存储连通图的广度优先遍历算法 */
  clear();
  printf("\n\t 用邻接表表示非连通图的建立和遍历\n");
  creat_wxtadjlist(ga2);            /* 建立非连通图 ga2,ga2 用邻接表表示 */
  for (i=1; i<=NMAX; i++)           /* 标志数组，设置顶点访问标志，已访问为 1 */
     visited[i]=0;
  printf("\n\t 非连通图的深度优先遍历,输出图的顶点为:\n\t");
  travel_ljb(ga2,NMAX);             /* 用邻接表存储非连通图的深度优先遍历算法 */
}/* MAIN */
```

上机运行该程序，其运行结果如图 7.14 所示。

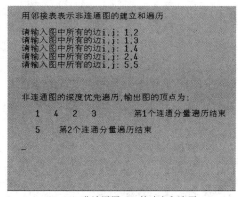

(a) 连通图 ga1 的建立和遍历　　　　　　(b) 非连通图 ga2 的建立和遍历

图 7.14　连通图 ga1 和非连通图 ga2 的建立和遍历示例

7.4　生成树和最小生成树

本节介绍图的一种重要的应用——求最小生成树。生成树和最小生成树有许多重要的应用。本节将介绍生成树和最小生成树概念及两个常用的构造最小生成树的算法：Prim 算法和 Kruskal 算法。

7.4.1 生成树和最小生成树的概念

1. 生成树的定义和构造

求最小生成树是图的一种重要的应用。若从图的任何一个顶点出发，可以遍历访问图的所有顶点，遍历过程经过的所有边的集合记为 $T(G)$，则由图 $G=(V, E)$ 的所有顶点和遍历过程中经过的各条边构成的子图 $G'=(V, T)$ 称为图 G 的**生成树**（Spanning Tree）。此定义不仅适用于无向图，对有向图同样适用。

通过遍历可以得到一棵生成树。通常，由深度优先搜索得到的生成树称为**深度优先生成树**，简称为 **DFS 生成树**；由广度优先搜索得到的生成树称为**广度优先生成树**，简称为 **BFS 生成树**。

例如，图 7.15 所示的两棵生成树就是图 7.11 中图 G_{10} 的深度优先生成树和广度优先生成树。

图的生成树不是唯一的，对同一个图从不同的顶点出发，采用不同的遍历方法可得到不同的生成树。图 7.15 所示只是图 G_{10} 所有生成树中的两棵不同的生成树。

一个无向连通图 G 可以有许多棵不同的生成树，但它们之间有很多共同之处。

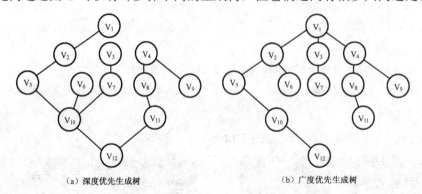

(a) 深度优先生成树　　　　　　　　　(b) 广度优先生成树

图 7.15　无向连通图 G_{10} 的两棵生成树

① 生成树的顶点个数与图的顶点个数相同。
② 生成树是图的极小连通图。具有 n 个顶点的无向连通图至少有 $(n-1)$ 条边，而 n 个顶点的生成树正好有 $n-1$ 条边。生成树中任意两个顶点间的路径是唯一的，若在生成树中任意添加一条边就必然会形成回路；同样，若从生成树中删去一条边，该生成树就会变成一个非连通图。

2. 最小生成树的概念

对于一个带权的无向连通图 $G=(V, E)$，其边是带权的，因而 G 的不同生成树的所有边也都是带权的。我们把生成树所有边上的权值之和称为**生成树的权**。在 G 的所有生成树中，其权值之和为最小的生成树称为图的**最小生成树**（Minimun Spanning Tree）。

生成树和最小生成树有许多重要的应用。例如，用无向带权连通图 G_1 表示各城市之间的通信网络如图 7.1 所示，图中顶点代表 6 个城市，每条边的权表示各城市间的通信网络造价。

假设要在这 6 个城市之间建立通信网络。因为各城市间的距离不同,地理条件不同,每条通信网络的造价也不同。理论上,能够连接这 6 个城市的任何建立通信网络的方案都是可行的。如果每棵生成树代表一个可行的方案,所有这些方案就有很多生成树,但是考虑到每条边上的权,就存在一个优选问题。如何从所有可行的方案中,选出一个总造价最低的方案呢?这就是求最小生成树的问题。因此,求造价最低的建立通信网络的问题就转化为求带权连通图的最小生成树这样一个一般性的问题。

下面我们仅讨论无向图最小生成树的问题。构造最小生成树的算法有多种,在此仅介绍两个常用的构造最小生成树的算法:Prim 算法和 Kruskal 算法。

7.4.2 Kruskal 算法

1. Kruskal 算法构造最小生成树的步骤

Kruskal 算法是一种按权值的递增次序选择合适的边来构造最小生成树的方法。假设具有 n 个顶点的无向带权连通图为 $G=(V, E)$,G 的最小生成树为 T=(U, Te),U 的初值为 V,即包含 G 中所有顶点,Te 的初值为空集。其算法的基本思想是:把图 G 的所有边按其权值从小到大依次排列,每次从图中选取权值最小的边,如果这条边不与 T 中已有边构成回路,就把它加到生成树中,否则舍弃该边。重复上述过程,直到生成树 T 中包含 $n-1$ 条边为止,此时 T 即为最小生成树。

【例 7.10】对图 7.1(a)所示的带权图,请给出用 Kruskal 算法构造最小生成树的过程。

【解】对图 7.1(a)所示的带权图,用 Kruskal 算法构造最小生成树的过程如图 7.16 所示。图中实线表示所选的边,虚线表示若选择此边将产生回路,故舍弃该边。

假设 $G=(V, E)$是具有 n 个顶点的无向带权连通图,T=(U, Te)是 G 的最小生成树,则 Kruskal 算法构造最小生成树的步骤如下。

(1) 将顶点集合 U 的初值设置为 V,边的集合 Te 初值设置为空集。

(2) 将图 G 中未选的边按权值从小到大顺序排列。选取权值最小边,如果这条边不与 T 中已有的边构成回路,就把它加入生成树中,使其成为生成树的一条边。

(3) 否则,继续选取下一条边并判别:若选取的边使生成树 T 不形成回路,则把它并入 Te 作为生成树 T 的一条边;否则舍弃所选边。

(4) 若 Te 包含($n-1$)条边,则算法结束。

(5) 否则转步骤(2)。

当算法结束时,Te 包含($n-1$)条边,此时的 T 即为最小生成树。

实现 Kruskal 算法的关键是如何判断所选取的边是否与生成树 T 中已有的边构成回路,这可以通过判断边的两个端点所在的连通分量的方法来解决。算法开始时,Te 的初值为空集,图 T 的每个顶点都构成一个无回路连通分量;若选取的边的两个端点分别属于两个不同的连通分量,所以此边连接后得到的连通分量不会产生回路,可把该条边加入,使得两个端点所在的两个连通分量合并成一个连通分量;当所选边的两个端点属于同一个连通分量时,加入该条边必将产生回路。随着 Te 中边的不断增加,图中无回路连通分量将逐渐减少直到只有一个连通分量时,即为最小生成树。

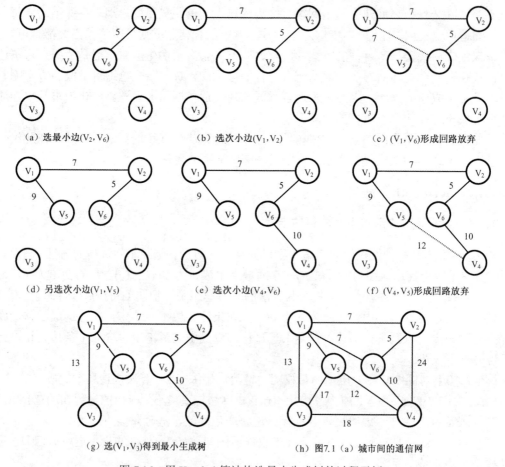

图 7.16 用 Kruskal 算法构造最小生成树的过程示例

2. Kruskal 算法的实现程序

下面给出实现 Kruskal 算法的程序。为了便于按照权值递增的次序依次检查图中的每条边，算法中采用结构数组 edge[]存储图的所有边，其中，begin 域和 end 域分别表示一条边的起点和终点，weight 域表示边上的权值。程序中各函数的功能如下。

函数 getedge 的功能是：建立边集数组 edge[]。其建立步骤是：首先读入图的边数，然后读入每条边（起点，终点，权）组成的三元组序列。若边集数组 edge[]输入完毕，则函数结束并返回图的边数 e。

函数 sortedge 的功能是：用交换法将图中所有未选边按权值从小到大重新排列。

函数 find 的功能是：查找一个与起始点连接的终点数组 father[i]，$i=0, 1, 2, \cdots, n-1$，当选取权值最小边时，按起始点下标，在相应的 father[]中存入该边的终点号。

函数 swap 的功能是：完成数据的交换。

若用边集数组存储图中所有边，则边集数组的结构描述和 Kruskal 算法的实现程序如下：

```
#define  EMAX  255              /* 图的边数最大值 */
typedef  struct                 /* 边集数组的类型定义 */
{ int      begin, end;          /* 边集数组中边的起点、终点 */
```

```c
    float    weight;                              /* 边集数组中边的权 */
} graphedge;                                      /* 边集数组的结构类型描述 */


int getedge(graphedge edge[])  /* 函数 getedge 建立数组 edge[]并返回图的边数 e */
{ int i, k, begin, end; float  weight;
   printf("total edges=");                        /* 从键盘输入图的总边数 */
   scanf("%d", &k);
   for (i=1;i<=k;i++)                             /* 从键盘输入每条边的起点终点权*/
     { printf("begin    end   weight =");         /* 从键盘输入每条边的起点终点权 */
       scanf("%d%d%f", &begin, &end, &weight);
       edge[i].begin=begin;                       /* 将每条边信息存放在边集数组中 */
       edge[i].end=end;
       edge[i].weight=weight;
     }/* FOR */
   return(k);                                     /* 函数返回图的总边数 e */
}/* GETEDGE */


swap(int *p1, int *p2)                            /* 函数 swap 完成数据交换 */
{ int temp;
   temp=*p1;  *p1=*p2;  *p2=temp;
}/* SWAP */


void sortedge(graphedge edge[], int k)   /*将所有未选边按权值从小到大排序 */
{ int i, j;
   for(i=1;i<k;i++)
     for(j=i+1;j<=k;j++)
       if(edge[i].weight>edge[j].weight)
         { swap(&edge[i].begin, &edge[j].begin);
           swap(&edge[i].end, &edge[j].end);
           swap(&edge[i].weight, &edge[j].weight); }
}/* SORTEDGE */


int find(int father[], int e)    /*查找与起始点连接的终点数组 father[i] */
{  int f=e;
   while(father[f]>0)
      f=father[f];
   return(f);
}/* FIND */


void kruskal(graphedge edge[], int k)            /* 构造最小生成树的 Kruskal 算法 */
```

```
    { int father[EMAX], beginf, endf, i;
      printf("edges of miniwst spanning tree:\n");
      for(i=1;i<=k;i++)
        father[i]=0;
      for(i=1;i<=k;i++)
      { beginf=find(father, edge[i].begin);
        endf=find(father, edge[i].end);
        if(beginf!=endf)
        { father[beginf]=endf;
          printf("%d\t%d\t%f\n", edge[i].begin, edge[i].end, edge[i].weight); }
      }
    }/* KRUSKAL */

main()                           /* 用 Kruskal 算法构造最小生成树程序——主函数 */
{ int n;                                /* n 表示图的实际边数 */
  graphedge  edgearray[EMAX];           /* edgearray 为边集数组 */
  n=getedge(edgearray);                 /* 将图顶点、边和权输入边集数组 */
  sortedge(edgearray, n);               /* 将图的边集数组按边权值排序 */
  kruskal(edgearray, n);                /* 用算法求带权图的最小生成树 */
}/* MAIN */
```

【算法分析】Kruskal 算法的效率取决于如何有效地判别添加一条边(v, w)后是否构成回路。Kruskal 算法对 e 条边最多只扫描一次，选择最小代价边仅需 $O(\log_2 e)$ 次，所以其时间复杂度为 $O(e\log_2 e)$（读者可自行分析），故该方法适用于求边稀疏的带权图的最小生成树。

7.4.3 Prim 算法

1. Prim 算法构造最小生成树的步骤

现在换一个角度考虑最小生成树的问题：设 $V(T)$ 为最小生成树 T 的顶点集合，$E(T)$ 为最小生成树 T 中边的集合，由生成树的性质可知：如果 V_i，$V_j \in V(T)$，则在生成树 T 中加入边 (V_i, V_j) 后一定构成回路，所以将 Kruskal 算法中对回路的判别可以改为判别顶点 V_i 和 V_j 是否属于 $V(T)$。在选取边 (V_i, V_j) 时，只需找出其中一个顶点属于 $V(T)$，另一个顶点不属于 $V(T)$ 且只有最小权值的边，把它加入 T 中，由此就可得到 Prim 算法。

【例 7.11】对图 7.1（a）所示的带权图，请给出用 Prim 算法构造最小生成树的过程。

【解】图 7.17 所示是用 Prim 算法构造最小生成树的过程示意图。图中带阴影和边框的顶点表示每次所选的顶点，实线表示所选的边，虚线表示待选的边。

假设 G=(V, E)是连通网，生成的最小生成树 T=(V, Te)，则 Prim 算法构造 G 的最小生成树 T 的具体步骤如下：

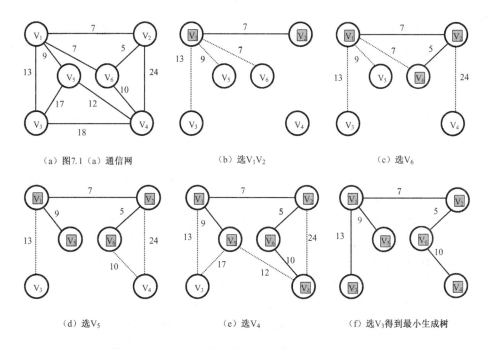

图 7.17 用 Prim 算法构造最小生成树的过程示例

（1）初始化：令 $V(T)$ 和 $E(T)$ 的初值为空集，n 为带权图 G 的顶点数。
（2）从带权图 G 中任取一个顶点（假设 V_1）放入 $V(T)$ 中，此时 $V=\{V_1\}$。
（3）重复下列步骤 $n-1$ 次：
① 在 $V_i \in V(T)$，$V_j \notin V(T)$ 的边中取权值最小的边(V_i, V_j)。
② 把顶点 V_j 加入 $V(T)$ 中，此时 $V=\{V_1, V_j\}$。
③ 输出 V_i，V_j 及(V_i, V_j)边上权。

当算法结束时，所有 n 个顶点并入顶点集 V 中，Te 为最小生成树的边集，包含 $n-1$ 条边，T=<V, Te>就是最后得到最小生成树。

2．Prim 算法的实现程序

下面给出 Prim 算法的实现程序。程序中，Prim 函数利用 Prim 算法构造最小生成树；insert 函数判断图中某个顶点 k 是否在最小生成树的集合 v 中，若在则返回 1，否则返回 0。若用邻接表表示无向的带权图，则构造最小生成树的 Prim 算法如下：

```
prim(g, n)                          /* 构造最小生成树的Prim算法 */
vexnode g[];  int n;
{ int i, k1, k2, vi, vj, v[50], tp=1, found;
  float      weight=1e+6;
  edgenode *p;
  v[1]=1;                           /* 把起始顶点V₁放入v中 */
  while (tp<=n)
  { found=0;
    for(i=1;i<=tp;i++)
    { k1=v[i];  p=g[k1-1].link;
```

```
        while (p!=NULL)      /* 查找 V_i∈V(T)，V_j∉V(T)的边中取权值最小的边(V_i, V_j) */
        { k2=p->adjvex;
          if(!insert(v, tp, k2))         /* 函数判断顶点 k 是否在集合 v 中 */
          if(!found||p->weight<weight)
          { vi=k1;vj=k2;
            weight=p->weight;
            found=1;
          }
          p=p->next;
        }/* WHILE */
      }/* FOR */
      if (!found)
      { printf("spanning tree not exist!\n"); break; }    /* 找不到时退出 */
      else{ printf("%d->%d weight=%d\n", vi, vj, weight);
            v[++tp]=vj;}    /* 找到时输出边和权值并把顶点 vj 加到 v 中 */
    }/* WHILE */
}/* PRIM */


insert(v, tp, k)       /* 判断顶点 k 是否在集合 v 中，在则返回 1，不在则返回 0 */
int v[], tp, k ;
{ int i;
  for(i=1;i<=tp;i++)
     if(v[i]==k) return(1);
  return(0);
}/* INSERT */
```

【算法分析】 在 Prim 算法中，外循环的频度为 n，内循环的频度为 $n-1$，故 Prim 算法的时间复杂度为 $O(n^2)$。由于该算法与带权图的边数无关，因此，Prim 算法适用于求边稠密的带权图的最小生成树。

7.5 最短路径

本节先简单介绍最短路径的概念，然后从两个方面分别讨论图的最短路径问题：①从图中某个指定顶点到其余顶点之间的最短路径（单源最短路径）；②图中任意两个顶点之间的最短路径（所有顶点间最短路径）。

7.5.1 最短路径的概念

对于一个无权图，若从一个顶点到另一个顶点存在着一条路径，则路径长度为该路径上经过的边数，它等于该路径上顶点数减 1。由于从一个顶点到另一个顶点可能存在多条路径，每条路径所经过的边数可能不同，即路径长度不同，我们把路径长度最短的那条路径称为**最短路径**，其路径长度称为**最短路径长度**或**最短距离**。

对于一个带权图,通常把从顶点 i 到图中其余顶点 j 的一条路径上所经过的边的权值之和称为该路径的带权路径长度。从顶点 i 到顶点 j 可能不止一条路径,把带权路径最短的那条路径称为**最短路径**,其路径长度称为**最短路径长度**或**最短距离**。通常,我们将路径的开始顶点称为**源点**,路径的最后一个顶点称为**终点**。

【例 7.12】假设图 7.18(a)所示的有向带权图 G_{12} 表示某一区域的公交线路网。若 V_1 为出发点,则 V_1 到图中所有顶点的最短路径及最短路径长度分别为 23、10、33、30 和 15,如图 7.19(b)所示。若 V_5 为终点,则 V_1 到 V_5 所有的路径长度如图 7.19(a)所示。

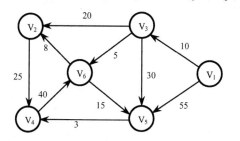

(a) 公交线路网 G_{12} 示例   (b) 带权的邻接矩阵

图 7.18   公交线路网 G_{12} 及其邻接矩阵表示

源点	中间顶点	终点	路径长度
V_1		V_5	55
V_1	V_3	V_5	40
V_1	V_3,V_6	V_5	30
V_1	V_3,V_2,V_4,V_6	V_5	110

源点	中间顶点	终点	路径长度
V_1	V_3,V_6	V_2	23
V_1		V_3	10
V_1	V_3,V_6,V_5	V_4	33
V_1	V_3,V_6	V_5	30
V_1	V_3	V_6	15

(a) 从 V_1 到 V_5 的所有路径长度   (b) 从 V_1 到其余各顶点的最短路径

图 7.19   公交线路网 G_{12} 的两类最短路径问题

从图 7.19(a)可知,V_1 到 V_5 共有 4 条路径:(V_1, V_5)、(V_1, V_3, V_5)、(V_1, V_3, V_6, V_5)、$(V_1, V_3, V_2, V_4, V_6, V_5)$,其带权路径长度分别为:55、40、30 和 110。因此,V_1 到 V_5 之间的最短路径是 (V_1, V_3, V_6, V_5),最短路径长度为 30。

求图的最短路径问题,有很多实际意义。例如,若用一个带权图表示城市之间的交通运输网,图的顶点代表城市,图的边表示对应城市之间的运输线路,边上的权值表示从一个城市到另一个城市的距离、交通费用或运输时间等,这时人们常常关心的问题是:

① 两个城市之间是否有路相通?
② 在多条路线的情况下,哪一条线路最短?哪一条线路所花费的时间最少?哪一条线路运费最低?

如何使两个城市之间的运输时间最短或运费最低呢?这就是求两个城市间最短路径的问题,即求带权图中两个顶点之间的最短路径问题。这里路径长度不是指这条路径上的边数总和,而是指这条路径上各边权值之和,其具体含义取决于边上权值所代表的意义。

假设从 A 市到 B 市有一条公路,若考虑到两个城市间的海拔高度不同,上坡与下坡的车速不同,则边<A, B>和边<B, A>表示行驶时间的权值亦不同,即<A, B>和<B, A>是两条不同的边,这种图通常是一个有向图。本节我们只讨论有向带权图的最短路径问题。

7.5.2 单源最短路径

1. Dijkstra 算法的基本思想

单源最短路径问题是:已知一个有向网络 $G=(V, E)$ 和源点 V_0,求出从图 G 的源点 V_0 出发到图中其余顶点的最短路径。

假设 $G=(V, E)$ 是带权有向图,如何得到从 G 的某个源点 V_0 到其余各顶点的最短路径呢?Dijkstra 做了大量观察之后,首先提出按路径长度递增的次序产生最短路径的算法,称为 **Dijkstra 算法**。其算法的基本思想如下。

把图中顶点集合 V 分成两组,第一组为已求出的最短路径的顶点集合(用 S 表示),第二组为其余未确定最短路径的顶点集合(用 U 表示),按最短路径长度的递增次序依次把第二组顶点加入到 S 中。在加入过程中,始终保持从源点 V 到 S 中各顶点的最短路径长度不大于从源点 V 到 U 中任何顶点的最短路径长度。此外,每个顶点对应一个距离,在 S 中的顶点的距离就是从源点 V 到此顶点的最短路径长度,在 U 中的顶点的距离是从源点 V 到此顶点且只包括 S 中的顶点作为中间顶点的当前最短路径长度。

2. Dijkstra 算法的实现步骤

在 Dijkstra 算法中,有三个一维数组 s[n], distance[n] 和 path[n],其作用如下。

① 数组 distance[n] 用于保存从源点 v_0 到其余顶点之间当前的最短路径长度。数组分量 distance[w] 表示从源点 v_0 到终点 w 之间当前的最短路径长度,初始时 distance[w] 为 $<v_0, w>$ 弧上的权值,若 v_0 到 w 没有边,则权值为 ∞,即

$$distance[w] = \begin{cases} <v_0, w> 弧的权 & <v_0, w> \in E(G)m \\ \infty \ (0) & 其他 \end{cases}$$

以后每考虑一个新的中间顶点 u 时,路径长度可能被修改。显然,长度为

$$distance[u] = \min\{distance[w] | w \in V(G)\}$$

的路径是从 v_0 出发的路径长度最短的一条路径,此路径为 (v_0, u)。

接着求下一条长度次短的最短路径,假设该次短路径的终点为 v,则这条路径是 (v_0, v) 或者是 (v_0, u, v)。类似地可求出另一条长度次短的最短路径,若它的终点为 v',则其可能的路径是 (v_0, v'), (v_0, u, v'), …,或者是 $(v_0, …, v, v')$。

假如 S 为已求得最短路径终点的集合,从以上算法可知,下一条长度次短的最短路径的长度必定是:

$$distance[u] = \min\{distance[w] | w \notin S\}$$

式中,distance[w] 或者是弧 $<v_0, w>$ 的权值,或者是 $distance[v](v \in S)$ 与弧 $<v, w>$ 的权值之和。

② 数组 s[n] 保存已求得最短路径终点的集合 S。s[i]=1,表示顶点 v_i 在集合 S 中,s[i]=0 表示顶点 v_i 不在集合 S 中。这样,判断一个顶点 v_j 是否在集合中,只要判断对应的数组元素是否为 1 即可。

③ 数组 path[n] 用于存放从源点 v_0 到 v_j 所经过的路径。path[i]=1 表示源点 v_0 经过中间顶点 v_i 到达 v_j,path[i]=0 表示不经过顶点 v_i。

根据上述分析,可得到如下描述的 Dijkstra 算法的实现步骤。

① 假设用带权的邻接矩阵 weight 表示 n 个顶点的有向带权图 G。weight[v_0,w] 用于表示 $<v_0, w>$ 弧的权值,若 $<v_0, w>$ 弧不存在,则 weight[v_0, w] 的权值为 ∞,其值定义为:

$$\text{weight}[i,j] = \begin{cases} w_{ij} & \text{若} v_i \neq v_j \text{且} <v_i, v_j> \in E(G) \\ 0 & \text{若} v_i = v_j \\ \infty & \text{若} <v_i, v_j> \notin E(G) \end{cases}$$

② 假设 S 为已求得从 v_0 到其余顶点最短路径的终点的集合，将 S 初值置空，v_0 的距离置为 0。U 是包含除 v_0 外的其余顶点的集合，U 中顶点 w 的距离为：该边上的权（若 v_0 和 w 有边 $<v_0, w>$）或 ∞（若 w 不是 v_0 出边邻接点）。源点 v_0 到其余顶点 w 可能达到的最短路径的初值为：

$$\text{distance}[w] = \text{weight}[v_0, w] \qquad w \in V(G)$$

③ 从 U 中选取一个距离最短的顶点 u，把顶点 u 加入终点集合 S 中，使得：

$$\text{distance}[u] = \min\{\text{distance}[w] | w \notin S, w \in V(G)\}$$

u 就是当前求得的一条从 v_0 出发最短路径的终点。

④ 以 u 作为新考虑的中间顶点，修改 U 中各顶点的距离，即修改从源点 v_0 到所有不在 S 中各顶点 w 的最短路径长度。若 v_0 到 w 的距离（经过顶点 u）比原来的距离（不经过顶点 u）短，则修改顶点 w 的距离，修改后的距离值为顶点 u 的距离加边 $<u, w>$ 上的权。若

$$\text{distance}[u] + \text{weight}[u, w] < \text{distance}[w]$$

则修改 distance[w] 距离，令

$$\text{distance}[w] = \text{distance}[u] + \text{weight}[u, w]$$

⑤ 重复步骤③和④共 $n-1$ 次，直到所有顶点都包含在 S 中为止。由此求出从源点 v_0 到图中其余顶点之间的最短路径就是按照路径长度递增的序列。

3. Dijkstra 算法的实现程序

函数 Dijkstra 的功能是：用 Dijkstra 算法求源点 v_0 到图中其他顶点之间的最短路径。
函数 print_path 的功能是：输出从源点 v_0 到其他顶点的最短路径及路径的长度。
若用带权邻接矩阵存储有向带权图，则 Dijkstra 算法的实现程序如下：

```
/* 若用带权邻接矩阵存储带权的有向图，则Dijkstra算法求单源最短路径的实现程序 */
#define    N  6                          /* N 是带权有向图的顶点个数 */
typedef   int   matrix[N+1][N+1];        /* 用邻接矩阵存储带权图 */

/* 用Dijkstra算法求源点到其他顶点之间的最短路径和最短路径长度并输出 */
dijkstra(weight, v0, distance, s, path)   /* Dijkstra算法求单源最短路径 */
int   distance[N+1], s[N+1], path[N+1], v0;   /* N 为带权有向图顶点个数 */
matrix    weight;
{ int i, wmin, u, num=1;
   for(i=1;i<=N;i++)                      /* 数组 distance 和集合 s 赋初值 */
   { distance[i]=weight[v0][i];           /* 数组 distance 初值为邻接矩阵 */
     s[i]=0;                              /* 将集合 s 初值设置为空集 */
     if(weight[v0][i]<MAX) path[i]=v0;
     else   path[i]=0;  }
   s[v0]=1;                               /* 把源点 v0 放到集合 s 中 */
   path[v0]=0;
```

```
    do{ wmin=32760;                              /* wmin 最小值设置为无穷大 */
      u=v0;            /* 选择 u，使得 distance[u]=min{distance[w]|w∉s, w∈V(G)}*/
      for(i=1;i<=N;i++)                          /* 选择不在 s 中且距离最小顶点 u */
       if(s[i]==0)
         if((distance[i]<wmin)&&(distance[i]!=0))
         { u=i;
           wmin=distance[i]; }
      s[u]=1;                                    /* 把距离最小顶点 u 放到集合 s 中 */
      for(i=1;i<=N;i++)                          /* 修改不在 s 中的顶点距离 */
       if(s[i]==0)
         if((distance[u]+weight[u][i]<distance[i])||(weight[u][i]<wmin))
         { distance[i]=distance[u]+weight[u][i];
           path[i]=u; }
      num++;
    }while(num<=N);
    print_path(distance, s, path, v0);           /* 输出 v0 到其他顶点最短路径及长度 */
}/* DIJKSTRA */


void   print_path(dist, s, path, v0)  /* 函数输出 v0 到其他顶点的最短路径及长度 */
int   path[N+1], dist[N+1], s[N+1], v0;       /* N 为带权有向图顶点数 */
{  int i, k;
   printf("\n\t 输出带权有向图的单源最短路径为:\n\t ");
   for (i=1; i<=N; i++)
   { if(s[i]==1)
     { k=i;
       printf("\n\t 用 Dijkstra 算法求 v%d 到其余各顶点的最短路径和路径长度为: \n\t", v0);
       while(k!=v0)
       { printf("%d<--", k);                    /* 输出后继顶点 */
         k=path[k];                             /* 继续找下一个后继顶点 */
       }/* WHILE */
       printf("%d", k);                         /* 输出终点 */
       printf(", 最短路径长度为：%d\n", dist[i]);  /* 输出最短路径长度 */
     }/* IF */
     else   printf("\n\t 顶点 %d 到 %d 之间没有路径!", i, v0);
   }/* FOR */
   printf("\n\t");
}/* PRINT_PATH */
```

【算法分析】 Dijkstra 算法的时间复杂度为 $O(n^2)$，需要的辅助空间为 $O(n)$。

4．用 Dijkstra 算法求最短路径的实例

【例 7.13】 以图 7.18（a）所示的带权有向图 G_{12} 为例，用 Dijkstra 算法求源点 V_1 到图中其余顶点之间的最短路径。请给出运算过程中数组 s、distance 及 path 的变化情况。

【解】 图 7.18（b）是图 7.18（a）中有向带权图 G_{12} 的邻接矩阵。若对有向图 G_{12} 实施 Dijkstra 算法求 V_1 到其余顶点的最短路径，则运算过程中数组 s、distance 和 path 的变化情况如图 7.20 所示。图中，distance 表示源点 V_1 到图中其余顶点的最短路径长度，path 表示其对应的路径，s 表示终点的集合。因为有向图有 6 个顶点，所以只需运算 5 次，即执行 $n-1$ 次，虽然，还有一个顶点没有加入 s 集合中，但它的最短路径和最短距离已经确定，因此整个程序结束。

	1	2	3	4	5	6
$S^{(1)}$	1	0	0	0	0	0
distance	0	∞	10	∞	55	∞
path			V_1V_3		V_1V_5	

（a）源点 V_1 到其他顶点路径的初始状态下，s, distance, path 的初值

	1	2	3	4	5	6
$S^{(2)}$	1	0	1	0	0	0
distance	0	<u>30</u>	10 $^{(*)}$	∞	55	<u>15</u>
path		$V_1V_3V_2$	V_1V_3		V_1V_5	$V_1V_3V_6$

（b）以 V_3 作为中间顶点时，s, distance, path 的状态

	1	2	3	4	5	6
$S^{(3)}$	1	0	1	0	0	1
distance	0	<u>23</u>	10 $^{(*)}$	∞	<u>30</u>	15 $^{(*)}$
path		$V_1V_3V_6V_2$	V_1V_3		$V_1V_3V_6V_5$	$V_1V_3V_6$

（c）以 V_3, V_6 作为中间顶点时，s, distance, path 的状态

	1	2	3	4	5	6
$S^{(4)}$	1	1	1	0	0	1
distance	0	23 $^{(*)}$	10 $^{(*)}$	<u>48</u>	30	15 $^{(*)}$
path		$V_1V_3V_6V_2$	V_1V_3	$V_1V_3V_6V_2V_4$	$V_1V_3V_6V_5$	$V_1V_3V_6$

（d）以 V_3, V_6, V_2 作为中间顶点时，s, distance, path 的状态

	1	2	3	4	5	6
$S^{(5)}$	1	1	1	0	1	1
distance	0	23 $^{(*)}$	10 $^{(*)}$	<u>33</u>	30 $^{(*)}$	15 $^{(*)}$
path		$V_1V_3V_6V_2$	V_1V_3	$V_1V_3V_6V_2V_4$	$V_1V_3V_6V_5$	$V_1V_3V_6$

（e）以 V_3, V_6, V_2, V_5 作为中间顶点时，s, distance, path 的状态

图 7.20　求带权有向图 G_{12} 的单源最短路径示例

7.5.3　所有顶点对之间的最短路径

1．Floyd 算法的基本思想

求图中所有顶点对之间的最短路径问题是：对于给定的有向带权图 $G(V, E)$，要对 G 中任意两个顶点有序对 $V_i, V_j (V_i \neq V_j)$，找出 V_i 到 V_j 的最短路径，解决这个问题的方法有两种。

① 重复调用 Dijkstra 算法。由 Dijkstra 算法可知：依次把有向带权图 G 的 n 个顶点作为源点，重复执行 Dijkstra 算法 n 次，就可以求出所有顶点之间的最短路径。这种方法的时间复杂度为 $O(n^3)$。

② 解决这个问题的另外一种更简单、更直接的方法是 Floyd **算法**，其算法的时间复杂度仍为 $O(n^3)$。本节将介绍用 Floyd 算法求 n 个顶点带权有向图的所有顶点对之间的最短路径。

Floyd 算法的基本思想是：仍然使用带权的邻接矩阵 weight 表示有向带权图 $G=(V, E)$，采用试探方法求图中两个顶点 v_i 到 v_j 之间的最短路径（为了叙述和书写方便，后面简称为顶点 i 和顶点 j）。从邻接矩阵 weight 出发，若边<i, j>在有向图中，即<i, j>∈$E(G)$，则从顶点 i 到 j 有一条长度为 weight[i][j]的路径，但它不一定就是最短路径，需要进行 n 次试探才能决定。试探过程如下。

① 首先，考虑路径 (i, 1, j) 是否存在（即有向图是否存在中间顶点<i, 1>和<1, j>）。若存在，则比较路径长度<i, j>和<i, 1, j>，取长度较短者作为当前求得的最短路径，路径是中间顶点序号不大于 1 的最短路径。

② 其次，在路径上再增加一个顶点 2，考察从 i 到 j 是否存在包含顶点 2 为中间顶点的路径。如果没有，则从 i 到 j 中间顶点序号不大于 2 的最短路径就是前次求出的从 i 到 j 中间顶点序号不大于 1 的最短路径；若 i 到 j 的路径上经过顶点 2，则从 i 到 j 的中间序号不大于 2 为<i, …, 2, …, j>，它是由<i, …, 2>和<2, …, j>连接起来形成的路径，而<i, …, 2>和<2, …, j>为当前找到的中间顶点序号不大于 1 的最短路径。此时，再将这条新求出的从 i 到 j （其中间顶点序号不大于 2）的路径与前次求得的中间顶点序号不大于 1 的最短路径进行比较，取其较短者作为当前新求得中间顶点不大于 2 的最短路径。

③ 然后，选择另一个顶点 3 作为中间顶点，继续按上述步骤进行比较，再求出另一条新的最短路径。其余类推，直到 n 个顶点全部试探完毕，求出从源点 i 到终点 j 的最短路径为止。

实现上述算法的关键问题是：需要保留每一步所求的每对顶点之间当前的最短路径长度。为了解决这个问题，我们可定义一个 $n×n$ 阶的矩阵序列 $A^{(0)}$，$A^{(1)}$，$A^{(2)}$，…，$A^{(n)}$，用于保存当前所求的每对顶点之间的最短路径长度。对于矩阵序列 $A^{(0)}$，$A^{(1)}$，$A^{(2)}$，…，$A^{(n)}$，可用下面的递推公式进行计算。

$$A^{(0)}[i, j] = weight[i, j]$$
$$A^{(k)}[i, j] = \min\{A^{(k-1)}[i, j], A^{(k-1)}[i, k] + A^{(k-1)}[k, j]\} \quad (1 \leq k \leq n)$$

由上述递推公式可以看出：$A^{(0)}[i, j]$ 是有向带权图的邻接矩阵，表示从 i 到 j 不经过任何中间顶点的最短路径长度；$A^{(k)}[i, j]$ 表示从顶点 i 到顶点 j 中间顶点序号不大于 k 的最短路径长度；$A^{(n)}[i, j]$ 是从 i 到 j 的最短路径的长度，因为图中顶点序号不大于 n。若从 i 到 j 的路径没有中间顶点，对于 $1 \leq k \leq n$，则有 $A^{(k)}[i, j] = A^{(0)}[i, j] = weight[i, j]$。

Floyd 算法的基本思想是：从 $A^{(0)}$ 开始，递推地产生一个矩阵序列 $A^{(0)}$，$A^{(1)}$，$A^{(2)}$，…，$A^{(n)}$，递推产生 $A^{(0)}$，$A^{(1)}$，$A^{(2)}$，…，$A^{(n)}$ 的过程就是逐步允许越来越多的顶点作为路径的中间顶点，直到找到所有允许作为中间顶点的顶点，则算法结束，最短路径也就求出来了。

2. Floyd 算法的实现程序

Floyd 算法的实现程序包含两个函数，其功能如下。

floyd 函数的功能是：求出所有顶点对之间的最短路径并输出。其中，参数 weight 表示带权有向图的邻接矩阵。数组 a 表示生成的矩阵序列 $A^{(0)}$，$A^{(1)}$，$A^{(2)}$，…，$A^{(n)}$，数组元素 a[i][j] 表示从顶点 i 到顶点 j 的最短路径的长度，若 a[i][j]=MAX，则 i 到 j 没有路径。数组元素 path[i][j] 表示从 i 到 j 的最短路径经过的中间顶点，若 path[i][j]=0，则说明没有中间顶点。程序中，数组 a 和 path 是全局变量。

print_matrix 函数的功能是：输出带权有向图的 $n \times n$ 阶邻接矩阵 A 及每次迭代后的邻接矩阵 $A^{(k)}$。经过 n 次迭代后，邻接矩阵 $A^{(n)}$ 就是带权有向图中所有顶点之间的最短路径。

若用带权的邻接矩阵存储有向带权图，则求所有顶点间最短路径的 Floyd 算法如下：

```
/* Floyd 算法输出所有顶点对<i, j>之间的最短路径和路径长度 */
#define  N    5                              /* 带权有向图顶点数 */
#define  EMAX 7                              /* 带权有向图边数 */
#define  MAX  999                            /* 无穷大数∞此处假设为 999 */
typedef  int   matrix[N+1][N+1];             /* 邻接矩阵的类型定义 */
matrix   a, path;                            /* 路径矩阵数组 a, path */

void  floyd(matrix  weight, matrix a)    /* 求所有顶点对间的最短路径及路径长度 */
{ int  i, j, k, next;
   for(i=1;i<=N;i++)
    for(j=1;j<=N;j++)                        /* 初始化数组 a 和 path */
     {  a[i][j]=weight[i][j];                /* 数组 a 赋初值 */
        if(weight[i][j]!=MAX)  path[i][j]=j; /* 数组 path 赋初值 */
        else      path[i][j]=0;
     }/* FOR */
    printf("\n\n\t 输出迭代矩阵：");          /* 用递推公式求最短路径长度 */
    for(k=1; k<=N; k++)                      /* 求 A^(k) */
    { for(i=1; i<=N; i++)
        for(j=1; j<=N; j++)
          if (a[i][k]+a[k][j]<a[i][j])       /* 用递推公式计算路径长度 */
           { a[i][j]=a[i][k]+a[k][j];        /* 修改<i, j>的路径长度 */
             path[i][j]=path[i][k]; }        /* 修改路径 */
       printf("\n\t 输出第%d 次迭代矩阵 ", k); /* 用递推公式求路径长度并输出*/
       print_matrix(a);                      /* 计算并输出每次迭代矩阵 */
    }/* END FOR-K */
    printf("\n\t 用 Floyd 算法求得所有顶点对之间的最短路径和路径长度为: \n");
    for(i=1;i<=N;i++)           /* 输出所有顶点对<i, j>之间的最短路径和路径长度 */
     for(j=1;j<=N;j++)
      { if(i!=j)                              /* 顶点本身最短路径长度为 0 */
        { next=path[i][j];                    /* next 为起点 i 的后继顶点 */
          if(next==0)          /*若 i 无后继顶点，则表示 i, j 之间最短路径不存在 */
            printf("\n\t 顶点%d 到%d 之间没有路径!", i, j);
          else { printf("\n\t 顶点%d 到%d 之间路径为:", i, j);/* i, j 之间存在最短路径 */
             printf("%4d", i);
             while(next!=j)
              { printf("-->%d", next);        /* 输出后继顶点 */
                next=path[next][j]; }         /* 继续找下一个后继顶点 */
             printf("-->%d", j);              /* 输出终点 */
```

```
            printf(", 最短路径长度为:%d", a[i][j]); /* 输出最短路径长度 */
         }/* ELSE */
      } /* IF */
   } printf("\n");
}/* FLOYD */


void   print_matrix(matrix a)                    /* 输出带权有向图的带权邻接矩阵 */
{ int i, j;
  printf("a[i][j]: ");
  for (i=1; i<=n; i++)                           /* 输出带权有向图的邻接矩阵各行 */
  { printf("\n\t");
     for (j=1;  j<=n; j++)                       /* 输出带权有向图的邻接矩阵各列 */
        printf("%6d, a[i][j]);
  } printf("\n");
}/* PRINT_MATRIX */
```

【算法分析】Floyd 算法的时间复杂度为 $O(n^3)$。

3. 用 Floyd 算法求所有顶点之间最短路径的实例

【例 7.14】图 7.21 是一个带权的有向图 G_{13} 及其邻接矩阵,若以有向图 G_{13} 为例实施 Floyd 算法,求带权有向图 G_{13} 所有顶点间的最短路径,请给出迭代过程中表示邻接矩阵的数组 a 的变化及最终输出结果。

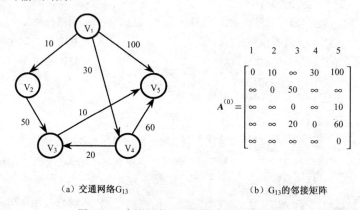

(a) 交通网络 G_{13}　　　　　　　　(b) G_{13} 的邻接矩阵

图 7.21　交通网络 G_{13} 及其邻接矩阵表示

【解】根据图 7.21 (b) 的邻接矩阵输入顶点信息,建立图 7.21 (a) 所示的带权有向图 G_{13},然后运行 Floyd 算法,在迭代过程中,数组 a 和 path 变化情况、所有顶点之间最短路径的变化情况及最终输出所有顶点之间的最短路径,如图 7.22 所示。

用 Floyd 算法得到的最短路径是由最短路径长度矩阵 $A^{(5)}$ 和路径矩阵 $path^{(5)}$ 给出的。对于本例,迭代时有 $A^{(1)}=A^{(0)}$, $A^{(5)}=A^{(4)}$, $path^{(1)}=path^{(0)}$, $path^{(5)}=path^{(4)}$,图中省略了 path 的变化情况,∞ 在计算机中表示为 MAX=999。

对带权有向图 G_{13} 执行 Floyd 算法时,迭代过程中矩阵数组 a 的变化如下。

① 令 $k=1$,即以顶点 V_1 作为新考虑的中间顶点,对图 7.21 (b) 所示 $A^{(0)}$ 中每对顶点之

间的路径长度进行必要的修改后，得到第 1 次运算结果 $\boldsymbol{A}^{(1)}$，如图 7.22（a）所示。

② 令 k=2，即以顶点 V_2 作为新考虑的中间顶点，对图 7.22（a）所示 $\boldsymbol{A}^{(1)}$中的每对顶点之间的路径长度进行必要的修改后，得到第 2 次运算结果 $\boldsymbol{A}^{(2)}$，如图 7.22（a）所示。在 $\boldsymbol{A}^{(0)}$中，因为 V_1 到 V_3 没有路径，故 a[1][3]=MAX。在 $A^{(2)}$中，因为 V_1 经过新增加的中间顶点 V_2 到达 V_3，所以路径长度被修改为：

a[1][3]=a[1][2]+a[2][3]=10+50=60

对应的路径是（V_1, V_2, V_3）。

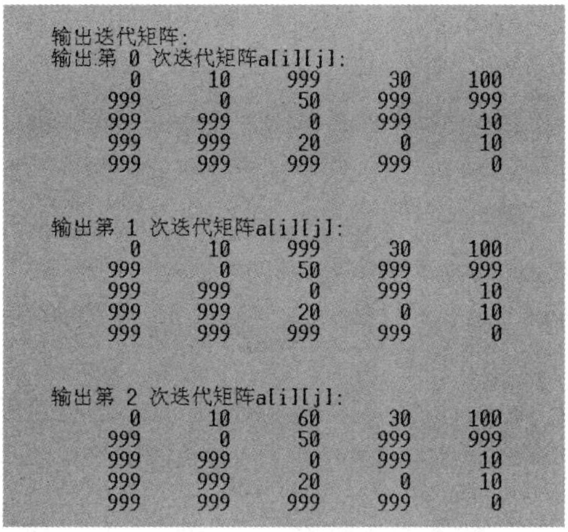

```
输出迭代矩阵:
输出第 0 次迭代矩阵a[i][j]:
     0      10     999      30     100
   999       0      50     999     999
   999     999       0     999      10
   999     999      20       0      10
   999     999     999     999       0

输出第 1 次迭代矩阵a[i][j]:
     0      10     999      30     100
   999       0      50     999     999
   999     999       0     999      10
   999     999      20       0      10
   999     999     999     999       0

输出第 2 次迭代矩阵a[i][j]:
     0      10      60      30     100
   999       0      50     999     999
   999     999       0     999      10
   999     999      20       0      10
   999     999     999     999       0
```

（a）路径长度矩阵序列 $\boldsymbol{A}^{(0)}$，$\boldsymbol{A}^{(1)}$，$\boldsymbol{A}^{(2)}$

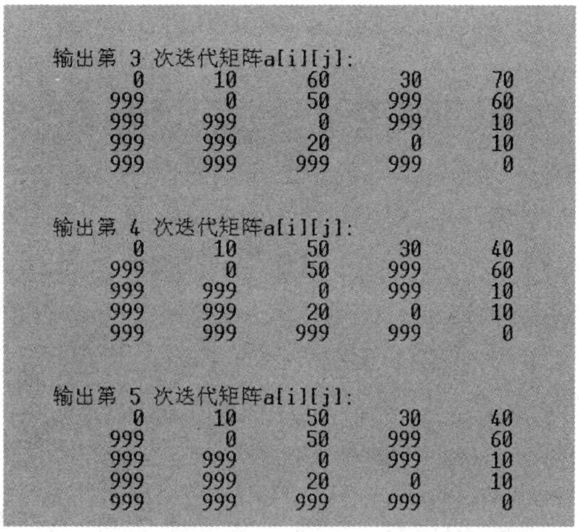

```
输出第 3 次迭代矩阵a[i][j]:
     0      10      60      30      70
   999       0      50     999      60
   999     999       0     999      10
   999     999      20       0      10
   999     999     999     999       0

输出第 4 次迭代矩阵a[i][j]:
     0      10      50      30      40
   999       0      50     999      60
   999     999       0     999      10
   999     999      20       0      10
   999     999     999     999       0

输出第 5 次迭代矩阵a[i][j]:
     0      10      50      30      40
   999       0      50     999      60
   999     999       0     999      10
   999     999      20       0      10
   999     999     999     999       0
```

（b）路径长度矩阵 $\boldsymbol{A}^{(3)}$，$\boldsymbol{A}^{(4)}$，$\boldsymbol{A}^{(5)}$

图 7.22　用 Floyd 算法求图 G_{13} 每对顶点之间最短路径实例

③ 令 k=3，即以顶点 V_3 作为新考虑的中间顶点，对图 7.22（a）中 $\boldsymbol{A}^{(2)}$的每对顶点之间的路径长度进行必要的修改后，得到第 3 次运算结果 $\boldsymbol{A}^{(3)}$，如图 7.22（b）所示。在 $\boldsymbol{A}^{(0)}$中，V_1 到 V_5 初始的路径长度为 a[1][5]=100，对应的路径是（V_1, V_5）。在 $\boldsymbol{A}^{(3)}$中，V_1 经过新的中间顶点 V_2、V_3 到达 V_5，其路径长度缩短为：

a[1][5]=a[1][2]+a[2][3]+a[3][5]=10+50+10=70

对应的路径为（V_1, V_2, V_3, V_5）。V_2 到 V_5 最初没有路径，故 a[2][5]=MAX，V_2 通过新中间点 V_3 到达 V_5 后，其路径长度被修改为：

a[2][5]=a[2][3]+a[3][5]=10+50=60

对应的路径修改为（V_2, V_3, V_5）。V_4 到 V_5 最初有一条路径（V_4, V_5），路径长度为 60，经过新中间点 V_3 到达 V_5 后，其路径长度缩短为：

a[4][5]=a[4][3]+a[3][5]=20+10=30

其对应的路径亦修改为（V_4, V_3, V_5）。

④ 令 k=4，即以顶点 V_4 作为新考虑的中间顶点，对图 7.22（b）所示 $\boldsymbol{A}^{(3)}$中的每对顶点之间的路径长度进行修改后，得到第 4 次运算结果 $\boldsymbol{A}^{(4)}$，如图 7.22（b）所示。在 $\boldsymbol{A}^{(3)}$中，a[1][5]=70，在 $\boldsymbol{A}^{(4)}$中 V_1 通过新中间点 V_4、V_3 到达 V_5，路径修改为（V_1, V_4, V_3, V_5），其对应的路径长度缩短为：

a[1][5]=a[1][4]+a[4][3]+a[3][5]=30+20+10=60

⑤ 令 k=5，第 5 次运算结果 $A^{(5)}$与 $\boldsymbol{A}^{(4)}$相同保持原值不变，故省略。

通过上述分析可知，在每次迭代运算中，若 i=j，则元素 a[i][j]无须进行计算，因为它们不会被改变。

7.6 AOV 网和拓扑排序

本节将主要讨论有向图的顶点活动网（AOV 网）的概念、拓扑排序的方法及其实际意义。

7.6.1 AOV 网和拓扑排序的概念

1. AOV 网的概念

在现代化管理中，为了分析和实施一项工程，一个较大的工程项目常被划分成若干个较小的子工程，这些子工程称为**活动**。当这些子工程顺利完成时，整个工程也就完成了。在整个工程实施过程中，有些活动是以它的所有前序活动结束为先决条件的，必须在其他有关活动完成后才能开始，而有些活动是没有先决条件的，可以安排在任何时间开始。因此，这些活动之间往往有两种关系：① 先后关系，即必须在一个子工程完成以后，才能开始实施另一个子工程；② 子工程之间无关系，即两个子工程可以同时进行，互不影响。为了形象地反映整个工程中各个子工程（活动）之间的先后关系，可用一个有向图表示，图中的顶点代表活动（子工程），图中的有向边代表活动的先后关系。通常，我们将这种用顶点表示活动，用边表示活动间先后关系的有向图称为**顶点活动网**（Activity On Vertex Network），简称 **AOV 网**。

在 AOV 网中，若从顶点 V_i 到顶点 V_j 之间存在一条有向路径，则称顶点 V_i 是顶点 V_j 的**前驱**，或者称顶点 V_j 是顶点 V_i 的**后继**。如果 $<V_i, V_j>$ 是图中的一条边，则称顶点 V_i 是顶点 V_j 的**直接前驱**，顶点 V_j 是顶点 V_i 的**直接后继**。

下面介绍用 AOV 网表示各门课程之间先后关系的实例。

【例 7.15】大学里某个专业的课程学习可用 AOV 网描述，我们把课程看成是图中的一个个顶点，顶点之间的前后关系用一条有向边连接，这样，课程的学习就构成一个有向图。

假设计算机软件专业的学生必须学完表 7.1 所列出的全部课程才能毕业。在这里，我们把完成给定的学习计划看成是一个大工程，课程代表活动，学习一门课程表示进行一项活动，学习每门课程的先决条件就是学完它的全部先修课程。要完成这个学习计划，在教学安排上必须根据课程的内容考虑各门课程之间的先后关系。有些课程是基础课，它独立于其他课程可随时安排学习，如"高等数学"。有些课程必须在学完它的全部先修课程之后才能开始学习，如"数据结构"课程就必须安排在学完它的两门先修课"离散数学"和"程序设计语言"之后。若用 AOV 网表示课程之间的关系，则课程安排的先后关系如图 7.23 所示。图中每个顶点代表一门课程，有向边代表起点对应的课程是终点对应课程的先修课。从图中可清楚地看出各课程之间的先修和后续关系，例如，课程 C_5 的先修课为 C_2，后续课程为 C_4 和 C_6，课程 C_6 的先修课程为 C_4 和 C_5，但是无后续课。

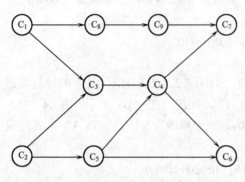

图 7.23　表示课程之间先后关系的有向图

表 7.1 课程设置及关系

课程代号	课程名称	先修课程
C1	高等数学	无
C2	程序设计基础	无
C3	离散数学	C1, C2
C4	数据结构	C3, C5
C5	程序设计语言	C2
C6	编译技术	C4, C5
C7	操作系统	C4, C9
C8	普通物理	C1
C9	计算机原理	C8

现在要从有向图上找出课程学习的流程图，以便顺利进行课程学习。要解决这个问题可采用拓扑排序的方法。

2．拓扑排序的概念

在 AOV 网中，若不存在回路，则所有的活动都可以排成一个线性序列，使得每个活动的所有前驱活动都排在该活动的前面，我们把此序列称为有向图的一个**拓扑序列**（Topological Order）。构造一个有向图的拓扑序列的过程称为**拓扑排序**（Topological Sort）。

任何无回路的 AOV 网，其顶点都可以排成一个拓扑序列，并且其拓扑序列不一定是唯一的，满足上述定义的任何一个线性序列都称做它的拓扑序列。例如，（C_1, C_8, C_9, C_2, C_3, C_5, C_4, C_6, C_7）和（C_1, C_2, C_3, C_5, C_4, C_6, C_8, C_9, C_7）就是图 7.23 所示 AOV 网的两个拓扑序列。对于该网，我们还可以构造出更多的拓扑序列。

通常，表示某项实际工程计划的 AOV 网是一个有向的无环图。在 AOV 网中任何一个子图不允许出现回路是 AOV 网存在拓扑序列的前提。因为出现回路就意味着：某项活动的开工将以自己工作的完成作为先决条件，这显然是很荒谬的。AOV 网中出现回路的现象称为"死锁现象"，它使程序的流程出现一个死循环。判断 AOV 网中是否存在有向回路，就是判断 AOV 网所代表的工程是否可行，即 AOV 网中是否有拓扑序列。因此，对于每个 AOV 网不一定都有拓扑序列。

拓扑排序的实际意义是：在整个工程实施过程中，如果按照拓扑序列中的顶点次序安排每项子工程（活动），就能保证在开始进行每一项活动时，它的所有前驱活动都已经完成，从而使整个工程能够顺利进行。

7.6.2 拓扑排序算法

1．拓扑排序的方法

对 AOV 网进行拓扑排序时，主要执行以下两个步骤：
① 在 AOV 网中选择一个没有前驱的顶点（即入度为 0 的顶点），输出该顶点；
② 从网中删除该顶点及相关的所有出边（即所有以它为尾的弧），调整被删除顶点的入度。

重复执行上述两步，直到所有顶点均被输出为止，此时拓扑排序已经完成，或者当前图中所有顶点入度都不为 0 时终止。如果在拓扑排序过程中找不到入度为 0 的顶点，则表示有向图中必存在回路，拓扑排序不能再进行下去。

【例7.16】对于图 7.23 所示的 AOV 网进行拓扑排序，请给出其拓扑排序的过程示意图。

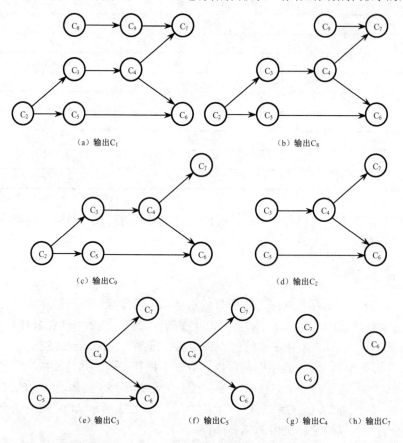

图 7.24　求拓扑序列的过程

【解】图 7.23 所示 AOV 网的拓扑排序过程如图 7.24 所示。从图中可以看出：在 AOV 网中，只有 C_1 和 C_2 两个顶点没有前驱顶点，所以选 C_1 并在有向图中删除 C_1 和 C_1 的出边 $<C_1, C_3>$，然后将 C_3 的入度调整为 1，得到的结果如图 7.24（a）所示。图 7.24（a）中只有顶点 C_8 和 C_2 没有前驱，所以选择 C_8 并且从图中删除 C_8 和 C_8 的出边 $<C_8, C_9>$，得到如图 7.24（b）所示的结果。继续从图 7.24（b）、（c）、（d）、（e）、（f）、（g）和（h）中依次删除顶点及其出边 $C_9, C_2, C_3, C_5, C_4, C_6, C_7$ 后，完成拓扑排序，得到的一个拓扑序列为：$C_1, C_8, C_9, C_2, C_3, C_5, C_4, C_6, C_7$。

由于 AOV 网的拓扑序列不是唯一的，因此，对图 7.23 所示的 AOV 网进行拓扑排序时，还可得到这样一个拓扑序列：$C_1, C_2, C_3, C_5, C_4, C_6, C_8, C_9, C_7$。

如果一个学生一学期只能修读一门课程，那么该生必须按照某个拓扑序列的次序安排课程，才能保证学习任一课程时其他先修课程都已学过，顺利地完成课程的学习。

2. AOV 网的存储结构

如何在计算机中实现 AOV 网的拓扑排序算法？采用何种存储结构存放 AOV 网才能更好地实现拓扑排序算法？对于给定的 AOV 网，采用邻接表作为存储结构比较方便。由于邻接表求顶点的出度容易，求入度难，需要扫描整个邻接表，而拓扑排序算法恰好要用到入度，因此，我们在顶点表中增加一个入度域 id，用于存储图中各顶点当前的入度值。每个顶点入度域 id 的初始值是在邻接表动态生成过程中累计得到的。图 7.25（a）就是图 7.23 所示 AOV 网的邻接表。

在拓扑排序的过程中，为了避免重复查找和检测入度为 0 的顶点，我们可设置一个链栈存放所有入度为零的顶点，并使用 top 作为栈顶指针。

值得注意的是：在拓扑排序算法中，不需要另外设置链栈来存放入度为 0 的顶点，而是利用顶点表中入度为 0 的入度域 id 存放链栈的指针，利用顶点表的顶点域 vertex 作为链栈的顶点域。因为顶点域已经存有相应的顶点，故这种特殊的链栈只有指针字段，而没有存放结点值的字段，入栈时只需修改链栈指针即可。

对图 7.23 所示的 AOV 网进行拓扑排序时，其邻接表的存储结构和入度域的初始值及链栈的初始情况如图 7.25 所示。其邻接表的初始情况和各顶点入度域 id 的初值如图 7.25（a）所示，此时 C_1 和 C_2 的入度域为 0。利用顶点入度为 0 的入度域 id 构成一个链栈，将链栈初始化后，其入度栈的初值如图 7.25（b）所示。此时入度栈中有两个顶点 C_1 和 C_2，栈顶指针 top 指向顶点 C_2，C_2 的入度域为 1，表示栈中下一个入度为 0 顶点是 C_1，而 C_1 的入度域为 -1，表示栈中下一个元素为空。

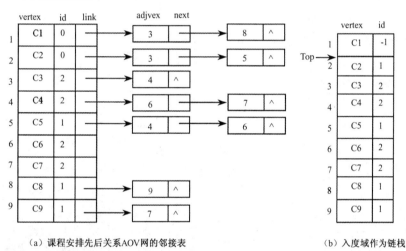

(a) 课程安排先后关系AOV网的邻接表　　　　(b) 入度域作为链栈

图 7.25　图 7.23 所示 AOV 网的邻接表和入度栈初始状态示意图

3. 拓扑排序的实现步骤

在拓扑排序过程中，首先，扫描顶点表的入度域，查找入度为 0 的顶点，将所有入度为 0 的顶点进栈，以后每次选入度为 0 的顶点时，就可以直接从栈顶取出。一旦排序过程中出现新的入度为 0 的顶点，亦同样将其进栈。然后，输出栈顶入度为 0 的顶点，同时删除已输出顶点及该顶点的所有出边。只要检查从栈顶弹出顶点的出边表，把每条出边的终点所对应的入度减 1，就可以完成删除顶点的操作。

若用带入度域的邻接表存储 AOV 网，则拓扑排序算法的执行过程如下。

（1）输入有向图边的信息，建立相应的邻接表。

（2）查找邻接表中所有入度为 0 的顶点，将入度为 0 的顶点入栈。

（3）当栈非空时，做下列两件事情：

① 使用退栈操作，取出栈顶元素 V_i，将入度为 0 的顶点 V_i 退栈并输出；

② 在邻接表的第 V_j 个链表中，查找 V_i 的所有后继顶点 V_j，将顶点 V_j 入度域减 1，如果 V_j 入度域变为 0，则顶点 V_j 进栈。

（4）当栈空时，若有向图输出的顶点个数为 n，则拓扑排序正常结束；否则有向图中存在有向回路，此时输出"有回路"等出错提示信息并返回。

4．拓扑排序算法的实现程序

函数 topsort 的功能是：实现拓扑排序并输出，其中，参数 n 为顶点数，dig 为邻接表。

函数 clear 的功能是：清屏、光标定位和设置屏幕颜色。

若用带入度域的邻接表存储有向图，则邻接表的结构定义及实现拓扑排序的算法如下：

```
typedef   int     vextype;              /* 顶点的类型 */
typedef   struct  node1
{   int    adjvex;                       /* 邻接点域 */
    struct node1 *next;                  /* 链域 */
}edgenode ;                              /* 边结点的类型定义 */
typedef struct  node2
{   int id;                              /* 顶点的入度域 */
    vextype  vertex;                     /* 顶点的信息 */
    edgenode *link;                      /* 边表头指针 */
 }vexnode ;                              /* 顶点表结点的类型定义 */
vexnode gdig[NMAX+1];                    /* 邻接表 gdig 为全程变量 */

/* 有向网络图拓扑排序——有向网络图（用邻接表表示）的拓扑排序算法 */
void topsort(dig, n)    /* 用邻接表作为有向图的存储结构时，有向图的拓扑排序算法 */
vexnode dig[];                           /* dig 为顶点表即表头数组 */
int n;                                   /* n 为有向图的顶点个数 */
{ int i, j, k, count=0, top=-1;          /* count 统计输出顶点个数, top 为栈顶指针 */
  edgenode *p;
    for(i=1;i<=n;i++)                    /* 建立入度为 0 的顶点链栈 */
      if(dig[i].id==0)                   /* 选择入度为 0 的顶点 */
       { dig[i].id=top;                  /* 让入度为 0 的顶点进入链栈 */
         top=i;
       }
    clear();                             /* 清屏、光标定位和设置屏幕颜色函数 */
    printf("输出有向图网格图的拓扑排序:\n\n\t\t");
    while (top!=-1)                      /* 若栈非空，则依次出栈 */
    { j=top;
      top=dig[top].id;                   /* 第 j 个顶点出栈 */
      printf("%4d", dig[j].vertex);      /* 输出出栈顶点 */
      count++;                           /* 统计输出顶点的个数 */
```

```
           p=dig[j].link;              /* p 为指向 V_j 的出边表结点的指针 */
           while (p!=NULL)             /* 删除所有以 V_j 为起点的出边 */
           { k=p->adjvex;              /* k 为边<V_j, V_k>的终点 V_k 在 dig 中的下标 */
             dig[k].id--;              /* 将 V_k 的入度域减 1 */
             if(dig[k].id==0)          /* 将入度为 0 的顶点入栈 */
             { dig[k].id=top;
               top=k;
             }
             p=p->next;                /* 找 V_j 的下一条边 */
           }/* WHILE OF P */
         }/* WHILE OF TOP */
         if (count<n)                  /* 输出的顶点数小于 n，则必有回路存在 */
             printf("\n\tAOV 网中存在回路无法完成拓扑排序！\n");
         else  printf("\n\t 已经完成 AOV 网的拓扑排序！\n");
       }/* TOPSORT */
```

利用算法 topsort 施加于图 7.25（a）的邻接表上，得到的拓扑序列为 $C_2, C_5, C_1, C_8, C_9, C_3,$ C_4, C_7, C_6（见 7.8 节例 7.19）。

【算法分析】假设给定的有向图有 n 个顶点和 e 条边,那么初始建立邻接表的时间为 $O(e)$；在拓扑排序过程中，若查找入度为 0 的顶点栈，则需要检查所有的顶点，其时间为 $O(n)$；若有向图无回路，则每个顶点需要入栈和出栈各一次，每个边结点被检查一次，其执行时间是 $O(n+e)$。所以，拓扑排序算法总的时间复杂度为 $O(n+e)$。

7.7 AOE 网和关键路径

本节将主要讨论 AOE 网和关键路径的概念以及有关术语，关键路径的确定方法及其实际意义。

7.7.1 AOE 网和关键路径的概念

1. AOE 网的概念

与 **AOV** 网对应的是 **AOE 网**（Activity On Edge Network），即用边表示活动的网。若在带权的有向图中，用有向边表示**活动**（子工程），边上的权表示活动持续的时间，即完成该活动所需的时间，用顶点表示**事件**，每个事件是活动之间的转接点，即表示它的所有入边活动到此均已完成，它的所有出边活动就此开始这样一种状态，则称此带权的有向图为**用边表示活动的网**，简称 **AOE 网**。通常，可用 AOE 网来估算一个工程计划完成的时间和进度。与 AOV 网相比，它更具有实用价值。

在一个表示工程的 AOE 网中，应该是没有回路的。AOE 网有两个特殊的顶点（事件）：一个顶点称为**源点**（**起点**），它表示整个工程的开始，亦即最早活动的起点，显然它只有出边，没有入边；另一个顶点称为**汇点**（**终点**），它表示整个工程的结束，亦即最后活动的终点，显然它只有入边，没有出边。除这两个顶点外，其余顶点既有入边，也有出边，是入边活动和出边活动的转接点。

AOV 网与 AOE 网既有密切的关系又不尽相同。若用 AOV 网与 AOE 网表示同一个工程，那么 AOV 网仅仅体现出各个子工程（用顶点表示）之间的先后关系，这种关系是定性的关系；而在 AOE 网中还要体现出完成各个工程（用边表示）的确切时间，各个子工程的关系是一种定量的关系。对于 AOE 网，我们所关心的问题是：

① 完成整个工程至少需要多少时间？

② 哪些活动是关键活动？哪些活动的进度是影响整个工程进度的关键所在？

【例 7.17】图 7.26 所示就是一个表示工程的 AOE 网示例。该工程共有 11 项活动，9 个事件。事件 V_1 表示整个工程的开始，V_9 表示整个工程的结束，事件 V_5 表示活动 a_4 和 a_5 已经完成，活动 a_7 和 a_8 可以开始的这种状态。若边上的权表示的时间单位为天，则活动 a_1 需要 6 天才能完成，活动 a_2 需要 4 天才能完成，……。整个工程开始时，活动 a_1, a_2, a_3 可以同时进行，而活动 a_4, a_5, a_6 只有等事件 V_2, V_3, V_4 分别完成以后才能开始进行，若活动 a_{10}, a_{11} 均已完成，则整个工程全部结束。

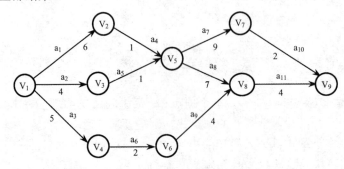

图 7.26 表示工程的 AOE 网示例

2. 关键路径和有关术语

由于在 AOE 网中有些活动可以同时进行，所以完成整个工程的最短时间是从源点到汇点的最长路径长度。所谓路径长度，就是路径上各边的权值之和。我们把源点到汇点之间所有路径中最长的路径称为**关键路径**（Critical Path）。

例如，在图 7.26 中，路径（V_1, V_2, V_5, V_8, V_9）就是一条关键路径，它的路径长度为 18，也就是说，整个工程至少需要 18 天才能完成。一个 AOE 网的关键路径可能不止一条，例如，图 7.26 中另一条关键路径为（V_1, V_2, V_5, V_7, V_9），它的路径长度也是 18。

在 AOE 网中，事件 V_j 可能的**最早发生时间** $Ve(j)$ 是：从源点 V_1 到汇点 V_j 的最长的路径长度。因为事件 V_j 的发生说明以 V_j 为起点的各条出边代表的活动可以立即开始，所以事件 V_j 的最早发生时间 $Ve(j)$，也就是所有以 V_j 为起点的各条出边 $<V_j, V_k>$ 表示的活动 a_i 的**最早开始时间** $e(i)$，即 $Ve(j)=e(i)$。

例如，图 7.26 中事件 V_5 的最早发生时间是 7，因此以 V_5 为起点的两条出边表示的活动 a_7 和 a_8 的最早开始时间也是 7。

事件 V_k 允许的**最迟发生时间** $Vl(k)$ 是：在不推迟整个工程完成的前提下，该事件最迟必须发生的时间，它等于汇点 V_n 的最早发生时间 $Ve(n)$ 减去 V_k 到 V_n 的最长路径的长度。因为事件 V_k 的发生表示以 V_k 为终点的所有入边表示的活动均已完成，所以事件 V_k 的最迟发生时间 $Vl(k)$，也就是所有以 V_k 为终点的入边 $<V_j, V_k>$ 表示的活动 a_i 最迟可以完成的时间。

显然，在不推迟整个工程完成的前提下，活动 a_i 的**最迟开始时间** $l(i)$ 应该是 a_i 的最迟完成的时间减去 a_i 的持续时间，即 $l(i)=Vl(k)-<V_j,V_k>$ 的权。我们把 $d(i)=l(i)-e(i)$ 称为完成活动 a_i 的**时间余量**，它表示在不推迟整个工程工期的前提下，活动 a_i 可以拖延的时间。若活动 a_i 的最早发生时间和最迟发生时间相等，即 $e(i)=l(i)$ 或 $d(i)=l(i)-e(i)=0$，则活动 a_i 就称为**关键活动**。若时间余量大于 0，则活动 a_i 不是关键活动，只要拖延的时间不超过时间余量，就不会影响整个工程进度；但如果拖延的时间超过时间余量，则关键活动就可能会发生变化。

例如，在图 7.26 中，$e(6)=5$，$l(6)=8$，这表示如果把活动 a_6 推迟 3 天完成是不会延误整个工程进度的。

7.7.2 关键路径的确定

由上述分析可知，如果把 AOE 网中所有活动 a_i 的最早开始时间 $e(i)$ 和最迟开始时间 $l(i)$ 都计算出来，就可以计算出活动 a_i 的时间余量 $d(i)$；找到时间余量 $d(i)=0$ 的所有关键活动，就能确定关键路径。为了求得 AOE 网的 $e(i)$ 和 $l(i)$，应该先求 AOE 网中所有事件 V_j 的最早发生时间 $Ve(j)$ 和最迟发生时间 $Vl(j)$。下面给出计算公式，并通过一个实例说明关键路径的确定过程。

1. 计算事件 V_j 的最早发生时间 $Ve(j)$ 和最迟发生时间 $Vl(j)$

根据事件 V_j 的最早发生时间和最迟发生时间的定义，可求出 $Ve(j)$ 和 $Vl(j)$，其方法如下。

最早发生时间 $Ve(j)$ 的计算是从源点 V_1 开始的，自左向右对每个事件递推计算，直至计算到汇点 V_n 为止。因此，可用下面的递推公式计算 $Ve(j)$：

$$Ve(1)=0$$
$$Ve(j)=\max\{Ve(i)+\mathrm{dur}(<i,j>)\} \quad <V_i,V_j>\in T, 2\leqslant j\leqslant n \quad (7.1)$$

式中，T 是所有以 V_j 为终点的入边集合。

最迟发生时间 $Vl(j)$ 的计算是从汇点 V_n 开始的，自右向左对每个事件递推计算，直至计算到源点 V_1 为止。因此，可用下面的递推公式计算 $Vl(j)$：

$$Vl(n)=Ve(n)$$
$$Vl(j)=\min\{Vl(k)-\mathrm{dur}(<j,k>)\} \quad <V_j,V_k>\in S, 1\leqslant j\leqslant n-1 \quad (7.2)$$

式中，S 是所有以 V_j 为起点的出边集合。

2. 计算活动 a_i 的最早发生时间 $e(I)$ 和最迟开始时间 $l(i)$

在求出 AOE 网中所有事件 V_j 的最早发生时间 $Ve(j)$ 和最迟发生时间 $Vl(j)$ 后，由定义可知，若活动 a_i 由边 $<V_j,V_k>$ 表示，其活动持续的时间记为 $\mathrm{dur}(<j,k>)$，则活动 a_i 的最早发生时间 $e(i)$ 和最迟开始时间 $l(i)$ 可用下面的公式计算：

$$e(i)=Ve(j)$$
$$l(i)=Vl(k)-\mathrm{dur}(<j,k>) \quad (7.3)$$

3. 计算活动 a_i 的时间余量 $d(I)$ 确定关键路径

首先，计算活动 a_i 的时间余量 $d(i)=l(i)-e(i)$。然后，根据活动 a_i 时间余量 $d(i)$，找出时间余量为 0 的活动 a_i，若 $d(i)=0$，即 $l(i)-e(i)=0$ 或 $l(i)=e(i)$，则说明 a_i 为关键活动，由关键活动组成的路径就是关键路径。

【例 7.18】 利用上述公式，计算图 7.26 所示的 AOE 网中各事件的最早发生时间 Ve(i) 和最迟发生时间 Vl(i)，所有活动的最早开始时间 e(i) 和最迟开始时间 l(i)，确定关键路径并给出关键路径的长度。

【解】 利用式（7.1），可以求出图 7.26 中所有事件的最早发生时间 Ve(i) 为：

Ve(1)=0
Ve(2)=Ve(1)+dur(<1, 2>)=0+6=6
Ve(3)=Ve(1)+dur(<1, 3>)=0+4=4
Ve(4)=Ve(1)+dur(<1, 4>)=0+5=5
Ve(5)=max{Ve(2)+dur(<2, 5>), Ve(3)+dur(<3, 5>)}=max{6+1, 4+1}=7
Ve(6)=Ve(4)+dur(<4, 6>)=5+2=7
Ve(7)=Ve(5)+dur(<5, 7>)=7+9=16
Ve(8)=max{Ve(5)+dur(<5, 8>), Ve(6)+dur(<6, 8>)}=max{7+7, 7+4}=14
Ve(9)=max{Ve(7)+dur(<7, 9>), Ve(8)+dur(<8, 9>)}=max{16+2, 14+4}=18

利用式（7.2）可求出图 7.26 中所有事件的最迟发生时间 Vl(i) 为：

Vl(9)=Ve(9)=18
Vl(8)=Ve(9)−dur(<8, 9>)=18−4=14
Vl(7)=Ve(9)−dur(<7, 9>)=18−2=16
Vl(6)=Ve(8)−dur(<6, 8>)=14−4=10
Vl(5)=min{Vl(8)−dur(<5, 8>), Vl(7)−dur(<5, 7>)}=min{14−7, 16−9}=7
Vl(4)=Vl(6)−dur(<4, 6>)=10−2=8
Vl(3)=Vl(5)−dur(<3, 5>)=7−1=6
Vl(2)=Vl(5)−dur(<2, 5>)=7−1=6
Vl(1)=min{Vl(2)−dur(<1, 2>), Vl(3)−dur(<1, 3>), Vl(4)−dur(<1, 4>)}
=min{6−6, 6−4, 8−5}=0

利用 Ve(i) 值、Vl(i) 值及式（7.3），可计算出图 7.26 中所有活动 a_i 的最早开始时间 e(i)、最迟开始时间 l(i) 和时间余量 d(i)，其计算结果参见表 7.2。

表 7.2 最早开始时间 e(i)、最迟开始时间 l(i) 和时间余量 d(i)

活动 a_i	a_1	a_2	a_3	a_4	a_5	a_6	a_7	a_8	a_9	a_{10}	a_{11}
e(i)	0	0	0	6	4	5	7	7	7	16	14
l(i)	0	2	3	6	6	8	7	7	10	16	14
d(i)=l(i)−e(i)	0	2	3	0	2	3	0	0	3	0	0

由表 7.2 可以看出，a_1, a_4, a_7, a_8, a_{10}, a_{11} 是关键活动。如果把图 7.27 所示 AOE 网的所有非关键活动删去，就可得到如图 7.27 所示 AOE 网的关键路径，图中所有从源点到汇点的路径都是关键路径。该 AOE 网的关键路径长度为 18。

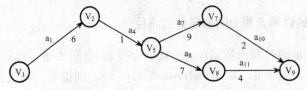

图 7.27 图 7.26 所示 AOE 网的关键路径

4. 关键路径的讨论

前面我们已经提过,对于 AOE 网我们要解决两个问题:整个工程的完成时间(这可以通过计算 Ve(i)得到)和关键活动(也可以通过上述计算得到)。下面要讨论的是:哪些活动的进度是影响整个工程进度的关键?

当一个 AOE 网的关键路径确定以后,可通过加快关键活动进度来缩短整个工程的工期。但不是加快任何一个关键活动都可以缩短整个工程的工期,只有加快那些包括在所有关键路径上的关键活动才能达到这个目的。例如,加快图 7.26 中的关键活动 a_{11} 的速度,使它由 4 天完成变为 3 天完成,并不能使整个工程的工期由 18 天变为 17,因为另一条关键路径(V_1, V_2, V_5, V_7, V_9)中不包括活动 a_{11},这只能使它所在的关键路径变成非关键路径。而活动 a_1 和 a_4 包括在所有关键路径中,如果活动 a_1 由 6 天变为 4 天,则整个工程的工期可由 18 天缩短为 16 天。另一方面,关键路径是可以变化的,提高某些关键活动的速度可能使原来非关键路径变为新的关键路径,因而关键活动的速度提高是有限度的。例如,图 7.26 中关键活动 a_1 由 6 天改为 4 天后,路径(V_1, V_3, V_5, V_7, V_9)和(V_1, V_3, V_5, V_8, V_9)都变成关键路径,此时,再提高 a_1 的速度也不能使整个工程的工期提前了。

显然,关键路径上的所有活动都是关键活动,缩短或推迟关键活动的持续时间,都将提前或推迟整个工程的完工时间,但是提前完成非关键活动并不能加快整个工程的进度。因此,分析和讨论关键路径的目的就是识别哪些是关键活动,以便提高关键活动的效率,缩短整个工程的工期。

对于求关键活动的具体算法,读者可自行编写或参看相关书籍。

7.8　图的简单应用举例

【例 7.19】计算机技术及应用专业学生需要学习一系列课程,其中有些课程必须在其先修课程完成以后才能学习,具体关系见表 7.1,课程之间的先后关系如图 7.23 所示的 AOV 网。假设每门课程的学习时间为一个学期,试为该专业的学生设计教学计划,使他们能在最短的时间内学完这些课程。

【算法分析】这里可利用拓扑排序设计教学计划并进行课程安排。采用图 7.25(a)所示邻接表作为存储结构,首先将图 7.25(a)所示的邻接表输入计算机,建立如图 7.23 所示的 AOV 网。然后调用 topsort 函数对已经建立的 AOV 网执行拓扑排序,可得到课程安排的一个拓扑序列:$C_2, C_5, C_1, C_8, C_9, C_3, C_4, C_7, C_6$。实现拓扑排序的完整程序包含以下 3 个函数:

① 函数 creat_yxtopadjlist 的功能是通过交互方式建立一个有向图的邻接表;
② 函数 print_yxtopadjlist 的功能是输出一个有向图的邻接表;
③ 函数 topsort 的功能是实现拓扑排序并输出,其中参数 n 为图的顶点数,dig 为邻接表。
如果将函数 clear 和 topsort 分别存放在头文件"BH.c"和"图 topsort.c"中,用邻接表存储有向图,则实现拓扑排序的完整程序如下:

```
/* 有向图的基本运算——有向图的建立和拓扑排序算法(用邻接表和顶点表表示)*/
# include "stdio.h"
# define NMAX   9                    /* 有向图顶点的个数 */
```

```c
# define   EMAX    11              /* 有向图有向边数 */
# define   MAX     15              /* 有向图顶点表的个数 */
# define   NULL    0
typedef    int     vextype;        /* 顶点的类型 */
typedef    struct  node1
{   int     adjvex;                /* 邻接点域 */
    struct node1 *next;            /* 链域 */
} edgenode ;                       /* 边结点的类型定义 */
typedef struct   node2
{   vextype  vertex;               /* 顶点的信息 */
    int id;                        /* 顶点的入度 */
    edgenode *link;                /* 边表头指针 */
} vexnode ;                        /* 顶点表结点的类型定义 */
vexnode  gdig[MAX];                /* 将邻接表 gdig 定义为全程变量 */

# include "BH.c"                   /* 清屏、光标定位和设置颜色 */
# include "图 topsort.c"           /* 完成拓扑排序 */


/* 有向图的拓扑排序运算——建立有向图的邻接表和顶点表存储结构算法 */
creat_yxtopadjlist(g)              /* 建立有向图的邻接表和顶点表算法存储结构 */
vexnode g[];
{ edgenode *s;
  int i, j, k, x, dd;
  clear();
  printf("建立图的顶点表和邻接表结点信息(顶点=%2d, 边=%2d):\n\n", NMAX, EMAX);
  for(i=1; i<=NMAX; i++)                        /* 建立邻接表的顶点表 */
  {   printf("\n\t 请输入图的顶点和入度 Vi, id=");
      scanf("%d, %d", &x, &dd);
      g[i].vertex=x;                            /* 输入顶点名称 */
      g[i].id=dd;                               /* 输入有向图的入度数 */
      g[i].link=NULL;                           /* 边表头指针初始化置空 */
  }
  for(k=1; k<=EMAX; k++)                        /* 建立邻接表的边表 */
  {   printf("\n\t 请输入有向图邻接顶点<Vi, Vj>:");  /* 读入邻接顶点对 */
      scanf("%d, %d", &i, &j);
      s=malloc(sizeof(edgenode));               /* 生成邻接点序号为 j 的边结点 s */
      s->adjvex=j;
      s->next=g[i].link;                        /* 用头插法将 s 插入顶点 $V_i$ 边表头部 */
      g[i].link=s;                              /* 顶点 $V_i$ 边表的头指针指向 s */
```

```
          }
    }/* CREAT_YXTOPADJLIST */

    /* 有向图的拓扑排序运算——输出有向图的邻接表和顶点表算法 */
    print_yxtopadjlist(g)                    /* 输出有向图的邻接表和顶点表算法 */
    vexnode g[];
    { edgenode *s; int i;
      clear();
      printf("输出图的顶点表和邻接表结点(顶点=%2d 边=%2d):\n\n", NMAX, EMAX);
      for(i=1; i<=NMAX; i++)                 /* 顶点信息 */
      {   printf("\n\t 顶点 V%d 的入度 id=%d ", g[i].vertex, g[i].id);
          printf("          V%d 的邻接点为： ", i);
          s=g[i].link;                       /* 查找对应边表的表头指针 */
          while (s!=NULL)
          { printf("<V%d, V%d> ", i, s->adjvex); /* 输出邻接边 */
            s=s->next;                       /* 输出下一个邻接点序号为 j 的边结点 */
          }
          printf("\n");
      }/* FOR */
    }/* PRINT_YXTOPADJLIST */


    /* 有向图的拓扑排序——实现有向图的邻接表的建立和输出及拓扑排序程序的主函数 */
    main()
    { int n=NMAX;                            /* n 为有向图的顶点数 */
      clear();                               /* 清屏幕，设置颜色，光标定位 */
      creat_yxtopadjlist(gdig);              /* 建立有向图的邻接表和顶点表 */
      print_yxtopadjlist(gdig);              /* 输出有向图的邻接表和顶点表 */
      topsort(gdig, n);                      /* 对有向图进行拓扑排序并输出拓扑序列 */
    }/* MAIN */
```

上机运行该程序，结果如图 7.28 所示。

【**例 7.20**】假设以一个带权有向图表示城市某区域的公交线路网如图 7.21 所示，图中顶点代表该区域中一些重要场所，弧代表已有的公交线路，弧上的权表示该线路上的票价（或搭乘所需要的时间）。试设计一个交通指南系统，指导前来咨询者以最低票价或最少的时间从该区域内任意一个场所到达另外一个场所，或者从指定的某个场所 V_1 到达其余场所。

【**算法分析**】该问题可归结为带权有向图中求单源最短路径和所有顶点之间最短路径的问题。首先输入图 7.21 所示有向带权图边和顶点，建立以票价为权或搭乘时间为权的邻接矩阵来存储带权的有向图，输出带权有向图的邻接矩阵。然后以 V_1 为出发点，调用函数 dijkstra 求单源最短路径并输出路径长度，再调用函数 floyd 求所有顶点对之间的最短路径并输出路径长度。程序中包含以下 5 个函数：

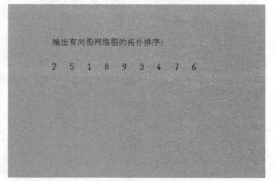

(a)输入顶点和入度建立有向图顶点表　　(b)输入边建立有向图邻接表

(c)输出有向图的顶点表和邻接表　　(d)拓扑排序的运行结果

图 7.28　以图 7.23 所示有向图为例完成拓扑排序实例

① 函数 creat_yxdqgraphjz，其功能是用交互方式建立一个带权有向图的邻接矩阵；
② 函数 print_matrix，其功能是输出带权有向图的带权邻接矩阵；
③ 函数 dijkstra，其功能是用 Dijkstra 算法求源点到其余顶点的最短路径及路径长度；
④ 函数 floyd，其功能是用 Floyd 算法求带权有向图每对顶点间的最短路径及长度；
⑤ 函数 print_path，其功能是输出用 Dijkstra 算法求出的单源最短路径及长度。

若将 7.5.2 节和 7.5.3 节中的函数 dijkstra、print_path、floyd 和 print_matrix 保存在头文件"最短路径.c"中，函数 clear 保存在文件"BH.c"中，则采用邻接矩阵存储有向带权图时，求最短路径的完整程序如下：

```
/* Dijkstra算法求单源最短路径和Floyd算法求每对顶点间最短路径的综合程序 */
# include "stdio.h"
# define  n    5              /* 带权图的顶点个数 */
# define  EMAX 7              /* 带权图的边数 */
# define  MAX  999            /* 无穷大数此处设置为999 */
typedef int   vextype;
typedef int   adjtype;
typedef int   matrix[n+1][n+1];  /* 用邻接矩阵存储带权图 */
typedef struct
```

```
{ vextype  vexs[n+1];
  adjtype  arcs[n+1][n+1];
} graphjz;                              /* 邻接矩阵存储类型描述 */
graphjz *g;                             /* 用邻接矩阵表示带权图 */
int path[n+1][n+1];                     /* Floyd算法中的路径矩阵 */
int ag[n+1][n+1];                       /* Floyd算法中的迭代矩阵 */
int gpath[n+1], gs[n+1], gdist[n+1];    /* Dijkstra算法中三个数组 */
# include  "BH.c"                       /* 函数clear包含在文件BH.c中 */
# include  "最短路径.c"                  /* 函数dijkstra和floyd包含在"最短路径.c"中 */

void  creat_yxdqgraphjz(ga)  /* 求最短路径——用交互方式建立带权有向图的邻接矩阵 */
graphjz  *ga;
{ int i,j,k,w;
  printf("\n\t 建立带权有向图的邻接矩阵: ");
  for(i=1; i<=n; i++)
     ga->vexs[i]=i;
  for(i=1; i<=n; i++)
     for(j=1;  j<=n; j++)
        if (i==j) ga->arcs[i][j]=0;
        else      ga->arcs[i][j]=MAX;
  printf("\n\n\t 请输入图中所有顶点信息<i,j,w>:\n\n ");
  for (k=1; k<=EMAX;k++)
  { printf("\t 第 %d 条有向边 <i,j,w>:  ", k);
    scanf("%d,%d,%d",&i,&j,&w);
    ga->arcs[i][j]=w; }
}/* CREAT_YXDQGRAPHJZ*/

main()                      /* 求有向带权图的最短路径及路径长度程序——主函数 */
{ int i, k=1;               /* k为带权有向图的源点,假设为顶点$V_1$ */
  clear();                  /* 清屏幕,设置屏幕颜色,光标定位函数 */
  creat_yxdqgraphjz(g);     /* 建立有向带权图的邻接矩阵 */
  printf("\n\n\t 输出所建的带权有向图的邻接矩阵weight[i][j]: \n");
  print_matrix(g->arcs);    /* 输出带权有向图的邻接矩阵 */
  dijkstra(g->arcs, k, gdist, gs, gpath);  /* 用Dijkstra算法求单源最短路径 */
  floyd(g->arcs, ag);       /* 用Floyd算法求每对顶点间最短路径并输出 */
}/* MAIN */
```

上机运行该程序,其运行结果如图7.29所示。

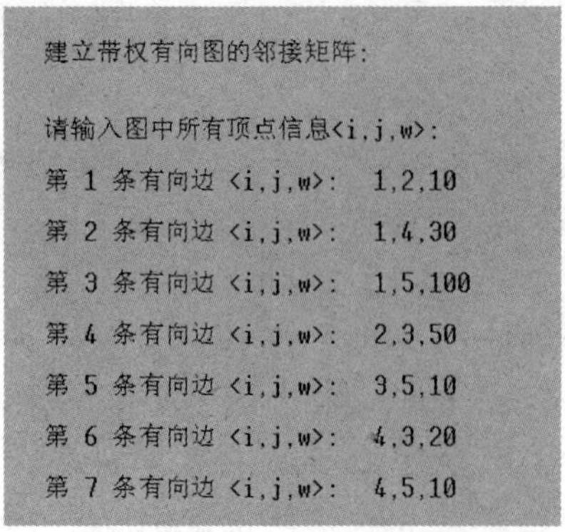

```
建立带权有向图的邻接矩阵:              输出所建的带权有向图的邻接矩阵weight[i][j]:
                                        0     10    999    30    100
请输入图中所有顶点信息<i,j,w>:          999    0     50    999    999
第 1 条有向边 <i,j,w>:  1,2,10          999   999    0     999    10
第 2 条有向边 <i,j,w>:  1,4,30          999   999    20     0     10
第 3 条有向边 <i,j,w>:  1,5,100         999   999    999   999    0
第 4 条有向边 <i,j,w>:  2,3,50         用Dijkstra算法求v1到其余各顶点的最短路径和路径长度为:
第 5 条有向边 <i,j,w>:  3,5,10         顶点 1 到 1 之间路径为: 1          ,最短路径长度为: 0
第 6 条有向边 <i,j,w>:  4,3,20         顶点 1 到 2 之间路径为: 2<--1      ,最短路径长度为: 10
第 7 条有向边 <i,j,w>:  4,5,10         顶点 1 到 3 之间路径为: 3<--4<--1  ,最短路径长度为: 50
                                        顶点 1 到 4 之间路径为: 4<--1      ,最短路径长度为: 30
                                        顶点 1 到 5 之间路径为: 5<--4<--1  ,最短路径长度为: 40
```

(a) 建立带权有向图邻接矩阵　　　　(b) 输出带权有向图邻接矩阵和从 V_1 出发的单源最短路径

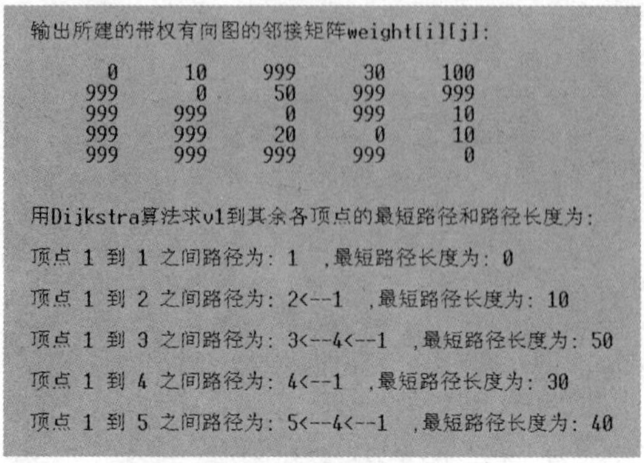

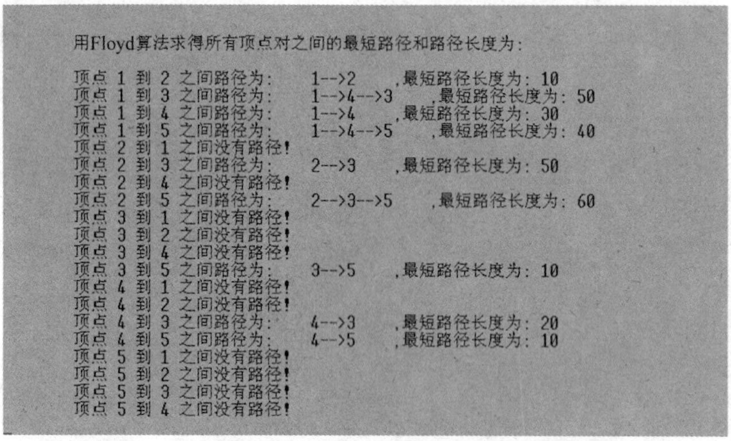

```
用Floyd算法求得所有顶点对之间的最短路径和路径长度为:
顶点 1 到 2 之间路径为:    1-->2       ,最短路径长度为: 10
顶点 1 到 3 之间路径为:    1-->4-->3   ,最短路径长度为: 50
顶点 1 到 4 之间路径为:    1-->4       ,最短路径长度为: 30
顶点 1 到 5 之间路径为:    1-->4-->5   ,最短路径长度为: 40
顶点 2 到 1 之间没有路径!
顶点 2 到 3 之间路径为:    2-->3       ,最短路径长度为: 50
顶点 2 到 4 之间没有路径!
顶点 2 到 5 之间路径为:    2-->3-->5   ,最短路径长度为: 60
顶点 3 到 1 之间没有路径!
顶点 3 到 2 之间没有路径!
顶点 3 到 4 之间没有路径!
顶点 3 到 5 之间路径为:    3-->5       ,最短路径长度为: 10
顶点 4 到 1 之间没有路径!
顶点 4 到 2 之间没有路径!
顶点 4 到 3 之间路径为:    4-->3       ,最短路径长度为: 20
顶点 4 到 5 之间路径为:    4-->5       ,最短路径长度为: 10
顶点 5 到 1 之间没有路径!
顶点 5 到 2 之间没有路径!
顶点 5 到 3 之间没有路径!
顶点 5 到 4 之间没有路径!
```

(c) 用 Floyd 算法求所有顶点对之间的最短路径

图 7.29　用 Dijkstra 和 Floyd 算法求两类最短路径问题的实例

【例 7.21】 根据一个有向带权图的邻接矩阵存储结构 G1 建立该图的邻接表存储结构 G2，请编写程序实现上述算法。

【算法分析】 首先将邻接表的顶点表初始化，顶点域设置为相应的顶点，指针域置空；然后从邻接矩阵中顺序取顶点的权，如果顶点的权不为 0，则将相应邻接表中单链表的表结点设置为相应的权值。

如果将有向带权图的邻接矩阵和邻接表的建立及输出函数存放在头文件"有向图建立和输出.c"中，则根据有向带权图的邻接矩阵 G1 建立该图的邻接表 G2 的完整程序如下：

```c
# define NMAX    5                       /* 定义图中最大的顶点数 */
# define EMAX    6                       /* 定义图中最大的边数 */
# define MAX     999                     /* 定义无穷大数，假设为 999 */
typedef  int    vextype;                 /* 定义图中顶点的数据类型 */
typedef  int    adjtype;                 /* 定义图中边的权值类型 */
typedef  struct
{ vextype  vexs[NMAX+1];                 /* 一维数组用于存储图中顶点信息 */
  adjtype  arcs[NMAX+1][NMAX+1];         /* 权值为整型的邻接矩阵 */
  int  n, e;                             /* 图中当前顶点数和边数 */
} graphjz;                               /* 用邻接矩阵存储图时的结构描述 */
```

```c
typedef struct node1
{ int     adjvex;                        /* 邻接点域 */
  int     weight;                        /* 边的权值 */
  struct  node1  *next;                  /* 链指针域 */
} edgenode;                              /* 边表结点结构描述 */
typedef struct node2
{ int        vertex;                     /* 顶点域 */
  edgenode   *link;                      /* 边表头指针 */
} vertexnode;                            /* 顶点表结点结构描述 */
typedef struct
{ vertexnode   adjlist[NMAX+1];          /* 邻接表 */
  int n, e;                              /* 图中当前的顶点数和边数 */
} graphljb;                              /* 邻接表结构描述 */
graphjz    *gjz1;                        /* 邻接矩阵 gjz1 */
graphljb   *gljb2;                       /* 邻接表 gljb2 */

#include "有向图建立和输出.c"

/* 根据一个带权有向图的邻接矩阵存储结构 G1 建立该图的邻接表存储结构 G2 */
void convert_yxdqjztoljb (graphjz *G1, graphljb *G2)
{ int i, j; edgenode *p;
  G2->n=G1->n; G2->e=G1->e;
  for (i=1; i<=G1->n; i++)               /* 将顶点表初始化 */
   { G2->adjlist[i].vertex=G1->vexs[i];
     G2->adjlist[i].link=NULL; }
  for (i=1; i<=G1->n; i++)               /* 给邻接表的每个单链表赋值 */
   for (j=1; j<=G1->n; j++)              /* 给单链表的每个表结点赋值 */
    if (G1->arcs[i][j]<MAX)              /* 若顶点非空，则给表结点赋值 */
     { p= (edgenode *) malloc (sizeof (edgenode));
       p->weight=G1->arcs[i][j];
       p->adjvex=j;
       p->next=G2->adjlist[i].link;
       G2->adjlist[i].link=p; }
}/* CONVERT_YXDQJZTOLJB */

void creat_yxdqgraphjz(ga)               /* 用交互方式建立带权有向图的邻接矩阵 */
graphjz    *ga;
{ int i,j,k;
  int w,n=NMAX;
  printf("\n\t 建立带权有向图的邻接矩阵: ");
```

```
      for(i=1; i<=n; i++)
          ga->vexs[i]=i;
      for(i=1; i<=n; i++)
        for(j=1;  j<=n; j++)
            if (i==j) ga->arcs[i][j]=0;
            else     ga->arcs[i][j]=MAX;
      printf("\n\n\t 请输入有向图中所有顶点信息<i,j,w>:\n\n ");
      for (k=1; k<=EMAX;  k++)
      {   printf("\t 有向图的第 %d 条边 <i,j,w>: ",k);
          scanf("%d,%d,%d",&i,&j,&w);
          ga->arcs[i][j]=w;
      }
      ga->n=NMAX;
      ga->e=EMAX;
}/* CREAT_YXDQGRAPHJZ */


void  print_yxdqadjlist(g)                    /* 输出带权有向图的邻接表算法 */
graphljb *g;
{ edgenode *s;int i;
  printf("\n\n\t 输出图的顶点表和邻接表结点(顶点=%d,边=%d):\n", NMAX, EMAX);
  for(i=1; i<=NMAX; i++)                       /* 顶点信息 */
  {   printf("\n\t 顶点 V%d 的邻接点为: ",i);
      s=g->adjlist[i].link;                    /* 查找对应边表的表头指针 */
      while (s!=NULL)
      { if(s->adjvex!=i)
          printf("<V%d,V%d,%d>",i,s->adjvex,s->weight);  /* 输出邻接边*/
        s=s->next;                             /* 输出下一个邻接点为 j 结点 */
      }
      printf("\n");
  } /* FOR */
} /* PRINT_YXDQADJLIST */
void print_matrix(int a[NMAX+1][NMAX+1])       /* 输出有向带权图的邻接矩阵 */
{  int i,j,n=NMAX;
   printf("\n\n\n\t 输出所建的带权有向图的邻接矩阵:");
   for (i=1; i<=n; i++)
   {  printf("\n\t");
      for (j=1;  j<=n; j++)
          printf("%6d", a[i][j]);
   }
   printf("\n");
```

```
}/* PRINT_MATRIX */
main()
{ creat_yxdqgraphjz(gjz1);              /* 用交互方式建立带权有向图的邻接矩阵 */
  print_matrix(gjz1->arcs);              /* 输出带权有向图的邻接矩阵 */
  convert_yxdqjztoljb(gjz1,gljb2);       /* 由带权有向图邻接矩阵G1建立该图邻接表G2 */
  print_yxdqadjlist(gljb2);              /* 输出带权有向图的邻接表和顶点表 */
}/* MAIN */
```

程序执行过程和运行结果如图7.30所示。

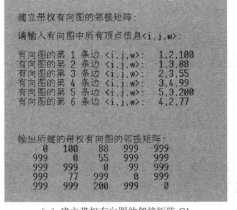
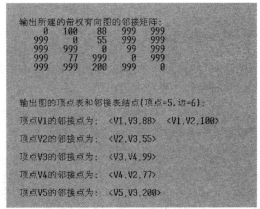

（a）建立带权有向图的邻接矩阵G1　　　　　　（b）输出带权有向图的顶点表和邻接表G2

图7.30　将带权有向图邻接矩阵G1转换为该图的邻接表G2

本章小结

图是一种复杂的非线性结构。本章主要介绍了图的有关概念和术语，图的两种存储结构：邻接矩阵和邻接表，同时对图的两种遍历方法、构造最小生成树的两个常用算法、最短路径的两类求解问题、拓扑排序及关键路径等问题做了详细的讨论并给出了相应的求解算法。

图的遍历是图的一种重要运算，图的遍历方法有两种：深度优先遍历DFS和广度优先遍历BFS。两种遍历方法的具体实现依赖于图的存储结构。这两种遍历方法的基本思想非常重要，利用它们可以解决一些其他问题。

图有着广泛的应用背景。本章还着重介绍了几种实际应用：最小生成树、最短路径和拓扑排序及关键路径等。从这些例子可以看出，图的应用方式是非常灵活的。

相对而言，本章内容较难，建议读者知难而进，理解本章介绍的各种算法，能够运用本章的有关内容来解决一些实际应用问题。

本章的复习要点

（1）熟悉图的有关术语和概念。

（2）熟练掌握图的两种存储结构：邻接矩阵和邻接表，并能够根据问题的要求选择合适的存储结构。

（3）熟练掌握图的两种遍历算法：深度优先搜索和广度优先搜索。

（4）掌握最小生成树的两种构造算法：Prim算法和Kruskal算法。

（5）理解两类最短路径问题：单源最短路径和所有顶点对之间的最短路径问题。
（6）掌握拓扑排序和关键路径的求解方法，并了解拓扑排序算法的实现程序。
（7）运用本章的有关内容去解决具体的实际应用的问题。

本章的重点和难点

本章的重点是：图的定义和特点，图的两种存储结构，图的两种遍历方法，构造最小生成树的两种方法，最短路径、拓扑排序和关键路径问题的求解方法。

本章的难点是：求解最小生成树、最短路径，拓扑排序及关键路径的实现算法，要求能理解这些算法。

习题 7

7.1 对于图 7.31 所示的有向图 G_{14}，请给出：
（1）每个顶点的入度和出度；
（2）它的强连通分量；
（3）它的邻接矩阵表示；
（4）它的邻接表和逆邻接表表示。

7.2 顺序输入无向图的顶点对：(1, 2)，(1, 3)，(1, 7)，(2, 4)，(2, 8)，(3, 4)，(3, 6)，(4, 5)，(5, 6)，(5, 8)，(6, 7)，(7, 8)，根据 7.3.3 节给出的算法 creat_wxtadjlist 采用头插法建立无向图的邻接表，并完成如下任务：
（1）画出无向图的邻接表；
（2）画出与邻接表对应的无向图；
（3）在该邻接表上，从顶点 V_5 开始搜索，分别给出按深度优先搜索遍历和广度优先搜索遍历得到的 DFS 序列和 BFS 序列。

7.3 对图 7.32 所示的无向带权图 G_{15}，请分别用 Kruskal 算法和 Prim 算法（从 V_5 开始）构造该图的最小生成树，并计算最小生成树的权值。

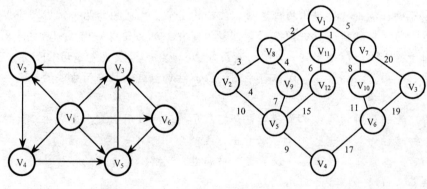

图 7.31 有向图 G_{14}　　　　图 7.32 带权无向图 G_{15}

7.4 对图 7.33 所示的带权连通图 G_{16}，从 V_3 出发，利用 Prim 算法构造最小生成树（给出步骤），并求最小代价（权值）。

7.5 对于带权的连通图 G_{17}，如图 7.34 所示，用 Kruskal 算法构造最小生成树，并求最小代价（权值）。

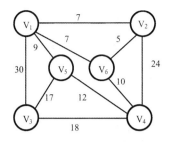

图 7.33 带权的连通图 G_{16}

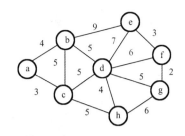

图 7.34 带权的连通图 G_{17}

7.6 已知有向图 G_{18} 的邻接表如图 7.35 所示，若从顶点 A 出发，要求完成如下任务：

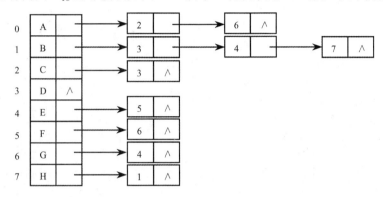

图 7.35 有向图 G_{18} 的邻接表

（1）请画出此有向图；
（2）给出该有向图的邻接矩阵；
（3）若从顶点 A 出发，请给出该有向图的深度优先搜索遍历 DFS 和广度优先搜索遍历 BFS 的结果；
（4）由深度优先搜索得到的一棵生成树；
（5）由广度优先搜索得到的一棵生成树。

7.7 对图 7.36 所示的有向图 G_{20}，请利用 Dijkstra 算法求从源点 V_2 到图中其他顶点的最短路径，并给出执行算法过程中每次循环数组 s 和 distance 的变化情况。

7.8 对图 7.37 所示的有向图 G_{21}，试利用 Floyd 算法求图中每对顶点之间的最短路径。请给出算法执行过程中最短路径长度矩阵序列 $A^{(k)}(1 \leqslant k \leqslant n-1)$ 的变化情况。

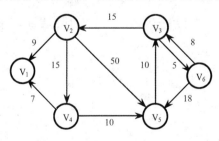

图 7.36 有向图 G_{20}

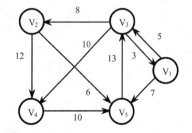

图 7.37 有向图 G_{21}

7.9 假设有 7 项活动，每项活动要求的前驱活动如下：

C_1: C_2, C_5, C_6 C_2: C_3, C_6 C_3: C_4
C_4: 无 C_5: C_4, C_6 C_6: C_3, C_4 C_7: C_5

试根据上述关系，首先画出相应的有向图，然后列出所有可能的拓扑序列。

7.10 在图 7.38 所示的有向图 G_{22} 中，顶点表示课程，弧表示课程间的先后关系，例如，弧$<C_i, C_j>$表示学完课程 C_i 之后才能学习课程 C_j。如果某人每学期只学习一门课程，那么他应当怎样安排这些课程的学习？

7.11 图 7.39 是一个 AOE 网，请按要求完成以下任务：
（1）每项活动的最早开始时间 Ve 和最迟开始时间 Vl；
（2）完成此工程最少需要多少时间？
（3）指出哪些活动是关键活动；
（4）求关键路径与关键路径长度。

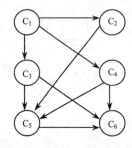
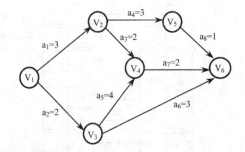

图 7.38　有向图 G_{22}　　　　图 7.39　表示工程完成时间的 AOE 网

7.12 设计一个算法，建立无向图（n 个结点，e 条边）的邻接表。

7.13 设计一个算法，将无向图的邻接表转换成邻接矩阵表示。

7.14 设计一个算法，根据有向图的邻接表建立有向图的逆邻接表。

7.15 基于图的深度优先搜索策略，编写一个算法，判别以邻接表方式存储的有向图 G 中是否存在由顶点 V_i 到顶点 V_j 的路径（$i \neq j$）。

7.16 基于图的广度优先搜索策略，编写一个算法，判别以邻接矩阵存储的有向图 G 中是否存在由顶点 V_i 到顶点 V_j 的路径（$i \neq j$）。

7.17 设计一个算法，利用遍历图的方法输出一个无向图 G（假设无向图采用邻接表作为存储结构）中从顶点 V_i 到 V_j 的长度为 length 的简单路径。

7.18 设计一个算法,利用深度优先搜索方法求出在无向图中通过给顶点 V_1 的简单回路。

7.19 以邻接表作为存储结构，给出拓扑排序算法的实现。

7.20 请设计一个算法，判断无向图 G 含有几个连通分量。假设无向图以邻接矩阵表示。

7.21 假设 n 个顶点的有向图分别用邻接表和邻接矩阵表示，请设计算法统计有向图出度为 0 的顶点个数。

第 8 章 排　序

内容提要

在当今社会中，人们经常要在浩如烟海的信息中查找某条信息。为了提高查找效率，就必须按某种合理的次序存储信息。假如图书馆的书籍和文献资料不是分门别类存储的，那么我们怎能迅速找到自己所需要的资料呢？假如英文字典不是按字母顺序排列词条的，那么我们怎能迅速查找某个单词呢？假如电话号码不是按照某种规律组织的，那么我们怎能迅速找到某个单位或个人的电话号码呢？本章所介绍的**排序**（Sorting，又称**分类**）正是这样一种操作，它将要处理的信息，按照一定的规律重新排列使之有序。

在应用软件设计中，排序占有重要的地位。在实际的软件系统中，最常用且效率较高的内排序算法有 5 类：插入排序、选择排序、交换排序、归并排序和分配排序。本章将详细介绍插入排序、选择排序、交换排序和归并排序这几种内排序算法的基本思想、排序过程及实现算法。

排序所需的时间占整个计算机系统运行时间的比重是很可观的。因此，熟悉各种排序方法，掌握算法设计的某些重要原则和技巧，对提高计算机数据处理系统的工作效率是很重要的。

8.1 排序的基本概念

排序是计算机软件设计中一项重要的技术，是计算机数据处理领域中最常用的一种运算。排序就是将一组杂乱无章的数据按规定的次序重新排列起来。排序的目的之一就是方便数据的查找。在日常工作中通过排序方便查找的例子是屡见不鲜的。例如，学生成绩的排名，高考成绩的统计，运动会中所有项目成绩的排名，英文字典中单词按字母的顺序排列，图书目录的编排顺序，电话号码簿按单位分类或按个人姓氏分类的顺序排列，职工档案信息的分类管理，仓库物资的分类管理等。对于经常要在计算机上查找的信息和存储对象，人们都会根据一定的规律对其进行排序或者分类，以便提高查找的效率。

在讨论各种排序方法之前，先介绍与排序有关的几个基本概念和术语。

1. 排序

排序（Sorting）就是整理文件中的记录，将一组杂乱无章的数据按关键字递增（或递减）的次序重新排列，使之成为一个有序序列的过程。

例如，有 10 个记录的无序文件，其排序前后记录及其对应的关键字如下：

排序前记录序列 R_i	R_1	R_2	R_3	R_4	R_5	R_6	R_7	R_8	R_9	R_{10}
记录所对应的关键字 K_i	47	51	72	30	13	15	04	49	[30]	19
排序后记录序列 R_i	R_7	R_5	R_6	R_{10}	R_4	R_1	R_1	R_8	R_2	R_3

记录所对应的关键字 K_i　　04　13　15　19　30　30　47　49　51　72

由上可见，排序后关键字最小的记录 R_7 排在序列的最前面，关键字最大的记录 R_3 排在序列最后面。排序后整个序列按记录关键字从小到大顺序排列组成为一个有序文件。

2．关键字（Key）

假设被排序的对象是由若干个记录组成的文件，而记录则由若干个数据项组成，其中可用来唯一标识一个记录的数据项，称为**关键字项**，该数据项的值称为**关键字**（key）。在文件中能够唯一区别一个记录的关键字称为**主关键字**；不同记录，其关键字值可能相同的关键字称为**次关键字**。关键字也称为**关键码**或**排序码**。例如，表 8.1 就是一个学生成绩登记表文件。每个学生是一个记录，而每个记录则由学号、姓名、各科成绩和总分数据项组成。其中，学号是能够唯一地区别一个学生记录的数据项，是学生记录的主关键字，而其他数据项则是次关键字。

关键字可用来作为排序运算的依据。选取记录中的哪一项作为排序的关键字(或排序码)，应根据问题的要求而定。例如，若将成绩登记表按学号排列，主关键字"学号"就是当前的排序码，见表 8.1；若按学生的成绩总分排名次，次关键字"总分"就是当前的排序码，见表 8.2。

表 8.1　学生成绩登记表

学　号	姓　　名	语文	数学	外语	物理	化学	总分
2001001	王　明	80	85	82	88	78	413
2001002	李小敏	65	90	86	90	80	411
2001003	赵　利	60	65	78	85	65	343
2001004	吴　进	67	90	70	88	86	401
2001005	卢　明	75	92	87	90	87	431

表 8.2　学生成绩统计表

学　号	姓　　名	语文	数学	外语	物理	化学	总分	名次
2001005	卢　明	75	92	87	90	87	431	1
2001001	王　明	80	85	82	88	78	413	2
2001002	李小敏	65	90	86	90	80	411	3
2001004	吴　进	67	90	70	88	86	401	4
2001003	赵　利	60	65	78	85	65	343	5

一组记录按关键字递增或递减次序排列所得到的结果称为**有序表**，相应地，排序前的状态称为**无序表**。递增的次序又称为**升序**或**正序**，递减的次序又称为**降序**、**逆序**或**反序**。若有序表是按关键字升序排列的称为**升序表**或**正序表**；若按相反次序排列，则称为**降序表**或**逆序表**。

3．排序的稳定性与不稳定性

排序算法的稳定性是衡量排序方法好坏的一个重要标准。任何排序算法，若使用主关键字进行排序，则排序结果一定是相同的；若排序算法使用次关键字排序，则排序结果有可能相同，有可能不同。

假设 n 个待排序的序列中存在多个记录具有相同的次关键字值 K_i（K_i 表示第 i 个记录的关键字，$i=1, 2, \cdots, n-1, n$），若 $K_i=K_j$（$j=1, 2, \cdots, n-1, n$, 且 $j \neq i$），且排序前记录 R_i 排在记录 R_j 之前。若采用的排序方法，使排序后的记录 R_i 仍然排在记录 R_j 的前面，则称此排序方法是**稳定排序**，反之称此排序方法是**不稳定排序**。如上例中 R_4 与 R_9 的关键字 $K_4=K_9=30$，排序后 R_4 仍然在 R_9 之前，所以上述排序方法是稳定的排序。

4．内部排序与外部排序

排序的方法较多，可按不同的原则进行分类。按照排序过程所涉及的存储设备不同，排序可分为两大类：**内部排序**和**外部排序**（简称**内排序**和**外排序**）。**内排序**是指在整个排序过程中，数据全部存放在计算机的内存储器中，并且在内存中调整记录间的相对位置（即排序过程全部是在内存中进行的）。**外排序**是指在排序过程中，大部分数据存放在外存储器中，借助内存逐步调整记录之间的相对位置（即排序过程中需要不断进行内存和外存之间的数据交换）。显然，外排序速度比内排序速度要慢得多。内排序适用于记录个数不多的小文件，外排序则适用于记录个数比较多，不能一次将全部记录装入内存的大文件。内排序方法很多，按所用的策略不同，可以分为 5 类：插入排序、选择排序、交换排序、归并排序和分配排序（分配排序本书略去）。内排序是外排序的基础，外排序算法的原理与内排序算法的原理很多都是相同的，但具体实现的函数差别很大。限于篇幅，本书仅讨论几种典型的内排序算法，不讨论外排序算法，有兴趣的读者可参考相关书籍。

5．排序方法的评价标准

评价排序算法好与坏的标准主要有两条：排序算法的**时间复杂度**和**空间复杂度**。

时间复杂度是指执行排序算法所耗费的时间。排序的时间主要耗费在数据比较与数据移动上，因此，排序算法的时间复杂度可用排序过程中数据的比较次数和数据的移动次数来衡量。如果关键字是字符串，数据的比较次数就是影响执行时间的主要因素。当记录个数很多时，数据的交换次数则是影响执行时间的另一个主要因素。在一般情况下，排序算法的时间复杂度是按平均情况进行估计的，但有时也按最好的情况和最坏的情况进行估算。

空间复杂度是指执行排序算法所需要的附加存储空间。当排序算法中使用的辅助存储单元与排序对象的个数无关时，其空间复杂度为 $O(1)$。空间复杂度为 $O(1)$ 的排序算法亦称为**原地排序算法**。原地排序算法就是利用原来存放记录的数组空间来重新按关键字大小存储记录的。

此外，排序算法的**稳定性**和**简单性**也是衡量一个排序算法好与坏的重要指标。

6．排序算法的存储实现

每一种内排序算法均可以在不同的存储结构上实现。通常采用以下 3 种存储结构。

① 采用顺序表（即一维数组）作为存储结构：排序过程就是对记录本身进行物理重排的过程，即通过记录关键字的比较和移动，将记录移动到合适的位置上。

② 采用链表作为存储结构：排序过程中不需要移动记录，仅修改指针即可。

③ 采用辅助表作为存储结构：有些排序方法难以在链表上实现，为了避免在排序过程中移动记录，可以为文件另外建立一个辅助表，例如，建立一个由记录关键字和指向记录的指

针组成的索引表。这样，在排序过程中只需对这个辅助表的表目进行物理重排，即只移动辅助表的表目而不移动记录本身。

若不特别说明，本章所讨论的排序算法均采用顺序表作为文件的存储结构，并且按关键字递增排序，其存储类型说明如下：

```
#define   MAX    400           /* MAX 为记录数组的最大数 */
typedef   int    datatype;     /* 定义关键字类型 */
typedef   struct record        /* 定义记录为结构类型 */
{ int        key;              /* 记录的关键字域 */
  datatype   other;            /* 记录的其他域 */
}rectype *s1, r[MAX];          /* r[MAX]数组存放原始数据，*s1 存放排序后的数据*/
```

其中，MAX 是顺序表的最大长度。key 是排序时的关键字，在实际应用中可以是整型、实型或字符串等。数组 R 中第 0 个记录可以不用，也可以用作监视哨，或用来暂存某个记录。

8.2 插入排序

插入排序类似于玩纸牌时整理手中纸牌的过程。**插入排序**（**Insertion Sort**）的基本方法是：每次将一个待排序的记录按其关键字大小，插到前面已排好的序列中的适当位置，直到全部记录插入为止。常用的插入排序方法有：直接插入排序、折半插入排序、表插入排序和希尔排序。本节将详细介绍两种插入排序：直接插入排序和希尔排序。

8.2.1 直接插入排序

直接插入排序（**Straight Insertion Sort**）是一种最简单的排序方法。其基本思想是：把数组 R[n]中待排序的 n 个元素看成为一个有序表和一个无序表，开始时有序表只有一个元素 R[1]，而无序表中包含有 n-1 个元素 R[2]～R[n]。排序过程中，每次取出无序表中第一个元素，将它插到有序表的适当位置上，使之成为新的有序表，这样经过 n-1 次插入后，无序表变成为空表，而有序表包含有 n 个元素，至此排序完毕。

现在的问题是：如何将一个记录 R[i]（i=2, 3, …, n）插到当前的有序区，并使插入后该区间的记录按关键字仍然有序。可采用的方法有两种。第一种方法是首先在当前的有序表 R[1]～R[i-1]中查找 R[i]的正确插入位置 k（$1 \leq k \leq i-1$），若 R[i]的关键字大于 R[1]～R[i-1]中所有记录的关键字，则 R[i]就是其插入位置；否则，将 R[k]～R[i-1]中的记录依次后移一个位置，腾出 k 位置上的空间插入 R[i]。第二种方法是从有序表的表尾开始，将记录的查找和移动交替地进行。具体做法是：将待插入的记录关键字 R[i].key 从右向左依次与有序表中记录关键字 R[j].key（j=i-1, i-2, …, 1）进行比较，若 R[j].key>R[i].key 的关键字，则将 R[j]后移一个位置；若 R[j].key≤R[i].key 的关键字，则查找过程结束，j+1 就是 R[i]的插入位置，将 R[i]插入即可。进行第 i 次插入后，有序表为 R[1]～R[i]，元素个数为 i 个；而无序表为 R[i+1]～R[n]，元素个数为 n-i-1 个。

【例 8.1】假设数组 R 有 8 个待排序的记录，它们的关键字分别为：

(36, 25, 48, 12, 65, 43, 20, <u>36</u>)

若用直接插入排序法进行排序，请给出排序的过程。

【解】在直接插入排序的过程中，我们将一个记录的插入过程称为**一趟排序**（或一次排序）。直接插入排序每趟排序的具体过程如图 8.1 所示。其中，方括号表示有序表，圆括号表示监视哨，带方框的关键字表示下一趟排序过程中要插入的关键字。为了区别两个相同的关键字 36，我们在后一个关键字 36 的下方加了一个下划线以示区别。第 0 趟表示原始关键字序列。

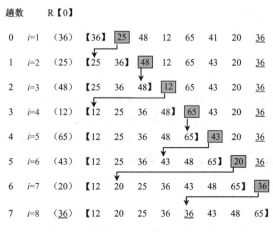

图 8.1 直接插入排序过程示例

采用第二种方法向有序表插入元素的直接插入排序算法如下：

```
insert_sort(r)              /* 直接插入排序——对数组 R 按递增顺序进行插入排序算法 */
rectype r[];
{ int i, j, n=NUM;          /* NUM 为实际输入的记录数，是一个常量 */
  for(i=1;i<=n; i++)        /* i<=NUM 条件很重要，NUM 为实际记录数 */
  { r[0]=r[i];              /* R[0]是监视哨 */
    j=i-1;                  /* 依次插入记录 R[1], …, R[NUM] */
    while(r[0].key<r[j].key) /* 查找 R[i]合适的插入位置 */
      r[j+1]=r[j--];        /* 将记录关键字大于 R[i].key 的记录后移 */
    r[j+1]=r[0];            /* 将记录 R[i]插到有序表的合适位置上 */
  }
}/* INSERTSORT */
```

上述算法中记录 R[0]有两个作用：一是在进入查找循环之前，它保存了 R[i]的值，使得不致因记录的后移而丢失 R[i]的内容；二是在 while 循环中"监视"下标变量 j 是否越界，一旦越界（即 j<0），R[0]将自动控制 while 循环的结束，从而避免了在 while 循环中每一次都要检测 j 是否越界（即省略了循环条件 j≥1）。因此，R[0]也称为"**监视哨**"。

采用这种程序设计技巧，使得循环条件的测试时间大约减少一半，而对于记录数较大的文件，节省的时间更加相当可观，希望读者理解并能够掌握这种程序设计技巧。

【算法分析】直接插入排序算法的时间复杂度分析可分最好、最坏和平均三种情况来考虑。

（1）直接插入排序算法是由两重循环组成的，对于由 n 个记录组成的文件，外循环表示要进行插入排序的趟数，内循环表示完成一趟排序所要进行的记录关键字之间的比较和记录的后移。当参加排序的记录关键字已按升序排列时,这是最好的情况。在这种情况下,每趟排序过程中,while 语句的循环次数为 0,仅需进行一次关键字的比较,且无须后移记录。但是,在进入 while 循环之前,将 R[i]保存到监视哨 R[0]中需移动一次记录,在该循环结束之后,将监视哨 R[i]插到 R[j+1]中也需移动一次记录。因此,每趟排序过程中,关键字比较次数为 1,记录的移动次数为 2。那么,整个排序过程中,关键字总的比较次数最小值 $C_{\min}$ 和记录总的移动次数最小值 $M_{\min}$ 为:

$$C_{\min} = \sum_{i=2}^{n} 1 = (n-1) = O(n)$$

$$M_{\min} = \sum_{i=2}^{n} 2 = 2(n-1) = O(n)$$

由此可知,在最好的情况下,其算法的时间复杂度为 $O(n)$。

(2)当参加排序的记录关键字按逆序排列时,这是最坏的情况。在这种情况下,第 i 趟排序过程中,while 语句的循环次数为 i,有序区中所有 $i-1$ 个记录均向后移动一个位置,再加上 while 循环前后的两次移动,因此,在每趟排序过程中,关键字的比较次数为 i,记录的移动次数为 $i-1+2$。那么整个排序过程中,关键字总的比较次数的最大值 $C_{\max}$ 和记录移动次数的最大值 $M_{\max}$ 为:

$$C_{\max} = \sum_{i=2}^{n} i = \frac{1}{2}(n+2)(n-1) = O(n^2)$$

$$M_{\max} = \sum_{i=2}^{n} (i-1+2) = \frac{1}{2}(n+4)(n-1) = O(n^2)$$

可见,在最坏的情况下,该算法的时间复杂度为 $O(n^2)$。

(3)在平均情况下,参加排序的原始记录关键字是随机排列的。我们可取上述最小值和最大值的平均值,作为直接插入排序所需的平均比较次数和平均移动次数。因为第 i 趟排序过程中,关键字的平均比较次数为 $(1+i)/2$,记录的平均移动次数为 $(i+3)/2$,因此,对于 n 个记录进行直接插入排序时,总共需要进行 $n-1$ 趟排序才能完成排序运算,其关键字的平均比较次数 C_{avg} 和记录的平均移动次数 M_{avg} 为:

$$C_{\text{avg}} = \sum_{i=2}^{n} \left(\frac{i+1}{2}\right) = \frac{1}{4}(n+4)(n-1) = O(n^2)$$

$$M_{\text{avg}} = \sum_{i=2}^{n} \left(\frac{i+1+2}{2}\right) = \frac{1}{4}(n+8)(n-1) = O(n^2)$$

可见,直接插入排序算法的时间复杂度为 $O(n^2)$。直接插入排序所需的辅助空间是一个监视哨,其作用是暂时存放待插入的元素,故空间复杂度为 $O(1)$。

直接插入排序是稳定的排序方法。

直接插入排序的算法简单,容易实现。当记录数 n 很大时,不适合进行直接插入排序。

8.2.2 希尔排序

希尔排序(Shell Sort)又称为**缩小增量排序**(Diminishing Increment Sort),是 1959 年由希尔(D. L. Shell)提出的一种排序方法。它的基本思想是:不断把待排序的记录分成若干个小组,然后对同一组内的记录进行排序。在分组时,始终保证当前组内的记录个数超过前面分组排序时组内的记录个数。希尔排序的过程如下:

① 以 d_1($0<d_1<n-1$)为步长(增量),把数组 R 中的 n 个元素分为 d_1 个小组,将所有下标距离为 d_1 的记录放在同一组中。

② 对每个组内的记录分别进行直接插入排序。这样一次分组排序过程称为**一次排序**。

③ 以 d_2（$d_1 > d_2$）为步长（增量），重复上述步骤，直到 $d_i = 1$，把所有 n 个元素放在一个组内，进行直接插入排序为止。该次排序结束时，整个序列的排序工作完成。

希尔排序实际上是对直接插入排序的一种改进。通过分析直接插入排序算法可知，如果待排序的原始序列越接近有序或者记录个数越少，则直接插入排序算法的时间效率就越高。希尔排序正是基于这两点考虑的。在希尔排序中，开始增量比较大，分组较多，每个组内记录个数较少，因而记录的比较次数和移动次数都比较少，在小组内用直接插入排序的时间效率很高。尽管增量逐渐变小，分组较少，每个组内记录个数逐渐增多，但同时记录越来越接近有序，因而记录的比较次数和移动次数越来越少，从而使直接插入排序的时间效率越来越高。从理论上和实验上都已经证明，在希尔排序中，记录的比较次数和移动次数比直接插入排序时要少得多，特别是当 n 越大时效果就越明显。

在希尔排序中，增量序列的选取到目前为止尚未得到一个最佳值，但最后一次排序时的增量值必须为 1。一般选取增量序列的规则是：取 d_{i+1} 为 $\lfloor d_i/3 \rfloor \sim \lfloor d_i/2 \rfloor$ 之间的数。最简单的方法是取 $d_{i+1} = \lfloor d_i/2 \rfloor$。

注意：在一次分组排序过程中，可用直接插入排序算法对组内记录进行排序，也可采用其他合适的排序算法进行组内的排序。

【**例 8.2**】假设数组 R 有 12 个待排序的记录，它们的关键字分别为：

$$(65, 34, 25, 87, 12, 38, 56, 46, 14, 77, 92, 23)$$

用希尔排序方法进行排序，请给出排序的过程。

【**解**】希尔排序的过程如图 8.2 所示。在图中，同一连线上的关键字表明它们所属的记录是放在同一个组中的。由于数组待排序的记录数 $n=12$，若按 $d_{i+1} = \lfloor d_i/2 \rfloor$ 选取增量序列，那么所得到的增量序列为：$d_1 = \lfloor n/2 \rfloor = \lfloor 12/2 \rfloor = 6$，$d_2 = \lfloor d_1/2 \rfloor = \lfloor 6/2 \rfloor = 3$，$d_3 = \lfloor d_2/2 \rfloor = \lfloor 3/2 \rfloor = 1$。

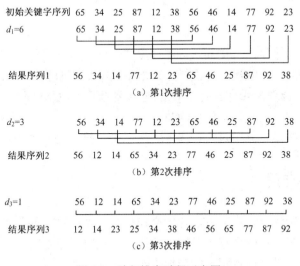

图 8.2 希尔排序过程示意图

第 1 次希尔排序时，取增量 $d_1 = \lfloor n/2 \rfloor = 6$，则所有记录被分为 6 组，它们分别是（$R_1, R_7$），（$R_2, R_8$），（$R_3, R_9$），（$R_4, R_{10}$），（$R_5, R_{11}$）和（$R_6, R_{12}$），对各组内的记录进行排序，得到一个新的结果序列 1，如图 8.2（a）所示。

第 2 次希尔排序时，取增量 $d_2 = \lfloor d_1/2 \rfloor = 3$，将第 1 次排序后所得到的结果序列中所有位置距离为 3 的记录分成一组，共有三组（R_1, R_4, R_7, R_{10}），（R_2, R_5, R_8, R_{11}）和（R_3, R_6, R_9, R_{12}），分别对这三个组内的记录进行一次排序，又得到新的结果序列 2，如图 8.2（b）所示。

第 3 次希尔排序时，取增量 $d_3=\lfloor d_2/2 \rfloor=1$，这时序列中的所有记录都放在同一个组中。对该组中的记录进行排序，所得到的结果序列就是希尔排序后的有序序列，如图 8.2（c）所示。

希尔排序算法的 C 语言描述如下：

```
shell_sort(r)                          /* 希尔排序——取增量为 d(i+1)=⌊di/2⌋ 的希尔排序算法 */
rectype r[];
{ int i, n, jump, change, temp, m;     /* change 为交换标志，jump 为增量步长 */
  jump=NUM; n=NUM;                     /* NUM 为顺序表的实际长度 */
  while(jump>0)
    { jump=jump/2;                     /* 取步长 d(i+1)=⌊di/2⌋ */
      do { change=0;                   /* 设置交换标志，change=0 表示未交换 */
        for(i=1; i<=n-jump; i++)
          { m=i+jump;                  /* 取本趟的增量 */
            if(r[i].key>r[m].key)      /* 记录交换 */
            { temp=r[m].key;
              r[m].key=r[i].key;
              r[i].key=temp;
              change=1;                /* change=1 表示有交换 */
            }/* if */
          }/* for */                   /* 本趟排序完成 */
      }while(change==1);               /* 当 change=0 时终止本趟排序 */
    }/*while*/                         /* 当增量 jump=1 且 change=0 时终止算法 */
}/* SHELLSORT */
```

【算法分析】希尔排序比直接插入排序速度快。但希尔排序算法的时间复杂度分析比较复杂，排序实际所需的时间取决于各次排序时增量的个数和增量的取值。大量研究证明，若增量序列的取值比较合理，希尔排序算法的时间复杂度在 $O(n\log_2 n) \sim O(n^2)$ 之间，大致为 $O(n^{1.5})$。希尔排序算法的空间复杂度为 $O(1)$。

由于希尔排序是按增量分组进行排序的，所以希尔排序是一种不稳定的排序方法。

8.3 交换排序

利用交换记录位置进行排序的方法称为**交换排序**。交换排序的基本思想是：两两比较待排序记录的关键字，若发现两个记录关键字的次序相反时即进行交换，直到没有反序的记录为止。交换排序的特点是：通过记录的交换将关键字较大的记录向文件的尾部移动，而将关键字较小的记录向文件的前部移动。本节将介绍两种常用的交换排序：冒泡排序和快速排序。

8.3.1 冒泡排序

冒泡排序（Bubble Sort）是一种简单的交换排序方法。它的基本思想是：将待排序的记录排列成一个垂直的序列，而不是一个水平的序列。把记录想象成水箱里的气泡，其关键字相当于气泡的重量。对所有待排序的记录扫描一趟以后,通过两个相邻记录之间的比较和交换,使得气泡下沉或上升到其重量应该到的最终位置上。

本节介绍的冒泡排序方法是每趟扫描以后,使得轻气泡上升到合适的位置上。

冒泡排序的具体过程是:把第 n 个记录的关键字与第 $n-1$ 个记录的关键字进行比较,如果 r[n].key<r[$n-1$].key,则交换两个记录 r[n]和 r[$n-1$]的位置,否则不交换;然后再把第 $n-1$ 个记录的关键字与第 $n-2$ 个记录的关键字进行比较;其余类推,直到第 2 个记录与第 1 个记录的关键字比较完为止,这个过程就称为一**趟冒泡排序**。在整个冒泡排序过程中,首先对 n 个待排序的记录进行第一趟冒泡排序,将关键字最小的记录上浮到数组的第一个单元 r[1]中;然后对剩下的 $n-1$ 个记录进行第二趟冒泡排序,使关键字次小的记录上浮到数组的第二个单元 r[2]中;重复进行 $n-1$ 趟后,轻者上浮而重者下沉,则整个冒泡排序结束。

【例 8.3】假设 $n=8$,数组 R 中 8 个记录的关键字分别为:

(53, 36, 48, 36, 60, 17, 18, 41)

用冒泡法进行排序,请给出排序的过程。

【解】第一趟冒泡排序过程如图 8.3 所示,冒泡排序全部过程则如图 8.4 所示。在图 8.4 中,第一列为初始的关键字序列,从第二列起依次为各趟冒泡排序的结果,黑方括号括起来的记录为当前的无序区。

```
初始关键字序列      【53  36  48  36  60  17  18  41】
第一次两两比较    【53  36  48  36  60  17  18  41】   41>18,满足要求不交换
第二次两两比较    【53  36  48  36  60  17  18  41】   18>17,满足要求不交换
第三次两两比较    【53  36  48  36  60  17  18  41】   60>17,不满足要求交换
第四次两两比较    【53  36  48  36  17  60  18  41】   17<36,不满足要求交换
第五次两两比较    【53  36  48  17  36  60  18  41】   17<48,不满足要求交换
第六次两两比较    【53  36  17  48  36  60  18  41】   17<36,不满足要求交换
第七次两两比较    【53  17  36  48  36  60  18  41】   17<53,不满足要求交换
第一趟冒泡结果     (17)【53  36  48  36  60  18  41】
```

图 8.3 第一趟冒泡排序过程示例

```
53   17   17   17   17   17   17
36   53   18   18   18   18   18
48   36   53   36   36   36   36
36   48   36   53   36   36   36
60   36   48   36   53   41   41
17   60   36   48   41   53   48
18   18   60   41   48   48   53
41   41   41   60   60   60   60
(0)  (1)  (2)  (3)  (4)  (5)  (6)  (7)
```

图 8.4 从下往上的冒泡排序全过程示意图

从冒泡排序实例可以看出:对 n 个记录进行冒泡排序时,至多进行 $n-1$ 趟排序。如果本

趟冒泡排序过程没有交换任何记录,则说明全部记录已经有序,排序就此结束。为此,在算法中设置一个标志变量 noswap,用于判断本趟冒泡排序过程是否有记录交换。在每趟冒泡排序之前,置 noswap=1;本趟排序过程中若交换记录,则置 noswap=0;每趟冒泡排序之后,若 noswap=1,则表明全部记录已经有序,算法可以就此终止。

冒泡排序算法的 C 语言描述如下:

```
bubble_sort(r)                    /* 冒泡排序算法——从下往上扫描的冒泡排序 */
rectype r[];
{ int i, j, noswap=0, n=NUM;      /* noswap 为交换标志,NUM 为实际输入记录数 */
  rectype temp;
  for(i=1; i<n; i++)              /* 进行 n-1 趟冒泡排序 */
  { noswap=1;                     /* 设置交换标志,noswap=1 表示没有记录交换 */
    for(j=n; j>=i; j--)           /* 从下往上扫描 */
      if(r[j].key<r[j-1].key)     /* 交换记录 */
      { temp.key=r[j-1].key;
        r[j-1].key=r[j].key;
        r[j].key=temp.key;
        noswap=0;                 /* 当交换记录时,将交换标志置 0 即 noswap=0 */
      }/* IF */
    if(noswap) break;             /* 若本趟排序中未发生记录交换,则终止排序 */
  }/* FOR */
}/* BUBBLESORT */
```

【**算法分析**】冒泡排序的执行时间与待排序记录的原始状态有很大关系。若原始记录的初始状态是递增有序(即按"正序"排列)的,这时只需进行一趟冒泡排序过程就能结束排序。在排序过程中,记录关键字总的比较次数为 $n-1$ 次,记录总的移动次数为 0 次。这是最好的情况,此时 $C_{min}=n-1$,$M_{min}=0$,冒泡排序的时间复杂度为 $O(n)$。反之,若原始记录的初始状态是递减有序(即按"逆序"排列)的,这时需要进行 $n-1$ 趟排序,每趟冒泡排序要进行 $n-i$ 次关键字的比较($1 \leq i \leq n-1$),且每次比较都必须交换两个记录的位置,记录移动次数为 3 次。这是最坏的情况,此时关键字的比较次数 C_{max} 和记录的移动次数 M_{max} 均达到最大值为:

$$C_{max} = \sum_{i=1}^{n-1}(n-i) = \frac{1}{2}n(n-1) = O(n^2)$$

$$M_{max} = \sum_{i=1}^{n-1}3(n-i) = \frac{3}{2}n(n-1) = O(n^2)$$

因此,在最坏的情况下,冒泡排序的时间复杂度为 $O(n^2)$。

在平均情况下,冒泡排序的比较次数和移动次数大约是最坏情况的一半。因此,冒泡排序算法的平均时间复杂度为 $O(n^2)$,冒泡排序算法的空间复杂度为 $O(1)$。

显然,冒泡排序算法是一种稳定的排序方法。

在一般情况下,冒泡排序比直接插入排序和直接选择排序需要移动记录的次数多,所以它是这三种简单排序方法中速度最慢的一个。但是,当原始的记录序列为有序时,则冒泡排序又是三者中速度最快的一种排序方法。

8.3.2 快速排序

快速排序（Quick Sort）是交换排序的一种，是对冒泡排序的一种改进，也是目前所有排序方法中速度最快的一种。在冒泡排序中，记录的比较和交换是在相邻两个单元中进行的，记录每次的交换只能上移或者下移一个相邻位置，因而总的比较次数和移动次数比较多；而在快速排序中，记录的比较和移动从两端向中间进行，关键字大的记录一次就能交换到后面单元，关键字较小的记录一次就能交换到前面单元，记录每次移动的距离比较远，因而总的比较次数和移动次数比较少。

快速排序的基本思想是：在待排序的 n 个记录中任意选择一个记录作为标准记录（通常选取序列中的第一个记录作为标准记录），以该记录的关键字为基准，将当前的无序区划分为左右两个较小的无序子区，使左边无序子区中各记录的关键字均小于基准记录的关键字，使右边无序子区中各记录的关键字均大于或等于基准记录的关键字，而标准记录则位于两个无序区的中间位置上（也就是该记录最终排序的位置上），分别对左右两个无序区继续进行上述的划分过程，直到无序区中所有的记录都排好序为止。

在快速排序中，将待排序区间按照标准记录关键字分为左右两个无序区的过程称为**一趟快速排序**（或一次划分）。

下面通过实例来说明快速排序的一次划分过程。

【例 8.4】假设 $n=8$，数组 R 中 8 个记录的关键字分别为：

$$(49, 38, 65, 97, 76, 13, 27, \underline{49})$$

试给出其第一趟快速排序的划分过程和结果。

【解】若选取第一个记录作为标准记录 temp，则快速排序第一次划分过程如图 8.5 所示。在图 8.5 中，方括号内为待排序的无序区。带方框和阴影的数据是标准记录 temp 的关键字 49，在划分过程中它并没有真正进行交换，而是在划分结束时才将其放到正确的位置上。

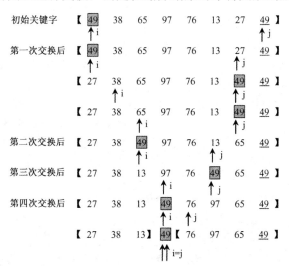

图 8.5　快速排序的一次划分过程示例

显然，经过一次划分后，标准记录将整个无序区分成左右两个无序区，用同样的方法对左右两个无序区继续进行划分，直到各个子区间的长度为 1 时终止。图 8.6 是在快速排序执行过程中，每一次划分后关键字的排列情况，图中加阴影的记录为本次快速排序的基准记录。

```
初始关键字序列   【49    38    65    97    76    13    27    49】
第一趟排序后     【27    38    13】  49    【76   97    65    49】
第二趟排序后     【13】  27   【38】  49    【49】 65   【76】 【97】
第三趟排序后      13    27    38    49    【49】 65    76    97
最后结果          13    27    38    49    49    65    76    97
```

图 8.6 快速排序执行过程示例

假设待排序的原始记录序列存放在数组 r[s..t]中，其中 s 为无序区的下限，t 为无序区的上限，将无序区的第一个记录 r[s]作为标准记录。设置两个指针 i 和 j，它们的初值分别为 i=s 和 j=t。一趟快速排序的具体做法是：

① 将标准记录 r[s]保存到临时变量 temp 中，temp=r[s]。

② 令 j 从 n 起向左扫描，将 r[j].key 与 temp.key 进行比较，直到找到第一个满足 temp.key＞r[j].key 条件的记录时停止，然后将 r[j]移到 r[i]的位置上。

③ 令 i 从 i+1 起向右扫描，将 r[i].key 与 temp.key 进行比较，直到找到第一个满足 temp.key＜r[i].key 记录时停止，然后将 r[i]移到 r[j]的位置上。

④ 反复交替执行步骤②和步骤③，直到指针 i 和 j 指向同一个位置（即 i=j）时为止，此时 i 就是标准记录 temp 最终存放的位置，因此将 temp 存放到 r[i]单元就完成了一次划分过程。至此，一趟快速排序过程完成，数组被分成 r[s..i-1]和 r[i+1..t]两个部分。

一次划分过程及完整的快速排序算法如下：

```
int partition(r, s, t)          /* 快速排序——快速排序算法中的一趟划分函数 */
rectype r[];                    /* 一趟划分函数，函数返回划分后被定位的基准记录的位置 */
int s, t;                       /* 对无序区 R[s]到 R[t]进行划分 */
{ int i, j;rectype temp;
  i=s; j=t; temp=r[i];          /* 初始化，temp 为基准记录 */
  do { while((r[j].key>=temp.key)&&(i<j))
            j--;                /* 从右往左扫描，查找第一个关键字小于 temp 的记录 */
       if(i<j)   r[i++]=r[j];   /* 交换 R[i]和 R[j] */
       while((r[i].key<=temp.key)&&(i<j))
            i++;                /* 从左往右扫描，查找第一个关键字大于 temp 的记录 */
       if(i<j)   r[j--]=r[i];   /* 交换 R[i]和 R[j] */
  } while(i!=j);                /* i=j，则一次划分结束，基准记录到达其最终位置 */
  r[i]=temp;                    /* 最后将基准记录 temp 定位 */
  return(i);
}/* PARTITION */

void quick_sort(r, hs, ht)      /* 快速排序算法——对 R[hs]到 R[ht]进行快速排序 */
rectype r[];int hs, ht;
{ int i;
  if(hs<ht)                     /* 只有一个或无记录时无须排序 */
  { i=partition(r, hs, ht);     /* 对 R[hs]到 R[ht]进行一次划分 */
    quick_sort(r, hs, i-1);     /* 递归处理左区间 */
    quick_sort(r, i+1, ht);     /* 递归处理右区间 */
  }
}/* QUICK_SORT */
```

注意：对整个文件 r[n+1]进行快速排序时，只需调用 quicksort(r, 1, n)就可以了。

【算法分析】 在快速排序中，若把每一次划分用的标准记录作为根结点，把划分所得到的左区间和右区间看成是根结点的左子树和右子树，那么整个排序过程就对应着一棵具有 n 个结点的二叉排序树，所需划分的层数就等于所对应的二叉排序树的高度减 1，所需划分的区间数就等于所对应的二叉排序树中的分支结点数。例如，图 8.6 的快速排序过程所对应的二叉排序树如图 8.7 所示。该树的高度为 4，分支结点数为 4，所以该排序过程需要进行 3 层划分，共包含 4 个划分区间。

快速排序算法的执行时间取决于标准记录的选择。如果每次排序时所选的标准记录值都是当前子序列的"中间数"，那么该记录排序的终止位置应该位于该子序列的中间，这样就把原来的子序列分解成两个长度基本相等的更小序列。在这种情况下，由快速排序过程所得到的二叉排序树是一棵理想平衡树，每次划分所得到的左区间和右区间的长度大致相等。由于理想平衡树的结点数 n 与高度 h 的关系为：$\log_2 n < h \leq \log_2 n + 1$，所以快速排序总的比较次数应为 $C_n \leq (n+1)\log_2 n$。

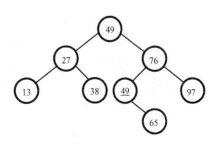

图 8.7 快速排序所对应的二叉排序树

通过上述分析可知，在最好的情况下，快速排序得到的是一棵理想平衡树，其算法的时间复杂度为 $O(n\log_2 n)$。当 n 较大时，快速排序是目前为止速度最快的一种排序方法。

在平均情况下，快速排序得到的是一棵随机的二叉排序树。理论上已经证明，快速排序算法的平均时间复杂度仍然是 $O(n\log_2 n)$。

但是，在最坏的情况下，若原始记录序列已经有序（正序或反序），且每次都选取第一个记录作为标准记录，则快速排序得到的二叉排序树退化成一棵单枝树，也称为"退化树"。例如，图 8.8 所示的二叉排序树就是对 5 个正序记录（1,2,3,4,5）进行快速排序后得到的退化树。在这种情况下，快速排序必须进行 $n-1$ 趟排序，而每趟排序过程中需要进行 $n-i$ 次比较，因此，总的比较次数达到最大值 C_{max} 为：

$$C_{max} = \sum_{i=1}^{n-1}(n-i) = \frac{1}{2}n(n-1) = O(n^2)$$

此时，快速排序退化为"慢速排序"，成为最差的排序方法，其算法的时间复杂度为 $O(n^2)$。为了避免最坏的情况发生，可以在每次划分之前将当前区间的第一个元素、最后一个元素和中间一个元素值进行比较，选取三者中居中值作为标准记录并调换到第一个记录位置上；或者随机选择标准记录，然后执行一次划分过程。

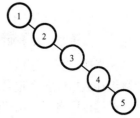

图 8.8 正序记录所对应的二叉排序树

快速排序算法要用堆栈临时保存递归调用的参数，堆栈空间的使用个数由递归调用的次数（即 n 个结点的二叉排序树的深度）所决定。在最好的情况下，快速排序算法的空间复杂度为 $O(\log_2 n)$；在最坏的情况下，快速排序算法要递归处理$(n-1)$次，其空间复杂度为 $O(n)$；在平均情况下，快速排序的空间复杂度为 $O(\log_2 n)$。

快速排序是一种不稳定的排序方法。

8.4 选择排序

选择排序（Selection Sort）的基本思想是：每一趟在 $n-i+1$（$i=1, 2, \cdots, n-1$）个待排序记录中选取关键字最小的记录作为有序序列中第 i 个记录，直到全部记录排完为止。本节介绍两种选择排序方法：直接选择排序和堆排序。

8.4.1 直接选择排序

直接选择排序（Straight Select Sorting）是最简单且最直观的排序方法。它的基本思想是：首先从所有待排序的记录中选出关键字最小的记录，将它与待排序的第一个记录互相交换位置；然后从去掉最小的关键字记录后剩余的记录中，再选出关键字最小的记录并将它与第二个记录交换位置；其余类推，直到所有记录都排完为止。

直接选择排序的算法如下：

```
void select_sort(r)                  /* 排序算法——直接选择排序函数 */
rectype r[];
{ rectype temp;
  int i, j, k, n=NUM;                /* NUM 为实际输入记录数 */
  for(i=1; i<=n; i++)                /* 做 n-1 趟选择排序 */
  {  k=i;
     for(j=i+1; j<=n; j++)           /* 在当前无序区中选择关键字最小的记录R[k] */
        if(r[j].key<r[k].key)  k=j;
     if(k!=i)                        /* 交换记录R[i]和R[k] */
     { temp=r[i];
       r[i]=r[k];
       r[k]=temp; }
  }/* FOR */
}/* SELECTE_SORT */
```

在直接选择排序的算法中，如果记录个数较多，为了减少交换记录的时间开销，可用指针数组存放指向各个记录的指针。这样，交换记录时只需修改指针的相对位置而不必移动记录。经过排序之后，由于所有指针已经按记录关键字从小到大的顺序排列，所以可以按指针顺序一次性整理记录的实际位置。这样做可以减少记录的交换次数，从而提高算法的时间效率。

【例 8.5】假设 $n=8$，数组 R 中 8 个记录关键字为：
$$(53, 36, 48, \underline{36}, 60, 17, 18, 41)$$
若用直接选择法进行排序，请给出排序过程。

【解】图 8.9 是直接选择排序的过程示意图。在排序过程中，每次选择和交换记录后各关键字位置的变动情况如图所示，图中方括号表示待排序区间，它是一个无序表，圆括号则表示有序表。

```
初始关键字系列:    【53   36   48   36   60   17   18   41】
第一趟排序结果:    (17)【36   48   36   60   53   18   41】
第二趟排序结果:    (17   18)【48   36   60   53   36   41】
第三趟排序结果:    (17   18   36)【48   60   53   36   41】
第四趟排序结果:    (17   18   36   36)【60   53   48   41】
第五趟排序结果:    (17   18   36   36   41)【53   48   60】
第六趟排序结果:    (17   18   36   36   41   48)【53   60】
第七趟排序结果:    (17   18   36   36   41   48   53)【60】
```

图 8.9　直接选择排序的过程示例

【算法分析】在直接选择排序算法中，总共要进行 $n-1$ 趟选择和交换才能完成排序工作。直接选择排序的比较次数与记录关键字的初始状态无关。无论关键字的初始状态如何，每趟选择排序都要进行 $n-i$ 次比较，才能找出关键字最小的记录，即第一趟排序需要比较 $n-1$ 次，第二趟排序要比较 $n-2$ 次，……，第 $n-1$ 趟排序只要比较 1 次，所以关键字总的比较次数的最大值 C_{max} 为：

$$C_{max} = \sum_{i=1}^{n-1}(n-i) = \frac{1}{2}n(n-1) = O(n^2)$$

显然，记录的移动次数与记录关键字的初始状态有关。在最好的情况下，其初始的记录关键字为正序，每趟排序不用交换记录，记录移动次数为 0 次；在最坏的情况下，其初始的记录关键字为反序，每趟排序都要交换记录，记录移动次数为 3 次。因此，该算法总的移动次数最好时为 $M_{min}=0$，最坏时为 $M_{max}=3(n-1)$。

可见，直接选择排序算法总的时间复杂度仍然是 $O(n^2)$。

直接选择排序只需要一个临时单元交换记录，因此，直接选择排序的空间复杂度为 $O(1)$。

直接选择排序是不稳定的排序方法。

直接选择排序算法简单易懂，容易实现，但该算法不适合 n 较大的情况。

8.4.2　堆排序

堆排序（Heap Sort）是在直接选择排序方法的基础上借助于完全二叉树的结构而形成的一种排序方法。堆排序是完全二叉树顺序存储结构的应用。

在直接选择排序中，为找出关键字最小的记录需要进行 $n-1$ 次比较，然后为找出关键字次小的记录要对剩下的 $n-1$ 个记录进行 $n-2$ 次比较。在这 $n-2$ 次比较中，有许多次比较已经在 $n-1$ 次的排序中做了。事实上，直接选择排序的每次排序除了找到当前最小关键字外，还产生了许多比较信息，这些信息在以后各次排序中还有用，但由于没有保存这些信息，所以每次排序都要对剩下的记录关键字重新进行比较，这就大大增加了时间开销。

堆排序就是针对直接选择排序所存在的上述问题的一种改进的排序方法，也就是在寻找当前最小关键字的同时，将本次排序过程所产生的其他比较信息保存起来。

1. 堆的定义及堆与完全二叉树的关系

假设 n 个元素的序列为 $\{R_1, R_2, \cdots, R_n\}$，其对应的关键字序列为 $\{K_1, K_2, \cdots, K_n\}$，若此关键字满足下列两个条件中任一个条件，则称此元素序列为**堆**。

① $K_i \leq K_{2i}$ 且 $K_i \leq K_{2i+1}$ ($1 \leq i \leq \lfloor n/2 \rfloor$)
② $K_i \geq K_{2i}$ 且 $K_i \geq K_{2i+1}$ ($1 \leq i \leq \lfloor n/2 \rfloor$)

通常，我们将满足第一个条件的堆称为**小根堆**，将满足第二个条件的堆称为**大根堆**。以后若不特别说明，本节所讨论的堆均为**大根堆**。只要掌握好大根堆的处理方法，小根堆的情况可以仿照大根堆来进行处理。

一个堆对应着一棵完全二叉树，树中每个编号为 i 的结点的值就是堆中下标为 i 的元素 R_i。一棵完全二叉树成为堆的条件是：该树中每个非终端结点的值必然大于等于其左、右孩子结点的值。

根据堆的定义可以推知，堆具有以下两个性质。

① 堆是一棵顺序存储的具有特殊性质的完全二叉树，树中任一结点的关键字均大于其左、右孩子（若存在）结点的关键字。这棵完全二叉树的任一子树亦是堆。

② 在大根堆中，根结点的关键字是堆中最大者；在小根堆中，根结点的关键字是堆中最小者。我们将根结点称为**堆顶元素**。

例如，关键字序列{75, 38, 62, 15, 26, 49, 58, 7, 6}和{10, 15, 50, 25, 30, 80, 76, 38, 49}满足堆的条件，分别为大根堆和小根堆，其对应的完全二叉树及顺序存储结构如图 8.10 所示。

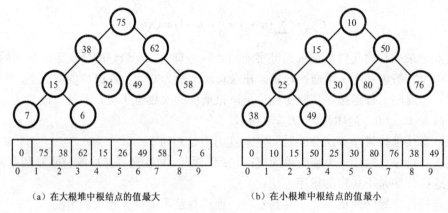

（a）在大根堆中根结点的值最大　　　　（b）在小根堆中根结点的值最小

图 8.10　堆对应的完全二叉树

2. 初始堆的建立

堆排序的关键是构造初始堆。堆的建立方法有多种，在此仅介绍用筛选法建立初始堆。

我们知道，对于一棵具有 n 个结点的完全二叉树，若从 1 开始对树中结点编号，则编号为 $1 \sim \lfloor n/2 \rfloor$ 的结点为分支结点，编号大于 $\lfloor n/2 \rfloor$ 的结点为叶结点。对于每个编号为 i 的分支结点，它的左孩子和右孩子结点的编号分别为 $2i$ 和 $2i+1$。除编号为 1 的根结点外，对于每个编号为 i 的结点，其双亲结点的编号均为 $\lfloor i/2 \rfloor$。

筛选法建立初始堆的基本思想是：首先，将待排序的记录序列按原始顺序存放到一棵完全二叉树的各个结点中。然后，根据堆的定义将完全二叉树中每个结点为根的子树都调整为堆。由于完全二叉树中所有编号为 $i > \lfloor n/2 \rfloor$ 的叶结点 K_i 都没有孩子结点，以这些结点 K_i 为根的子树均已经是堆，因此，我们只需要从完全二叉树中编号最大的分支结点 K_i 开始，依次对 $i = \lfloor n/2 \rfloor, \lfloor n/2 \rfloor - 1, \lfloor n/2 \rfloor - 2, \cdots, 1$ 为根的分支结点 K_i 进行筛运算，以便形成以每个分支结点为根的堆。对树的根结点 K_1 进行"筛选"后，则整个树就构成一个初始堆。

筛运算的具体过程如下：以分支结点 K_i 为根结点，将根结点的关键字 K_i 与两个孩子中关键字较大者 K_j（$j=2i$ 或 $j=2i+1$）进行比较。若 $K_i \geq K_j$，说明以 K_i 为根的子树已构成堆，则筛运算结束；若 $K_i \leq K_j$，则将 K_i 与 K_j 互换位置；互换后若破坏了以 K_j 为根的堆，就继续将根结点 K_j 与新的孩子结点中关键字较大者进行比较，其余类推，直到 K_j 的关键字大于或等于两个孩子结点的关键字或者使其成为叶结点时为止。这样，以 K_i 为根的子树就构成一个堆。筛运算的过程就像过筛子一样，将较小的关键字逐层筛选下去，把最大的关键字逐层筛选上来，所以将建堆的过程形象地称为"筛运算"。

【例8.6】假设待排序的序列有 10 个记录，它们的关键字序列为：

(45, 36, 18, 53, 72, 30, 48, 93, 15, 36)

要求用筛选法建立其初始堆，并给出建立初始堆的过程示意图。

【解】用筛选法建立初始堆的过程如图 8.11 所示。由于结点数 $n=10$，所以从编号为 $i = \lfloor n/2 \rfloor = 5$ 的结点 $K_5=72$ 开始，到树的根结点时为止，依次对每个分支结点进行筛运算。图8.11（a）是按原始记录的关键字序列建立的完全二叉树，图 8.11（b）～（f）是依次对每个分支结点进行筛运算的过程和结果，图 8.11（f）是最后建成的初始堆。

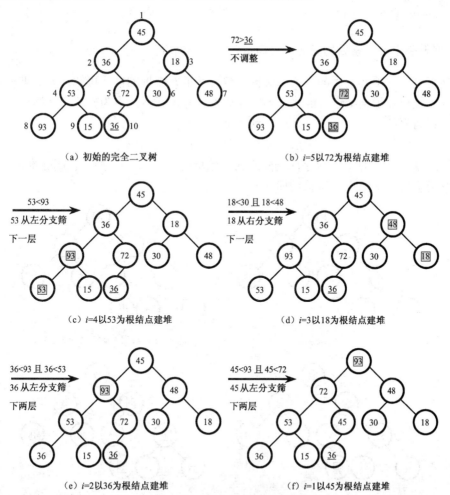

图 8.11 用筛选法建立初始堆的过程

假设 n 个待排序元素存放在一维数组 R 中，对 R[i] 进行筛运算的函数 shift 如下：

```
shift(r, i, m)              /* 堆的筛选算法——在数组 R[i]到 R[m]中，调整堆 R[i] */
rectype r[];                /* 将 R[i]为根的完全二叉树调整为堆 */
int i, m;
{ int j;    rectype temp;
  temp=r[i];    j=2*i;
  while (j<=m)              /* j≤m ，R[2*i]是 R[i]的左孩子 */
  { if ((j<m)&&(r[j].key<r[j+1].key))
       j++;                 /* j 指向 R[i]的左、右孩子中关键字大者 */
    if(temp.key<r[j].key)   /* 若孩子结点的关键字大于父结点 */
    { r[i]=r[j];            /* 将 R[j]调到父亲结点的位置上 */
      i=j;                  /* 修改 i 和 j 的值，以便继续"筛"结点 */
      j=2*i;}
    else  j=m+1;}           /* 调整完毕，退出循环 */
  r[i]=temp;                /* 将被筛选的结点放入正确的位置 */
}/* SHIFT */
```

3．将删除堆顶元素后的完全二叉树重新调整为新堆

如何将删除堆顶元素后的完全二叉树调整为新堆？由堆的性质可知，删除堆顶元素后，这棵完全二叉树除了根结点可能违反堆的性质外，其余任何结点为根的二叉树仍然是堆。因此，只需将树根结点由上至下"筛选"到某个合适的位置上，使其左、右孩子结点的值都小于它或者成为叶结点即可。当筛选工作结束时，新堆已经构成。

【例 8.7】假设根据其关键字序列建立的初始堆如图 8.12（a）所示，删除堆顶元素 93 后将其调整为新堆，请给出其调整过程。

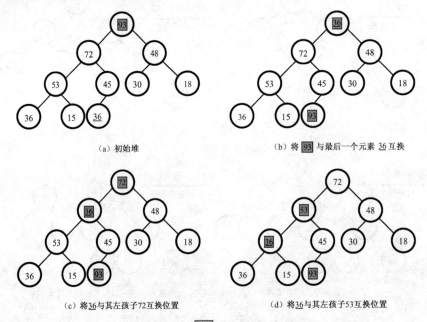

图 8.12 删除堆顶元素 93 并重新调整堆的过程示意图

【解】将堆顶元素 93 删除，并且重新调整堆的具体过程如图 8.12（b）～（d）所示。

在该例中，当删除堆顶元素 93 后（假设此处删除操作是将堆顶元素与堆中最后一个元素交换），将堆中最后一个元素 36 放到堆顶位置，如图 8.12(b)所示。由于不满足堆的条件，因此，接着对新的堆顶元素 36 进行筛选。因为堆顶元素 36 的左孩子值为 72，右孩子值为 48，所以将元素 36 与 72 互换，其结果如图 8.12(c)所示。由于交换位置后，元素 36 的新左、右孩子值分别为 53 和 45，仍然不能满足堆的条件，因此，继续将元素 36 与其左孩子 53 互换位置，其结果如图 8.12(d)所示。经过这次交换后，元素 36 与其左孩子值 36 相等且大于其右孩子值 15，显然已经满足堆的条件，此次筛选工作结束，新堆已经重新建立。

4．堆排序

堆排序是一种利用堆的特性进行排序的方法。堆排序的基本思想是：根据原始记录的关键字序列建立初始堆，使得堆顶元素是关键字最大的记录，然后删除堆顶元素并将其保存到数组中。继续调整剩余的记录关键字序列使之重新构成一个新堆，再删除堆顶元素得到关键字为次大的记录并将其保存到数组中；如此反复，直到堆中只有一个记录时为止。此时，数组中所有元素是一个按记录关键字从小到大顺序排列的有序序列。

从上述过程可以看出，实现堆排序要解决以下两个问题：

① 如何将原始记录序列建成一个堆，即建立初始堆？
② 如何将删除根结点后的完全二叉树重新调整为一个新堆？

因此，实现堆排序的具体过程是：

① 将待排序的记录按顺序输入完全二叉树中，然后用筛选函数 shift 建立初始堆；
② 将堆顶元素 R[1]与堆中最后一个元素 R[n]互换，使 R[n]成为最大关键字；
③ 用筛选函数 shift 将树根结点 R[1]继续"筛选"到合适的位置上，重新构成新堆；
④ 重复上述步骤②～③，经过 n-1 次交换和筛选后，就完成了堆排序。

堆排序算法的 C 语言描述如下：

```
void heap_sort(r)                  /* 堆排序算法——对数组 R[1]到 R[NUM]进行堆排序 */
rectype r[];
{ rectype temp;   int i, n;
  n=NUM;                           /* NUM 为数组的实际长度 */
  for(i=n/2; i>1; i--)             /* 建立初始堆 */
     shift(r, i, n);
  for(i=n; i>1; i--)               /* 进行 n-1 趟筛选、交换和调整，完成堆排序 */
  { temp=r[1];                     /* 将堆顶元素 R[1]与最后一个元素交换位置 */
    r[1]=r[i];
    r[i]=temp;
    shift(r, 1, i-1);              /* 将数组元素 R[1]到 R[i-1]重新调整成为一个新堆 */
  }/* FOR */
}/* HEAP_SORT */
```

【例 8.8】假设 n=8，数组 R 中的关键字序列为（36, 25, 48, 12, 65, 43, 20, 58），请用图形表示堆排序的全部过程。

【解】图 8.13 所示是用图形表示堆排序全过程的示意图，图中虚线表示已经排好序的关键字。图 8.13（a）所示是原始的关键字序列。以筛选法建成的初始堆如图 8.13（b）所示。

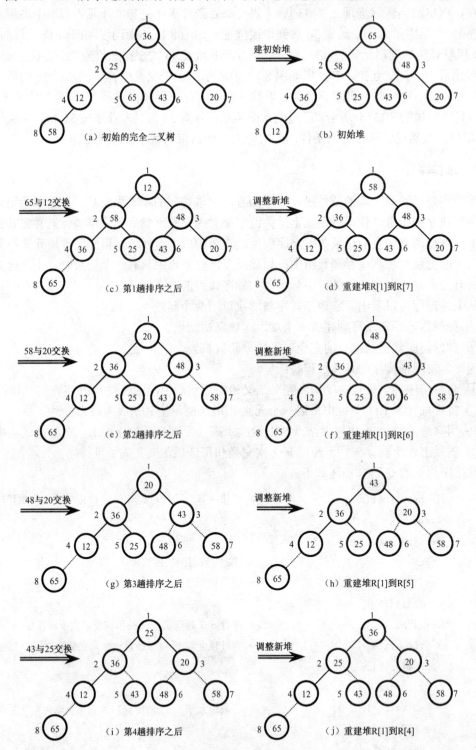

图 8.13 堆排序过程的图形表示

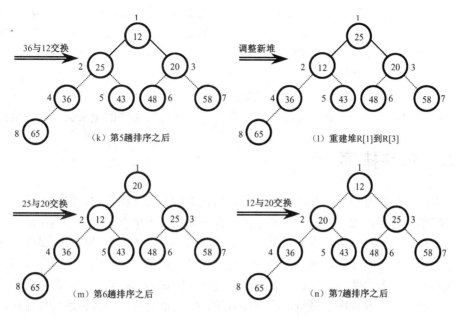

图 8.13 堆排序过程的图形表示（续）

初始堆建成后，将堆顶元素 65 和堆的最后一个元素 12 交换位置。由于除根结点外的其他结点为根的子树仍然为堆，所以用筛选法将根结点元素 12 调整成一个新堆即可。用筛选法调整后的堆顶元素为 58，接着将堆顶元素与堆中倒数第二个元素 20 交换位置。如此反复进行下去，就完成了堆排序。

图 8.14 给出了构成初始堆和堆排序过程中，每次筛运算后数组 R 中各记录关键字的变动情况，图 8.14（a）所示为构堆时数组 R 中每趟的变化情况，图 8.14（b）中带方框的关键字表示已排序的关键字。

（a）构成初始堆的过程　　　　　　（b）利用堆排序的过程

图 8.14 堆排序的全过程中数组 R 的变化情况

【算法分析】堆排序的时间主要由建立初始堆的时间和不断调整重建新堆的时间这两部分构成。建立初始堆时，调用 shift 函数对每个非叶结点自上而下进行"筛选"，需要进行 $\lfloor n/2 \rfloor$ 次筛运算；重建新堆时，每次进行筛运算将根结点"下沉"到合适的位置上，需要进行 $n-1$ 次筛运算，因此，整个堆排序过程需要进行 $n-1+\lfloor n/2 \rfloor$ 次筛运算。在每次筛选过程中，父子或兄弟结点关键字的比较次数和记录的移动次数都不会超过完全二叉树的高度。显然，具有 n 个结点的完全二叉树的高度 $h=\lfloor \log_2 n \rfloor+1$，每次筛运算总的比较次数不超过 $\lfloor \log_2 n \rfloor+1$，记录的移动次数不会超过比较次数,因此,每次筛运算的时间复杂度为 $O(\log_2 n)$,$\lfloor n/2 \rfloor$ 次筛运算总的时间复杂度为 $O(n\log_2 n)$。那么堆排序总的时间复杂度就是 $O(n\log_2 n)$。在最坏的情况下,堆排序算法的时间复杂度也是 $O(n\log_2 n)$。相对于快速排序来说,这是堆排序的最大优点。

堆排序是一种就地排序方法。在排序中只需一个辅助单元,其算法的空间复杂度为 $O(1)$。

堆排序是一种不稳定的排序方法。这是因为在堆排序过程中,需要进行不相邻记录之间的交换和移动。堆排序是对选择排序的一种改进,它适合待排序的记录数 n 比较大的情况。

8.5 归并排序

前面介绍的各种排序方法对待排序列的初始状态均不做任何要求,而归并排序则要求待排序列已经部分有序。部分有序的含义是指待排序列由若干个有序的子序列组成。

归并排序(Merging Sort)是逐步将多个有序子表经过若干次归并操作,最终合并成一个有序表的过程。所谓**归并**(Merge),就是将两个或多个有序表合并成一个有序表的过程。归并的方式有多种,若将两个有序表合并成一个有序表则称为**二路归并**,同理,有三路归并、四路归并等。二路归并排序是最常用的排序方法,它既适合内排序,也适合外排序,所以本节只介绍二路归并排序。

二路归并排序的基本思想如下:

① 将有 n 个原始记录的无序表看成是由 n 个长度为 1 的有序子表组成的;

② 将相邻的两个有序子表进行归并,也就是将第一个表和第二个表合并,第三个表和第四个表合并,……,若最后只剩下一个表,则直接进入下一趟归并,这样就得到 $\lfloor n/2 \rfloor$ 个长度为 2 或 1 的有序表,称此为**一趟归并**;

③ 重复上述步骤②,直到归并第 $\lfloor \log_2 n \rfloor$ 趟以后得到一个长度为 n 的有序表为止。

【例 8.9】假设有 9 个记录,其关键字为:

$$(34, 39, 31, 20, 50, 10, 14, 28, 17)$$

试给出二路归并排序的执行过程。

【解】二路归并排序的过程如图 8.15 所示。进行第 1 趟归并时,共有 9 个有序子表,两两归并后,共有 5 个有序子表,其中前 4 个有序子表的长度为 2,最后一个有序子表的长度为 1;继续执行二路归并过程,经过第 4 趟归并后,就得到一个长度为 9 的有序表。

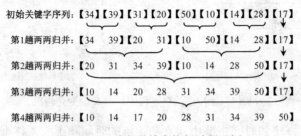

图 8.15 二路归并排序执行过程示例

从二路归并排序的执行过程可以看出,归并排序包含以下两种基本操作。

① 一次归并:将两个位置相邻长度为 L 的有序子表合并成一个长度为 $2L$ 的有序子表。

② 一趟归并:依次将 m 个长度为 L 的相邻有序子表从左向右两两进行归并,得到个数为 $\lfloor m/2 \rfloor$ 且长度为 $2L$ 的相邻有序子表。

下面分别讨论上述二路归并排序的具体实现过程。

8.5.1 两个相邻有序表的一次归并过程

假设 a[low..m]和 a[m+1..high]表示存储在同一个数组中并且相邻的两个有序子表。若将两个相邻的有序子表合并成一个有序表 r[low..high]，则两个相邻有序表的一次归并过程如下。

① 将下标变量初始化。设置 3 个变量 i,j,k 分别指向这些有序子表的起始位置，它们的初值分别为：i=low, j=m+1, k=low。

② 归并时，依次比较数组 a[i]和 a[j]的关键字，取关键字小者复制到数组 r[k]中，即

若 a[i].key＜a[j].key，则 r[k]=a[i], i=i+1, k=k+1；

若 a[i].key＞a[j].key，则 r[k]=a[j], j=j+1, k=k+1。

③ 重复上述步骤②，直到其中某个有序子表全部合并到数组 r[low..high]为止。

④ 将另外一个有序子表的剩余记录全部复制到数组 r[low..high]中。

⑤ 如果两个相邻的有序子表 a[low..m]和 a[m+1..high]中的全部记录都已经复制到有序表 r[low..high]中，则算法结束。

两个相邻有序子表的一次归并算法如下：

```
merge(a, r, low, mid, high)    /* 二路归并排序——将两个相邻的有序子表合并为一个有序表 */
rectype r[], a[];              /* a[low]到a[mid]与a[mid+1]到a[high]为两个相邻有序子表 */
int low, mid, high;            /* 将合并结果保存到有序表r[low]～r[high]中 */
{  int i, j, k;
   i=low; j=mid+1; k=low;
   while((i<=mid) && (j<=high))             /* 将两个相邻的有序子表进行归并 */
   {  if(a[i].key<=a[j].key)                /* 取两表中小者复制 */
         r[k++]=a[i++];
      else  r[k++]=a[j++];
   }
   while(i<=mid)    r[k++]=a[i++];          /* 复制第一个有序子表的剩余记录 */
   while(j<=high)   r[k++]=a[j++];          /* 复制第二个有序子表的剩余记录 */
}/* MERGE */
```

8.5.2 一趟归并排序过程

一趟归并排序的基本思想是：把若干个长度为 length 的相邻有序子表，从左到右两两进行归并，得到个数减半的若干个长度为 2*length 的相邻有序子表。

一趟归并算法设计中要注意的一个问题是：若表中记录数 n 是 2*length 的整数倍时，两两归并正好完成 n 个记录的一趟归并排序；若 n 不是 2*length 的整数倍，则必须对剩余的表长不足 length 和不足 2*length 的情况分别进行处理。这时具体的处理方法是：

① 若剩余记录个数大于 length 而小于 2*length，将前 length 个记录作为一个子表，把另外剩余的记录作为最后一个子表，然后用同样的一趟归并算法进行排序；

② 若剩余的记录个数小于 length，不用进行两两归并，直接将它们复制到数组中。

同时，一趟归并排序的步骤如下：

① 初始化变量，将变量 i 指向当前待归并的第一个有序表的起始位置；

② 对相邻的有序子表进行一次归并；
③ 最后分别处理表的长度不足 length 和不足 2*length 的情况。

一趟归并排序算法的 C 语言描述如下：

```
    merge_pass(r, r1, length)        /* 二路归并排序——依次将相邻的有序子表两两归并 */
    rectype r[], r1[];               /* 对数组 R 进行一趟归并，并将结果存放在数组 R1 中 */
    int length;                      /* length 是一趟归并中有序子表的长度 */
    { int i, j, n=NUM;               /* NUM 为数组的实际长度 */
      i=1;                           /* i 指向第一对有序子表的起点 */
      while ((i+2*length-1)<=n)      /* 归并若干长度为 2*length 的两个相邻有序子表 */
      { merge(r, r1, i, i+length-1, i+2*length-1);
        i=i+2*length;                /* i 指向下一对有序子表的起点 */
      }
      if(i+length-1<n)               /* 剩下两个有序子表中，有一个表长度小于 length */
         merge(r, r1, i, i+length-1, n);   /* 处理表长不足 2*length 的部分 */
      else for(j=i;j<=n;j++)         /* 处理子文件个数为奇数，表长小于 length */
              r1[j]=r[j];            /* 将最后一个有序子表复制到 R1 中 */
    }/* MERGEPASS */
```

8.5.3 二路归并排序

二路归并排序就是多次调用"一趟归并"排序过程。第 1 趟归并时，有序子表的长度为 1，每趟归并后有序子表的长度为上一次长度的 2 倍，若有序子表的长度为 n，则排序结束。

二路归并排序算法的 C 语言描述如下：

```
    merge_sort(r)     /* 二路归并排序——对数组 R 进行二路归并排序，结果存放在 R 中 */
    rectype r[];
    { int i, length, r[MAX], r1[MAX];
      length=1;                       /* 归并长度从 1 开始 */
      while(length<NUM)
      { merge_pass(r, r1, length);    /* 一趟归并，结果存放在 R1 中 */
        length=2*length;              /* 归并后有序表的长度加倍 */
        merge_pass(r1, r, length);    /* 再次归并，结果存放在 R 中 */
        length=2*length;              /* 再次将归并后有序表的长度加倍 */
      }
    }/* MERGE_SORT */
```

【算法分析】二路归并排序的时间复杂度等于归并的趟数与每一趟时间复杂度的乘积。将 n 个记录进行二路归并时，其归并趟数最多为 $\lfloor \log_2 n \rfloor +1$。在每一趟归并中，记录关键字的比较次数和记录的移动次数均不超过记录的总个数 n，因此，每趟归并的时间复杂度为 $O(n)$。所以，二路归并排序总的时间复杂度为 $O(n\log_2 n)$。

二路归并排序的最大缺点是增加了 n 个记录的辅助数组用于临时存放数据，因此，二路归并排序的空间复杂度为 $O(n)$。在常用的排序方法中，归并排序是空间复杂度最差的一种排序方法。

归并排序是一种稳定的排序方法。相对于时间复杂度均为 O($n\log_2 n$) 的堆排序和快速排序来说,这也是二路归并排序方法的最大特点。

二路归并排序是一种较为复杂的排序方法,可以看作对直接插入排序方法的另一种改进。它不仅适用于内排序,而且更适合于外排序。对序列进行归并排序时,除了采用二路归并排序外,还可以采用多路归并排序方法,有兴趣的读者可参阅其他有关书籍。关于递归的二路归并排序算法的实现函数,本书不再讨论,读者可以作为练习自己完成。

8.6 各种内排序方法的比较和选择

从前面的比较和分析可知,每一种排序方法都有其优缺点,适用于不同的情况。在实际应用中,应根据具体情况进行选择。本节将对前述各种内排序算法进行综合的分析和比较。

8.6.1 各种内排序方法的总结

综合分析和比较前述的各种内排序方法,为了便于比较讨论,现将其结果总结为表 8.3。

表8.3 各种排序方法时间复杂度的比较

排序方法	时间复杂度			空间复杂度	稳定性	简单性
	平均情况	最好情况	最坏情况			
冒泡排序	O(n^2)	O(n)	O(n^2)	O(1)	稳定	简单
直接插入	O(n^2)	O(n^2)	O(n^2)	O(1)	稳定	简单
直接选择	O(n^2)	O(n^2)	O(n^2)	O(1)	不稳定	简单
希尔排序	O($n^{1.25}$)			O(1)	不稳定	较复杂
快速排序	O($n\log_2 n$)	O($n\log_2 n$)	O(n^2)	O($\log_2 n$)	不稳定	较复杂
堆排序	O($n\log_2 n$)	O($n\log_2 n$)	O($n\log_2 n$)	O(1)	不稳定	较复杂
归并排序	O($n\log_2 n$)	O($n\log_2 n$)	O($n\log_2 n$)	O(n)	稳定	较复杂

8.6.2 各种内排序方法的比较

各种内排序算法之间的比较,主要从以下 7 个方面综合考虑:①时间复杂度;②空间复杂度;③稳定性;④算法简单性;⑤参加排序的数据的规模;⑥记录本身信息量的大小;⑦关键字的结构及其初始状态。

1. 时间复杂度

常用的内排序方法按平均时间复杂度可分为 4 类。
① 平方阶 O(n^2) 排序,一般称为简单排序,例如,直接插入排序、直接选择排序和冒泡排序。
② 线性对数阶 O($n\log_2 n$) 排序,例如,堆排序、归并排序和快速排序。
③ O(n^{1+e}) 阶排序,例如,希尔排序,e 是介于 0 和 1 之间的常数。
④ 线性阶 O(n) 排序,例如,基数排序、箱排序和桶排序。
从表 8.3 中可以看出,在平均情况下,堆排序、归并排序和快速排序的时间复杂度均

为 $O(n\log_2 n)$，它们都能达到较快的排序速度。进一步分析可知，快速排序是到目前为止平均速度最快的排序方法。在最好的情况下，当参加排序的原始数据基本有序或局部有序时，冒泡排序和直接插入排序是速度最快的排序方法，其时间复杂度为 $O(n)$；在最坏的情况下，堆排序和归并排序速度最快，其时间复杂度为 $O(n\log_2 n)$。

2．空间复杂度

所有排序方法的空间复杂度可归为 3 类：归并排序属于第一类，它的空间复杂度为 $O(n)$；快速排序属于第二类，其空间复杂度为 $O(\log_2 n)$；其他排序方法属于第三类，其空间复杂度为 $O(1)$。由此可知，归并排序的空间复杂度最差。

3．稳定性

所有的排序方法可分为稳定排序和不稳定排序两种。从表 8.3 中可知，直接插入排序、冒泡排序和归并排序是稳定的排序，而直接选择排序、堆排序、快速排序和希尔排序是不稳定的排序。

4．算法的简单性

插入排序、选择排序和冒泡排序都是简单的排序方法，而希尔排序、快速排序、堆排序和归并排序都可以看成是对某一种简单排序方法的进一步改进。改进后的排序方法比对应的算法要复杂。

5．参加排序的数据规模 n

当 n 比较小时，采用简单的排序方法比较好；当 n 很大时，采用时间复杂度为 $O(n\log_2 n)$ 的排序方法比较好。这是因为，若 n 越小，则 n^2 与 $n\log_2 n$ 的差距就越小，采用简单排序算法效率比较高；若 n 越大，则 n^2 与 $n\log_2 n$ 的差距就越大，选用快速排序、堆排序和归并排序算法效率高。

6．记录本身的信息量

记录本身的信息量大，表明记录所占用的存储字节数多，移动记录所需要的时间也就越多，这对移动记录次数较多的算法不利。例如，在简单排序算法中，直接选择排序移动记录的次数为 n 数量级，冒泡排序和直接插入排序为 n^2 数量级，所以当记录本身信息量比较大时，对直接选择排序算法有利，而对冒泡排序和直接插入排序不利。在堆排序、快速排序、归并排序和希尔排序中，记录本身信息量的大小对它们的影响区别不大。

7．关键字的初始状态

若参加排序的原始记录关键字的初始状态是基本有序的，则应选用冒泡排序、直接插入排序或随机的快速排序。

8.6.3 排序方法的选择

下面给出综合考虑所得出的大致结论，供读者选择内排序方法时参考。

（1）若参加排序的记录数 n 较小（如 $n \leq 50$），且记录按关键字基本有序或局部有序，选择直接插入排序和冒泡排序的效率最高。若要求稳定排序，则应选择直接插入排序。

（2）若待排记录数 n 较小（如 $n \leqslant 50$）时，可用简单的排序方法，如直接插入排序、冒泡排序和直接选择排序。这些排序算法比较简单。由于直接选择排序记录的移动次数比直接插入排序和冒泡排序要少，因此，当记录本身信息量较大时，采用直接选择排序比较好。

（3）若参加排序的记录数 n 较大时，则应选择时间复杂度为 $O(n\log_2 n)$ 的排序方法，例如，快速排序、堆排序或归并排序。快速排序目前被认为是在平均情况下最好的排序方法。若参加排序的记录关键字是随机分布的，则快速排序算法的平均运行时间最短。堆排序不会出现快速排序可能出现的最坏情况，并且只需要一个辅助存储空间。堆排序和快速排序都是不稳定的排序，若要求稳定的排序，并且内存空间容许，应采用归并排序。

（4）若参加排序的记录数 n 较大，且记录按关键字基本有序（指正序）或局部有序，则采用堆排序和归并排序比较好。

（5）本章所讨论的内排序算法，都是在一维数组上实现的。当记录本身信息量比较大时，为避免耗费大量时间移动记录，可以用链表作为存储结构。例如，插入排序和归并排序都易于在链表上实现，分别称为**表插入**和**表合并**。但有的排序方法，如快速排序和堆排序在链表上却难以实现。在这种情况下，可以建立关键字的索引表，然后再对关键字进行排序。然而更为简单的方法是，引入一个整型向量 $t[1..n]$ 作为辅助表。排序之前令 $t[i]=i$（$1 \leqslant i \leqslant n$）。如果排序算法中要求交换 $R[i]$ 和 $R[j]$，只需交换 $t[i]$ 和 $t[j]$ 即可。排序结束后，向量 $t[1..n]$ 就表示记录之间的顺序关系，即

$$R[t[1]].key \leqslant R[t[2]].key \leqslant \cdots \leqslant R[t[n]].key$$

如果要求

$$R[1].key \leqslant R[2].key \leqslant \cdots \leqslant R[n].key$$

可以在排序结束后，按链表或者辅助表所规定的次序重排各记录。完成这种重排的时间复杂度是 $O(n)$。

8.7 排序的简单应用举例

【例 8.10】 输入若干国家名称，按字典顺序对这些国家名称进行排序。

【算法分析】 将若干个国家信息文件看作记录数组，每个记录包括：国家代码、国家电话代码和国家名称等信息，因此，本例的实质是对一些字符串进行排序。若采用希尔排序对字符串进行排序，则算法的基本思想是：

（1）首先，取 $d_1 = \lfloor n/2 \rfloor$ 作为第一个增量，把全部记录分成 d_1 个小组，所有距离为 d_1 倍数的记录放在同一个组中，在各组内进行直接插入排序；

（2）然后，取 $d_2 = \lfloor d_1/2 \rfloor$ 作为第二个增量，重复上述的分组和排序，直至所取的增量 $d_n=1$，即所有记录放在同一个组中进行直接插入排序为止。

假设国家信息文件采用顺序存储结构，那么其类型定义如下：

```
typedef struct node                  /* 国家信息记录类型 */
{  int no;                           /* 国家代码 */
   char telephone[10];               /* 国家电话代码 */
   char name[20];                    /* 国家名称 */
}recstring;                          /* 记录类型名称 */
```

```
        recstring r[50];                              /* 假设最多对 50 个国家进行排序 */
```

若采用希尔排序实现国家名称排序，则完整的 C 语言程序如下：

```c
    #include "stdio.h"
    #include "stdlib.h"
    #include "BH.c"                                   /* 头文件包含 clear,good_bye 函数 */
    main()         /* 排序的简单应用例题——采用希尔排序方法对国家名称进行排序 */
    { char temp[20], tel[20];
      int i, d, n, noswap, m, tempno;
      clear();                                        /* 清除屏幕设置颜色 */
      printf("\t 请输入要排序的国家个数: ");          /* 实际要排序的国家个数 */
      scanf("%d", &n);
      printf("\n\t\t 输入国家代码、国家名称和电话代码信息:\n");
      for(i=1;i<=n;i++)                               /* 输入每个国家的信息 */
      { printf("\n\t 请输入国家代码: ");  scanf("%d", &r[i].no);
        printf("\t 请输入国家名称: ");     scanf("%s", r[i].name);
        printf("\t 请输入电话代码: ");     scanf("%s", r[i].telephone);
      }
      d=n;                                            /* 用希尔排序方法进行排序 */
      while(d>0)
      { d=d/2;
        do { noswap=0;                                /* 设交换标志 noswap=0，表示没有交换 */
          for(i=1;i<=n-d;i++)
          { m=i+d;
            if(strcmp(r[i].name, r[m].name)>0)        /* 按字典顺序比较国家名 */
            { strcpy(temp, r[i].name);                /* 交换国家名称 */
              strcpy(r[i].name, r[m].name);
              strcpy(r[m].name, temp);
              strcpy(tel, r[i].telephone);            /* 交换国家电话代码 */
              strcpy(r[i].telephone, r[m].telephone);
              strcpy(r[m].telephone, tel);
              tempno=r[i].no;                         /* 交换国家代码编号 */
              r[i].no=r[m].no;
              r[m].no=tempno;
              noswap =1;                              /* 设交换标志 noswap=1，表示有交换 */
            }/* IF */
          }/* FOR */
        } while(noswap==1);
      }/* WHILE */
      printf("\n\n\t\t 输出排序后的国家代码、国家名称和电话代码信息为: \n");
      for(i=1;i<=n;i++)
```

```
            printf("\n\t\t%5d\t\t%-20s%-10s", r[i].no, r[i].name, r[i].telephone);
        getchar();
    }/* MAIN */
```

上机运行该程序，其结果如图 8.16 所示。

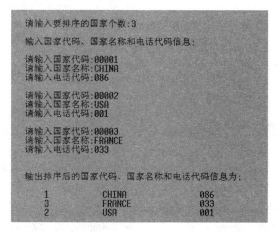

图 8.16　排序应用例题——对国家名称排序

注意：若将国家代码、国家名称等信息保存在磁盘文件中，其文件名为 "d:\国家名称.c"，那么从该磁盘文件 "d:\国家名称.c" 读入数据，需要如何修改上述程序？若将排序后的数据文件保存到磁盘文件名为 "d:\国名排序.c" 文件中，需要如何修改上述程序？

【例 8.11】 编写完整的程序，完成以下两个任务：

（1）产生 10 个 1～999 之间的随机整数，并存放到数组 R 中；

（2）分别用简单插入排序、直接选择排序、冒泡排序、二路归并排序、希尔排序、快速排序和堆排序方法进行排序并输出结果。

【算法分析】 首先利用随机函数，建立 10 个整数并保存在数组中，然后采用前述的排序算法进行排序并输出。若将前面介绍几种排序算法保存在头文件 BHSORT-1.c 中，则实现上述任务的完整程序如下：

```
#include "stdio.h"
#include "stdlib.h"
#define MAX 200              /* 记录数组的个数 */
#define NUM 10               /* 实际输入的数据个数 */
typedef int datatype;
typedef struct               /* 定义记录为结构类型 */
{ int key;                   /* 记录的关键字域 */
  datatype other;            /* 记录的其他域 */
} rectype;
rectype *s1, s[MAX];         /* s[MAX]存放原始随机数，*s1 取出原始数据后进行排序 */
#include "BHSORT-1.c"        /* 包含冒泡排序、快速排序等排序算法 */
#include "BH.c"

void creat_randnum(a, range) /* 排序算法——产生给定个数和范围的随机整数函数 */
```

```c
    int a[MAX];                          /* 数组a存放随机整数 */
    int range;                           /* range为随机整数的个数和范围 */
    {int i;
     for(i=1; i<=NUM; i++)
        a[i]=random(range);              /* 调用random生成随机整数 */
    printf("\n\n\t\t\t 排序前的原始随机整数为:\n\n\t");
    for(i=1; i<=NUM; i++)
    {  printf("%6d", a[i]);              /* 输出随机整数 */
       if (i%10==0) printf("\n\t");
    }  printf("\n");
    }/* CREATE_RANDNUM */

    void create()  /* 排序算法——产生NUM个随机整数并保存到记录数组s中 */
    { int   a[MAX], b[MAX];
      int   range=1000, i, k;
      creat_randnum(b, range);           /* 调用随机整数生成函数,结果存放在数组b中 */
      for(i=1; i<=NUM; i++)
         s[i].key=b[i];                  /* 将随机整数存放到数组s中 */
       s1=s;                             /* s1指针指向s,以便保存原始数据 */
      }/* CREATE */

    print_record(r)                      /* 排序算法——记录数组的输出函数 */
    rectype r[MAX];
    { int i;
      printf("\n\t\t\t 排序后的有序随机整数为:\n\n\t");
      for(i=1;i<=NUM;i++)
        { printf("%6d", r[i].key);
          if (i%10==0) printf("\n\n\t");
        } getchar();   getchar();
    }/* PRINTRECORD */

    int  menu_select()                   /* 排序算法——主菜单选择模块 */
    { char c; int kk;
      clear();                           /* 清屏幕 */
      printf("内排序算法的比较——主控模块:\n\n ");
      printf("\t\t\t1.  简单插入排序\n ");
      printf("\t\t\t2.  直接选择排序\n ");
      printf("\t\t\t3.  冒泡排序\n ");
      printf("\t\t\t4.  二路归并排序\n ");
      printf("\t\t\t5.  希尔排序\n ");
      printf("\t\t\t6.  快速排序\n");
      printf("\t\t\t7.  堆排序\n ");
```

```
        printf("\t\t\t0.  退  出 \n ");
        do { printf("\n\t\t\t 请按数字 0～7 键选择功能: ");
            c=getchar();    kk=c-48;
        } while ((kk<0)||(kk>7));
        return(kk);
    }/* MENU_SELECT */


    main()                                          /* 排序算法——主程序模块 */
    { int kk;
        do{kk=menu_select();                        /* 进入主菜单选择模块 */
            if (kk!=0)   create();                  /* 建立记录数组 */
            switch(kk)                              /* 根据主菜单选择排序 */
            { case 1: { insert_sort(s1);        break; }   /* 简单插入排序 */
              case 2: { select_sort(s1);        break; }   /* 直接选择排序 */
              case 3: { bubble_sort(s1);        break; }   /* 冒泡排序 */
              case 4: { merge_sort(s1);         break; }   /* 二路归并排序 */
              case 5: { shell_sort(s1);         break; }   /* 希尔排序 */
              case 6: { quick_sort(s1, 1, NUM); break; }   /* 快速排序 */
              case 7: { heap_sort(s1);          break; }   /* 堆排序 */
              case 0: { good_bye();             exit(0); } /* 程序运行结束 */
            } print_record(s1);                     /* 输出排序后的结果 */
        } while (kk!=0);
    }/* MAIN */
```

上机运行该程序,其部分运行结果如图 8.17 所示。

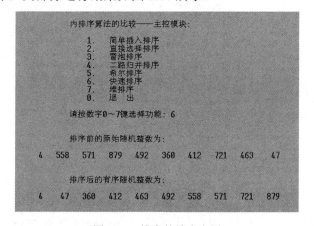

图 8.17 排序的综合应用

本章小结

排序是数据处理中最常用、最重要的一种运算。排序分为两类:内排序和外排序。
本章重点介绍了几种内排序方法:插入排序(直接插入排序、表插入排序和希尔排序),

交换排序（冒泡排序和快速排序），选择排序（直接选择排序和堆排序）及归并排序（二路归并排序）的基本思想、排序过程和实现算法，简要地分析了各种排序方法的时间复杂度和空间复杂度。最后将各种内排序方法进行比较，并提出一些参考建议。

在一般情况下，简单排序（如直接插入排序、直接选择排序、冒泡排序等）的时间复杂度为 $O(n^2)$，但在某些特殊情况下也可能取得很好的效果。例如，当参加排序的原始记录关键字序列基本有序或局部有序时，冒泡排序和直接插入排序方法的时间复杂度变为 $O(n)$。若参加排序的记录数 n 较小，适合选用简单排序方法；若参加排序的记录数 n 较大，应采用时间复杂度为 $O(n\log_2 n)$ 的排序方法，如：快速排序、堆排序或归并排序。快速排序是目前被认为最好的内排序方法，若待排序的关键字是随机分布的，则快速排序的平均运行时间最短。

本章的复习要点

（1）要求理解排序的基本概念，包括：排序的定义，记录关键字，排序的稳定性，排序的性能分析方法，算法的时间复杂度（记录关键字的比较次数和移动次数）和空间复杂度（辅助空间）分析方法。

（2）熟练掌握各种内排序算法的基本思想、特点及排序过程，特别是：直接插入排序、冒泡排序、快速排序、直接选择排序、堆排序和二路归并排序及链表的合并。

（3）熟记各种排序算法的时间复杂度和空间复杂度的分析结果。

（4）能够根据问题的要求选择排序方法，设计和编写算法并上机验证。要求熟练掌握的排序算法有：插入排序（直接插入排序算法和链表插入排序算法）、交换排序（冒泡排序算法和快速排序的递归算法）、选择排序（直接选择排序算法和堆排序算法）和归并排序（二路归并排序算法）。

本章的重点和难点

本章的重点是：掌握各种排序方法的基本思想、排序过程及算法实现，特别是对堆排序、快速排序、冒泡排序和二路归并排序中一趟归并过程的理解。

本章的难点是：堆排序、快速排序的一次划分过程和二路归并排序中一趟归并过程。

习题 8

8.1 什么是排序？什么是内部排序？什么是外部排序？

8.2 什么是关键字？什么是主关键字？什么是次要关键字？

8.3 什么是稳定排序和不稳定排序？

8.4 在本章介绍的内排序方法中，哪几种排序方法是稳定的排序？哪几种排序方法是不稳定的排序？

8.5 冒泡排序算法是否稳定？

8.6 待排序文件有几种存储结构？在本章介绍的内排序方法中，哪些排序方法容易在链表（包括单、双、循环链表）上实现？哪些排序方法不方便在链表上实现？

8.7 试为下列每种情况选择合适的排序方法：

（1）若 n=30，要求在最坏情况下速度最快；

（2）若 n=30，要求既快又稳定；

（3）若 n=1000，要求在平均情况下速度最快；

（4）若 n=1000，要求在最坏情况下速度最快并且稳定；

（5）若 n=1000，要求既快又节省内存。

8.8 请举例说明当参加排序的记录关键字序列为正序时，快速排序的时间复杂度为 $O(n^2)$。

8.9 若记录关键字的初始状态为反序，直接插入、直接选择和冒泡排序哪一种方法更好？

8.10 若记录关键字的初始状态为反序且要求稳定排序，在直接插入、直接选择、冒泡排序和快速排序中应该选择哪种排序方法比较好？

8.11 若记录关键字的初始状态为正序，在堆排序和快速排序中应该选择哪种排序方法比较好？

8.12 若记录关键字的初始状态为正序，在直接插入排序和直接选择排序中应该选择哪种方法比较好？

8.13 希尔排序、直接选择排序、快速排序和堆排序是不稳定的排序方法，试举例说明。

8.14 有序数组是堆吗？一棵完全二叉树是堆吗？

8.15 在高度为 h 的堆中，最多有多少个元素？最少有多少个元素？在大根堆中，关键字最小的元素可能存放在堆的哪些地方？

8.16 判断下列关键字序列是否为堆（大根堆或小根堆），若不是，则将其调整为堆：

（1）（100, 86, 48, 73, 35, 39, 42, 57, 66, 21）；

（2）（12, 70, 33, 65, 24, 56, 48, 92, 86, 33）；

（3）（103, 97, 56, 38, 66, 23, 42, 12, 30, 52, 6, 20）；

（4）（5, 56, 20, 23, 40, 38, 29, 61, 35, 76, 28, 100）。

8.17 在归并排序中，若待排序记录的个数为 20，问需要进行多少趟归并。

8.18 已知一组记录的关键字为（45, 23, 30, 38, 9, 77, 12, 96, 23, 76, 5），要求：

（1）用直接插入排序方法进行排序，写出每一趟排序后的结果；

（2）用冒泡法排序，写出第一趟冒泡过程和各趟冒泡排序后的结果；

（3）用希尔排序方法进行排序，画出增量 d 分别为 4, 2, 1 时，每趟排序后的结果；

（4）用堆排序进行排序，写出在建初始堆和堆排序的过程中，每次筛运算后的排序结果，并画出初始建堆的图形示意图；

（5）用快速排序方法进行排序，写出第一次划分过程和每一趟排序后的结果；

（6）用二路归并方法进行排序，写出每一趟二路归并排序后的结果；

（7）说明冒泡排序、二路归并排序、堆排序、直接插入排序和快速排序中记录关键字的比较次数和移动次数。

8.19 假设数组 R 有 12 个待排序的记录，它们的关键字分别为：

（65, 34, 25, 87, 12, 38, 56, 46, 14, 77, 92, 23）

要求：（1）用希尔排序方法进行排序（取 d_1=6，d_2=3，d_3=1）；

（2）画出每趟排序结束后 R 中数据的结果状态。

8.20 已知数组 K 中存放 8 个数据，如图 8.18 所示，要求：

（1）利用建堆的筛运算方法，对已知数组 K 中的数据进行建堆（大根堆），写出第 4 次筛运算结束后，K 中数据的变动情况（也可用图形表示）；

（2）当 K 成为一个堆后，利用堆排序的方法，分别给出前两趟排序结束后数组 K 中数据的结果状态（也可用图形表示）。

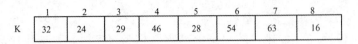

图 8.18 习题 8.20 的图

8.21 已知数组 K 中存放 8 个数据，要求：

（1）对图 8.19 所示关键字序列按快速排序进行排序，画出快速排序第一趟划分后数组 K 中数据的交换（移动）示意图。

（2）画出前两趟快速排序结束后数组 K 中数据的结果状态。

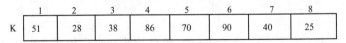

图 8.19 习题 8.21 的图

8.22 假设数组中的元素有正整数和负整数，设计一个算法，将正整数和负整数分开，使数组的前一半存放负整数，后一半存放正整数。注意：不要对这些元素排序，但要尽量减少交换次数。

8.23 输入若干个国家的名称，按字典顺序将这些国家名称进行排序。所有国家名称全部用英文大写或小写。要求采用选择排序方法。

8.24 假设排序文件用带头结点的单链表作为存储结构，头指针为 head，请设计一个直接选择排序算法。

8.25 已知带头结点的单链表中记录是按关键字从小到大排列的，要求插入一个新记录后，链表中的记录依然按关键字从小到大递增有序，试编写算法。

8.26 请编写快速排序的非递归算法。

8.27 试设计一个双向冒泡排序算法，即在排序过程中从正、反两个方向交替进行扫描，若第 1 趟将关键字最小的记录放到数组的第一个位置上，则第 2 趟将关键字最大的记录放在数组的最后一个位置上，如此反复进行。

8.28 从键盘输入 10 个正整数，采用先查找插入位置，然后插入结点的方法，建立一个带头结点的递增有序的单循环链表 head（head->data= -99）。

8.29 编写程序并上机调试，要求：产生 100 个 100～500 之间的随机整数，并用直接插入排序法依次将随机整数链接成一个带头结点的递增排列的单循环链表。

8.30 已知 $(k_1, k_2, \cdots, k_n)$ 是堆，请编写一个算法将 $(k_1, k_2, \cdots, k_n, k_{n+1})$ 调整为堆。按此思想写一个从空堆开始一个一个添加记录的建堆算法（提示：增加一个 k_{n+1} 后应从叶子向根结点的方向调整堆）。

8.31 请编写程序，依次实现如下的功能：

（1）产生 500 个 1～999 之间的随机整数并存放到数组 R 中，然后将数组 R 中数据保存到磁盘文件 D:\data1.dat 中；

（2）从磁盘文件 D:\data1.dat 中读入随机数并存放到数组 R 中，并采用二路归并方法对随机整数进行排序；

（3）将排序后的结果保存到磁盘文件 D:\data2.dat 中。

第 9 章 查 找

内容提要

查找（Search）是数据处理中经常使用的一种重要运算。它同人们的日常工作和生活有着密切的联系。由于查找运算的使用频度很高，几乎每个计算机程序都会用到它，因此查找质量的好坏将直接影响所编程序的运行效率。如何高效率地实现查找运算是查找的基本问题，也是本章的重点内容。

本章将讨论线性表的三种查找方法（顺序查找、二分查找和分块查找），各种树表的查找方法（二叉排序树、AVL 树和 B-树），散列表的查找方法，以及通过对各种查找方法的效率即平均查找长度进行分析来比较各种查找方法的优劣。

9.1 查找的基本概念

查找（**Search**）又称**检索**，它是数据处理中经常使用的一种重要的运算。它同人们的日常工作和生活有着密切的联系。例如，从英语字典中查找单词，从工资表中查找工资，从电话簿里查找电话号码，从图书馆资料中查找图书信息，从地图上查找线路和地址等。可以说，我们每天都离不开查找。查找方法可以分为人工和计算机两种，对于少量信息，人工查找是可以的，但是，对于大量的信息，人工查找是很困难的，有时甚至是无法办到的，只有依靠计算机才能快速、及时和准确地进行查找。

利用计算机进行查找，首先要将原始数据整理成一张线性表，并按照一定的存储结构把这个线性表输入到计算机中，变成计算机可处理的"表"，如顺序表、链表等；然后再通过查找算法在这个表中查找所需要的信息。线性表的存储结构除了前面讨论过的顺序存储结构和链接存储结构外，还有索引存储结构和散列存储结构，这些新的存储结构将在本章详细进行讨论。除此之外，本章还将详细讨论树表的查找问题，即如何在二叉排序树、平衡二叉树或 B-树上进行查找。

在本章讨论中，我们假定被查找的对象是一个**表**（Table）或**文件**（File）。表是由一组同类型的结点组成的，而每个结点由若干个**数据项**组成，假设其中一个数据项或几个数据项的组合能够唯一标识一个结点，我们将这个数据项或多个数据项的组合称为该结点的**关键字**。

在这种假设情况下，在计算机上对表进行查找的定义是：根据某个给定值 k，在含有 n 个结点的查找表（或文件）中查找一个关键字等于给定值 k 的结点。若找到，则称**查找成功**，输出该结点在表中的位置；反之，则称**查找失败**，输出查找失败的信息。

若在查找关键字的同时对表进行修改操作（如插入和删除等），则相应的表被称为**动态查找表**，否则称为**静态查找表**。

查找可分为内查找和外查找两种。若整个查找过程都在内存进行，则称为**内查找**；若查找过程中需要访问外存，则称为**外查找**。

对于查找对象来说，查找表的结构不同，其查找方法一般也不同，表中结点的组织方式与存储结构对查找效率有很大影响,因此,在研究各种查找方法时,首先必须弄清楚操作对象及查找方法所需的数据结构,特别是存储结构。但无论采用哪一种查找方法,其查找过程都是用给定值 k 同结点的关键字按照一定的次序进行比较的过程,比较次数的多少就是相应算法的时间复杂度,它是衡量一个查找算法优劣的重要指标。

由于查找运算主要是对关键字进行比较的,所以通常用**平均查找长度**(Average Search Length, ASL)作为衡量一个查找算法效率优劣的标准,即查找过程中对关键字执行的平均比较次数。平均查找长度 ASL 的计算公式为:

$$\text{ASL} = \sum_{i=1}^{n} P_i C_i$$

式中,n 是查找表中结点的总个数。C_i 是找到第 i 个结点时所需要的比较次数。P_i 是查找第 i 个结点的概率,在一般情况下,每个结点的查找概率都是相等的,即 $P_1=P_2=\cdots=P_n=1/n$,在这种情况下,平均查找长度 ASL 的计算公式可以简记为:

$$\text{ASL} = \frac{1}{n}\sum_{i=1}^{n} C_i$$

另外,算法所需要的存储空间、算法本身的复杂度也是衡量算法效率的重要依据。本章只对 ASL 进行分析。

9.2 线性表的查找

线性表是表的最简单的一种组织方式。本节将讨论线性表上的三种查找方法:顺序查找、二分查找和分块查找。

9.2.1 顺序查找

顺序查找(Sequential Search)又称为**线性查找**,是一种最简单、最常用的查找方法。顺序查找方法既适用于线性表的顺序存储结构,也适用于线性表的链接存储结构。

顺序查找的基本思想是:在 n 个结点组成的线性表中,从线性表的一端开始,顺序扫描线性表,依次将扫描到的结点关键字与给定值 k 进行比较。若当前结点的关键字与给定值 k 相等,则查找成功,返回该结点在表中的位置;若扫描第 n 个结点之后,仍没有找到关键字等于给定值 k 的结点,则查找失败。

顺序查找的操作对象是线性表。若线性表采用顺序存储结构时,则顺序表的类型定义及顺序表的查找算法如下:

```
#define MAX 200                    /* 记录数组能够存储的最大个数 */
#define NUM 10                     /* 实际输入的记录个数 */
typedef int  datatype;
typedef struct                     /* 定义记录为结构类型 */
{ int key;                         /* 记录的关键字项 */
  datatype other;                  /* 记录的其他项 */
} rectype;                         /* 顺序表的类型定义 */
rectype  R[MAX];                   /* 定义顺序表的名称为 R */
```

```
int sequent_search(r, x)        /* 线性表的顺序查找——顺序表的顺序查找算法 */
rectype r[];                    /* 在顺序表 R 中顺序查找关键字为 x 的结点 */
int x;                          /* 查找成功，函数返回数组的下标；失败返回-1 */
{   int i;
    r[0].key=x;                 /* 设置监视哨 r[0] */
    i=NUM;                      /* 表的实际长度为 NUM，i 从表尾开始向前查找 */
    while(r[i].key!=x)
        i=i-1;
    if (i==0) return(-1);       /* 若查找失败，则返回-1 */
    else      return(i);        /* 若查找成功，则返回结点关键字所在数组下标 */
}/* SEQUENT_SEARCH */
```

在顺序查找算法中，首先将待查结点的关键字 x 赋值给 R[0].key，然后从后向前依次进行查找。若 R[i].key=x，则查找成功，函数返回结点关键字 x 所在的位置 i；若整个数组查找结束，都没有找到关键字为 x 的结点，则循环必终止于 R[0].key，这意味着查找失败，函数返回失败信息。

算法中 R[0] 称为**监视哨**，其作用有两个：一是设置查找的终止条件，二是在查找过程中不用每一步都要检测整个表是否查找结束，从而节省了比较时间，提高了算法效率。

【算法分析】显然，查找成功时，在最好的情况下，所查找的结点是 R[n]，其比较次数为 C_n=1；在最坏的情况下，所查找的结点是 R[1]，其比较次数为 C_1=n；在一般情况下，其比较次数为 C_i=n-i+1。因此，在等概率情况下，查找成功时顺序查找的平均查找长度为：

$$\text{ASL}_{seq} = \sum_{i=1}^{n} P_i C_i = \frac{1}{n} \sum_{i=1}^{n} (n-i+1) = \frac{1}{n} \times \frac{n(n+1)}{2} = \frac{n+1}{2}$$

可见，在顺序查找中，查找成功时的平均比较次数约为表长的一半，最多需要比较 n 次，最少仅比较 1 次。而查找失败时，因为关键字值 x 不在表中，需要比较 n+1 次才能确定查找失败。故顺序查找算法的时间复杂度为 O(n)。

顺序查找的优点是：算法简单，应用广泛。对表中元素的排列次序无要求，既可以是按关键字排列的有序表也可以是无序表。另外，对表的存储结构无任何要求，既适用于顺序存储的顺序表，也适用于链接存储的链表。

顺序查找的缺点是：查找效率低，平均查找长度较大。当 n 很大时，不宜采用顺序查找。

9.2.2 二分查找

二分查找（Binary Search）又称为**折半查找**，它是一种查找效率较高的查找方法。该方法仅适用于线性表的顺序存储结构，不能用于线性表的链接存储结构，并且要求线性表是按结点关键字的大小顺序排列的有序表。通常，有序表是按关键字值升序排列的。

二分查找的基本思想是：假设 r[low..high] 是当前的查找区间，首先确定该区间的中间位置 mid=(low+high)/2，然后将给定值 k 与有序表居中位置的关键字 r[mid].key 进行比较。比较结果有三种：若 r[mid].key=k，则查找成功，返回该结点的位置 mid；若 r[mid].key<k，则说明待查找的结点只可能在有序表的右子表中，接着只要在其右子表中继续进行二分查找即可；若 r[mid].key>k，则说明待查找的结点可能在有序表的左子表中，接着只需在其左子表中继续进行二分查找即可。这样每经过一次比较，就缩小一半查找范围，如此进行下去，直到找

到关键字为 k 的结点或当前查找区间为空（即查找失败）时为止。

【例 9.1】假设待查找的有序表有 11 个结点，结点的关键字序列为：

05, 13, 19, 21, 37, 56, 64, 75, 80, 88, 92

若用二分法查找关键字 k=21 和 k=85 的结点，请给出其二分查找过程的示意图。

【解】图 9.1 所示是用二分法查找给定的关键字 k=21 和 k=85 的过程示意图。图中方括号表示当前要查找的区间，箭头表示位置指示器。

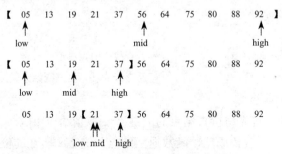

（a）查找 k=21 的过程（经过三次比较后查找成功）

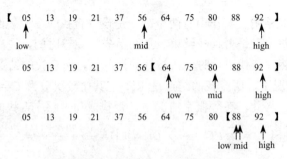

（b）查找 k=85 的过程（经过三次比较后查找失败）

图 9.1 二分查找过程示例

有序表采用顺序存储结构时，进行二分查找的递归和非递归算法如下：

```
int beary_search(r, keyx)      /* 线性表的查找——在有序表 R 中进行二分查找的非递归算法 */
rectype  r[];                  /* 有序表 R 的二分查找，成功返回结点位置，失败返回-1 */
int keyx;
{  int low, high, mid;
   low=1;   high=NUM;          /* 设置查找区间的上、下界 */
   while (low<=high)           /* 若当前查找区间下界大于上界，则继续查找 */
   { mid=(high+low)/2;         /* 设置查找的中间位置 mid */
     if(keyx==r[mid].key) return(mid);  /* 若查找成功，则函数返回该结点的位置 */
     if(keyx<r[mid].key)  high=mid-1;   /* 若 keyx 小于中间值，则查找区间为左子表 */
     if(keyx>r[mid].key)  low=mid+1;    /* 若 keyx 大于中间值，则查找区间为右子表 */
   }
   return(-1);                 /* 若查找失败，则函数返回查找失败的标记-1 */
}/* BEARYSEARCH */
```

二分查找的过程是递归的，其递归的算法如下：

```
int halfsearch (R, low, high, k) /* 线性表查找算法——有序表R进行二分查找递归算法 */
int low, high;                    /* 在顺序表R上进行二分查找 */
int k;                            /* k为给定的关键字值 */
rectype R[];
{ if （low>high)   return (False); /* 检索失败返回0 */
  else
  { mid=(high+low)/2;              /* 设置查找的中间位置mid */
    switch (k)
    { case R[mid].key<k:   return (halfsearch (R, mid+1, high, k);break;
      case R[mid].key>k:   return (halfsearch (R, low, mid-1, k); break;
      case R[mid].key==k:  return (mid);    break;
    }/* SWITCH */
  }/* ELSE */
}/* HALFSEARCH */
```

【算法分析】 二分查找过程可用一棵二叉树来描述，二叉树中每个结点对应表中的一个结点，但结点的值不是关键字的值，而是结点在有序表中的位置。树中每个根结点都对应当前区间中间位置的结点，其左子树对应该区间左子表中的结点，其右子树对应该区间右子表中的结点。通常，将此二叉树称为二分查找的**判定树**。由于二分查找是在有序表上进行的，所以其对应的判定树必然是一棵二叉排序树。

例如，图9.2就是一棵描述上述11个结点的有序表二分查找过程的判定树，树中每个结点内的数字为对应结点的关键字值，结点外面的数字为对应结点在有序表中的位置，带箭头的虚线表示查找该结点的路径，图中的三条虚线分别表示查找结点关键字为21、92和3时，其查找路径。

从图9.2可以看出，要查找有序表中第6个结点，只需比较1次；要查找有序表中第3个结点或第9个结点，需要比较2次；要查找有序表中第1、4、7、10个结点，需要比较3次；要查找表中第2、5、8、11个结点，需要比较4次。

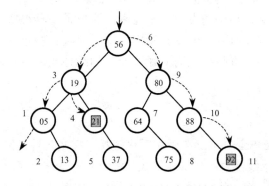

图9.2　具有11个结点的二分查找判定树示例

由此可知，用二分查找在有序表中上查找关键字key的过程恰好是走一条从判定树的根结点到待查结点的路径，同关键字的比较次数就等于待查结点在判定树中的层数，或者说等于该路径上的结点数。例如，查找关键字key=21时，其比较路径如图9.2中虚线所示，key依次与第6、3、4个结点进行比较，共比较了3次才成功。查找关键字key=92时，key与第

6、9、10、11 个结点依次进行比较，共比较了 4 次才成功。而查找关键字 key=3 时，将 key 与第 6、3、1 个结点比较后发现查找失败，此时共比较了 3 次。可见，查找失败时二分查找同关键字的比较次数最多也不超过判定树的深度。

那么，二分查找的平均查找长度是多少？借助于二叉判定树，我们很容易求出二分查找的平均查找长度。为了便于讨论，假设待查结点总数 $n=2^h-1$，则相应的判定树必然是深度为 h 的满二叉树，判定树的深度 h 与结点总数 n 之间的关系可用下面公式计算为：

$$h=\lceil \log_2(n+1) \rceil \text{ 或 } h=\lfloor \log_2 n \rfloor +1$$

由于树中第 1 层（深度为 1）的结点有 1 个，第 2 层的结点有 2 个，第 3 层的结点有 4 个，……，第 k 层的结点个数为 2^{k-1}。因此，在等概率情况下，查找成功时二分查找的平均查找长度 ASL 为：

$$ASL_{bin} = \sum_{i=1}^{n} P_i C_i = \frac{1}{n} \sum_{i=1}^{n} C_i = \frac{1}{n} \sum_{k=1}^{h} k \times 2^{k-1} = \frac{n+1}{n} \log_2(n+1) - 1$$

式中：

$$\sum_{k=1}^{h} k \times 2^{k-1} = 2^h(h-1)+1 = (n+1)[\log_2(n+1)-1]+1 = (n+1)[\log_2(n+1)]-1$$

当 n 很大时，查找成功时二分查找的平均查找长度可用下列近似公式计算：

$$ASL_{bin} = \log_2(n+1) - 1 \approx \log_2 n$$

用二分法进行查找，当查找成功时，在最好的情况下，二分查找的比较次数最少仅 1 次；在最坏的情况下，同关键字的比较次数最多不超过判定树的深度 $h=\lceil \log_2(n+1) \rceil$。由于 n 个结点判定树的深度 h 和 n 个结点完全二叉树的深度相同，均为 $h=\lceil \log_2(n+1) \rceil$，故二分查找的时间复杂度为 $O(\log_2 n)$。

当查找失败时，二分查找同关键字的比较次数为 $\log_2 n$ 或 $\log_2(n+1)$ 也不会超过判定树的深度 h，所以不管二分查找成功与失败，其时间复杂度均为 $O(\log_2 n)$。由此可见，二分查找的最坏性能和平均性能相当接近。

二分查找方法的优点是：比较次数少，查找速度快，平均性能好，特别是 n 很大时更是如此。但是，二分查找只能用于顺序存储的有序表，因此，查找前要把顺序表按关键字进行排序，而排序本身是一种很费时的运算。同时为了保持顺序表的有序性，对有序表进行插入和删除运算时，平均要比较和移动表中一半元素，这也是一种很费时的运算。这就是获取高速查找而要付出的代价，所以二分查找特别适用于那种一经建立就很少改动而又经常需要查找的线性表。对于那些查找少又需要经常变动的线性表，可采用链接存储结构进行顺序查找。

9.2.3 分块查找

分块查找（Blocking Search）又称**索引顺序查找**，它是一种性能介于顺序查找和二分查找之间的查找方法。如果线性表既要快速查找又经常动态变化，可采用分块查找方法。

索引顺序查找在线性表的索引存储结构上进行查找，它要求线性表采用索引存储方式。索引存储的方法是：首先把线性表 R[1..n] 中的结点平均分成若干块 b，每块的关键字不一定有序，但块与块之间的关键字是有序的。如果将结点的关键字值按升序组织索引表中各块，那么第一块中最大的关键字值必须小于第二块中最小的关键字值，第二块中最大的关键字值必须小于第三块中最小的关键字值，其余类推，即要求线性表是"**分块有序**"。然后，抽取各块中最大的关键字及该块在线性表的起始位置构成一个索引表 IDX[1..b]。因为线性表 R 是分块有序的,所以索引表是一个递增有序表。索引表中结点的个数就等于线性表的块数。

例如,图 9.3 就是线性表 R 的分块索引存储结构的示意图。其中,线性表 R 共有 18 个结点,被分成 3 块,每块有 6 个结点。第一块中最大的关键字为 100,小于第二块中最小的关键字 105;第二块中最大的关键字为 200,小于第三块中最小的关键字 250;第三块中最大的关键字为 999。索引表中三个关键字 100<200<999 满足表中"分块有序"的要求。

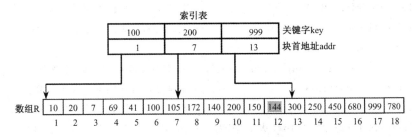

图 9.3 线性表 R 的分块索引存储结构示例

分块查找的基本思想是:首先根据所给的关键字 k 查找索引表,确定待查结点所在的块,然后在已确定的那一块中顺序查找关键字为 k 的结点。因为索引表是有序表,所以可用顺序查找或二分查找确定结点在哪一块,由于块内无序,故只能采用顺序查找进行块内查找。可见,分块查找是在索引表和块上进行的查找方法。

【例 9.2】在图 9.3 所示的线性表 R 的分块索引存储结构中,查找关键字值 k=144 和 k=500 的结点,请给出其查找过程。

【解】在图 9.3 所示的分块索引表中,查找关键字 k=144 的过程如下:首先在索引表中顺序查找,由于 100<k<200,所以确定待查结点在第二块内;然后在第二块中从头至尾顺序查找,即从该块的起始位置 id.addr=7 开始查找,直到找到 R[12].key=144 为止。

查找失败的过程亦如此。查找关键字 k=500 的过程是:首先在索引表中顺序查找,由于 200<k<999,可确定待查结点在第三块,然后在第三块中顺序查找,由于该块不存在关键字为 500 的结点,故查找失败。

若用二分法查找索引表确定块,则索引表的类型定义及分块查找算法如下:

```
#define MAX 200              /* 记录数组能够存储的最大记录个数 */
#define NUM 10               /* 实际输入的数据个数 */
#define BNUM 6               /* 块的个数 */
typedef int datatype;
typedef struct              /* 定义记录为结构类型 */
{ int key;                   /* 记录的关键字域 */
  datatype other;            /* 记录的其他域 */
}rectype;                    /* 定义结构类型名 */
typedef struct              /* 索引表的结构类型 */
{ int key;                   /* 块的最大关键字 */
  int addr;                  /* 块的起始地址 */
}idtable;                    /* 索引表的类型定义 */
idtable id[BNUM+1];          /* 索引表(BNUM+1 为索引表长度)*/
```

```
int block_search(r, id, keyx)            /* 线性表的查找算法——索引表分块查找算法 */
rectype r[];                              /* 查找成功,返回结点在 R 中序号; 失败返回-1 */
idtable id[];      /* 索引表存放每块最大的关键字和块起始地址,且关键字按升序排列 */
int keyx;                                 /* 待查找的关键字 */
{ int i, low1, low2, mid, high1, high2;
  low1=1;  high1=BNUM;                    /*用二分查找确定块,设置二分查找上、下界区间 */
  while (low1<=high1)                     /* 用二分查找确定关键字所在的块 */
  { mid=(low1+high1)/2;
    if(keyx<=id[mid].key) high1=mid-1;    /* 在索引表右区间继续查找关键字 */
    else    low1=mid+1;                   /* 在索引表左区间继续查找关键字 */
  }                                       /* 查找完毕,low1 为要找的块号 */
  if(low1<=BNUM) /* 若 low1 大于 BNUM,则关键字大于 R 中的所有关键字 */
  { low2=id[low1].addr;                   /* low2 为块的起始地址 */
    if(low1==BNUM) high2=BNUM*NUM;        /* 求块的末地址 high2 */
    else          high2=id[low1+1].addr-1;
    for(i=low2; i<=high2; i++)            /* 在块内采用顺序查找法 */
      if(r[i].key==keyx) return(i);       /* 若查找成功,则返回该结点位置 */
  }/* IF */
  return(-1);                             /* 若查找失败,则函数返回-1 */
}/* BLOCK_SEARCH */
```

【算法分析】 由于分块查找包含了两个查找过程,故整个算法的平均查找长度应是两个平均查找长度之和。假设查找结点所在块的平均查找长度为 ASL_1,块内顺序查找的平均查找长度为 ASL_{seq},则分块查找的平均查找长度 ASL_{blk} 为:

$$ASL_{blk}= ASL_1+ASL_{seq}$$

假设线性表有 n 个结点,将其均分成 b 块,且每块大小相同都包含 s 个结点(即 $s=n/b$)。在块大小相同的情况下,如果每个结点的查找概率相等,那么每块的查找概率也相等。

若用二分查找来确定块,则分块查找的平均查找长度 ASL_{blk1} 为:

$$ASL_{blk1} = ASL_{bin} + ASL_{seq} \approx \log_2(b+1) - 1 + \frac{s+1}{2} \approx \log_2(\frac{n}{s}+1) + \frac{s}{2}$$

若用顺序查找来确定块,则分块查找的平均查找长度 ASL_{blk2} 为:

$$ASL_{blk2} = ASL_{seq} + ASL_{seq} \approx \frac{b+1}{2} + \frac{s+1}{2} \approx \frac{s^2+2s+n}{2s}$$

显然,分块查找的平均查找长度不仅与结点数 n 有关,还与每块的大小 s 有关。在给定 n 的前提下,当 $s=\sqrt{n}$ 时,ASL_{blk} 达到最小值 $\sqrt{n}+1$,即用顺序查找确定块时,应将各块的结点数定为 $\sqrt{n}$。例如,若线性表有 10 000 个结点,则应把它分成 100 块,每块有 100 个结点。若用顺序查找确定块,则分块查找平均要进行 100 次比较,而二分查找最多要进行 14 次比较($\log_2 10 000$),顺序查找平均要比较 5000 次。由此可见,分块查找的效率介于顺序查找和二分查找之间。

分块查找的优点是:在表中插入和删除结点时,只要找到该结点对应的块,就可以在该块内进行插入和删除运算。由于块内关键字是无序的,故插入和删除比较容易,无须大量移动结点。分块查找的缺点是:要增加一个索引表的存储空间并对初始索引表进行排序运算。

9.3 树表的查找

上节介绍的三种查找方法是以线性表作为表的组织方式进行查找的。在这三种查找方法中,二分查找的效率最高,但由于二分查找只适用于顺序存储的有序表,并且不能用于线性表的链接存储结构,因此,当线性表的插入和删除操作频繁时,为了维护表的有序性,势必要移动表中很多结点,这反而降低了二分查找的效率。为了解决这种缺憾,可以使用树表(二叉排序树、平衡树和 B-树)作为表的组织方式进行查找。本节我们将着重讨论树表的查找方法及树表上结点的插入和删除操作。

9.3.1 二叉排序树

二叉排序树(Binary Sort Tree)又称**二叉搜索树**(Binary Search Tree),它是一种特殊的二叉树,其定义为,二叉排序树或者是一棵空树,或者是满足下列性质的非空二叉树:
① 若它的左子树不空,则左子树中所有结点的数据值(关键字)均小于它根结点的关键字值;
② 若它的右子树不空,则右子树中所有结点的数据值(关键字)均大于它根结点的关键字值;
③ 它的左子树和右子树也分别为二叉排序树。

根据二叉排序树的定义可知,二叉排序树的一个重要性质是:若对二叉排序树进行中序遍历,则所得到的中序序列是一个按关键字递增的有序序列。

【**例 9.3**】图 9.4 所示的两棵树均为二叉排序树。若对这两棵二叉排序树进行中序遍历,请给出其中序遍历的结果。

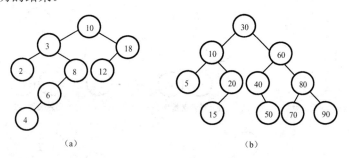

图 9.4 二叉排序树示例

【**解**】中序遍历图 9.4(a)所示的二叉排序树,所得到的中序序列如下:

2, 3, 4, 6, 8, 10, 12, 18

中序遍历图 9.4(b)所示的二叉排序树,所得到的中序序列如下:

5, 10, 15, 20, 30, 40, 50, 60, 70, 80, 90

若用二叉链表作为二叉排序树的存储结构,则二叉排序树的结点类型说明如下:

```
typedef int     othertype;      /* 假设结点其他数据项的类型为整数 */
typedef int     keytype;        /* 假设结点关键字的类型为整数 */
typedef struct node             /* 二叉排序树中结点结构的定义 */
{ keytype       data;           /* 关键字数据项 */
```

```
        othertype    other;                    /* 其他数据项 */
        struct node *lchild, *rchild;          /* 左孩子和右孩子指针 */
    } bitree;                                  /* bitree 为二叉排序树的类型 */
    bitree *root=NULL;                         /* 设置二叉排序树初态为空树 */
```

下面以二叉链表作为二叉排序树的存储结构，讨论二叉排序树的查找、插入和删除等运算在这种存储结构上的实现。

1. 二叉排序树的插入和建立运算

二叉排序树是一种动态树表，其特点是：树的结构通常不是一次生成的，而是在查找过程中，当树中不存在关键字等于给定值的结点时再进行插入。新插入的结点一定是一个新添加的叶子结点，并且是查找失败时查找路径上访问的最后一个结点的左孩子或右孩子。

在二叉排序树中插入新结点的原则是：由于二叉排序树中结点关键字是有序的，这就要求插入一个新结点后，二叉排序树中结点的关键字值仍然保持有序，仍为一棵二叉排序树。

【例 9.4】 假设结点的关键字序列为（10, 18, 3, 8, 12, 2, 6, 4），依次输入结点建立二叉排序树，请给出建立二叉排序树的过程示意图。

【解】 输入结点的数据值和关键字，从空树出发，依次插入结点建立二叉排序树。图 9.5 就是建树过程的示意图。

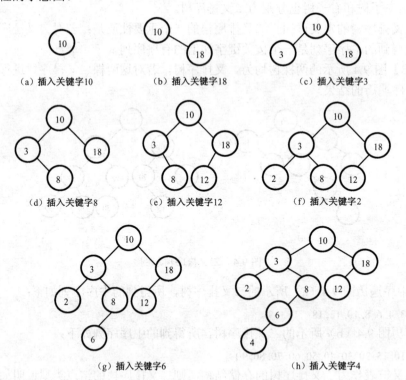

图 9.5　二叉排序树的建立过程示意图

假设 root 是一棵二叉排序树的根结点，若插入关键字为 x 的新结点，则根据二叉排序树的性质，可得到插入结点的算法如下：

① 若 root 为空，则构造一个以 x 为关键字值的新结点，并令其为根结点。

② 若 root 非空,且 root 结点的关键字值大于 x,则将 x 插到 root 的左子树中,否则将 x 插到 root 的右子树中。

显然,上述插入过程是递归定义的,因此很容易写出其递归算法。但由于插入过程是从根结点开始逐层向下查找插入位置的,故也易于给出其非递归算法。

下面分别给出在二叉排序树中插入新结点的递归和非递归算法:

```
/* 建立二叉排序树模块——用非递归法将新结点 s 插入到 t 所指二叉排序树中 */
bitree *insert_fsortree(t, s)      /* 在二叉排序树中插入一个新结点的非递归算法 */
bitree *t, *s;                      /*将结点 s 插到 t 所指二叉排序树中,返回树的根指针 */
{ bitree *p, *front;
  p=t;
  while (p!=NULL)                   /* 查找新结点的插入位置 */
  { front=p;                        /* 查找过程中 front 指向 p 的双亲 */
    if (s->data==p->data)
        return(t);                  /* 若树中已有结点 s,则无须插入 */
    if (s->data<p->data)            /* 在左子树中查找结点的插入位置 */
        p=p->lchild;
    else    p=p->rchild;            /* 在右子树中查找结点的插入位置 */
  }
  if (t==NULL)   return(s);         /* 若原树为空,返回该结点作为根指针 */
  if (s->data<front->data)
        front->lchild=s;            /* 将 s 插入*front 的左子树中 */
  else    front->rchild=s;          /* 将 s 插入*front 的右子树中 */
  return(t);                        /* 返回二叉排序树的根结点指针 */
}/* INSERT_FSORTREE */


/* 建立二叉排序树模块——用递归方法将新结点 s 插入到 t 所指二叉排序树中 */
void insert_dsortree(t, s)      /* 用递归方法将新结点 s 插入到 t 所指二叉排序树中 */
bitree **t, *s;                    /* 插入新结点 s 后,函数返回树根指针*/
{ if(*t==NULL)  *t=s;              /*若二叉树为空树,则新结点 s 作为根指针 */
  else if(s->data==(*t)->data)
        return;                     /* 树中已有结点 s,无须插入,返回 */
  else if(s->data<(*t)->data)       /* 将 s 插入到左子树中 */
        insert_dsortree((&(*t)->lchild), s);
  else if(s->data>(*t)->data)       /* 将 s 插入到右子树中 */
        insert_dsortree((&(*t)->rchild), s);
}/* INSERT_DGSORTREE */
```

一棵二叉排序树的建立是从空二叉排序树开始的,每输入一个结点的数据就建立一个树中新结点。然后在当前已生成的二叉排序树中进行查找,若查找失败即该结点不存在,则将这个新结点插到二叉排序树中合适的位置上;若找到该结点,则放弃此次结点插入。如此进行下去，经过一系列查找和插入操作之后，生成一棵二叉排序树。

在二叉排序树中依次插入结点，建立二叉排序树的算法如下：

```
bitree *creat_fsortree()           /* 用非递归算法插入新结点建立二叉排序树算法 */
{ bitree *s, *t=NULL;              /* 初始时将二叉排序树置空 */
  keytype key,xdata,endflag=0;     /* endflag 为输入结束的标志 */
  printf("二叉排序树的建立模块--用非递归方法将新结点插入二叉排序树\n\n");
  printf("\n\n\t\t 请输入数据以 0 结束输入:");
  scanf("%d", &key);scanf("%d,&xdata);   /* 输入新结点的关键字 */
  while (key!=endflag)             /* 若未输入结束标志，则循环 */
  { s=(struct node*)malloc(sizeof(bitree));/* 申请一个新结点 */
    s->data=key;                   /* 给新结点关键字域赋值 */
    s->other=xdata;                /* 给新结点其他域赋值 */
    s->lchild=NULL;                /* 将新结点左指针域赋空 */
    s->rchild=NULL;                /* 将新结点右指针域赋空 */
    root=insert_fsortree(root, s); /* 将新结点插入二叉排序树中 */
    printf("\n\t\t 请输入数据以 0 结束输入: ");
    scanf("%d", &key);             /* 输入下一个待插结点关键字值 */
    scanf("%d", &xdata);           /* 输入下一个待插结点数据值 */
  }/* WHILE */
  return(root);                    /* 返回二叉排序树根指针 root 为全程变量 */
}/* CREAT_FSORTREE */
```

2. 二叉排序树的删除运算

在二叉排序树中删除一个结点比插入结点要复杂一些，因为要保证删除结点后的二叉树仍然满足二叉排序树的性质，即二叉排序树删除某个结点后所得到的树仍是一棵二叉排序树。

从二叉排序树中删除某个结点的基本思想是，首先在二叉排序树中查找关键字为 x 的结点，若关键字为 x 的结点不存在，则返回。若结点存在，再按以下 4 种情况进行不同的删除操作。

① 若待删除的结点为叶子结点，则直接将其删除。
② 若待删除结点只有左子树，而无右子树，则用其左子树代替该结点。
③ 若待删除结点只有右子树，而无左子树，则用其右子树代替该结点。
④ 若待删除结点有左、右子树，则找出其左子树中最大的结点来代替它（或用其右子树中最小的结点来代替它）。此时删除结点分三步进行：首先，寻找待删除结点的前驱或后继结点，即寻找待删除结点左子树的最右下结点或右子树的最左下结点；然后，用左子树中的最大结点来代替该结点或用右子树中的最小结点来代替该结点；最后，再删除左子树中最大的结点或右子树中最小的结点。

【例 9.5】图 9.6（a）是一棵二叉排序树。若从该树删除关键字为 40、140 和 60 这三个结点，请给出删除结点后的二叉排序树。

【解】图 9.6（b）、（c）、（d）分别为删除关键字 40、140 和 60 之后其二叉排序树的形态。图中带阴影及下划线的结点表示待删除结点，而带方框及阴影的结点表示代替刚删除结点的新结点。

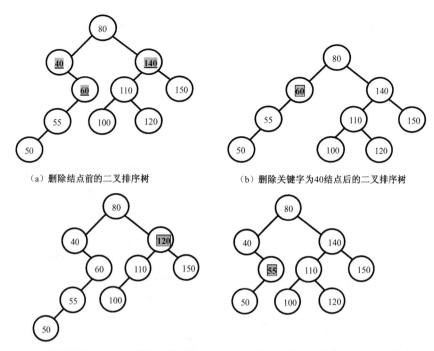

图 9.6　二叉排序树中删除结点的示例

由于关键字为 40 的结点只有右子树而无左子树，因此，可用其右子树来代替它，故删除 40 后的二叉排序树如图 9.6（b）所示。关键字为 140 的结点不是叶子结点，其左、右子树均不为空，可按上述第 4 种情况进行删除。因此，删除关键字为 140 的结点后，其二叉排序树的形态如图 9.6（c）所示。因为关键字为 60 的结点只有左子树没有右子树，故可用其左子树来代替它，删除关键字为 60 的结点后其二叉排序树如图 9.6（d）所示。

在以 root 为根的二叉排序树中，删除树中结点关键字为 x 的算法如下：

① 若 root 为空，则返回；
② 否则，当 x<root->data 时，从 root 的左子树中删去 x；
③ 当 x>=root->data 时，从 root 的右子树中删去 x；
④ 当 root 的左子树为空时，用 root 的右子树来代替所删除结点的位置；
⑤ 当 root 的右子树为空时，用 root 的左子树来代替所删除结点的位置；
⑥ 当 root 的左、右子树不空时，找到 root 的左子树中最大结点代替删除的结点。

从二叉排序树中删除某个结点的非递归算法如下：

```
bitree *delete_fsortree(t, key)  /* 在二叉排序树中删除关键字为 key 结点的非递归算法 */
bitree *t;                        /* 若删除成功，则返回 flag=1，反之，flag=0 */
keytype key;
{ bitree *p, *f, *s, *q;
  flag=0;
  p=t;    f=NULL;
  while(p!=NULL)                  /* 从树根开始查找关键字为 key 待删除结点 */
```

```
        { if(p->data==key)                  /* 若找到,则跳出循环 */
            { flag=1; break; }
          f=p;                              /* 查找时,f 指向 p 的父亲结点 */
          if(p->data>key)
              p=p->lchild;
          else  p=p->rchild;
      }/* WHILE */
      if(p==NULL)  return(t);               /* 找不到待删除结点,则返回原二叉排序树 */
      if(p->lchild==NULL)                   /* 待删除结点 p 无左子树 */
      { if(f==NULL)   t=p->rchild;          /* 待删除结点 p 是原二叉排序树根结点 */
        else if(f->lchild==p)               /* 待删除结点 p 是 f 的左子树 */
                 f->lchild=p->rchild;       /* 将待删除结点 p 的右子树链接到 f 的左子树 */
             else f->rchild=p->rchild;      /* 将待删除结点 p 的右子树链接到 f 的右子树 */
        free(p); }                          /* 释放待删除结点 p 空间 */
      else
      { q=p;    s=p->lchild;                /* 待删除结点 p 有左子树时,则修改指针 */
        while(s->rchild!=NULL)              /* 在结点 p 的左子树中查找最右下的结点 s */
        { q=s;    s=s->rchild; }
        if(q==p)   q->lchild=s->lchild;     /* 将 s 的左子树链接到结点 q 上 */
        else       q->rchild=s->lchild;
        p->data=s->data;                    /* 用 s 所指向结点替代 p 结点 */
        p->other=s->other;
        free(s); }                          /* 删除并释放结点 s 的空间 */
      return(t);                            /* 函数返回删除结点二叉排序树根指针 t */
  }/* DELETE_TREESORT */
```

3. 二叉排序树的查找运算

在二叉排序树中,查找结点关键字为 x 的过程是:将给定的关键字 x 与树中根结点的关键字 key 进行比较,若相等,则查找成功;否则在根结点的左子树中或右子树中继续进行查找。查找过程有如下 4 种情况:

① 若二叉排序树为空,则查找失败,返回空指针;
② 若 x 等于根结点关键字,即 x=root->key,则查找成功,返回指向该结点指针;
③ 若 x 小于根结点关键字,即 x<root->key,则沿根结点的左子树继续进行查找;
④ 若 x 大于根结点关键字,即 x>root->key,则沿根结点的右子树继续进行查找。

显然,这是一个递归的查找过程。下面给出二叉排序树的非递归查找算法:

```
/* 二叉排序树上查找关键字 key 的算法,查找成功返回指向该结点指针,反之则返回 NULL */
bitree *search_fsortree(t, key)            /* 二叉排序树上查找关键字为 key 的算法 */
bitree  *t;
keytype  key;                              /* key 为要查找的关键字值 */
{ while(t!=NULL)
```

```
    {  if(t->data==key)                      /* 若查找成功,则返回指向结点 t 的指针 */
          return(t);
       if(t->data>key)
           t=t->lchild;                       /* 继续在根结点 t 的左子树中查找 */
       else  t=t->rchild;                     /* 继续在根结点 t 的右子树中查找 */
    }
    return(NULL);                             /* 查找失败,则函数返回空指针 */
}/* SEARCH_FSORTTREE */
```

【例9.6】在图 9.7 所示的二叉排序树中,查找关键字为 40 和 25 的结点。请给出查找过程示意图。

【解】查找结点关键字为 40 的过程是:首先将给定值 40 与根结点的关键字 30 进行比较,因为 40＞30,所以沿着关键字 30 的右子树继续进行查找;再将 40 与根结点关键字 60 比较,因为 40＜60,故继续查找结点关键字为 60 的左子树;因为给定值 40 与该结点的关键字 40 相等,故查找成功,函数返回关键字 40 的位置,结束查找。查找路线如图 9.7 中虚线所示。

查找结点关键字为 25 的过程是:首先将给定值 25 与根结点的关键字 30 进行比较,因为 25＜30,所以沿着关键字 30 的左子树继续查找;然后再将 25 与结点关键字 10 进行比较,因为 25＞10,故继续查找关键字 10 的右子树;因为 25＞20,故沿着关键字 20 的右子树继续进行查找;因为其右子树为空,故查找失败,函数返回空指针并结束查找。查找路线如图 9.7 中虚线所示。

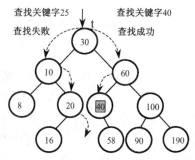

图 9.7 二叉排序树查找示例

4. 二叉排序树的查找分析

在二叉排序树上进行查找,若查找成功,则是从根结点出发走了一条从根到待查结点的路径;若查找失败,则是从根结点出发走了一条从根到某个叶结点的路径。与二分查找类似,待查关键字 key 与结点的比较次数最小为 1,最大为树的深度,所以其平均查找次数小于等于树的深度。然而,对于含有相同结点的表,由于建立二叉排序树时,结点插入的次序不同,二叉排序树的形态和深度也不同,因此,含有 n 个结点的二叉排序树的形态不是唯一的。但是,对于长度为 n 的有序表进行二分查找时,其判定树却是唯一的。例如,若按下面两种输入次序陆续插入结点建立二叉排序树:

　　　　48, 35, 20, 60, 52, 45, 99
　　　　99, 60, 52, 48, 45, 35, 20

则构成的二叉排序树分别如图 9.8（a）和图 9.8（b）所示。

图 9.8 所示两棵二叉排序树的深度分别为 3 和 7,因此,查找失败时这两棵树上关键字的比较次数分别为 3 和 7,查找成功时它们的平均查找长度也不同。在图 9.8（a）所示的二叉排序树中,由于其第 1、2、3 层上的结点数分别为 1、2、4,而找到第 i 层的结点恰好要比较 i 次。因此,在等概率情况下,查找成功时其平均查找长度为:

$$\text{ASL}_{bitree1} = \sum_{i=1}^{n=7} P_i C_i = \frac{1}{7}(1\times 1 + 2\times 2 + 3\times 4) \approx 2.4$$

类似地，在图 9.8（b）所示的二叉排序树中，查找成功时其平均查找长度为：

$$\text{ASL}_{bitree2} = \sum_{i=1}^{n=7} P_i C_i = \frac{1}{7}(1+2+3+4+5+6+7) = 4$$

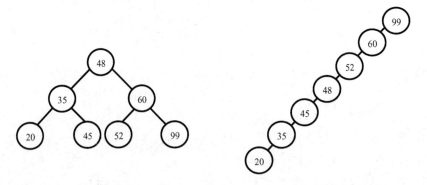

(a) 关键字序列为（48,35,20,60,52,45,99）   (b) 关键字序列为（99,60,52,48,45,35,20）

图 9.8 同一组关键字构成的两棵不同形态的二叉排序树

可见，在二叉排序树上进行查找时，其平均查找长度取决于二叉树的形态和高度。具有 n 个结点的二叉排序树，其高度满足 $\lceil \log_2(n+1) \rceil$ 或 $\lfloor \log_2 n \rfloor + 1 \leq h \leq n$。在最坏的情况下，二叉排序树是由 n 个结点的有序表依次插入而生成的，此时得到的二叉排序树退化为一棵深度为 n 的单枝树，其平均查找长度和单链表的顺序查找相同，都是 $(n+1)/2$。在最好的情况下，二叉排序树是一棵形态比较匀称、与二分查找判定树相似的理想平衡树，此时其平均查找长度大约为 $\log_2 n$。若考虑把 n 个结点按各种可能的次序插入二叉排序树中，则有 $n!$ 棵二叉排序树（其中有些形态可能相同）。可以证明，对这些二叉排序树进行平均，所得到的平均查找长度仍然是 $\log_2 n$。

就平均性能而言，二叉排序树的平均查找长度与二分查找的差不多。但是，二叉排序树的插入和删除操作十分方便，无须移动大量结点，其平均时间复杂度为 $O(\log_2 n)$。而二分查找涉及的有序表是一个向量，进行插入和删除操作时，要移动大量的结点，其平均时间复杂度为 $O(n)$。因此，当有序表为静态查找表时，采用顺序表作为存储结构比较好，可用二分查找进行查找运算；对于经常要执行插入、删除和查找运算的表，用二叉排序树作为存储结构比较好。

9.3.2 平衡的二叉排序树

二叉排序树的查找效率取决于二叉树的形态。对同样的结点集合，不同的输入次序构造的二叉树高度显然是不同的。例如，关键字（10, 20, 30）可构成如图 9.9 所示的 3 种形态的二叉排序树。显然，图 9.9（b）和图 9.9（c）已经退化为单链表，这种二叉排序树的查找效率很低。一般来说，结点输入顺序越随机，即输入的结点关键字值越无规律，构成的二叉排序树就越均衡。怎样构造二叉排序树，才能使其左、右子树的高度大致相当，既能保持二叉排序树的优点，又有较高的查找效率呢？

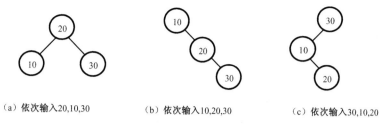

(a) 依次输入20,10,30　　　　(b) 依次输入10,20,30　　　　(c) 依次输入30,10,20

图 9.9　结点集合相同的 3 种二叉排序树

为了解决这个问题,人们提出了平衡二叉排序树的概念。下面我们将讨论平衡二叉排序树的有关概念和操作。

1. 平衡二叉排序树的定义

我们把形态均匀的二叉排序树称为**平衡二叉排序树**(Balanced Binary Tree)。其严格定义为,平衡二叉树或者是一棵空树,或者是具有下列性质的二叉树:它的左子树和右子树都是平衡二叉树,且左子树和右子树的深度之差的绝对值不超过 1。

我们把二叉排序树中每个结点左子树的深度减去右子树的深度之后的值称为该结点的**平衡因子**(Balance Factor,BF),因此,平衡二叉树中所有结点的平衡因子只可能是-1、0 或 1。二叉排序树中只要有一个结点的平衡因子不是-1、0 或 1,则该二叉排序树就不是平衡二叉树。

例如,图 9.10(a)所示的二叉排序树是一棵平衡二叉树,而图 9.10(b)所示的二叉排序树因为含有平衡因子为 2 的结点,所以不是平衡二叉树。图 9.10 中各结点旁的标注值是该结点的平衡因子。

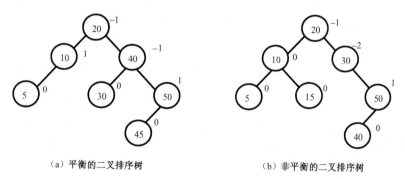

(a) 平衡的二叉排序树　　　　　　　(b) 非平衡的二叉排序树

图 9.10　平衡二叉排序树与非平衡二叉排序树的示例及平衡因子

2. 平衡二叉树的构造和调整

如何使生成的二叉排序树成为平衡二叉树呢?Adelson-Velskii 和 Landis 提出了一个动态保持二叉排序树平衡的方法,其基本思想是:在构造二叉排序树的过程中,每插入一个结点,首先检查是否由于插入结点而破坏了树的平衡性。若是,则找出其中最小不平衡子树,在保持二叉排序树特性的前提下,调整最小不平衡子树中各结点之间的连接关系,以达到新的平衡。通常将这种方式得到的平衡二叉排序树,简称为 **AVL 树**。

所谓最小不平衡子树,是指以离插入结点最近,且平衡因子绝对值大于 1 的结点作为根的子树。

在讨论具体的调整方法之前,下面先介绍一个构造平衡二叉树的实例。

【例 9.7】 假设结点的关键字序列为{10, 20, 30, 50, 40}，请依次输入结点的关键字值构造一棵平衡二叉排序树。

【解】 图 9.11 就是一棵平衡二叉排序树的构造过程示意图。

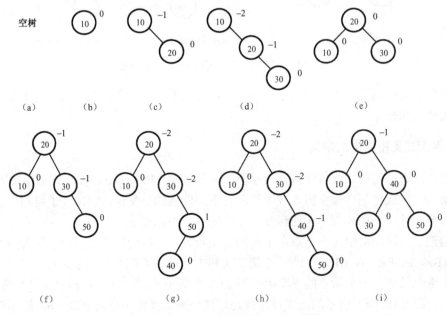

图 9.11 平衡二叉树的构造过程示意图

从空树开始，依次插入结点关键字 10 和 20。显然，空树和这两个结点生成的二叉排序树是平衡二叉树，其平衡因子 BF 分别为 0 和-1，如图 9.11（a）、(b)、(c)所示。当插入关键字 30 后，根结点的关键字 10 的平衡因子 BF 由-1 变成为-2，因此，该平衡二叉树变成非平衡二叉树，如图 9.11（d）所示。这时，可以对二叉排序树进行向左逆时针"旋转"操作，令 20 为新树根结点，而让原根结点 10 作为它的左子树，此时，结点 10 和 20 的平衡因子 BF 均为 0，且该树仍然具有二叉排序树的特性，调整后的平衡二叉树如图 9.11（e）所示。继续插入关键字 50 和 40 后，该二叉排序树如图 9.11（f）和（g）所示。此时，由于关键字 20 和 30 的平衡因子 BF 值由-1 变成为-2，平衡二叉树再次变成非平衡二叉树，因此，需要继续调整。此次调整分两步进行：首先局部调整结点关键字为 30 的平衡因子 BF，把 30、50 和 40 组成的单枝拉顺，如图 9.11（h）所示；然后再对关键字 30、40 和 50 组成的长枝进行调整。对于以 30 为根结点的子树来说，既要保持二叉排序树的特性，又要使其平衡，就必须将关键字为 40 的结点作为新的根结点，而将关键字为 30 的结点作为根结点 40 的左子树，让关键字为 50 的结点作为 40 的右子树；最后再把关键字为 40 的结点作为根结点关键字 20 的右子树，调整后的平衡二叉树和各结点的平衡因子 BF 如图 9.11（i）所示。这好比对树做了两次"旋转"操作——先向右顺时针旋转，再向左逆时针旋转，使二叉排序树由非平衡树转化为平衡二叉树。

可见，在平衡树的构造过程中，如何保持二叉排序树的平衡，或者当二叉排序树失去平衡后，如何调整使其恢复平衡，这就是平衡二叉树的调整问题。平衡二叉树的调整原则有两点：一是要满足平衡二叉树的要求，二是要保持二叉排序树的性质。

在一般情况下，平衡二叉树由于插入新结点而失去平衡，只需要对插入结点的局部进行平衡调整，如果下层无法平衡再逐步向上层调整。这种以保持平衡为目的而进行的调整称为

平衡化。这里仅讨论在 AVL 树上由于插入一个新结点而导致失衡时的调整方法。

假设在 AVL 树上由于插入新结点而失衡的最小子树的根结点为 A（即 A 为距离插入结点最近的平衡因子不是 -1、1 或 0 的结点），则失去平衡后的调整操作可依据失衡原因而归纳为以下 4 种类型。

（1）LL 型调整

失衡原因：在 A 的左孩子 B 的左子树上插入新结点并导致 A 的平衡因子由 1 变成 2。

调整操作："提升" B 为新子树的根结点，A 下降为 B 的右孩子，同时将 B 原来的右子树 B_R 调整为 A 的左子树，如图 9.12（a）所示。

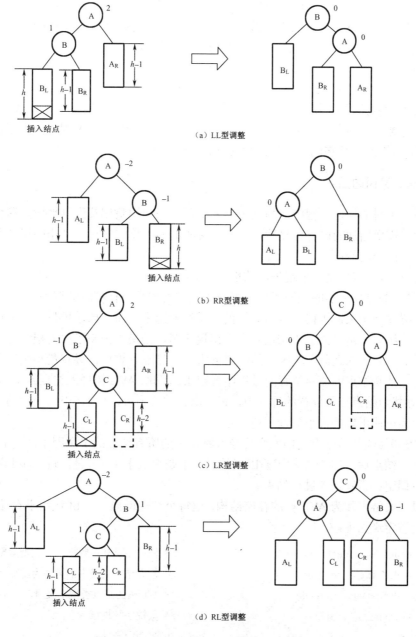

图 9.12　二叉平衡树的 4 种调整方法示意图

容易验证，调整所得的新子树仍为二叉排序树，并且同时是平衡的。以下3种调整的正确性可类似地得到验证。

（2）RR型调整

失衡原因：在A的右孩子B的右子树上插入新结点并导致A的平衡因子由-1变成-2。

调整操作："提升"B为新子树的根结点，A下降为B的左孩子，同时将B原来的左子树B_L调整为A的右子树，如图9.12（b）所示。

（3）LR型调整

失衡原因：在A的左孩子B的右子树C中插入新结点并导致A的平衡因子由1变成2。

调整操作："提升"C为新子树的根结点，A下降为C的右孩子，B变为C的左孩子，同时调整C原来的两棵子树。其中，将C原来的左子树C_L调整为B现在的右子树，C原来的右子树C_R调整为A现在的左子树，如图9.12（c）所示。

（4）RL型调整

失衡原因：在A的右孩子B的左子树C上插入新结点并导致A的平衡因子由-1变成-2。

调整操作："提升"C为新子树的根结点，A下降为C的左孩子，B变为C的右孩子，同时调整C原来的两棵子树。其中，将C原来的左子树C_L调整为A现在的右子树，C原来的右子树C_R调整为B现在的左子树，如图9.12（d）所示。

3．平衡二叉树的插入

在平衡二叉树的构造过程中，当其失去平衡后，如何调整使其恢复平衡，这就是二叉排序树插入运算需要增加的内容。显然，平衡二叉树的插入算法应在二叉排序树插入算法的基础上扩充以下两个功能：

① 判断插入结点后是否出现失衡的现象；

② 若是，则寻找最小的失衡子树、判断失衡的类型并进行相应的调整。

显然，寻找最小失衡子树可以与失衡的判断结合起来。而一棵子树是否失衡可由它根结点平衡因子的绝对值是否大于1来决定。若出现失衡，则最小失衡子树的根结点一定是离插入结点最近的，且插入之前平衡因子的绝对值为1的结点。这样，寻找最小失衡子树的过程可进一步与寻找新结点的插入位置的过程结合起来。因此，AVL树插入结点的基本步骤如下：

① 在寻找新结点插入位置的过程中，记下离该位置最近，且平衡因子不等于0的结点a（此结点即为可能出现的最小失衡子树的根）；

② 调整和修改从该结点到插入位置经过路径上的所有结点的平衡因子。

判断插入结点后，结点A的平衡因子的绝对值是否大于1。若是，进一步判断失衡类型并进行相应调整；否则插入过程结束。

假设以二叉链表作为AVL树的存储结构，但每个结点增加一个bf域用于存储平衡因子，其结构的类型定义如下：

```
    typedef  int     othertype;          /* 假设结点其他数据项的类型为整数 */
    typedef  int     keytype;            /* 假设结点关键字的类型为整数 */
    typedef  struct  avlnode             /* AVL树的结点类型定义 */
    { keytype        data;               /* 关键字数据域 */
      int            bf;                 /* 平衡因子域 */
      othertype      other;              /* 其他数据域 */
```

```
        struct avlnode *lchild, *rchild;    /* 左孩子和右孩子指针域 */
    }avlbitree;                              /* avlbitree 是 AVL 树的类型定义 */
    avlbitree *root=NULL;                    /* 设置 AVL 树初态为空树 */
```

在此存储结构上，有关 AVL 树查找和插入算法的具体实现比较复杂，请感兴趣的读者参阅相应书籍自己完成。

4．平衡二叉树的查找分析

在平衡二叉树上查找关键字的过程与二叉排序树的查找过程完全相同。可以证明：含有 n 个结点的平衡二叉树的最大高度 $h=O(\log_2 n)$。由于在平衡二叉树上查找时，与关键字比较的次数不会超过平衡二叉树的深度，因此，平衡二叉树的平均查找长度为 $\log_2 n$，即平衡二叉树上进行查找的时间复杂度是 $O(\log_2 n)$。

尽管平衡二叉树的查找速度最快，但插入和删除算法比较复杂，动态平衡过程仍然要花费不少时间，从而降低了它们的运算速度，而且为了存储平衡因子还要增加存储空间。因此实际应用中是否采用平衡二叉树要根据具体情况而定。在一般情况下，若结点关键字是随机分布的，并且系统对平均查找长度要求不高，则使用二叉排序树较好。若二叉排序树一经建立就很少进行插入和删除运算，主要是应用于查找的场合，则采用平衡树是合适的；若需要频繁地进行插入和删除操作，不宜使用平衡二叉树。

9.3.3 B-树

二叉排序树（包括平衡二叉树）相对于线性表能提高查找效率，但也存在以下这些缺点：随着数据的频繁插入和删除，树中某些分支会变得很长，增加了树高，影响查找效率。对于存放在外存储器上的大量数据，每次进行查找和维护时，在找到所需要的关键字之前，至少要访问外存 $\log_2 n$ 次，这需要很多的时间。可见，二叉排序树不能满足对大容量数据操作的要求，B-树结构正是为了解决这些问题而提出的。

B-树是一种多路平衡查找树，其特点是插入和删除时易于平衡，外查找效率高，适合于组织磁盘文件的动态索引结构，在文件系统中得到广泛的应用。本节将重点讨论 B-树的结构及 B-树的查找、插入和删除运算。

1．B-树的定义

B-树中所有结点的子树的最大值称为 B-树的阶，通常用 m 表示。从查找效率考虑，要求 $m \geq 3$。一棵 m 阶 B-树或者是空树，或者是满足下列性质的 m 叉树：

① 树中每个结点至多有 m 棵子树；
② 若根结点不是叶结点，则至少有两棵子树；
③ 除根结点之外的所有非终端结点至少有 $\lceil m/2 \rceil$ 棵子树；
④ 所有叶结点都在同一层上，且不包含任何信息，叶结点的所有指针域均为空；
⑤ 有 k 棵子树的非终端结点恰好包含 $k-1$ 个关键字；
⑥ 所有非终端结点的结构如图 9.13 所示。

图 9.13 B-树结点的一般形式

其中：

① n 是关键字的个数（$n \leqslant m-1$），即子树个数为($n+1$)。对于树的根结点 n 的取值范围规定为 $1 \leqslant n \leqslant m-1$；对于非根结点 n 的取值范围规定为 $\lceil m/2 \rceil -1 \leqslant n \leqslant m-1$；

② $k_1, k_2, \cdots, k_n$ 为 n 个从小到大顺序排列的关键字，即 $k_1 < k_2 < \cdots < k_i < \cdots < k_n$；

③ $p_0, p_1, \cdots, p_n$ 为 $n+1$ 个指针，用于指向该结点 $n+1$ 棵子树的根结点，且 p_0 所指向子树中的所有关键字的值均小于 k_1，指针 p_n 所指向子树中所有关键字的值均大于 k_n，指针 p_i($1 \leqslant i \leqslant n-1$)所指向子树中的所有关键字的值均大于 k_i 且小于 k_{i+1}。

在 B-树中，每个结点的关键字按从小到大顺序排列，因为叶结点不包含关键字，因此，可以把叶结点看成是树中实际上并不存在的外部结点，指向这些外部结点的指针为空，叶结点的总数正好等于树中所包含的关键字总个数加 1。

例如，图 9.14 所示是一棵由 18 个关键字组成的 5 阶 B-树。该树共有 4 层，所有叶结点不包含任何信息，均在第 4 层上（此处省略没画）。其他非终端结点用矩形框表示，里面的数字为关键字。图中，树的根结点 a 有两个孩子结点，包含一个关键字。其他非叶结点的子树个数最少为 $\lceil m/2 \rceil = \lceil 5/2 \rceil = 3$，最多为 $m=5$。除根结点外，每个结点中关键字个数 n 最少为 $\lceil m/2 \rceil -1 = \lceil 5/2 \rceil -1 = 2$，最多为 $m-1=5-1=4$。因此，每个结点中关键字个数 n 是不等的，可为 2、3 或 4，每个非叶结点中关键字按从小到大顺序排列，且指针数目比该结点的关键字个数多 1。

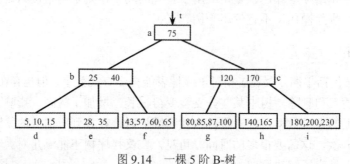

图 9.14　一棵 5 阶 B-树

又如，在一棵 7 阶 B-树中，树中根结点的关键字个数最少为 1，最多为 $m-1=6$，其子树个数最少为 2，最多为 7；每个非根结点的关键字个数最少为 $\lceil m/2 \rceil -1 = \lceil 7/2 \rceil -1 = 3$，最多为 $m-1=7-1=6$，其子树个数最少为 $\lceil m/2 \rceil = \lceil 7/2 \rceil = 4$，最多为 $m=7$。

2．B-树的查找

在 B-树中查找给定关键字的过程与二叉排序树的查找类似，所不同的是：在每个结点上确定向下查找的路径不一定是 2 路，而是 $n+1$ 路。

一般在形如 ($n, p_0, k_1, p_1, k_2, \cdots, p_{m-1}, k_{n-1}, p_m$) 结构的 B-树中，查找关键字为 x 的结点的方法是，根据给定关键字值 x，首先在根结点包含的关键字集合 $k_1, k_2, k_3, \cdots, k_n$ 中采用顺序查找（m 较小时）或者二分查找（m 较大时）的方法进行查找，再根据 x 与结点中关键字 k_i 的比较结果按以下 4 种不同的情况分别进行处理：

① 若 $x=k_i$($1 \leqslant i \leqslant m-1$)，则查找成功，根据相应指针即可取得记录。

② 若 $x < k_1$，则沿着指针 p_0 所指向的子树继续向下查找；

③ 若 $x > k_n$，则沿着指针 p_n 所指向的子树继续向下查找；

④ 若 $k_i < x < k_{i+1}$($1 \leqslant i \leqslant m-2$)，则沿着指针 p_i 所指向的子树继续向下查找。

通过自上而下的查找，若找到关键字为 x 的结点，则查找成功；如果直到叶结点也没有找到关键字为 x 的结点，则查找失败。

【例 9.8】在图 9.15 所示的 6 阶 B-树中，分别查找关键字为 57 和 130 结点，请给出查找过程。

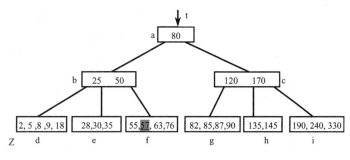

图 9.15　一棵 6 阶 B-树

【解】在 6 阶 B-树中，查找结点关键字为 57 的过程是：先从根结点开始查找，根据根结点的指针 t 找到结点 a；由于结点 a 只有一个关键字 80，且给定值(57)＜80，说明若关键字为 57 的结点存在，则它必然在结点 a 所指的左子树中；沿结点 a 的指针 p_0 找到它的左子树 b，结点 b 共有两个关键字 25 和 50，而(57)＞50，说明若关键字为 57 的结点存在，它必然在结点 b 所指的右子树中；顺着指针 p_2 找到 b 的右子树 f，结点 f 共有 4 个关键字(55, 57, 63, 76)，在 f 结点中顺序查找，找到了关键字为 57 的结点，至此查找成功。

查找失败的过程亦如此。查找关键字 130 的过程是：先查找根结点 a，因为 80＜(130)，顺着结点 a 的指针 p_1 找到它的右子树 c，在结点 c 中顺序查找，得到 120＜(130)＜170；然后顺着结点 c 的指针 p_1 找到结点 h，结点 h 有两个关键字 135 和 145，在 h 中顺序查找，得到(130)＜135＜145，由于此时指针 p_2 已经指向叶结点，说明该 6 阶 B-树中不存在关键字为 130 的结点，故查找失败。

由此可见，在 B-树中的查找过程是一个沿指针查找关键字所在的结点和在结点中顺序查找关键字的两个交叉进行的过程。

下面给出 B-树存储结构的类型定义和 B-树的递归查找算法：

```
#define  m  5                    /* m 为 B-树的阶数 */
typedef  struct  node  *bptree   /* bptree 为指向 B-树结点的指针类型 */
struct  node
{   int    n;                    /* 结点中有效关键字个数 */
    keytype   key[m+1];          /* 保存 n 个关键字向量，下标 0 位置未用 */
    int       count[m];          /* 保存每个关键字对应记录的存储位置 */
    bptree    l[m+1];            /* 保存 n+1 个指向子树的指针向量 */
} bptree

/* 在 B-树 p 中查找关键字为 x 的结点，函数返回 x 所在的结点在 B-树中的位置 */
void Btsearch(x, p, ptr, ind)    /* 在 B-树中的递归查找算法 */
keytype x;                       /* x 为要查找的关键字 */
int    *ind;                     /* ind 为要查找的关键字 */
bptree *p, *ptr;                 /*p 和 ptr 为 B-树根结点和关键字结点位置 */
```

```
{int i, l, r;
    if(p==NULL)    ptr=NULL;                    /* 若 B-树为空，则返回空指针 */
    else
    { l=1;  r=p->n;                              /* 若 B-树非空,则查找关键字所在的结点位置 */
        while (l<=r)                             /* 从 B-树根结点开始依次向下一层查找 */
        { i=(l+r)/2;                             /* 用二分法查找结点所在的位置 */
            if (p->l[i].key<=x) l=i+1;
            if (p->l[i].key>=x) r=i-1;
        }
        if (l-r>1)   {*ptr=p;  *ind=i;}          /* 若找到，则返回关键字所在的结点和位置 */
        else
        if(r<0)  search(x, p->l[i], ptr, ind);   /* 若找不到，则继续查找左子树 */
        else     search(x, p->l[r], ptr, ind);   /* 若找不到，则继续查找右子树 */
    }/* ELSE */
}/* BTSEARCH */
```

3. B-树的查找分析

现在我们来估算 B-树的查找效率。B-树的查找包含两种基本操作：① 在 B-树中查找关键字所在的结点；② 在结点中查找关键字。由于 B-树通常存储在磁盘上，因此前面一个查找操作是在磁盘上进行的，而后面的查找操作是在内存中进行的。显然，在磁盘上进行查找比在内存中进行查找所耗费的时间要多得多，因此，在磁盘上进行查找的次数，即查找关键字所在的结点在 B-树中的层数，是决定 B-树查找效率的首要因素。

在 B-树中查找的次数不超过 B-树的高度，而 B-树的高度与阶数 m 和关键字数 n 有关，具有 n 个关键字的 m 阶 B-树的最大高度是多少？下面来讨论它们之间的关系。

（1）假设包含 n 个关键字的 m 阶 B-树的高度为 $h+1$ 层，则 $h+1$ 层（即叶结点所在的层）的结点数为 $n+1$ 个（即叶结点所在层的结点数为 $n+1$）。

因为每个非叶结点中的指针个数等于其中关键字个数加 1，因此有

$$结点总数=指针总数+1=（关键字总数 n+非叶结点数）+1$$

$$h+1 层的结点数=叶结点数=结点总数-非叶结点数=n+1$$

（2）根据 B-树的定义可知，B-树的第 1 层为根结点，至少有 1 个结点；根结点至少有 2 个孩子，因此，第 2 层至少有 2 个结点；由于 m 阶 B-树规定，除根之外每个非终端结点至少有 $\lceil m/2 \rceil$ 棵子树，因此，第 3 层至少有 $2 \times \lceil m/2 \rceil$ 个结点；第 4 层至少有 $2 \times \lceil m/2 \rceil^2$ 个结点；其余类推，第 $h+1$ 层至少有 $2 \times \lceil m/2 \rceil^{h-1}$ 个结点。而 $h+1$ 层的结点为叶子结点。若 m 阶 B-树共有 n 个关键字，则叶子结点即查找失败的结点数为 $n+1$，于是得到

$$2 \times \lceil m/2 \rceil^{h-1} \leqslant n+1$$

即

$$h \leqslant 1+\log_{\lceil m/2 \rceil}((n+1)/2)$$

从上式可看出，若查找具有 n 个关键字的 B-树，则从根结点到关键字所在的结点至多进行 h 次存取，因此 B-树可以实现快速查找。

例如，当 $n=10\,000$，$m=100$ 时，B-树的高度 h 不超过 3；而由 $n=10\,000$ 个结点构成二叉排序树时，其树的高度至少为 14，即为对应的理想平衡树的高度。由此可见，B-树查找所需

比较的结点数比二叉排序树查找所需比较的结点数要少得多。这意味着如果 B-树和二叉排序树均保存在外存上，使用 B-树就可以大大减少访问外存的次数，从而大大地提高数据处理的速度。

4. B-树的插入

在 B-树插入一个关键字的运算较为复杂。要使插入结点中的关键字个数 $n \leqslant m-1$，将涉及结点的"分裂"问题。

将关键字为 x 的结点插入 B-树的过程是：首先利用 B-树的查找算法，从树根结点到叶结点进行查找。若找到关键字 x，则不用插入，直接返回；否则，先找出关键字 x 的插入位置，然后再将关键字 x 插到结点中。对于叶结点处于 $h+1$ 层的 B-树，插入的关键字总是进入第 h 层结点中。

若结点关键字个数 $n < m-1$，则说明该结点未满，将关键字 x 直接插到结点的合适位置（即插入后结点中关键字仍然有序）即可；若结点关键字个数 $n = m-1$，则说明该结点已满，不能再插入新的关键字。在这种情况下，需将结点"分裂"成两个结点，然后再插入关键字 x。

结点"分裂"的方法是：取一个新结点，把原结点上的关键字值 x 按升序排序后，以原结点居中（即 $\lceil m/2 \rceil$ 之处）的关键字为界，将结点关键字分成两部分，左部分所含关键字仍放在原结点中，右部分所含关键字放在新结点中，把原结点居中的关键字连同新结点的存储位置上升到父亲结点中。若父亲结点未满，就将其插到父亲结点的合适位置上；若父亲结点已满，其关键字个数也超过 $n = m-1$，则按同样方法继续向上"分裂"，再往上插，直到这个过程传到根结点为止。

在最坏的情况下，这个向上的分裂过程可能一直传播到根结点。通过由下往上，连锁反应，逐层拆分，有可能使 B-树的高度增加。

【例 9.9】 在图 9.16（a）所示 5 阶 B-树中，依次插入关键字 38 和 45，请给出插入过程。

【解】 插入关键字 38 和 45 后 5 阶 B-树分别如图 9.16（b）和（c）所示。

插入关键字 38 的过程是：首先，查找并确定关键字为 38 的结点在 B-树的插入位置，从 B-树根结点 a 开始进行查找，确定 38 应插入结点 e 中；然后，再检查结点 e 的关键字个数是否小于 4($m-1=4$)，由于结点 e 中只有两个关键字，故直接将 38 按关键字从小到大顺序插到结点 e 的合适位置上。插入关键字 38 后的 5 阶 B-树如图 9.16（b）所示。

插入关键字 45 的过程亦如此。通过查找可知，关键字 45 应插到结点 f 中。因为结点 f 已有 4 个关键字（43, 57, 60, 65），结点已满没有空位置，因此，将原结点 f 分裂成两个新的结点 f(43, 45)和 f'(60, 65)，同时把原结点 f 居中的关键字 57 上升插入其父亲结点 b 中，由于结点 b 只有两个关键字 b(25, 40)，没有超过范围，则插入完成。插入关键字 45 之后，B-树的结构如图 9.16（c）所示。

5. B-树的删除

B-树的删除过程与插入过程类似。要使删除后的结点关键字个数 $\lceil m/2 \rceil - 1 \leqslant n$，将涉及结点的"合并"问题。

在深度为 $h+1$ 层的 m 阶 B-树中删除一个结点关键字为 k 的过程是：首先查找被删关键字 k 所在的结点及其在结点中的位置，若查找失败，则无须删除，直接返回；若查找成功，再根据下列两种情况进行删除。

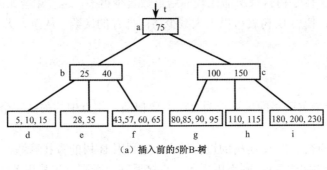
(a) 插入前的5阶B-树

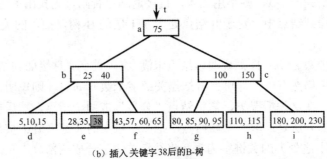
(b) 插入关键字38后的B-树

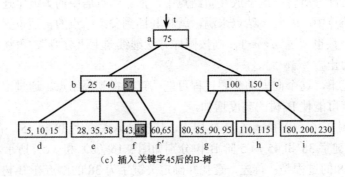
(c) 插入关键字45后的B-树

图 9.16 B-树插入结点的运算实例

（1）若被删除的关键字 k 是最下层（第 h 层）的非终端结点中的关键字，且删除后结点中剩余的关键字个数 $n \geq \lceil m/2 \rceil$，可直接从该结点中删除关键字 k；否则，若删除后结点中剩余的关键字个数 $n < \lceil m/2 \rceil - 1$，则需要进行结点的"合并"操作。

（2）若被删除的关键字 k_i 是小于 h 层的非终端结点中的关键字，则首先找出 k_i 在 B-树的中序后继关键字 k_i+1 或中序前驱关键字 k_i-1，然后用中序后继关键字 k_i+1（或中序前驱关键字 k_i-1）替代关键字 k_i，再从第 h 层相应结点中删除关键字 k_i+1（或 k_i-1）。这样就把从不在最下层（第 h 层）的非终端结点中删除关键字 k_i 的问题，也变成从最下层（第 h 层）的非终端结点中删除关键字 k_i+1（或 k_i-1）的问题。因此，我们只需讨论从最下层的非终端结点中删除关键字 k 的情况。

从 B-树第 h 层结点中删除一个关键字 k 后，使得该结点中的关键字个数 n 减 1。为了使该树仍然满足 B-树的定义，结点中剩余的关键字个数应满足：$\lceil m/2 \rceil - 1 \leq n \leq m-1$，通常可根据以下 3 种情况进行不同的处理。

（1）若被删除关键字 k_i 所在结点的关键字个数 $n \geq \lceil m/2 \rceil$，可直接从结点中删除关键字 k_i

和相应指针 P_i，树的其他部分不变，删除关键字 k_i 后该结点仍能满足 B-树定义。例如，从图 9.17（a）中删除关键字 95 时，直接将其删除即可。

（2）若被删除关键字 k_i 所在结点的关键字个数 $n=\lceil m/2 \rceil-1$，而它的右兄弟（或左兄弟）结点中的关键字个数 $n>\lceil m/2 \rceil-1$，则首先将其兄弟结点中最小（或最大）的关键字上移到双亲结点中，然后将双亲结点中小于（或大于）且紧靠该上移关键字的关键字下移至被删除关键字所在的结点中，这样删除关键字 k_i 后，该结点及其左兄弟（或右兄弟）结点仍然满足 B-树的定义。

例如，从图 9.17（a）中删除关键字 115 时，首先将关键字 115 所在结点 h 的右兄弟结点 i 中最小的关键字 180 上移到双亲结点 c 中，然后将双亲结点中大于 115 的关键字 150 下移到被删除关键字 115 所在的结点 h 中，删除关键字 115 后，其结果如图 9.17（c）所示。

（3）若被删除关键字 k_i 所在的结点和其相邻的左、右兄弟结点（若有的话）中的关键字个数均为 $n=\lceil m/2 \rceil-1$，就无法从其左兄弟和右兄弟中通过双亲结点得到关键字以弥补自己的不足，此时必须进行结点的"合并"，即删除关键字 k_i 后，将该结点中剩余的关键字和指针，加上双亲结点中分割左、右兄弟结点的关键字一起合并到左兄弟（或右兄弟）结点中。如果因此使得双亲结点中的关键字个数 $n<\lceil m/2 \rceil-1$，则按同样方法继续向上"合并"，直到这个过程传到根结点为止，从而使整个树降低一层。例如，从图 9.17（a）所示 B-树中删除关键字 65 时就是如此。

结点"合并"的做法是：向它的左结点或右结点借若干个关键字。借关键字有两种可能：
① 若能借到，则 B-树调整完毕；
② 若借不到，结点 p 和它相邻结点 q 中关键字的总数一定是 $m-2$ 个，再加上它们双亲结点正好是 $m-1$ 个，所以可将 p 和 q 合并成一个结点 p，再取消 q 结点，这就是插入算法中分裂过程的逆过程合并。

结点合并涉及左、右兄弟和双亲结点，与结点的分裂一样，结点合并也会产生连锁反应，甚至涉及根结点。同样，删除结点有时可能会降低 B-树的高度。

【例 9.10】在图 9.17（a）所示的 5 阶 B-树中删除关键字 75、65 和 115，请给出其删除过程示意图。

【解】图 9.17 是从 B-树中删除结点关键字 75、65 和 115 的示意图。从图 9.17（a）中删除关键字 75 时，首先将它与中序后继关键字 80 或中序前驱关键字 65 对调，然后再从对调后的结点 g 或 f′中删除关键字 75 即可。

删除关键字 65 的过程如下：由于删除关键字 65 后，结点 f′只剩下一个关键字，其相邻结点 f 有两个关键字，结点 f 和它相邻结点 f′共有关键字总数是 2+1=3=5-2，因此不能借给 f′，这时把 f 和 f′连同它们父亲结点中的关键字 57 合并成一个结点 f，删除关键字 65 后的 B-树如图 9.17（b）所示。

删除关键字 115 的过程亦如此。删除关键字 115 后，结点 h 中只有关键字 110，由于与 h 相邻结点 i 有 3 个关键字，所以从结点 i 中借一个关键字 180 给 h 结点，删除关键字 115 后 B-树如图 9.17（c）所示。

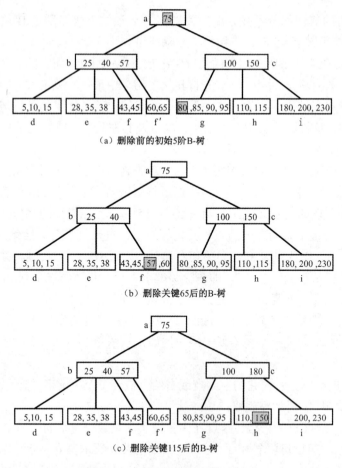

图 9.17 B-树删除结点的运算实例

9.4 散列表的查找

在前面讨论的线性表和树的查找方法中，结点在数据结构中的相对位置是随机的，位置和结点的关键字之间不存在确定关系，所以查找时要与关键字进行一系列的比较，这些查找方法是建立在"比较"基础上的，平均比较次数与结点个数有关，查找的效率依赖于查找过程进行的比较次数。而本节介绍的散列查找与前面介绍的查找方法是完全不同的另一类查找方法，散列查找方法只需对结点的关键字进行某种运算就能直接确定结点在表中的存储位置，因此，散列查找的平均比较次数与表中所含结点的数量无关，它适用于线性表的散列存储结构。

9.4.1 散列表的概念

散列（Hashing）同顺序、链接和索引一样既是线性表的一种重要的存储方法，又是一种常见的查找方法。散列存储的基本思想是：以线性表中每个结点关键字 k 作为自变量，通过一个确定的函数关系 $H(k)$ 计算出对应的函数值，把这个值解释为结点的存储地址，将结点存放到 $H(k)$ 所指定的存储位置上。在散列表上进行查找时，首先根据要查找的关键字 k，用散列存储时使用的同一散列函数 $H(k)$ 计算出存储单元的地址，然后按此地址到散列表相应的单元中取出要找的结点。

用散列方法存储的线性表称为**散列表**（Hash List）或**哈希表**（Hash Table）。散列存储中使用的函数 $H(k)$ 称为**散列函数**或**哈希函数**，它实现结点关键字到存储地址的映射，$H(k)$ 的值称为**散列地址**或**哈希地址**。建立散列表的方法称为**散列方法**或**散列技术**。

通常，散列表的存储空间是一个一维数组，因此，散列地址就是数组的下标，我们将这个一维数组简称为**散列表**。

【例 9.11】假定一个线性表的关键字集合为：

$$A = (18, 75, 60, 43, 54, 90, 46)$$

为了散列存储该线性表，假设选取的散列函数为：$H(k)=k\%m$，即用结点的关键字 k 整除以散列表的长度 m，取余数（即为 $0\sim m-1$ 范围内的一个数）作为存储该结点的散列地址，这里假定 k 和 m 均为正整数，并且 m 要大于等于线性表的长度 n。在此例中，因为 $n=7$，故取 $m=13$，得到每个结点的散列地址为：

$H(18)=18\%13=5$ $H(75)=75\%13=10$

$H(60)=60\%13=8$ $H(43)=43\%13=4$

$H(54)=54\%13=2$ $H(90)=90\%13=12$

若根据散列地址 $H(k)$ 把结点存储到散列表 $H[m]$ 中，则构造的散列表如图 9.18 所示。

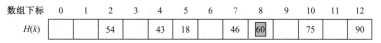

图 9.18 散列表存储结构示例

在散列表中查找元素与插入元素一样简单。例如，在散列表 H 中查找关键字为 60 的结点，只要利用散列函数 $H(k)$ 计算出 $k=60$ 时，其散列地址 $H(60)=8$，就可以从下标为 8 的单元中取出该结点 $k=60$ 即可。

上面例题讨论的散列表是一种理想的情况，即插入元素时，根据关键字求出散列地址对应的存储单元都是空单元，也就是说，每个元素都能直接存储到其散列地址所对应的单元中，不会出现该单元已被其他元素占用的情况。但是，在实际应用中，这种理想情况是很少见的。通常可能出现一个待插结点的散列地址已被占用，使得该结点无法直接存到这个单元中的情况。例如，向散列表 H 插入关键字为 70 的新结点时，该结点的散列地址为 h(70)=5，由于 h(18)=5，同已存入的关键字 18 发生冲突，使得关键字为 70 的新结点无法存到下标为 5 的单元中。

在散列存储中，上述冲突现象是很难避免的，除非关键字的变化区间小于等于散列地址的变化区间，但是这样在关键字取值不连续时又非常浪费存储空间。在一般情况下，关键字的集合比提供的存储空间的数目大得多。例如，上例中结点关键字均为两位整数，其取值范围为 $0\sim 99$，而散列地址的取值区间为 $0\sim 12$，远小于关键字取值区间。因此，就会出现这样的情况：对于两个不同的关键字 k_1 和 k_2 且 $k_1\neq k_2$，具有相同的散列地址 $H(k_1)=H(k_2)$，使得两个不同的关键字映射到同一个存储位置，这种现象就称为**冲突**（Collision）。我们把发生冲突时，具有不同的关键字但有着相同的散列地址的关键字称为同义词，由同义词引起的冲突称为**同义词冲突**。k_1 和 k_2 则互称为**同义词**。

因此，为了有效地使用散列技术，散列查找必须解决以下两个重要问题：

① 如何构造一个好的散列函数，使得冲突现象尽可能少发生；

② 确定一个行之有效的方法来解决冲突，即当冲突发生后，如何解决冲突。

在散列存储中，虽然冲突很难避免，但发生冲突的可能性却有大有小，这主要与3个因素有关。

（1）与装填因子 α 有关。所谓装填因子，是指散列表中已存入的结点个数 n 与散列表长度 m 的比值，即

$$\alpha = n/m$$

式中，α 为装填因子，n 为散列表中结点的个数，m 为散列表的存储单元数。

装填因子 α 可以反映发生冲突的频率。当 α 越小时，发生冲突的可能性就越小；当 α 越大（最大取1）时，发生冲突的可能性就越大；这很容易理解，因为 α 越小，散列表空闲单元的比例就越大，所以待插结点与已经存入的结点发生冲突的可能性就越小，反之，若 α 越大，则散列表中空闲单元的比例就越小，所以待插结点同已存结点发生冲突的可能性就越大。另一方面，α 越小，存储空间的利用率就越低，反之，存储空间的利用率也就越高。为了既兼顾减少冲突的发生，又兼顾提高存储空间的利用率这两方面因素，通常，将 α 控制在 0.6～0.9 之间。

（2）与散列函数有关。若散列函数选择得当，就能使散列地址尽可能均匀地分布在散列空间上，从而减少冲突的发生，否则，就可能使散列地址集中于某些区域，从而加大冲突的发生。

（3）与解决冲突的方法有关。方法的好坏也将减少或增加发生冲突的可能性。

下面我们将从构造散列函数和处理冲突这两个方面来讨论散列表的构造和查找运算。

9.4.2 散列函数的构造方法

构造散列函数的目的是使散列地址尽可能均匀地分布在散列空间上，从而减少冲突，同时应使计算过程尽可能简单，以节省计算时间。根据关键字的结构和分布不同，可构造出与之相适应的各种不同的散列函数。下面介绍 6 种常用的散列函数的构造方法。这里假设关键字 key 为整数类型。

1. 直接定址法

直接定址法是以关键字 key 本身或关键字加上某个数值常量 c 作为散列地址的方法。其散列函数 $H(key)$ 为：

$$H(key) = key + c \qquad (c \geq 0)$$

直接定址方法简单，并且不可能有冲突发生。当关键字分布基本连续时，可用直接定址法构造散列函数；否则，会因关键字分布不连续而造成存储单元的大量浪费。

2. 除留余数法

除留余数法是用关键字 key 除以某个不大于散列表长度 m 的素数 p 所得到的余数作为散列地址的方法。除留余数法的散列函数 $H(key)$ 为：

$$H(key) = key \% p$$

这个方法的关键是选好 p，使得对象集合中的每个关键字通过该函数转换后映射到散列表的任意地址上的概率都相等，从而尽可能减少发生冲突的可能性。为了使散列地址分布均匀，通常 p 应选小于或等于散列表长度 m 的最大素数。例如，若散列表的长度：

$$m = 8, 16, 32, 64, 128, 256, 512, 1024$$

则选取最大素数：

$$p=7, 13, 31, 61, 127, 251, 503, 1019$$

除留余数法计算简单，适用范围广，在许多情况下效果比较好。因此，除留余数法是一种最简单和最常用的构造散列函数的方法。

【**例 9.12**】假设散列表的长度 $m=8$，关键字序列为（Brete, Janes, Shire, Bryce, Miche, Heath），若用除留余数法构造散列函数 $H(k)$，请构造散列表。

【**解**】由于散列表长度 $m=8$，故选取最大素数 $p=7$。若用除留余数法构造的散列函数为：$H(k)=$(关键字 k 的第 3 个字母的 ASCII 字符值)%7，则上述关键字的散列地址 $H(k)$ 分别为：

H(Brete)=101%7=3

H(Janes)=110%7=5

H(Shire)=105%7=0

H(Bryce)=121%7=2

H(Miche)=99%7=1

H(Heath)=97%7=6

根据散列函数构成的散列表如图 9.19 所示。

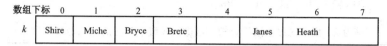

图 9.19 用除留余数法构造散列表示例

3. 数字选择法

数字选择法是取关键字中某些取值较分散的若干数字位作为散列地址的方法。它适合于事先已知关键字的集合情况，且关键字的位数比散列表的地址位数多时，选取数字分布较分散的若干位作为散列地址。

这种方法使用的前提是：必须能预先估计到所有关键字的每一位上各种数字的分布情况。

【**例 9.13**】已知结点关键字个数大约为 600 个，关键字位数有 9 位。若部分关键字由表 9.1 给出，请用数字选择法设计散列函数 H(key)。

【**解**】通过分析表 9.1 所给的关键字 key 可知，每个关键字前 3 位均为 0，数字分布不均匀，不宜作为散列函数；第 5 位有 4 个 1，也不均匀，故不可取；第 6、7 位不太均匀，也不可取；第 4、8、9 位数字分布比较均匀，可根据散列表的长度取其中几位或它们的组合作为散列地址。

若表长为 1000（即地址为 0~999），则可以把第 4、8、9 位这 3 位数字合并成一个 3 位数作为散列地址 H_1(key)。若表长为 100（即地址为 0~99），则可将第 8、9 这 2 位数字合并成一个 2 位数作为散列地址 H_2(key)，其结果见表 9.1 中的散列地址 H_1(key)和散列地址 H_2(key)。

表 9.1 用数字选择法选取适当的关键字构造散列地址示例

关键字 key	散列地址 H_1(key)	散列地址 H_2(key)
000319426	326	26
000718309	709	09
000629443	643	43

关键字 key	散列地址 H_1(key)	散列地址 H_2(key)
000758615	715	15
000919697	997	97
000310329	329	29

4. 平方取中法

平方取中法是将关键字平方后取中间几位作为散列地址的方法。这里,具体取几位要视具体情况而定。如果关键字中并没有几位分布特别均匀,就不能使用数字选择法。但为了使关键字中的各位数字都能发挥作用,可将关键字平方后,然后取中间的几位或其组合作为散列地址。

【例 9.14】已知关键字 key 为(0100, 1100, 1200, 1160, 2061, 2062, 2161),请用平方取中法设计散列函数并求出其散列地址 H(key)。

【解】首先计算各关键字的平方值 key^2,然后分析各关键字,取其第 2、3、4 位作为关键字的散列地址 H(key),其结果参见表 9.2。

表 9.2 用平方取中法设计散列函数时关键字对应的散列地址示例

关键字 key	关键字的平方 key^2	散列地址 H(key)
0100	0010000	010
1100	1210000	210
1200	1440000	440
1160	1345600	345
2061	4247721	247
2062	4251844	251
2161	4669921	669

5. 折叠法

折叠法是把关键字分成位数相同的若干段(最后一段的位数可少些),段的位数取决于散列地址的位数,视实际需要而定,然后把各段叠加起来,去掉进位后将它们的叠加和作为散列地址的方法。

如果关键字的位数比地址位数多,而且各位分布较均匀,不适合用数字选择法去掉其中的某些位,这时可采用折叠法。

折叠法适合关键字的位数较多,而所需散列地址的位数又较少,同时关键字中每一位的取值比较集中的情况。

【例 9.15】已知关键字 key 为 58247163,请用折叠法构造散列函数,要求将关键字转换成 4 位散列地址。

【解】首先将 key 分为两段 key1=5824 和 key2=7163,然后求这两段的叠加和,最后去掉进位码,得到 4 位散列地址如下:

$$\begin{array}{r} \text{key1}= 5824 \\ +\ \text{key2}= 7163 \\ \hline =1\!\!\mid\!2987 \end{array}$$

因此，当 key=58247163 时，其散列地址为 $H(\text{key})=H(58247163)=2987$。

6．随机数法

随机数法就是选择一个随机函数，取关键字的随机函数值作为它的散列地址，即

$$H(\text{key})=\text{Random}(\text{key})$$

式中，Random 为随机函数。通常，当关键字长度不等时用这种方法构造散列地址比较好。

9.4.3 处理冲突的方法

所谓处理冲突就是一旦出现冲突时，为发生冲突的元素找到另一个空闲的散列地址存放该元素。解决冲突的方法有很多，常用的方法有：**开放地址法、链地址法和公共溢出区法**。

1．开放地址法

所谓开放地址，就是开放散列表中未使用的空间来解决冲突问题。开放地址法解决冲突的基本思想是：当冲突发生时，使用某种探查（亦称探测）技术在散列表中形成一个探查序列，沿此序列逐个单元进行查找，直到找到给定的关键字或者碰到一个开放地址（即该地址单元为空）为止。在散列表中进行查找时，若探查到一个"空"的开放地址，则表明散列表中无待查的关键字，即查找失败。向散列表插入一个新结点时，若探查到一个"空"的开放地址，则将待插入的新结点插到该地址单元中。显然，用开放地址法建立散列表时，建表前须将表中所有单元置空。

开放地址时，散列表的空闲单元（假定下标为 d）不仅向散列地址为 d 的同义词元素开放，即允许它们使用，而且向发生冲突的其他元素开放，由于它们的散列地址不为 d，故称为**非同义词元素**。总之，在开放地址法中，空闲单元既向发生冲突的同义词元素开放，也向发生冲突的非同义词元素开放。因此，用开放地址法处理冲突时，不能确定散列表中下标为 d 的单元到底存储的是同义词中的一个元素，还是其他元素，这要看谁先占用它。

在开放地址法中，从发生冲突的散列地址 d 单元起，通过某个散列函数得到一个新的空闲单元的方法有很多种，每一种方法都对应着一定的查找路径，都产生一个确定的探查序列。形成探查序列的方法不同，解决冲突的方法也不同。下面仅介绍 3 种常用的探查方法：线性探测法、随机探查法和双散列函数探查法。

（1）线性探测法

线性探测法的基本思想是：将散列表 $T[0..n-1]$ 看成是一个长度为 n 的环形表。若发生冲突的单元地址为 $d=H(\text{key})$，则依次探测 d 的下一个单元地址为：

$$d+1, d+2, \cdots, n-1, 0, 1, \cdots, d-2, d-1$$

直到找到一个空单元或探查到 $T[d-1]$ 为止。探查过程终止于 3 种情况：若当前探查的单元为空，则表示查找失败，对于插入运算，就将发生冲突的关键字 k 写入空单元中；若当前探查的单元中含有关键字 k，则查找成功，但对于插入运算则意味着插入失败；若探查到 $T[d-1]$ 时既没有发现空单元也没有找到关键字 k，则无论对于插入运算还是查找均意味着失败（即此时表满）。

用线性探测法解决冲突时，下一个开放地址的计算公式如下：

$$\begin{cases} d_0=H(key) \\ d_i=(d_{i-1}+i)\%n \end{cases} \quad (1\leq i\leq n-1)$$

【例9.16】 已知一组关键字为（9，12，4，5，13，16，25），假设散列表HT[7]的长度$n=7$，散列函数为$H(k)=k\%7$。若用线性探测法解决冲突，请给出这组关键字所构造的散列表HT。

【解】 首先利用散列函数计算出散列地址d，若该地址是开放的，则插入新结点；否则利用公式计算下一个开放地址。第一个插入的关键字是9，其散列地址$H(9)=9\%7=2$，因为这是一个开放地址，故将9插入散列表HT[2]中。类似地，关键字12和4的散列地址为$H(12)=12\%7=5$，$H(4)=4\%7=4$，都是开放的，故将它们分别插入散列表HT[5]和HT[4]中。当插入关键字5时，其散列地址为$H(5)=5\%7=5$，此时发生冲突，故利用公式进行探查，显然$d_1=(d_0+i)\%n=(5+1)\%7=6$为开放地址，因此将5插入散列表HT[6]中。当插入关键字13时，散列地址为$H(13)=13\%7=6$，此时发生冲突，利用公式进行探查，$d_1=(d_0+i)\%n=(6+1)\%7=0$为开放地址，故将13插入HT[0]中。类似地，插入关键字16时，其散列地址$H(16)=16\%7=2$，此时发生冲突，用公式探查$d_1=(2+1)\%7=3$为开放地址，因此将16插入散列表HT[3]中。

若用线性探测法解决冲突，则依次插入结点所构造散列表HT的过程如图9.20所示。

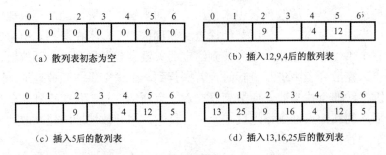

图9.20 线性探测法构造散列表的过程

从上述线性探测过程可以看出，线性探测法容易造成结点的"堆聚"。在处理冲突过程中，散列地址不同的结点争夺同一个后继散列地址的现象称为**堆聚**或**堆积**（Clustering）。这将造成不是同义词的结点，处在同一个探查序列之中，从而增加探查序列的长度，降低查找效率。若散列函数选择不当，或装填因子过大，都可能使堆积现象加剧。例如，在图9.20所示的散列表中，若查找关键字key=25的结点，就需要依次检查4、5、6、0、1这5个存储单元，然后才能确定查找失败。

为了减少堆积现象的发生，就不能像线性探测法那样探查一个顺序的地址序列，而应该使探查序列跳跃式地散列在整个散列表中。下面介绍的两种探查方法在一定的程度上可克服堆积现象的发生。

（2）随机探查法

采用随机探查法解决冲突时，求下一个开放地址的计算公式为：

$$\begin{cases} d_0=H(k) \\ d_i=(d_0+R_i)\%n \end{cases} \quad (1\leq i\leq n-1)$$

式中，$R_1, R_2, \cdots, R_{n-1}$是1，2，$\cdots$，$n-1$之间的一个随机数序列，故称这种方法为**随机探查法**。

（3）双散列函数探查法

这种方法使用两个散列函数$H_1(k)$和$H_2(k)$，其中$H_1(k)$和前面的$H(k)$一样，以关键字为自变量，产生一个 0～n-1 之间的数作为散列地址；$H_2(k)$是另一个散列函数，也以关键字为自变量，产生一个 1～n-1 之间并与 n 互质的数（即 n 不能被该数整除）作为探查序列的地址增量。若 $H_1(k)=d$ 发生冲突，则再计算 $H_2(k)$，得到的探查序列为：

$$(d+H_2(k))\%n, (d+2H_2(k))\%n, (d+3H_2(k))\%n, \cdots, (d+iH_2(k))\%n, \cdots$$

因此，用双散列函数探查法解决冲突时，求下一个开放地址的计算公式为：

$$\begin{cases} d_0=H_1(k) \\ d_i=(d_{i-1}+i*H_2(k))\%n \end{cases} \quad (1 \leq i \leq n-1)$$

式中，$d_{i-1}=H_1(k)$。定义 $H_2(k)$ 的方法很多，但无论采用什么方法定义 $H_2(k)$，都必须保证 $H_2(k)$ 与 n 互质，才能使发生冲突的同义词的地址均匀地分布在整个表中，否则可能造成同义词地址的循环计算。这种方法使用两个散列函数，故称为**双散列函数探查法**。

【例9.17】假设关键字序列为{33, 41, 20, 24, 30, 13, 1, 67}，散列表为 T[0..10]，即表的长度 m=11。现采用双散列函数探查法解决冲突，散列函数和再散列函数分别为：

$$\begin{cases} H_0(k)=(3k)\%11 \\ H_i(k)=(H_{i-1}+(7k)\%10+1)\%11 \end{cases} \quad (i=1, 2, 3, \cdots, m-1)$$

若依次插入关键字序列，请给出所构造的散列表。

【解】采用双散列函数解决冲突时，计算出关键字的散列地址如下：

① k=33　　H(33)=(3×33)%11=0
② k=41　　H(41)=(3×41)%11=2
③ k=20　　H(20)=(3×20)%11=5
④ k=24　　H(24)=(3×24)%11=6
⑤ k=30　　H(30)=(3×30)%11=2
　　　　　此时发生冲突，d_1=H(30)=2，H(30)=(2+(7×30)%10+1)%11=3
⑥ k=13　　H(13)=(3×13)%11=6
　　　　　此时发生冲突，d_1=h(13)=6，H(13)=(6+(7×13)%10+1)%11=8
⑦ k=01　　H(1)=(3×1)%11=3
　　　　　此时发生冲突，d_1=H(1)=3，H(1)=(3+(7×1)%10+1)%11=0
　　　　　又发生冲突，d_2=H(1)=0，H(1)=(0+(7×1)%10+1)%11=8
　　　　　又发生冲突，d_3=H(1)=8，H(1)=(8+(7×1)%10+1)%11=5
　　　　　又发生冲突，d_4=H(1)=5，H(1)=(5+(7×1)%10+1)%11=2
　　　　　又发生冲突，d_5=H(1)=2，H(1)=(2+(7×1)%10+1)%11=10
⑧ k=67　　H(67)=(3×67)%11=3
　　　　　此时发生冲突，d_1=H(67)=3，H(67)=(3+(7×67)%10+1)%11=2
　　　　　又发生冲突，d_2=H(67)=2，H(67)=(2+(7×67)%10+1)%11=1

利用双散列函数探查法解决冲突时，所构造的散列表如图9.21所示。图中最后两行散列次数和查找失败次数分别表示查找成功或失败时，该结点关键字的查找次数。

下标地址H(k)	0	1	2	3	4	5	6	7	8	9	10
关键字k	33	67	41	30		20	24		13		1
散列次数	1	3	1	2		1	1		2		6
查找失败次数	5	4	3	2	1	3	2	1	2	1	6

图 9.21　用双散列函数探查法解决冲突构造散列表实例

2. 溢出区法

线性探测法解决冲突的办法是：当冲突发生后，再继续寻找下一个"空"单元，并将结点插入。这样该结点有可能占据另一个结点的存储位置，引起连锁反应，产生新的冲突。而建立公共溢出区是用另一种方法解决冲突。

溢出区方法的基本思想是，将散列表划分成两个区域：**基本区**和**溢出区**。当发生冲突时，将发生冲突的结点依次插到溢出区中。这样，基本区不可能发生"堆积"现象，但如何将发生冲突的结点插到溢出区仍然是个问题。

采用溢出区解决冲突时，将关键字为 k 的新结点插到散列表中的过程如下。

① 根据结点的关键字 k 计算出散列地址 $d=H(k)$。
② 检查散列表基本区第 d 单元的内容。若 d 单元为空，则插入该结点；否则将该结点添加到溢出区中。

采用溢出区法解决冲突时，在散列表中查找关键字为 k 的结点的过程如下。

① 根据给定结点的关键字 k，计算散列地址 $d=H(k)$。
② 检查散列表基本区中第 d 个单元的内容。若 d 单元为空，则查找失败；若第 d 个单元的关键字等于 k，则查找成功；否则在溢出区中继续进行顺序查找。

【**例 9.18**】 假设散列表长度 $n=7$，散列函数 $H(k)=k\%7$，结点关键字的插入顺序为 {9, 12, 4, 13, 5, 19, 11, 2, 14, 23}。若用公共溢出区解决冲突问题，请给出这组关键字构成的散列表。

【**解**】 用公共溢出区解决冲突时，散列表由两个一维数组组成。其中一个数组称为基本表，另一个数组称为溢出表。若依次插入关键字 9, 12, 4, 13, 5, 19, 11, 2, 14, 23 后，则散列表的基本表和溢出表的内容如图 9.22 所示。

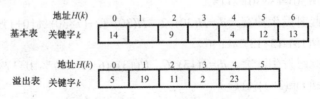

图 9.22 溢出区法构造散列表实例

当散列地址分布比较均匀时，溢出区并不会存放很多结点，即使采用顺序查找，效率也不会太低。当然，溢出区也可采用散列存储，形成二次散列。与线性探测法相比，溢出区的存储空间会多一点，但查找速度比较快。

3. 链地址法

链地址法亦称**拉链法**，其解决冲突的基本思想是，将散列表分成两部分：表头数组和结点链表。将所有关键字为同义词的结点链接存储在同一个单链表中，并用一个表头数组存放各链表的表头指针。

若散列表的长度为 m，则散列表可定义为指向 m 个链表的指针数组 T[0..m-1]，凡是散列地址为 i 的结点，均插到以 T[i] 为头指针的单链表中。在链表中各结点的插入位置可以是表头、表尾或中间，以保持同义词在同一链表中的有序性。T 中各链表的表头指针的初值应为空指针 T[i].link=NULL。

为了减少散列地址的冲突，可将表头数组的长度设计得长一些。各链表则根据实际结点数分配空间，因而可充分利用存储空间。

【例 9.19】 假设一组关键字集合为{4, 6, 19, 10, 8, 15, 28, 12, 21, 23, 49},散列函数为 H(k)=k%13。若用拉链法解决冲突,请给出这组关键字所构造的散列表。

【解】 因为散列函数 $H(k)=k\%13$ 的值域为 0~12,故散列表表头数组可设置为 T[0..12]。首先计算关键字为 k 的结点的存储地址 $H(k)=i$,然后将其插到 T[i]为头指针的第 i 个单链表中,为了保持同义词在同一链表中的有序性,结点应插到链表的合适位置上。若链表中同义词按从大到小的顺序排列,则用拉链法处理冲突时,所得到的散列表如图 9.23 所示。

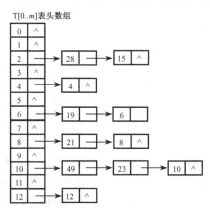

图 9.23 用拉链法处理冲突构造散列表示例

与开放地址方法相比,拉链法有以下 3 个优点。

(1)用拉链法处理冲突不会产生堆积现象,因此平均查找长度较短。

用拉链法处理冲突时,由于结点链表中待比较的结点都是同义词结点,因此可以减少在插入和查找过程中关键字的平均比较次数,平均查找长度较短;而开放地址法中,待比较的结点不仅包含同义词结点,还包含非同义词结点,往往非同义词结点比同义词结点还要多。

(2)用拉链法处理冲突的空间利用率较高。

用拉链法处理冲突时,因为各链表的结点空间是按实际结点数动态分配的,这不仅适用于表长无法确定的情况,而且存储空间也可以得到充分的利用,故空间利用率较高。虽然拉链法比开放地址法多占用一些存储空间来存储链接指针,但它可减少插入和查找过程中关键字的平均比较次数。

(3)用拉链法处理冲突易于实现删除结点的操作。

用拉链法构造散列表时,易于实现结点的删除操作,只要删除链表对应的结点即可;而用开放地址法处理冲突时,散列表的删除操作只能对被删结点做删除标记,而不能真正将其删除。

拉链法也有缺点:指针需要额外的空间,因此,当散列表的规模比较小且装填因子α比较大时,开放地址法比拉链法节省空间。

总之,由于拉链法查找速度快,存储空间利用率高,所以经常被采用。

9.4.4 散列表的运算

在线性表的散列存储中,处理冲突的方法不同,其散列表的类型定义也不同。下面分别给出用开放地址法和拉链法解决冲突时,相应的散列表的类型定义。

若用开放地址法解决冲突,则散列表的类型用 hashtable 表示,其类型定义如下:

```
#define MAX 17                    /* 假设散列表的长度为 MAX */
typedef int datatype;             /* 结点关键字的数据类型 */
typedef int keytype;              /* 结点其他域的数据类型 */
typedef struct                    /* 定义散列表结构类型——开放地址法解决冲突 */
{ keytype  key;                   /* 结点的关键字域 */
  datatype other;                 /* 结点的其他域 */
}hashtable;                       /* 散列表类型——用线性探测法解决冲突 */
hashtable hasht[MAX];             /* 采用开放地址法解决冲突时的散列表 */
```

若用拉链法解决冲突,则散列表的类型用 hashchain 表示,其类型定义如下:

```
typedef  sizeof(struct node)  LEN
typedef struct  node              /* 定义散列表结构类型——拉链法解决冲突 */
{ keytype   key;                  /* 结点的关键字域 */
  datatype   other;               /* 结点的其他域 */
  struct  node *next;             /* 结点的指针域 */
}hashchain;                       /* 散列表类型——用拉链法解决冲突 */
hashchain *hashc[MAX];            /* 采用拉链法解决冲突时的散列表 */
```

散列表上的运算有:散列表的初始化、散列表中插入元素、散列表的查找、从散列表中删除元素等。其中主要是散列表的查找,这是因为散列表的主要用于快速查找,并且插入和删除散列表的元素均要用到查找操作。下面以线性探测法和拉链法为例,给出这两种散列表的查找和插入运算。

1. 线性探测法解决冲突时散列表上的运算

(1)散列表的查找运算

若采用线性探测法解决冲突,则从散列表中查找关键字为 key 结点的过程如下。

① 根据建表时选择的散列函数,计算关键字为 key 的待查结点的散列地址 $d=H(key)$。

② 检查散列表 d 单元内容。若 d 单元为空,则查找失败;否则,若 d 单元的关键字与待查关键字 key 相等,则查找成功;否则令 $d=(d+1)\%n$,继续查找。如此反复下去,直至找到一个空单元(查找失败)或关键字比较相等(查找成功)为止。

用线性探测法解决冲突时,散列表的查找算法如下:

```
/* 开放地址法解决冲突时散列表的运算——散列函数采用除余法 H(key)=key%prim */
int h(key)                        /* 散列表的运算——用除余法 H(key)=key%prim 作为散列函数 */
keytype key;
{ int f, prim=13;                 /* prim 为小于散列表长度的最大素数,此处取 prim=13 */
    f=key%prim;                   /* 根据关键字计算散列函数值 */
    return(f);                    /* 函数返回散列地址 */
}/* HKEY */


/* 开放地址法解决冲突时散列表的运算——利用线性探测法查找关键字为 x 的算法 */
int  tablehash_search(ht, x)      /* 在 ht[MAX]上查找关键字为 x 的结点 */
hashtable ht[];
int x;
```

```
    { int d, j=0;                            /* d 为散列地址, j 为冲突时地址的增量 */
      d=h(x);                                /* h(x) 为散列函数 */
      while((ht[d].key!=x)&&(j<=NUM)&&(ht[d].key!=NULL))
      { j++;
        d=(d+j)%NUM;                         /* 计算并查找下一个开放地址解决冲突 */
      }
      return(d);                             /* 若 ht[d].key=x 则查找成功,否则失败 */
    }/* TABLEHASH_SEARCH */
```

（2）散列表的插入和建立运算

采用线性探测法解决冲突时，将关键字为 key 的新结点插入散列表的过程如下。

① 根据所给的散列函数 $H(key)$，计算关键字为 key 的结点的散列地址 $d=H(key)$。

② 检查散列地址 d 单元的内容。若 d 单元为空，则将关键字为 key 的新结点写到 d 单元中；若 d 单元非空，则反复探测下一个空单元，即令 $d=(d+1)\%n$，直至找到一个空单元为止，将新结点写入空单元。显然，只要散列表未满，插入操作总能完成，否则称为**溢出**。

③ 重复执行上述过程，就可以建立散列表。

建立散列表时首先要将散列表中所有单元清空，使其地址开放；然后再调用插入函数将输入的关键字序列依次插入散列表中。

线性探测法解决冲突时，散列表的建立和插入算法如下：

```
/* 开放地址法解决冲突时散列表的运算——利用线性探测法插入结点 s 算法 */
void   tablehash_insert(ht, s)               /* 将结点 s 插入散列表 ht[MAX]中 */
hashtable  ht[], s;
{ int d;
  d=tablehash_search(ht, s.key);             /* 在散列表中查找结点 s 合适的插入位置 */
  if(ht[d].key==NULL) ht[d]=s;               /* d 为开放地址,若有空单元则插入结点 s */
  else printf("\n 结点存在或散列表满!");      /* 若该结点已经存在或表满则插入失败 */
}/* TABLEHASH_INSERT */


/* 开放地址法解决冲突时散列表上的运算——利用线性探测法处理冲突时建立散列表 */
void   tablehash_creat(ht)                   /* 开放地址法建立散列表 hasht[MAX]函数 */
hashtable  ht[];
{ hashtable s; int i;
  for(i=0; i<NUM; i++)                       /* NUM 为散列表的实际个数 */
      ht[i].key=NULL;                        /* 将散列表初始化,即将数组各单元清空 */
  for(i=0; i<NUM; i++)
  {  s=hasht[i];                             /* 在原始表中选取结点 */
     tablehash_insert(ht, s);                /* 在散列表中依次插入新结点建新表 */
  }
  printf ("\n\n\n\t 开放地址结点的散列表为:\n\n\t");
  print_tablehash(ht,NUM);
}/* TABLEHASH_CREAT */
```

（3）散列表的输出运算

用线性探测法解决冲突时，散列表的输出算法如下：

```
    print_tablehash (r, n)              /* 开放地址法解决冲突时，散列表的输出运算 */
    hashtable r[];                      /* r 为散列表，n 为散列表的长度 */
    int n;
    { int i;
      for(i=0;i<n;i++)                  /* 输出用开放地址法建立的散列表 */
      { printf("%4d  ", r[i].key);      /* 从散列表中输出关键字 */
        if ((i+1)%10==0) printf("\n\t");
      }
      getchar( );                       /* 固定屏幕 */
    }/* PRINT-TABLEHASH */
```

2. 用拉链法解决冲突时散列表 hashchain 上的运算

（1）散列表的查找运算

采用拉链法解决冲突时，在散列表中查找关键字为 k 的结点的过程如下。

① 根据建立散列表时设定的散列函数 $H(k)$，计算关键字为 k 结点的散列地址 $d=H(k)$。

② 在头指针为 ht(d)的链表中从头至尾顺序查找关键字为 k 的结点。若查找成功则返回指向关键字为 k 的结点存储地址的指针；若查找失败，则返回空指针。

用拉链法解决冲突时，散列表的查找算法如下：

```
    /* 链地址法解决冲突时散列表的运算——用链地址法解决冲突时散列表的查找算法 */
    hashchain *chainhash_search(hsc, keyx)    /* 在散列表 hsc[MAX]中查找关键字 keyx */
    hashchain *hsc[];
    int  keyx;                                /* keyx 为要查找的关键字 */
    { hashchain *p;
      int d;
      d=h(keyx);                              /* 根据给定的散列函数，计算散列地址 */
      p=hsc[d];                               /* 取 keyx 所在链表的头指针 */
      while ((p!=NULL)&&(p->key!=keyx))       /* 在链表中顺链查找 */
          p=p->next;
      return(p);                              /*查找成功，返回头指针，否则返回空指针 */
    }/* CHAINHASH_SEARCH */
```

（2）散列表中插入一个新结点以及建立和输出散列表运算

用拉链法解决冲突时，将关键字为 k 的新结点插入散列表的过程如下。

① 根据所给的散列函数 $H(k)$，计算关键字为 k 的待插结点的散列地址：$d=H(k)$。

② 动态申请一个新链表结点 p，将待插入结点的关键字值 k 和其他数据域的值写到链表结点 p 的数据域中。

③ 将新结点 p 链接到以 htc(d)为头指针的链表中合适位置上，以保持链表有序性。

建立散列表时，首先将散列表表头数组的指针域初始化设置为空指针，然后调用插入函数，将输入的关键字为 k 的结点序列依次插入散列表中，就完成了散列表的建立操作。

用拉链法解决冲突时，散列表结点的插入、建立散列表及输出散列表的算法如下：

```
/* 用拉链法解决冲突散列表的运算——拉链法处理冲突时插入关键字为 k 的结点 s 算法 */
void  chainhash_insert(htc, s)    /* 将关键字为 k 的结点 s 插入散列表 htc[0..MAX-1]中 */
hashchain *htc[], *s;
{ hashchain *p;
    int d;                               /* d 为散列地址 */
    p=chainhash_search(htc, s->key);     /* 在散列表中查找关键字为 k 的结点 s */
    if (p==NULL)                         /* 若查找失败，则将新结点 s 插入散列表中 */
    { d=h(s->key);                       /* 根据散列函数计算结点 s 的散列地址 */
      s->next=htc[d];                    /* 用头插法将结点 s 插入相应链表的表头 */
      htc[d]=s;                          /* 指针数组指向相应链表的新表头结点 s */
    }
    else  printf("\n\t 该结点已存在!\n"); /* 表中已有此结点，无须插入该结点 */
}/* CHAINHASH_INSERT */


/* 拉链法解决冲突时散列表的运算——用拉链法解决冲突时建立和输出散列表的算法 */
void  chainhash_creat(htc)              /* 用拉链法解决冲突时建立和输出散列表的算法 */
hashchain *htc[];
{ int i;
  hashchain *p, *s;
  for (i=0; i<NUM; i++)                 /* 将散列表表头指针数组初始化 */
      htc[i]=NULL;                      /* 将表头指针初始设置为空指针 */
  for(i=0; i<NUM; i++)                  /* 依次输入结点的关键字建立散列表 */
  {  s=(struct node *)malloc(LEN);      /* 动态申请一个链表结点 s */
     s->key=hashc[i].key;               /* 将原始关键字等数据输入链表结点 s 中 */
     chainhash_insert(htc, s);          /* 新结点 s 插到散列表对应的各单链表中 */
  }
  printf("\n\t 拉链法建立的散列表为:\n\t");
  for(i=0; i<NUM; i++)                  /* 输出拉链法解决冲突所建立散列表 */
  {  p=htc[i];  printf("i=%d", i);      /* 输出散列表中各个单链表 */
     while (p!=NULL)                    /* 沿表头指针输出各链表中的结点 */
     {  printf("\t%d ", p->key);        /* 输出散列表每个链表结点的关键字 */
        p=p->next;                      /* 查找结点链表中的下一个结点 */
     }
     printf("\n\t" );
  }
}/* CHAINHASH_CREAT */
```

9.4.5 散列表的查找及分析

散列表上结点的插入和删除运算的时间复杂度均取决于查找，故我们只分析散列表上查找的时间性能。从散列表的查找过程可以看出以下两点。

（1）虽然散列表在关键字和存储位置之间直接建立了对应的关系，在理想的情况下，无须比较关键字就可找到待查的关键字。但是，由于"冲突"的产生，散列表的查找过程仍然是一个同关键字进行比较的过程，因此，仍然可以用平均查找长度来衡量散列表的查找效率。不过与顺序查找和二分查找等完全依赖于关键字比较的查找方法相比，散列表的平均查找长度要短得多。

（2）散列表的平均查找长度只与处理冲突的方法、所选取的散列函数及填充因子 α 有关，而与散列表的大小 m 无关。表 9.3 给出了在等概率情况下，采用 5 种不同的方法处理冲突时，散列表的平均查找长度 ASL。具体推导过程从略，读者可参阅相关的书籍。

表 9.3　用 5 种不同的方法处理冲突时散列表的平均查找长度 ASL

解决冲突的方法	平均查找长度 ASL	
	查找成功	查找不成功
线性探查方法	$(1+1/(1-\alpha))/2$	$(1+1/(1-\alpha)^2)/2$
随机探查法 二次探查法 双散列函数探查法	$-\ln(1-\alpha)/\alpha$	$1/(1-\alpha)$
拉链法	$1+\alpha/2$	$\alpha+e^{-\alpha}$

下面以例 9.17 和例 9.19 为例，分析在等概率情况下，用线性探测法和拉链法解决冲突时，分别计算查找成功和查找失败的平均查找长度的方法。

【例 9.20】对于例 9.17 和例 9.19 所构造的散列表，假设散列表中各结点的查找概率相等，请给出查找成功时的平均查找长度。

【解】例 9.17 和例 9.19 是采用线性探测法和拉链法来解决冲突的（参见图 9.21 和图 9.23）。若查找成功，其平均查找长度分别为：

$$ASL_{succ9-17}=(1\times4+2\times2+3\times1+6\times1)/8=17/8\approx2.1 \quad （例 9.17 线性探测法）$$

$$ASL_{succ9-19}=(1\times6+2\times4+3\times1)/11=17/11\approx1.6 \quad （例 9.19 拉链法）$$

式中，1/8 和 1/11 分别表示查找成功时每个结点的查找概率。用线性探测法解决冲突时，式中 1×4、2×2、3×1 和 6×1 分别表示探查 1、2、3、6 次的结点各有 4、2、1、1 个，这里探查次数就是与待查关键字 k 的比较次数；用拉链法解决冲突时，式中 1×6、2×4 和 3×1 分别表示比较次数为 1、2、3 次的结点各有 6、4、1 个。

对于不成功的查找，顺序查找和二分查找同关键字的比较次数仅取决于表的长度，而散列查找同关键字的比较次数与待查结点有关。因此，在等概率的情况下，散列表上查找失败时的平均查找长度，可定义为查找失败时，对关键字需要进行的平均比较次数。

【例 9.21】对于例 9.17 和例 9.19 所构造的散列表，假设散列表中各结点的查找概率相等，请给出查找失败时其平均查找长度。

【解】在图 9.21 所示的散列表中，假设待查关键字 k 不在表中，若 $H(k)=0$，则必须将散列表 T[0..10] 中的关键字与 k 进行比较后，才能发现 T[4] 为空，此时已经比较了 5 次；若 $H(k)=1$，则需要比较 4 次才能确定查找失败。类似地，对 $H(k)=2, 3, \cdots, 10$ 进行分析，可以得到查找失败时需比较的次数，参见图中最后一行的比较次数。因此，用线性探测法解决冲突时，查找失败的平均查找长度为：

$$ASL_{unsucc9-17}=(5+4+3+2+1+3+2+1+2+1+6)/11=30/11\approx2.7 \quad （例 9.17 线性探测法）$$

在图 9.23 所示的散列表中，如果待查关键字为 k 的结点的散列地址为 d=$H(k)$，并且第 d

个链表上具有 i 个结点,当 k 不在链表时,就需要比较关键字 i 次(不包括空指针判定),因此,用拉链法解决冲突时,查找失败的平均查找长度为:

$$ASL_{unsucc9-19}=(7×0+2×1+3×2+3×1)/13=11/13≈0.85 \quad \text{(例 9.19 拉链法)}$$

9.5 查找的简单应用举例

【例 9.22】假设二叉排序树采用二叉链表作存储结构,其类型为 bitree。若二叉排序树的基本运算:遍历、插入、建立、删除和查找算法均存放在包含文件"二叉排序树.c"中;清屏幕、设置颜色和光标定位函数 clear 存放在头文件"BH.c"中。现要求利用前述函数,编写程序实现二叉排序树的综合运算:建立、插入、删除、查找和遍历。

【算法分析】实现二叉排序树上建立、插入、删除、查找和遍历综合运算的程序如下:

```
/* 二叉排序树上的基本运算:建立、插入、删除、查找、遍历操作 */
# define   MAX   100
# define   NULL  0
# define   LEN   sizeof(bitree)
# include  "stdio.h"
typedef int  datatype;
typedef struct node              /* 二叉排序树的类型定义 */
{ datatype data;                 /* 结点的关键字数据域 */
   struct  node *lchild, *rchild;  /* 结点的左孩子和右孩子指针 */
} bitree;
bitree *root=NULL, *roots=NULL;  /* 设置二叉排序树初态为空树 */
int n=0, flag=0;                 /* n 为统计结点个数,flag 为查找标志 */

#include "二叉排序树.c"          /* 二叉排序树的插入、删除、查找等运算的头文件 */
#include "BH.c"                  /* clear 函数保存在头文件"BH.c"中*/

bitree  *creat_dsortree()    /* 二叉排序树建立运算——二叉排序树建立和遍历函数 */
{ bitree *s, *t;             /* 用递归方法建立和遍历二叉排序树 */
   datatype  key, endflag=0;
   clear();                  /* 清屏幕 */
   printf("二叉排序树的建立模块——用递归方法插入二叉树结点\n\n");
   printf("\n\n\t\t 请输入数据以 0 结束输入: ");
   scanf("%d", &key);                /* 输入一个结点的关键字 */
   while(key!=endflag)               /* 未输结束标志时,继续输入关键字 */
   {  s=(struct node*)malloc(LEN);   /* 生成新结点 */
      s->data=key;                   /* 输入新结点的关键字数据 */
      s->lchild=NULL;
      s->rchild=NULL;
      insert_dsortree(&root, s);     /* 用递归方法将新结点 s 插入树中 */
      printf("\n\t\t 请输入数据以 0 结束输入: ");
```

```c
        scanf("%d", &key);                    /* 继续输入下一个结点的关键字 */
    }/* WHILE */
    printf("\n\t\t 二叉树的遍历模块——用递归方法中序遍历二叉排序树\n\n");
    n=0;                                      /* n 为统计打印的结点个数 */
    inorder_dg(root);                         /* 递归方法中序遍历二叉排序树 */
    return(root);                             /* 函数返回根指针 root 为全局变量 */
}/* CREAT_DSORTREE */


void search()                 /* 二叉排序树的查找运算——二叉排序树上的查找主函数 */
{ datatype key;               /* 查找关键字为 key 结点,成功返回该结点,失败返回空指针 */
    bitree *p;
    clear();                                  /* 清屏幕 */
    printf("二叉排序树查找模块——非递归方法查找关键字 key\n");
    printf("\n\n\t\t 请输入关键字 key,以 0 结束输入: ");
    scanf("%d", &key);                        /* 输入待查找结点的关键字 key */
    while(key!=endflag)                       /* 未输入结束标志时,继续输入关键字 */
    { p=search_fsortree(root, key);           /* 用非递归方法查找关键字 key */
        if (p==NULL)
            printf("\n\n\t\t 查找失败,该结点不存在!");
        else { printf("\n\n\t\t 查找成功,按任意键显示二叉树!\n\n ");
            n=0;                              /* 统计打印的结点个数 */
            inorder_dg(root);                 /* 递归方法中序遍历二叉排序树 */
        }
        printf("\n\n\t\t 请继续输入关键字 key,结束查找输入 0 : ");
        scanf("%d", &key);                    /* 输入下一个待查找结点关键字 key */
    }/* WHILE */
}/* SEARCH */


void delete()                 /* 二叉排序树删除运算——二叉排序树上删除主函数 */
{ datatype key;               /* 删除关键字为 key 的结点,成功返回树根,失败返回空 */
    bitree *rootd=NULL;
    clear();                                  /* 清屏幕 */
    printf("二叉排序树删除模块——非递归删除关键字为 key 的结点\n\n");
    printf("\n\n\t\t 请输入关键字 key,以 0 结束输入: ");
    scanf("%d", &key);                        /* 输入删除结点的关键字 key */
    while(key!=endflag)                       /* 未输结束标志,则继续输入删除关键字*/
    {   rootd=delete_fsortree(roots, key);    /* 非递归法删除关键字为 key 的结点 */
        if(rootd==NULL)    printf("\n\n\t\t 删除失败,该结点不存在!");
        else { printf("\n\n\t\t 删除成功,按任意键显示二叉排序树!");
            n=0;                              /* 统计打印的结点个数 */
            inorder_dg(rootd); }              /* 用递归方法中序遍历二叉排序树 */
        printf("\n\n\t\t 请继续输入关键字 key,结束删除输入 0: ");
```

```
            scanf("%d", &key);              /* 输入下一个要删除关键字 key */
        }/* WHILE */
    }/* DELETE */


    main()                                   /* 二叉排序树的基本运算主函数 */
    { roots=creat_dsortree();                /* 二叉排序树的建立运算 */
      search();                              /* 二叉排序树的查找运算 */
      delete();                              /* 二叉排序树的删除运算 */
    }/* MAIN */
```

程序运行的部分结果如图 9.24 所示。

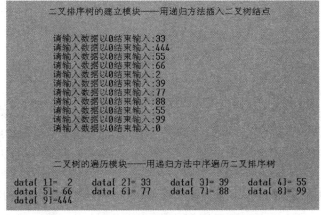

(a) 二叉排序树的建立和遍历运算

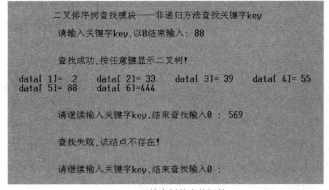

(b) 二叉排序树的查找运算

图 9.24　二叉排序树建立遍历查找删除运算部分运行结果

【例 9.23】假设用线性探测法和拉链法解决冲突时，散列表的基本运算，即散列函数的计算、查找、插入、建立和打印运算均存放在头文件"散列运算.c"中，请编写程序，利用随机函数产生一个随机整数序列作为结点的关键字，分别用线性探测法和拉链法解决冲突，完成散列表的建立和输出运算。

【算法分析】采用线性探测法和拉链法解决冲突时，实现散列表的建立和输出程序如下：

```
/* 利用线性探测法和拉链法解决冲突的查找、插入等运算及利用随机数建立散列表算法 */
#include "stdio.h"
```

```c
#include "time.h"
#include "stdlib.h"
#define MAX    17                    /* 假设散列表的长度为 MAX */
#define NUM    16                    /* 实际输入的散列表的长度 */
#define NULL   0
typedef int datatype;
typedef int keytype;
typedef struct                       /* 定义散列表结点结构——线性探测表结构 */
{ keytype   key;                     /* 结点的关键字域 */
  datatype  other;                   /* 结点的其他域 */
}hashtable;                          /* 散列表类型——用线性表解决冲突 */
typedef struct  node                 /* 定义散列表结构类型——拉链法表结构 */
{ keytype   key;                     /* 结点的关键字域 */
  datatype  other;                   /* 结点的其他域 */
  struct  node  *next;               /* 结点的指针域 */
}hashchain;                          /* 散列表类型——拉链表结构 */
hashtable  hasht[MAX], at[MAX];      /* 散列表——采用开放地址法解决冲突 */
hashchain  *hashc[MAX], ac[MAX];     /* 散列表——采用拉链法解决冲突 */

#include "散列运算.c"   /* 散列表查找、插入等基本运算存放在"散列运算.c"中 */

void  random_creat(k)                /* 产生随机数作为结点的关键字来建立散列表 */
int k;                               /* k=1 是用开放地址法建散列表，k=2 是用拉链法建散列表 */
{ hashtable  a[MAX];                 /* 数组 a 保存所产生的随机数 */
  int  i, range=200;                 /* range 为随机数范围 */
  for(i=0; i<MAX; i++)               /* 初始化原始数据数组 at 和 ac */
   { at[i].key=0;                    /* 线性探测法散列表原始数据 at 初始化 */
     ac[i].key=0; }                  /* 拉链法散列表原始数据 ac 初始化 */
  for(i=0; i<NUM; i++)               /* NUM 表示散列表的实际长度 */
     a[i].key=random(range);         /* 产生随机数保存到数组 a 中 */
  for(i=0; i<NUM; i++)
    { if (k==1) at[i].key=a[i].key;  /* 数组 a 随机数作为结点关键字存到 at 中 */
      if (k==2) ac[i].key=a[i].key; }/* 数组 a 随机数作为结点关键字存到 ac 中 */
  clear();                           /* 清屏幕 */
  printf("建立随机数函数，其原始随机整数为:\n\n\t ");
  print_tablehash(a, NUM);           /* 输出随机数数组 a */
}/* RANDOM-CREATE */

int  menu_select()                   /* 查找算法——主菜单功能选择模块 */
{ char c; int kk;
```

```
      clear();                                  /* 清屏幕 */
      printf("\n\n\t\t\t 查找的基本算法——主控模块:\n\n ");
      printf("\t\t\t1. 开放地址法建立的散列表 \n ");
      printf("\t\t\t2. 拉链法建立的散列表   \n ");
      printf("\t\t\t0. 退  出 \n\n ");
      do { printf("\n\t\t\t 请按数字 0-2 键选择功能: ");
           c=getchar();kk=c-48;
      } while ((kk<0)||(kk>2));
      return(kk);
}/* MENU_SELECT */


main()                                          /* 散列表的建立和输出运算主函数 */
{ int k=0;                                      /* k=1 为线性探测法; k=2 为拉链法 */
  do{ k=menu_select();                          /* 进入主菜单功能选择模块 */
      if(k!=0)    random_creat(k);              /* 产生随机数作为结点关键字并保存 */
      switch(k)
        {case 1:tablehash_creat(hasht,at);break; /* 线性探测法解决冲突建立散列表 */
         case 2:chainhash_creat(hashc,ac);break; /* 链地址法解决冲突建立散列表 */
         case 0:good_bye(); exit(0);            /* 程序结束 */
        }/* SWITCH */
  } while(k!=0);
}/* MAIN */
```

用线性探测法和拉链法解决冲突，建立散列表程序，其部分运行结果如图 9.25 所示。

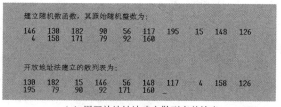

（a）用开放地址法建立散列表并输出

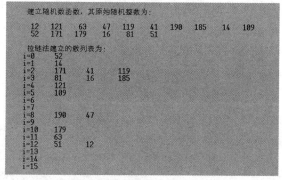

（b）用拉链法建立散列表并输出

图 9.25 散列表简单应用程序的部分运行结果示意图

本章小结

查找是数据处理中经常使用的一种重要的运算。它同人们的日常工作和生活有着密切的联系。如何高效率地实现查找运算是本章的重点内容。

本章首先介绍了线性表的三种查找方法：顺序查找、二分查找和分块查找，并详细介绍了这三种查找方法的查找过程、算法实现及查找效率的分析。若线性表为有序表，则二分查找是一种高效率的查找方法。

本章还重点介绍了树表的查找方法，详细介绍了二叉排序树、平衡二叉树和B-树的存储特点、建树方法、查找过程、查找效率分析及平均查找长度的计算方法，着重介绍了二叉排序树的建立、查找、插入和删除运算的算法实现。

本章最后介绍了散列表的查找方法。散列表是直接计算出结点存储地址的方法，它与其他结构的表有着本质的区别。这里主要介绍了散列表的有关概念，散列函数的构造方法、处理冲突的方法，重点介绍了采用不同方法处理冲突时，散列表对应的存储结构、查找、插入、删除等基本运算的算法实现及平均查找长度的计算方法。除余法是常用的散列函数，开放地址法和拉链法是常用的处理冲突的方法。

各种查找方法都有一定的局限性，学会根据实际问题的要求，选取合适的查找方法及相应的存储结构来解决问题是很有必要的。

本章的复习要求

（1）熟练掌握线性表的三种查找方法：顺序查找、二分查找和分块查找并能灵活应用。

（2）熟练掌握二叉排序树的特性、构造方法以及查找、插入和建树运算的算法实现。

（3）理解二叉排序树的删除运算以及算法的实现。

（4）理解平衡二叉树的有关概念以及建树的方法。

（5）了解B-树的特点以及B-树建立的过程。

（6）理解散列表的有关概念，散列函数的构造方法、处理冲突的方法，熟练掌握用线性探测法和拉链法解决冲突时，散列表的构造方法及散列表的查找过程，理解散列表与其他结构表的本质区别。

（7）熟练掌握各种查找方法在等概率情况下平均查找长度的计算方法和查找性能的分析方法。

（8）熟悉各种查找方法，学会根据实际问题的要求，选取合适的查找方法及相应的存储结构来解决具体问题，能够完成主要查找方法的编程任务（顺序查找、二分查找、二叉排序树的建立和查找、散列表的建立和查找等）。

本章的重点和难点

本章的重点是：各种查找方法所需要的存储结构及各种查找方法的优缺点，各种查找方法在等概率情况下，其平均查找长度的计算方法，二叉排序树的建立、查找、插入和删除运算的算法实现，平衡二叉树的概念和建树方法，B-树的概念和特点，B-树的建立、查找及插入和删除操作的理解，采用不同的方法处理冲突时，散列表对应的存储结构的要求、散列表的建立、查找、插入运算的算法实现，在散列表上查找成功和查找失败时，其平均查找长度的计算。

本章的难点是：二叉排序树上删除结点的运算，开放地址法解决冲突构造散列表及在散列表上查找成功或查找失败时平均查找长度的计算，B-树的特点及其插入和删除运算。

习题 9

9.1 假设线性表中结点按关键字递增顺序存放在数组 a 中，线性表长度为 n，编写一个顺序查找算法，将监视哨设在高下标端，并分别求出在等概率情况下，查找成功和不成功时的平均查找长度。

9.2 假设被查找结点的关键字分别为 20 和 41，请分别画出对有序表（5, 16, 18, 20, 24, 30, 35, 40）进行二分查找的过程示意图。

9.3 对长度为 10 的有序表进行二分查找，请画出它的一棵判定树，并求出等概率情况下其平均查找长度。

9.4 已知关键字的集合{2, 3, 15, 8, 1, 25, 16, 35, 9, 22, 30, 39, 18, 33, 27, 26}，按平均查找长度最小的原则，画出分块存储的示意图。

9.5 给定的关键字序列为（19, 14, 22, 01, 66, 21, 83, 27, 56, 13, 10），要求：

（1）从一棵空二叉排序树开始，顺序插入关键字构造一棵二叉排序树，画出插入完成所得到的二叉排序树；

（2）求出在等概率情况下查找成功的平均查找长度。

9.6 已知长度为 12 的表为（Jan, Feb, Mar, Apr, May, June, July, Aug, Sep, Oct, Nov, Dec），要求：

（1）按表中关键字的顺序依次插入一棵初始为空的二叉排序树，请画出插入完成后的二叉排序树，并求在等概率情况下查找成功的平均查找长度；

（2）按表中关键字的顺序依次构造一棵相应的平衡二叉树，并求出在等概率情况下查找成功的平均查找长度。

9.7 在图 9.26 所示的 AVL 树中，依次插入关键字 6 和 10 这两个结点，请画出依次插入后的 AVL 树。

9.8 依次插入关键字构造 3 阶 B-树如图 9.27 所示。若插入关键字 18，请画出插入过程。

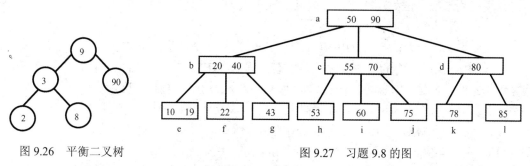

图 9.26 平衡二叉树　　　　图 9.27 习题 9.8 的图

9.9 图 9.28 是一棵 3 阶 B-树。若删除关键字为 50 和 53 的结点，请分别给出关键字删除后的 B-树形态。

9.10 假设结点的关键字 k 为（2, 3, 15, 8, 1, 25, 16, 35, 9, 22, 30, 39, 27, 26, 88, 56），散列表的长度为 17，散列函数为 $H(k)=k\%17$，若分别用线性探测法、溢出区法和拉链法解决冲突，请给出对应的散列表的存储结构示意图。

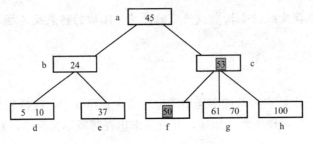

图9.28 习题9.9的图

9.11 假设散列函数为$H(k)=k\%13$，散列表的长度为13，给定的关键字序列为（19, 14, 23, 01, 68, 20, 84, 27, 55, 11, 10, 79），要求：
（1）采用拉链法和线性探测法解决冲突，请分别画出所构造的散列表；
（2）求在等概率情况下，这两种方法查找成功和查找不成功的平均查找长度。

9.12 给定表为（Jan, Feb, Mar, Apr, May, June, July, Aug, Sep, Oct, Nov, Dec），假设散列函数为$H(x)=\lfloor i/2 \rfloor$，其中i为关键字中第一个字母在英文字母表中的序号，要求：
（1）用开放地址法（线性探测法）处理冲突，画出相应的散列表；
（2）用拉链法处理冲突，画出相应的散列表；
（3）分别求出这两个散列表在等概率情况下查找成功和不成功时的平均查找长度。

9.13 假定一个线性表为A=(18, 75, 60, 43, 54, 90, 46, 7, 8, 10)，散列存储该线性表，若散列表的长度为$m=13$，选取的散列函数为：$H(k)=k\%m$，要求：
（1）若用线性探测法处理冲突，构造此散列表；
（2）求等概率情况下，查找成功时的平均查找长度ASL。

9.14 设给定表（MA, TU, WE, TIE, FAT, SUN, SIX），若取散列函数为：
$$H(k)=(k\text{中第一个字母在字母表中序号})\%8$$
（1）采用一次线性探测法处理冲突，构造散列表。
（2）求在等概率情况下，查找成功的平均查找长度ASL。

9.15 假设关键字k为（2, 8, 31, 20, 19, 18, 53, 27），散列表为T[0..12]，即表的长度为$m=13$。现采用双散列法处理冲突，散列函数和再散列函数分别为：
$$H_0(k)=k\%13$$
$$H_i(k)=H_{i-1}+REV(k)\%11+1)\%13 \quad i=1, 2, 3, \cdots, m-1$$
式中，函数REV(k)表示颠倒十进制数k的各位，例如，REV(37)=73。若依次插入关键字序列。请画出由这8个关键字构成的散列表，并计算查找成功的平均查找长度。

9.16 请编写算法，实现二叉排序树上查找关键字为key的结点的递归算法。

9.17 请编写算法，求出关键字为key的结点所在的二叉排序树的层数。

9.18 请编写算法，实现二叉排序树上删除关键字为key的结点。

9.19 请编写算法，判别给定的二叉树是否为二叉排序树。假设二叉排序树用二叉链表作为树的存储结构。

9.20 请编写算法，用拉链法构造的散列表中删除给定关键字为key的结点。

9.21 请编写算法，用开放地址法解决冲突的散列表上删除给定关键字为key的结点。

9.22 请编写程序，用线性探测法解决冲突，完成散列表的建立、查找、插入和删除运算。

9.23 请编写程序，用拉链法解决冲突，完成散列表的建立、查找、插入和删除运算。

第 10 章 文 件

内容提要

计算机系统可以看做是一个信息加工系统,它负责处理各种信息。在计算机系统中引入文件的概念基于以下原因:在数据处理中,经常会遇到数据量很大且不经常变动的数据,由于受内存大小限制,它们不适合存储在内存中,一般将它们存放在外存储器(磁盘或磁带)中,保存程序的运行结果以备以后使用。由于外存储器与内存储器的物理特性不同,前面介绍的数据组织方法和操作方法不能简单地照搬过来,需要根据文件的特点专门加以考虑。

通常,我们把以一定的组织形式存放在外存储器中的大量数据称为**文件**。例如,银行的账目,单位的花名册,图书馆的图书信息等,都是以文件的形式存放在外存储器中的。因此,有效地组织数据,提供方便而高效地利用数据信息的方法是本章的重点内容。

本章将介绍有关文件的基本概念、文件在外存储器中的组织方式及其操作方法;着重讨论 5 种常见文件——顺序文件、索引文件、索引顺序文件、散列文件和多关键字文件的构造方法和文件操作运算的实现。

10.1 文件的基本概念

文件(File)是大量性质相同的记录组成的集合。按记录的不同类型可将文件分为两类:操作系统文件和数据库文件。数据结构中讨论的文件主要是数据库意义上的文件,而不是操作系统意义上的文件。操作系统文件是一维无结构的连续字符序列。数据库文件是带有结构的记录集合,每个记录由一个或多个数据项组成。记录是文件中存取数据的基本单位。数据项是文件最基本的不可分割的数据单位,也是文件可使用的最小单位。数据项有时也称为**字段**,或者称为**属性**(Attribute)。其值能唯一标识一个记录的数据项或数据项的组合称为**主关键字项**,那些不能唯一标识一个记录的数据项或数据项的组合称为**次关键字项**,主(次)关键字项的值称为**主(次)关键字**。

【例 10.1】图 10.1 是某单位职工档案文件。每位职工的档案信息包括:职工编号、姓名、性别、出生年月、住址、职务、工资。文件由若干个记录组成,每位职工情况就是一个记录。这个职工文件中列出了 5 个记录,每个记录由 7 个数据项组成。每个数据项代表记录的某种属性,每个数据项的名字称为记录的域。其中,"职工编号"为主关键字,而"姓名"、"性别"等数据项为次关键字。

数据库文件根据记录中关键字的多少,可分为单关键字文件和多关键字文件。若文件中记录只有一个唯一地标识记录的主关键字,则称为**单关键字文件**;若文件中的记录除了含有一个主关键字外,还含有若干个次主关键字,则称为**多关键字文件**。

文件还可以分为**定长记录文件**和**不定长记录文件**两类。若文件中所有记录的信息长度都相同，则称这类记录为定长记录，由这类定长记录组成的文件称为**定长记录文件**；若文件中含有信息长度不等的不定长记录，则称其为**不定长记录文件**。图 10.1 所示职工档案文件就是一个定长记录文件。

文件结构同样也包括逻辑结构，存储结构及在文件上的各种操作运算这三个方面。文件的操作是定义在逻辑结构上的，但操作的具体实现要在存储结构上进行。

职工编号	姓名	性别	出生年月	住址	职务	工资
10021	张三	男	1970.5	解放路	教师	800
13002	李四	男	1968.3	八一路	科长	1000
23001	王莹	女	1975.8	中山路	工人	600
18003	钱龙	男	1960.5	迎春路	处长	1500
24321	赵玉	女	1964.10	新华路	工程师	1200

图 10.1　职工花名册文件

1．文件的逻辑结构及其操作

文件是记录的集合，文件中各记录之间存在着逻辑关系。当一个文件中各记录按照某种次序排列（可以按关键字大小，时间先后排序等）后，各记录之间就形成了一种线性关系。在这种次序下，文件中每个记录最多只有一个前驱记录和一个后继记录，而文件的第一个记录只有后继没有前驱，文件最后一个记录只有前驱没有后继。这一点与线性表的结构相同，因此，文件可以看作是一种线性结构。

文件的操作主要有两类：检索和修改。

文件的检索操作是指，在文件中查找满足给定条件的记录，它既可以按记录的逻辑号进行查找，也可以按关键字进行查找。按检索条件不同，对数据库文件的检索有以下 4 种方式。

① **简单查询**：只查询关键字等于给定值的记录。

例如，在图 10.1 所示文件中查询"职工编号"＝"13002"，或"姓名"＝"钱龙"的记录。

② **范围查询**：查询关键字属于某个数据域范围内的记录。

例如，在图 10.1 所示文件中查询"出生年月"＝"1965"的所有职工的记录。

③ **函数查询**：给定关键字的某个函数。

例如，在图 10.1 所示文件中查询"工资"在平均值以上的职工记录。

④ **布尔查询**：将以上 3 种查询用布尔运算（与、或、非）组合起来的查询。

例如，在图 10.1 所示文件中查询"出生年月"在 1965～1970 年之间且"工资"在平均值以上的男性职工。

文件的修改操作是指对文件中的记录进行插入、删除和更新运算。此外，为提高文件的效率，还要进行文件再组织操作；当文件被破坏后，恢复文件及保护数据文件的安全等。

文件的操作方式有两种：实时处理和批量处理。通常，实时处理对响应时间要求很严格，应当在接受询问后几秒内完成检索和更新。而批量处理则不同，对响应时间要求宽松一些。不同的文件系统有不同的要求。例如，一个炼油厂的实时监测系统，其检测和更新都应当实时处理；而银行的账务系统需要实时检索，但可以批量处理，即可以将一天的存款和取款记录存在一个事务文件上，在一天的营业结束之后再进行批量处理。

2. 文件的存储结构

文件的存储结构（亦称为物理结构）是指文件在外存上的组织方式。数据的组织方式有 4 种：**顺序组织、索引组织、散列组织和链接组织**。文件的构造方法往往是这 4 种组织方式的组合。常用的文件类型有：顺序文件、索引文件、索引顺序文件、散列文件和多关键字文件等。

选择合适的文件组织方式，取决于文件的使用方式与频繁程度、存取要求、外存的性质和容量。

文件的组织效率是指执行一个文件操作所花费的时间和存储空间。通常，文件组织的主要目的是为了能够高效、方便地对文件进行操作，而检索功能的多少和速度的快慢，是衡量文件操作质量的重要标志。因此，如何提高检索的效率是研究各种文件组织方式主要关注的问题。

本章将介绍 5 种常用的文件：顺序文件、索引文件、索引顺序文件、散列文件和多关键字文件的构造方法及其操作实现。

10.2 顺序文件

顺序文件是指记录按其在文件中的逻辑顺序依次存放到外存储器中，其逻辑顺序和物理顺序一致的文件。若顺序文件中的记录按其主关键字有序，则称此顺序文件为**顺序有序文件**，否则称为**顺序无序文件**。为了提高运算效率，通常将顺序文件组织成有序文件。这里假设以后所涉及的顺序文件都是有序文件。

顺序文件是根据记录的序号或记录的相对位置来存取文件的，它的特点是：

① 要检索第 i 个记录，必须先检索前 $i-1$ 个记录；
② 插入新的记录时，只能添加在文件的末尾；
③ 若要更新文件中的某个记录，则必须将整个文件进行复制。

顺序文件存储在顺序存储设备上。磁带是一种典型的顺序存储设备，磁带文件是顺序文件。对于存储在顺序存储设备上的顺序文件只能用顺序查找方法进行检索。

对于存储在直接存储设备（如磁盘）上的顺序文件，可以用顺序查找进行检索，也可以用分块查找或二分查找进行检索，具体方法参阅第 9 章。

顺序文件的修改操作比较困难，不能按内存操作方法进行文件的插入、删除和修改操作，这是因为文件中的记录不能像向量空间的数据那样"移动"，而只能通过复制整个文件来实现插入、删除和更新操作。为了提高效率，通常采用批量处理方式实现对顺序文件的更新。采用批量处理时，需要设置一个附加文件，用来存放所有对顺序文件的修改请求。当修改请求积累到一定数量时，就开始进行批量处理。

下面通过磁带文件的批处理过程来说明顺序文件的更新操作过程。

磁带文件适合于文件数据量大，记录变动少，只做批量修改的情况。对磁带文件进行修改时，一般需用另一条复制带将原带上不变的记录复制一遍，同时在复制过程中插入新记录，并用修改后的新记录代替原记录写到磁带上。为方便起见，要求待复制的文件按关键字或逻辑记录号有序。

假设将待修改的原始文件称为**主文件**，保存在一条磁带上；将所有的修改请求集中构成一个文件，称为**事务文件**，存放到另一个磁带文件中。主文件按关键字从小到大顺序有序，事务文件和主文件有同样的有序关系。

图 10.2 就是磁带文件进行批处理过程的示意图。其更新过程如下：首先将事务文件按主关键字排序，然后将主文件与事务文件归并成一个新的主文件。在归并过程中，顺序读出主文件与事务文件中的记录，比较它们的关键字并分别进行不同的处理。对于关键字不匹配的主文件记录，则将其直接写到新主文件中。"更改"和"删除"记录时，要求主文件与事务文件的关键字相匹配。若"删除"记录，则不需要写到新主文件中；若"更改"记录，则要将更改后的新记录写到新主文件中。若"插入"记录，则不要求关键字相匹配，可直接将事务文件中要插入的记录写到新主文件合适的位置上。

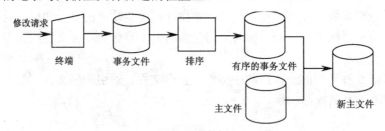

图 10.2　磁带文件批处理过程示意图

磁盘上顺序文件的修改操作与磁带文件类似。顺序文件特别适用于磁带存储器，也适用于磁盘存储器。顺序文件适合进行顺序存取和成批处理。

顺序文件的主要优点是：顺序存取速度很快。若顺序文件存放在磁带上，这个优点总是可以保持的；但是，若顺序文件存放在直接存取设备（如磁盘）上，则在多道程序的情况下，反而会降低文件存取的速度。因此，顺序文件多用于顺序存储设备（如磁带）。

10.3　索引文件

索引文件由索引表和主文件这两个部分组成。索引表是一张指明逻辑记录和物理记录之间对应关系的表。索引表的每项称为一个**索引项**。索引项是由主关键字和该关键字所在记录的物理地址组成的。显然，不论主文件是否按主关键字有序，索引表的索引项总是按主关键字（或逻辑记录号）顺序排列的。若主文件的本身也是按主关键字顺序排列的有序文件，则称为**索引顺序文件**；反之，则称为**索引非顺序文件**。

对于索引非顺序文件，由于主文件中记录是无序的，因此必须为每个记录建立一个索引项，这样的索引表称为**稠密索引**。对于索引顺序文件，由于主文件中记录按关键字有序，因此可以对一组记录建立一个索引项，这种索引表称为**稀疏索引**。

索引文件在存储器中分为两个区：索引区和数据区，数据区用于存放主文件，索引区用于存放索引表。

建立索引文件时，在输入记录建立数据的同时，系统会自动建立一个索引表。开始时，索引文件按记录输入的先后次序建立数据区和索引表，此时索引表的关键字是无序的。当全部记录输入完以后，再对索引表进行排序，使索引项按主关键字有序。排序后的索引表和主文件一起构成索引文件。

【例 10.2】假设数据文件如图 10.3（a）所示，其中职工号为主关键字。若该文件为索引非顺序文件,请给出该文件的存储结构示意图。

【解】图 10.3 所示就是以职工号为主关键字的索引非顺序文件,它由主文件和索引表两部分组成。其中,图 10.3(b)是记录输入过程中建立的索引表,它是建立主文件时系统自动生成的。图 10.3(c)是进行排序后的索引表。图 10.3(a)和图 10.3(c)一起构成了职工索引非顺序文件,其索引表是稠密索引。

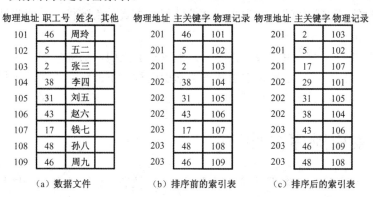

图 10.3 索引非顺序文件示例

索引文件的检索方式是直接存取或按关键字存取,其检索过程与分块查找类似。检索过程分两步进行:首先查找索引表,若该记录在索引表上,则根据索引项指示的物理位置到外存上读取相应的记录;否则,说明该记录不在外存上,不需要访问外存,从而大大节省了访问时间。由于索引项的长度比记录小得多,通常索引表可预先读到内存中,查找索引表是在内存中进行的,因此,查找索引文件时只需两次访问外存:一次读索引,一次读记录。由于索引表是有序的,所以对索引表的查找可用顺序查找法或二分查找法进行。

当文件中记录数目很大时,索引表也随之增大,以至一个页面(物理块)容纳不下。在这种情况下,查阅索引仍需多次访问外存。为了有效地处理这种情况,往往要建立一个多级索引,即对索引表再建一个索引表,称为**查找表**。查找表可采用稀疏索引,在查找表中,列出索引表的每一页块中最大的关键字及该块的地址。查找记录时,首先在查找表中进行查找,然后再查找索引表,最后读取记录,访问外存三次即可。

例如,图 10.3(c)所示的索引表占用三个页块的外存,假设每个物理块能容纳三个索引项,则所建立的查找表如图 10.4(c)所示。

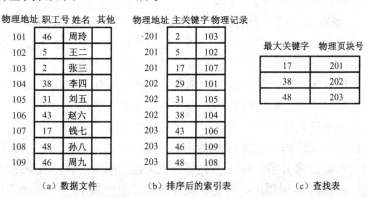

图 10.4 增加查找表的索引非顺序文件的结构

查找关键字为 43 的记录时,首先在图 10.4(c)的查找表中找到第 2 块,其最大的关键字为 38；然后从关键字 38 开始查找索引表；最后读取关键字为 43 的记录，该查找操作共访问外存 3 次。

索引文件的修改操作比较容易。删除记录时，仅需在索引表中删去相应的索引项；插入记录时，只需把要插入的记录添加到数据区的末尾，同时在索引表中添加一个索引项；更新记录时，应将更新后的记录置于数据区的末尾，同时修改索引表相应的索引项。

索引文件只能是磁盘文件，因为索引文件的组织方式是为随机存取而设计的。磁带文件的随机存取效率很低。

索引方法有很多种，常用的索引类型有：**磁盘柱面索引**、**盘面索引**、**B-树索引**、**键树索引**等。就其本质而言，主要是**静态索引**和**动态索引**两种，下面将讨论这两种最常用的索引结构。

10.4 索引顺序文件

图 10.3 所介绍的职工花名册就是一种索引非顺序文件，这种文件适合随机存取。由于索引非顺序文件的主文件是无序文件，采用顺序存取将引起磁头频繁移动，因此，索引非顺序文件不适合顺序存取方式。而索引顺序文件的主文件是有序文件，所以它既适合随机存取方式，也适合顺序存取方式。另外，索引非顺序文件的索引表是稠密索引，而索引顺序文件的索引表是稀疏索引，占用空间较少，因此，索引顺序文件是一种最常用的文件组织方式。

本节将介绍两种最常用的索引顺序文件：**索引顺序存取方法**（ISAM）**文件**和**虚拟存取方法**（VSAM）**文件**。

10.4.1 ISAM 文件

索引顺序存取方法（Indexed Sequential Access Method，ISAM）是一种专为磁盘存取设计的文件组织方式，采用静态索引结构。由于磁盘是采用盘组、柱面和磁道三级地址存取的存储设备，因此可对磁盘上的数据文件建立盘组、柱面和磁道多级索引。为简便起见，下面只讨论同一个盘组上建立的 ISAM 文件。

ISAM 文件是由多级主索引、柱面索引、磁道索引和主文件组成的。当文件的记录在同一磁盘组上存放时，应尽量先集中放在同一个柱面上，然后再顺序存放在相邻的柱面上。对同一个柱面，则应按盘面的次序顺序存放。

例如，图 10.5 是存放在同一个磁盘组上 ISAM 文件结构示意图，其中，C 表示柱面，T 表示磁道，R_i 表示主关键字为 i 的记录。从图中可以看出，每个存放主文件的柱面都建立一个磁道索引，放在该柱面最前面一个磁道 T_0 中，其后面若干个磁道是存放主文件记录的基本区，该柱面最后面的若干个磁道是溢出区。基本区中的记录按主关键字大小顺序存储。溢出区为整个柱面上基本区中各个磁道所共享。当基本区中某个磁道溢出时，就将该磁道的溢出记录，按主关键字大小链接成一个链表（以下简称溢出链表），放入溢出区。

各级索引中的索引项结构，如图 10.6 所示。从图中可以看出，每个磁道索引项由两部分组成：基本索引项和溢出索引项。而每一个索引项又包括两项内容：关键字域和指针域，如图 10.6（c）所示。在基本索引项中，关键字域存放该磁道中最末一个记录的关键字（若文件按升序排列，则此为最大关键字），指针指向该磁道中第一个记录的位置。例如，50、164、215、350 等都是该磁道上的最大关键字。在溢出索引项中，关键字域表示该磁道溢出的记录的最大关键字,而指针则指向该溢出区中第一个记录的位置。

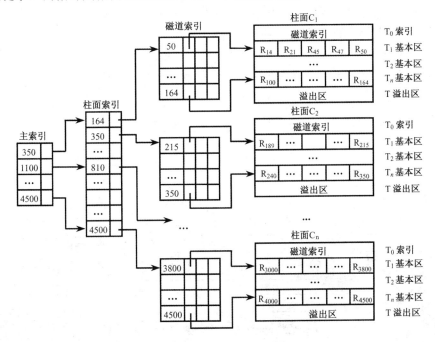

图 10.5　磁盘组上的 ISAM 文件结构示例

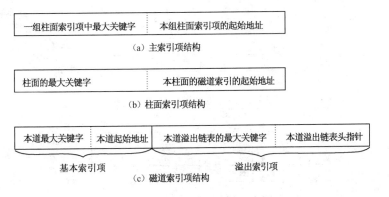

图 10.6　各种索引项结构示意图

柱面索引的每一个索引项由关键字和指针两部分组成,如图 10.6(b)所示。关键字表示该柱面中最末一个记录的关键字(最大关键字),指针指向该柱面上的磁道索引位置。例如,164、350、4500 都是该柱面中最末一个记录的关键字。若柱面索引较大,占用多个磁道时,还可建立柱面索引的索引——主索引。主索引的每个索引项也是由关键字和指针两部分组成的,其结构如图 10.6(a)所示。

从图 10.5 中还可以看出,每个柱面上除基本区外还有一个溢出区,并且磁道索引项中也有溢出索引项,这样做的目的是为了方便插入记录。由于 ISAM 文件中的记录是按关键字顺序存放的,因此插入记录时需要移动记录,并将同一磁道上最末一个记录移至溢出区,同时修改整个磁道索引项。每个柱面的基本区都是顺序存储结构的,而溢出区是链接存储结构的,同一磁道溢出的记录由指针相链接。

在 ISAM 文件中插入记录的方法是:当插入新记录时,首先找到它应插入的磁道位置,若该磁道不满,则将新记录插到该磁道的适当位置上即可;若该磁道已满,则将新记录插到该磁道溢出区中或者直接插到该磁道溢出链表上,同时修改磁道索引。因此,插入新记录以后,可能要修改磁道索引的基本索引项和溢出索引项。

【例 10.3】在图 10.5 所示的 ISAM 文件结构中,依次插入关键字为 66、97、85 的记录 R_{66}、R_{97}、R_{85}。假设插入记录前该柱面上记录的存储情况如图 10.7(a)所示,请给出其插入记录和溢出处理的过程。

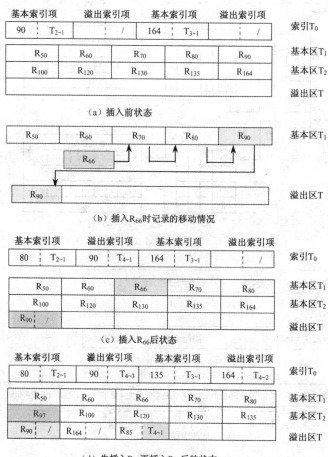

图 10.7 ISAM 文件插入记录和溢出处理过程示意图

【解】图 10.7(b)、(c)、(d)是依次插入记录 R_{66}、R_{97} 和 R_{85} 后,该柱面的磁道索引和主文件的存储变化情况,以及进行溢出处理的过程示意图。

其中,图 10.7(b)是插入关键字为 66 的记录 R_{66} 时主文件的变化情况,因为 66<70,所以记录 R_{66} 应插入该磁道的第 3 个记录位置上,而该磁道基本区 T_1 中所有关键字大于 66 的记录都顺序后移一个位置,这导致 R_{90} 溢出,于是将最后一个记录 R_{90} 移到溢出区中。图 10.7(c)是插入 R_{66} 之后的状态,由于该磁道上最大关键字由 90 变成了 80,其溢出链表也由空变成含有一个记录 R_{90} 的表,因此将该磁道对应的磁道索引项中基本索引项的最大关键字,由 90 改为 80,将溢出索引项的最大关键字设置为 90,且令溢出链表头指针指向记录 R_{90} 的位置。图 10.7(d)是相继插入记录 R_{97} 和 R_{85} 后的状态,R_{97} 被插入基本区 T_2 的第一个记录位置上,使得 R_{164} 溢出。此时需要修改磁道索引的基本索引项和溢出索引项,将基本索

引项的最大关键字改为 135，溢出索引项的最大关键字则变成 164，其溢出链表头指针指向 R_{164}。由于 80＜85＜90，因此 R_{85} 被直接插到溢出区中，并把它的指针指向 R_{90} 位置。

在 ISAM 文件上检索记录的方法是：查找记录时，首先从主索引出发，找到相应的柱面索引，然后再从柱面索引找到记录所在柱面的磁道索引，最后从磁道索引找到记录所在磁道的第一个记录的位置，由此出发，在该磁道上进行顺序查找，直到找到为止。若被查找的记录在溢出区中，则根据磁道索引项的溢出索引项，得到溢出链表的头指针，然后进入溢出区进行顺序查找，直到找到为止。反之，若在该磁道及其溢出区中均找不到该记录，则表明该文件中无此记录。

【例 10.4】 在图 10.5 所示的 ISAM 文件中查找关键字为 47 的记录 R_{47}，请给出查找过程。

【解】 查找关键字为 47 的记录 R_{47} 的过程如下：首先查找主索引；因为 $R_{350}>R_{47}$，所以查找柱面索引；由于 $R_{350}>R_{164}>R_{47}$，所以查找磁道索引；因为 $R_{50}>R_{47}$，即为 R_{47} 所存放的磁道，因此，读入该磁道中的所有数据就可以找到记录 R_{47}。

在 ISAM 文件中删除记录的操作比较简单，只要找到待删除的记录，在其存储位置上做删除标记即可，而不需要移动记录或更改指针。经过多次插入和删除操作以后，文件的结构可能变得很不合理。此时，大量记录进入溢出区，而基本区中又因删除记录而浪费大量的存储空间。因此，通常需要定期地整理 ISAM 文件，将溢出区中的记录移到基本区中，空出溢出区。具体的整理方法是将记录读入内存，重新排列，复制成一个新的 ISAM 文件，将文件中的记录填满基本区而空出溢出区。

10.4.2　VSAM 文件

虚拟存储存取方法（Virtual Storage Access Method，VSAM）是一种索引顺序文件的组织方式，采用 B+树作为动态索引结构。

VSAM 文件是针对 ISAM 文件的缺点而提出的一种改进方法。在 ISAM 文件中，当记录变动较频繁时，修改不方便，每次修改都要重组索引。VSAM 文件采用 B+树作为动态索引结构，由于树结构的插入和删除很方便，而树结构本身就是层次结构，无须建立多级索引，而且建立索引表的过程就是排序过程，因此，采用 B+树可以减少访问外存次数，尽量缩减索引表的深度。

VSAM 文件利用操作系统的虚拟存储器的功能，给用户提供方便。对用户来说，文件只有控制区间和控制区域等逻辑存储单位，与外存储器中柱面、磁道等具体存储单位没有必然的联系。用户在存取文件记录时，不需要考虑这个记录的当前位置是否已在内存中，也不需要考虑何时对外存进行存取的命令。

VSAM 文件的结构由三部分组成：**索引集、顺序集和数据集**。图 10.8 就是 VSAM 文件的逻辑结构示意图。

VSAM 文件的记录均存放在数据集中。数据集中的一个结点称为**控制区间**，它是一个 I/O 操作的基本单位，由一组连续的存储单元组成。控制区间的大小可以随文件的不同而不同，但同一个文件中的控制区间的大小相同。每个控制区间含有一个或多个按关键字递增排列的记录。顺序集和索引集一起构成一棵 B+树，作为文件的索引部分。顺序集中存放每个控制区间的索引项。每个控制区间的索引项由两部分组成，即该控制区间中最大关键字和指向控制区间的指针。若干相邻的控制区间的索引项形成顺序集中的一个结点，结点之间用指针相链接，而每个结点又在其上一层的结点中建有索引，并且逐层向上建立索引。所有的索引项都是由最大关键字和指针两部分组成的，这些高层的索引项形成 B+树的非终端结点。因此，VSAM 既可在顺序集中进行顺序存取，又可从最高层的索引（B+树的根结点）出发按关键字进行随机存取。顺序集中的一个结点连同其对应的所有控制区间形成一个整体称为**控制区域**，每个控制区间可视为一个逻辑磁道，而每个控制区域可视为一个逻辑柱面。

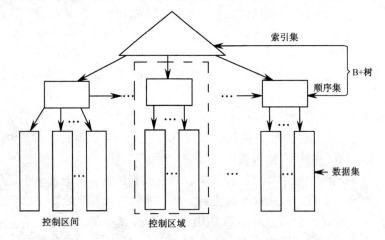

图 10.8　VSAM 文件的结构示意图

在 VSAM 文件中，记录可以是不定长的，因而在控制区间中，除了存放记录本身外，还包括每个记录的控制信息（如记录长度）和整个区间的控制信息（如存有的记录数等）。控制区间的结构如图 10.9 所示。

| R_1 | R_2 | ... | R_n | 未用空间 | R_n控制信息 | R_{n-1}控制信息 | ... | R_1控制信息 | 控制区间的控制信息 |

图 10.9　控制区间的结构示意图

VSAM 文件插入记录的方法是：将记录插到相应的控制区间。VSAM 文件没有溢出区，解决插入记录的方法是在初建文件时留有空间。一种方法是在每个控制区间内未放满记录，而是在最末一个记录和控制信息之间留有空隙；另外一种方法是在每个控制区域中有一些完全空的控制区间，并在顺序集的索引中指明这些空的控制区间。当插入新记录时，大多数的新记录能插到相应的控制区间内。但是，为了保持区间内记录的关键字有序，则需要对区间内关键字大于插入记录关键字的记录，向控制信息方向移动。当插入若干记录后，控制区间已满，若再插入一个新记录，则需要对控制区间进行分裂，即把近半数的记录移到同一控制区域内全空的控制区间中，并且修改顺序集中相应的索引项。若控制区域已满，则对控制区域进行分裂，顺序集中的结点也要进行分裂，因此，需要修改索引集中结点信息。但由于控制区域较大，这种情况一般很少发生。

在 VSAM 文件中删除记录时，要将同一控制区间中比删除记录关键字大的记录向前移动，以便把空间留给以后要插入的新记录。若整个控制区间变空，则需修改顺序集中相应的索引项。

由此可见，VSAM 文件占有较多的存储空间，一般只能保持约 75%的存储空间利用率，但其显而易见的优点是：动态分配和释放存储空间；无须文件重组；能保持较高的查找效率，查找一个后插入记录和查找一个原有记录所用的时间相同。因而基于 B+树的 VSAM 文件，通常被作为大型索引顺序文件的标准组织。

10.5 散列文件

散列文件（亦称**直接存取文件**）是指利用散列技术组织的文件，其组织方法类似于散列表，即根据文件中关键字的特点，设计一个散列函数和处理冲突的方法，将记录散列到存储设备上，但存储介质是外存储器。

散列文件与散列表不同，磁盘上的文件记录通常是成组存放的。若干个记录组成一个存储单位。在散列文件中，这个存储单位称为**桶**（Bucket）。假如一个桶能存放 m 个记录，这就是说，m 个同义词的记录可以存放到同一地址桶中，而当 $m+1$ 个同义词出现时，才发生"溢出"。处理溢出可以采用散列表中处理冲突的各种方法，但对散列文件而言，主要采用拉链法解决溢出。

当发生溢出时，需要将发生冲突的 $m+1$ 个同义词存放到另一个桶中，通常将此桶称为**溢出桶**。相对地，发生溢出前的 m 个同义词存放的桶则称为**基桶**。基桶和溢出桶大小相同，相互之间用指针链接。查找某个记录时，若基桶中没有找到待查记录，则沿着指针到相应的溢出桶中继续进行查找。图 10.10 就是一个散列文件存储结构的示意图。

【**例 10.5**】假设某文件为散列文件，有 16 个记录，其关键字分别为：30, 19, 47, 50, 33, 25, 44, 34, 40, 21, 51, 32, 68, 48, 45, 37。桶的容量 $m=3$，桶数 $b=7$，散列函数为 $H(key)=key\%7$。请给出散列文件的存储结构。

【**解**】若采用拉链法解决溢出问题，则得到的散列文件的结构如图 10.10 所示。

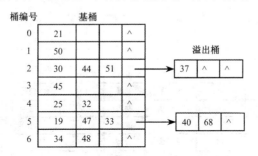

图 10.10 散列文件结构示例

在散列文件中检索记录的方法是：首先根据给定值求得散列桶地址（即基桶号），将基桶中的记录读入内存进行顺序查找。若找到关键字等于给定值的记录，则查找成功。若在基桶中没有找到给定值的记录，并且基桶没有填满记录或其指针域为空，则表示文件中不含待查记录；否则，根据指针值查找溢出桶，并且将溢出桶中记录读入内存，继续进行顺序查找，直至查找成功或不成功为止。

在散列文件中删除记录时，只需对被删除的记录做一个删除标记即可。

散列文件的优点是：文件可以随机存放，记录不需要进行排序；插入和删除很方便，存取速度快；无须索引区和节省存储空间等。但是，散列文件不能进行顺序存取，只能按关键字随机存取，并且询问方式限于简单询问。此外，经过多次插入和删除之后，可能出现溢出桶满而基桶内多数记录已被删除的情况，此时需要重新组织文件。

10.6 多关键字文件

在一般情况下,对文件进行检索操作时,不仅对主关键字进行查询,还要对次关键字进行查询。前面介绍的几种文件组织方法都只含一个主关键字。对主关键字以外的次关键字进行查询,很不方便,原因在于:只能顺序存取主文件,并且要与每个记录进行比较,因而效率很低。为了解决这个问题,我们可以对一些经常查询的次关键字也建立相应的索引,这种包含多个次关键字索引的文件就称为**多关键字文件**。下面讨论两种多关键字文件的组织方法。

10.6.1 多重表文件

多重表文件(Multilist File)是一种将索引方法和链接方法相结合的文件组织方式。多重表文件的特点是:将记录按主关键字的次序构成一个顺序文件,并建立主关键字的索引(称为主索引);对每个次关键字建立次关键字索引(称为次索引),同时把所有相同次关键字的记录链接成一个链表,并将此链表的头指针、链表长度及次关键字作为索引表的一个索引项。主索引为稀疏索引,次索引为稠密索引。

【例 10.6】假设图 10.11(a)是一个职工名册主文件。其中,职工编号为主关键字,且以职务和工资级别作为次关键字。若用多重表文件作为文件的存储结构,请给出其关于职务和工资级别的索引表。

【解】图 10.11(b)、(c)所示就是职工名册主文件的一个多重表文件结构。为了查找方便,将主文件分成两个子链表:职务链表和工资链表,分别将具有相同职务和相同工资级别的记录链接在一起,由此形成一个职务索引表和工资级别索引表。图 10.11(b)是按职务域建立的索引表,图 10.11(c)是按工资域建立的索引表。

物理记录号	职工编号	姓名	职务	职务链	工资级别	工资链
101	03	赵 明	教授	110	12	∧
102	10	孙中华	教授	107	11	106
103	07	李 利	讲师	108	13	107
104	05	张 基	助教	105	14	110
105	06	吴天明	助教	∧	13	103
106	12	何 强	讲师	∧	11	∧
107	14	杨子豪	教授	∧	13	∧
108	09	周 山	讲师	106	10	∧
109	01	丁小龙	助教	104	14	104
110	08	王 伟	教授	102	14	∧

(a)数据文件

次关键字	头指针	链长
教授	101	4
讲师	103	3
助教	109	3

(b)职务索引表

次关键字	头指针	链长
10	108	1
11	102	2
12	101	1
13	105	3
14	109	3

(c)工资级别索引表

图 10.11 多重表文件的示例

有了这些次关键字索引，就可以很容易地处理各种次关键字的查询。例如，若要查询所有"教授"信息，只要在职务索引表中找到次关键字为"教授"的索引项，然后从它的头指针出发，查找该链表中所有记录即可。又如，查询"所有工资级别为 13 的教授"信息，既可以从职务索引的"教授"的头指针出发，查找该链表上所有的记录，也可以从工资级别索引表中次关键字为"13"的头指针出发，查找该链表上所有的记录，然后判断相应链表上各个记录是否满足查询条件。为了提高查询的速度，可以先比较两个链表的长度，然后选择其中较短的链表进行查找。

多重表文件适合于多关键字的查询，其优点是：易于编程，也易于修改。其缺点是：记录的插入和删除比较麻烦，需修改相应的指针。例 10.6 中各个具有相同次关键字的链表是按主关键字大小有序链接的。如果不要求保持链表的有序性，则插入一个新记录是很容易的，可将记录插在链表的头指针之后。但是，删除一个记录就很烦琐，必须在每个次关键字的链表中删去该记录。

10.6.2 倒排文件

倒排文件和多重表文件的区别在于次关键字索引的结构不同。通常，倒排文件中的次关键字索引称为**倒排表**。具有相同次关键字的记录之间无须链接，而在倒排表中列出该次关键字记录的物理地址，同一次关键字的记录号有序排列。倒排表和主文件一起构成倒排文件。

【例 10.7】将图 10.11（a）所示职工名册构成一个倒排文件，请给出关于职务的倒排表和关于工资级别的倒排表。

物理记录号	职工编号	姓 名	职 务	工资级别
101	03	赵 明	教授	12
102	10	孙中华	教授	11
103	07	李 利	讲师	13
104	05	张 基	助教	14
105	06	吴天明	助教	13
106	12	何 强	讲师	11
107	14	杨子豪	教授	13
108	09	周 山	讲师	10
109	01	丁小龙	助教	14
110	08	王 伟	教授	14

（a）数据文件

次关键字	物理地址
教授	101,102,107,110
讲师	103,106,108
助教	104,105,109

（b）职务倒排表

次关键字	物理地址
10	108
11	102,106
12	101
13	102,105,107
14	104,109,110

（c）工资级别倒排表

次关键字	记录主关键字
教授	03,18,10,14
讲师	07,09,14
助教	01,05,06

（d）另一种职务倒排表

图 10.12　倒排文件示例

【解】将图 10.11（a）所示的数据文件删除两个链接字段后得到图 10.12（a）所示数据文件，根据要求建立的职务倒排表和工资级别倒排表分别如图 10.12（b）和图 10.12（c）所示。

倒排表适合处理复杂的多关键字查询，检索速度较快。进行多关键字查询时，首先在倒排表中完成查询的交、并等逻辑运算，得到结果后再对记录进行存取，这样对记录的查询就转换为地址集合的运算，从而提高了查找速度。例如，要找出所有工资级别小于"13"的"讲师"，只需要对工资级别倒排表中次关键字为 10, 11, 12 的物理地址集合先做"并"运算，而后再与职务倒排表中次关键字为"讲师"的物理地址集合做"交"运算即可：

$$(\{108\} \cup \{102, 106\} \cup \{101\}) \cap \{103, 106, 108\} = \{106, 108\}$$

可见，符合条件的记录，其物理地址为 106 和 108。

在倒排表中，进行插入和删除记录操作，同样要修改倒排表。

倒排文件的缺点是：维护困难。在同一个索引表中，不同关键字其记录数不同，各倒排表的长度不等，同一倒排表中各项长度也不等。

在文件组织中，一般先找记录，然后再查询记录中所含的各次关键字。而在倒排文件中，先给出次关键字，然后在次关键字所对应的倒排表中查找记录，这种查找次序正好与一般文件的查找次序相反，故称为**倒排文件**。实际上，多重表文件也是倒排文件，只不过索引的方法不同。

值得注意的是：倒排表的组织方式有多种。倒排表中有时列出的不是物理地址，而是主关键字，这种倒排表的存取速度较慢，但由于主关键字与物理地址无关，因此，其存储具有相对的独立性。例如，图 10.12（d）就是按主关键字组织的职务倒排表。

本章小结

文件是大量性质相同的记录组成的集合，文件存储在外存储器中，如磁盘和磁带等。记录是文件可存取的基本数据单位，它由若干数据项组成。

在数据结构中，文件的基本运算主要有检索和修改两大类。检索按记录的逻辑号、关键字值或属性查找某个记录。修改包含对记录的插入、删除及对记录某些数据项的更新。

文件在存储介质上的组织方式分为顺序组织、索引组织、散列组织和链组织 4 种。常用的文件类型有顺序文件、索引文件、散列文件和多关键字文件。

如何有效地实现文件结构是本章的重点，这种实现的关键在于文件的存储结构，即文件在外存中的组织方法。而组织方法的优劣决定了实现运算效率的高低。

本章简要介绍了文件的基本概念、文件在外存储器中的组织方式和操作方法，着重介绍了常用的 5 种文件：顺序文件、索引文件、索引顺序文件（ISAM 和 VSAM）、散列文件、多关键字文件（多重表文件和倒排文件）的组织方法和操作实现。每一种方法都包括三个方面的内容：构造方法、在这类文件上实现查询和修改运算的方法，以及各种类型文件的优点、缺点和适用范围。

本章的复习要求
（1）熟悉常用的几种文件在存储介质上的特点和组织方法。
（2）熟练掌握常用文件的主要操作，即如何实现查询、插入、删除和更新基本运算。
（3）了解各种类型文件的优点、缺点及其适用范围。
（4）了解和比较文件中基本运算的实现方法与内存中数据的实现方法的不同。

本章的重点和难点

本章的难点是索引顺序文件（ISAM 和 VSAM）的组织方法。

习题 10

10.1 文件的组织方式有几种？简要说明各种方式的特点。

10.2 什么是文件的逻辑结构和物理结构？它们之间有什么区别和联系？

10.3 文件的存储结构及其相应文件类型有哪些？请简要说明特点。

10.4 简述散列文件的查找方法及其优缺点。

10.5 假设某个文件有 14 个记录，关键字分别为：38, 19, 47, 33, 25, 44, 34, 40, 21, 51, 32, 99, 55, 67。桶的容量 $b=3$，桶数 $m=7$，散列函数 $H(key)=key\%5$。若该文件为散列文件，请给出散列文件的结构示意图。

10.6 假设一组记录的关键字为：69, 115, 110, 185, 143, 208, 96, 63, 75, 160, 99, 171, 137, 149, 229, 167, 121, 204，若把它们组织成一个按桶散列的文件，散列函数为 $H(k)=k\%11$，桶数 $m=11$，每个页面能存放两个记录，即 $b=2$，请画出散列文件的结构示意图。

10.7 从键盘上输入若干个字符，输入后把它们存储到一个磁盘文件中，再从该文件读出这些数据，将其中大写字符转换为小写字符输出到屏幕上。

10.8 有两个磁盘文件 Filea 和 Fileb 中各存放一行字符，要求把这两个文件中的信息按 ASCII 码字符集的顺序排列合并，并输出到一个新文件 Filec 中。

10.9 假设有一个职工名单文件，每个记录包含：职工编号、姓名、职称、性别和工资 5 个数据项，其中，"职工号"为主关键字，其他为次关键字，文件的组成如图 10.13 所示。试用下列结构组织文件，要求：

（1）若该文件为索引非顺序文件，写出索引非顺序文件的结构；

（2）若该文件为多重表文件，写出关于性别和职务多重表文件的结构；

（3）若该文件为倒排文件，写出关于性别的倒排表和职务的倒排表。

物理记录号	职工编号	姓　名	性别	职　务	工资
1	29	赵　明	男	教授	958
2	05	孙中华	男	副教授	806
3	02	李　利	女	副教授	781
4	38	张　基	男	讲师	580
5	31	吴天明	男	助教	482
6	43	何　强	男	讲师	600
7	17	杨子豪	女	教授	962
8	46	周　山	女	助教	456

图 10.13 职工名单文件

参 考 文 献

[1] 唐策善,李龙澍,黄刘生. 数据结构（用 C 语言描述）. 北京：高等教育出版社,1995.
[2] 唐策善,黄刘生. 数据结构. 北京：中国科技大学出版社,1992.
[3] 黄扬铭. 数据结构. 北京：科学出版社,2001.
[4] 严蔚敏,吴伟民. 算法与数据结构（C 语言版）. 北京：清华大学出版社,1997.
[5] 严蔚敏,吴伟民. 数据结构题集（C 语言版）. 北京：清华大学出版社,1999.
[6] 徐孝凯. 数据结构实用教程（C/C++描述）. 北京：清华大学出版社,1999.
[7] 陈小平. 数据结构导论. 北京：经济科学出版社,1999.
[8] 黄刘生. 数据结构. 北京：经济科学出版社,1999.
[9] 刘美轮. 数据结构. 北京：中央广播电视大学出版社,1987.
[10] 朱战立等. 数据结构（使用 C 语言描述）（第 2 版）. 西安：西安交通大学出版社,1999.
[11] 徐士良. 实用数据结构. 北京：清华大学出版社,2000.
[12] 宁正元等. 数据结构习题解析与实验指导书. 上海：上海交通大学出版社,2000.
[13] 李春葆. 数据结构考研辅导书. 北京：清华大学出版社,2003.
[14] 李春葆. 数据结构习题解析（C 语言版）. 北京：清华大学出版社,2000.
[15] 殷人昆. 数据结构. 北京：清华大学出版社,2001.
[16] 杨开汉等. 数据结构. 北京：科学出版社,2000.